高等数学

（上册）

王国强　吴隋超　殷志祥　李路　方涛 ◎ 主编

清华大学出版社

北京

内 容 简 介

本书专为应用型普通本科高校各专业一学年高等数学课程设计,精准契合应用型普通本科学生的能力结构与学习需求,强调数学知识的实际运用与"产教融合"理念的深度融合.在内容的确定和表述上充分考虑到应用型普通本科高校本科学生的能力水平、专业需要等实际状况,注重利用数学软件求解高等数学问题的思想,在每章增加利用 Python 求解高等数学问题,符合培养应用型人才的教学实际;在传授数学知识的同时,基于"产教融合"理念融入相关专业的背景知识和应用案例,是一本特色鲜明、使用面广的高等数学教材.

本书分为上、下两册,上册介绍函数、极限与连续,一元函数微分学,一元函数积分学,常微分方程;下册介绍空间解析几何与向量代数,多元函数微分学,多元函数积分学,无穷级数.

本书可作为普通本科高校理工科各专业的高等数学课程教材,也可作为相关人员的参考书.

图书在版编目(CIP)数据

高等数学. 上册 / 王国强等主编. -- 北京:清华
大学出版社,2024.6(2024.9重印). -- ISBN 978-7-302-66501-4

Ⅰ. O13

中国国家版本馆 CIP 数据核字第 2024FG5827 号

责任编辑:冯 昕 赵从棉
封面设计:何凤霞
责任校对:欧 洋
责任印制:丛怀宇

出版发行:清华大学出版社
       网 址:https://www.tup.com.cn, https://www.wqxuetang.com
       地 址:北京清华大学学研大厦 A 座   **邮 编**:100084
       社 总 机:010-83470000   **邮 购**:010-62786544
       投稿与读者服务:010-62776969,c-service@tup.tsinghua.edu.cn
       质量反馈:010-62772015,zhiliang@tup.tsinghua.edu.cn
印 装 者:小森印刷霸州有限公司
经 销:全国新华书店
开 本:185mm×260mm   **印 张**:19.25   **字 数**:465 千字
版 次:2024 年 8 月第 1 版   **印 次**:2024 年 9 月第 2 次印刷
定 价:59.00 元

产品编号:107140-01

应用型高校产教融合系列教材

总 编 委 会

主　　任：俞　涛

副 主 任：夏春明

秘 书 长：饶品华

学校委员（按姓氏笔画排序）：

王　迪　王国强　王金果　方　宇　刘志钢　李媛媛

何法江　辛斌杰　陈　浩　金晓怡　胡　斌　顾　艺

高　瞩

企业委员（按姓氏笔画排序）：

马文臣　勾　天　冯建光　刘　郴　李长乐　张　鑫

张红兵　张凌翔　范海翔　尚存良　姜小峰　洪立春

高艳辉　黄　敏　普丽娜

丛书序

教材是知识传播的主要载体、教学的根本依据、人才培养的重要基石.《国务院办公厅关于深化产教融合的若干意见》明确提出,要深化"引企入教"改革,支持引导企业深度参与职业学校、高等学校教育教学改革,多种方式参与学校专业规划、教材开发、教学设计、课程设置、实习实训,促进企业需求融入人才培养环节.随着科技的飞速发展和产业结构的不断升级,高等教育与产业界的紧密结合已成为培养创新型人才、推动社会进步的重要途径.产教融合不仅是教育与产业协同发展的必然趋势,更是提高教育质量、促进学生就业、服务经济社会发展的有效手段.

上海工程技术大学是教育部"卓越工程师教育培养计划"首批试点高校、全国地方高校新工科建设牵头单位、上海市"高水平地方应用型高校"试点建设单位,具有 40 多年的产学合作教育经验.学校坚持依托现代产业办学、服务经济社会发展的办学宗旨,以现代产业发展需求为导向,学科群、专业群对接产业链和技术链,以产学研战略联盟为平台,与行业、企业共同构建了协同办学、协同育人、协同创新的"三协同"模式.

在实施"卓越工程师教育培养计划"期间,学校自 2010 年开始陆续出版了一系列卓越工程师教育培养计划配套教材,为培养出具备卓越能力的工程师作出了贡献.时隔 10 多年,为贯彻国家有关战略要求,落实《国务院办公厅关于深化产教融合的若干意见》,结合《现代产业学院建设指南(试行)》《上海工程技术大学合作教育新方案实施意见》文件精神,进一步编写了这套强调科学性、先进性、原创性、适用性的高质量应用型高校产教融合系列教材,深入推动产教融合实践与探索,加强校企合作,引导行业企业深度参与教材编写,提升人才培养的适应性,旨在培养学生的创新思维和实践能力,为学生提供更加贴近实际、更具前瞻性的学习材料,使他们在学习过程中能够更好地适应未来职业发展的需要.

在教材编写过程中,始终坚持以习近平新时代中国特色社会主义思想为指导,全面贯彻党的教育方针,落实立德树人根本任务,质量为先,立足于合作教育的传承与创新,突出产教融合、校企合作特色,校企双元开发,注重理论与实践、案例等相结合,以真实生产项目、典型工作任务、案例等为载体,构建项目化、任务式、模块化、基于实际生产工作过程的教材体系,力求通过与企业的紧密合作,紧跟产业发展趋势和行业人才需求,将行业、产业、企业发展的新技术、新工艺、新规范纳入教材,使教材既具有理论深度,能够反映未来技术发展,又具有实践指导意义,使学生能够在学习过程中与行业需求保持同步.

系列教材注重培养学生的创新能力和实践能力.通过设置丰富的实践案例和实验项目,引导学生将所学知识应用于实际问题的解决中.相信通过这样的学习方式,学生将更加具备竞争力,成为推动经济社会发展的有生力量.

　　本套应用型高校产教融合系列教材的出版,既是学校教育教学改革成果的集中展示,也是对未来产教融合教育发展的积极探索.教材的特色和价值不仅体现在内容的全面性和前沿性上,更体现在其对于产教融合教育模式的深入探索和实践上.期待系列教材能够为高等教育改革和创新人才培养贡献力量,为广大学生和教育工作者提供一个全新的教学平台,共同推动产教融合教育的发展和创新,更好地赋能新质生产力发展.

朱高峰

中国工程院院士、中国工程院原常务副院长

2024 年 5 月

编者所在学校以工学见长,管理学和艺术学特色鲜明,是一所工学、管理学、艺术学、法学、理学、医学、经济学、文学等多学科互相渗透、协调发展的全日制普通高等学校,是教育部"卓越工程师教育培养计划"首批试点高校、全国地方高校新工科建设牵头单位、上海市"高水平地方应用型高校"试点建设单位.学校致力于深化教育教学改革,提高人才培养质量.坚持依托现代产业办学、服务经济社会发展的办学宗旨,以现代产业发展需求为导向,学科群、专业群对接产业链和技术链,以产学研战略联盟为平台,与行业、企业共同构建了协同办学、协同育人、协同创新的"三协同"模式,"一年三学期,工学交替"的产学合作教育模式,助力学校成为培养优秀工程师和工程服务人才的摇篮.

为更好地发挥高等数学课程的基础、支撑作用,我们在学校的支持下编写了这套《高等数学》教材.该教材在 2013 年出版的"卓越工程师教育培养计划配套教材"的基础上,针对"产教融合"新要求,重新设计与编写,面向"产教融合"各本科专业选修一学年高等数学课程的学生,内容界定为教育部高等学校数学与统计学教学指导委员会新近修订的"工科类本科数学基础课程教学基本要求".教材编写的指导思想是:贯彻"以学生为本"的教育理念;在传授数学知识的同时,基于"产教融合"理念融入相关专业的背景知识和应用案例;增强学生分析问题和解决问题的能力.

将相关专业的背景知识和应用案例适当融入数学基础课程,目的是让学生知道怎样将学过的数学知识用于解决专业问题,以此来培养学生的应用意识.我们注意到,用数学手段解决专业问题往往需要专业背景,而学习高等数学的学生是刚刚跨进校门的新生,许多专业基础课程尚未接触,专业背景的建立尚需时日.此外,专业问题的解决往往需要综合运用多方面的数学知识.因此,在选择具有专业背景的材料方面,确定了几条原则:一是难度适当,学生在现有基础上能够接受和理解;二是与当前学生的数学水平基本适应或稍有超越;三是在引进数学概念、数学理论时尽可能多地结合专业背景,对学生有启发、有引导.

为了缩短教学内容与学生现状的距离,使得本教材较好地适应学生的能力水平,充分调动学生的学习积极性,着力提高学生的数学素养,编者作了一定的探索.主要有:

强化说理.对于有一定难度的教学内容,教材的陈述不再仅仅是直述和推理,转而采取深度说理的方式,旨在讲清楚问题的来源、处理问题的思路和方法,体现数学的亲和力,激发学生的内在学习动机.

通俗易懂.尽量以直观和通俗易懂的方式来表述;在教学基本要求的框架内,淡化理论推导;尽可能多地借助几何图形来消解初学者在理解上的障碍.

素质培养. 数学素质是在感悟、运用和发掘数学的概念、定理、证明、求解中所蕴含的数学思想、数学方法和数学文化基础上形成的. 教材采用多种方式,从不同角度通过对数学的思想性、方法性、应用性的展示来培养学生的数学素质.

联系实际. 在篇、章、节的导学部分或引入新内容时,联系专业背景和现实生活中的实例,让读者感受到高等数学的概念和理论来自实践,存在于我们的生活之中,用途广泛.

能力拓展. 在每章附录中,选取典型例题,基于 Python 语言实现程序设计和计算,以适应软件零基础的低年级本科读者接触、学习和应用 Python 语言编程. 读者也可在自我检验的基础上自主学习和实践,从而降低学习难度.

本套教材分为上、下两册,上册介绍函数、极限与连续,一元函数微分学,一元函数积分学,常微分方程等;下册介绍空间解析几何与向量代数,多元函数微分学,多元函数积分学,无穷级数等.

全书由王国强策划并组织编写,其中上册由吴隋超统稿,王国强定稿;下册由方涛统稿,李路定稿. 全书共八篇十一章,参加编写的人员及分工:第一篇殷志祥(第一章);第二篇吴隋超(第二章),王国强(第三章);第三篇李铭明(第四章),周雷(第五章);第四篇李娜(第六章);第五篇滕晓燕(第七章);第六篇方涛(第八章);第七篇李路(第九章),江开忠(第十章);第八篇赵寿为(第十一章). 江开忠制作了书中的插图.

本书作为应用型高校产教融合系列教材中的数理与统计系列教材,在编写过程中得到了来自上海金仕达软件科技股份有限公司总经理张治国先生,以及广东泰迪智能科技股份有限公司董事长张良均先生的大力支持和帮助. 他们不仅提供了宝贵的指导,还对部分应用案例提出了修改建议,对此我们深表感谢.

上海工程技术大学教务处和数理与统计学院的领导,以及数学各系部全体教师对本书的编写与出版始终给予关注与支持,特表衷心的谢意.

将工科专业的案例恰当地融入数学课程,对我们来说是机遇,也是挑战. 本书虽然作了一些尝试,但限于作者的水平,不妥或错误之处必定难免,敬请专家、广大教师和读者批评指正.

编　者
2024 年 6 月

目 录

CONTENTS

第三篇　一元函数积分学

第四章　不定积分 / 153

第五章　定积分及其应用 / 179

第四篇　常微分方程

第六章　常微分方程的基本概念和几类方程的求法 / 241

函数、极限与连续

第一章 函数与极限

函数是高等数学的主要研究对象,极限是高等数学的基本研究工具,连续则是函数的一个重要性质.本章在复习函数的基础上讨论函数的极限和连续.

第一节 函数

函数是数学中最重要的概念之一.它是从大量实际问题中抽象出来的,体现出符合形式逻辑和辩证逻辑的数学思维.函数概念多方面地促进数学向前发展,它几乎是现代数学每一分支的主要研究对象.由于函数概念内涵的逐步扩充,因而数学新的分支也不断地涌现.

函数的概念在 17 世纪之前一直与公式紧密联系.函数一词是微积分的奠基人之一——德国的哲学家兼数学家莱布尼茨(Leibniz,1646—1716)首先采用的.到了 1837 年,德国数学家狄利克雷(Dirichlet,1805—1859)抽象出了直至今日仍为人们易于接受,并且较为合理的函数概念.

一、函数及其性质

1. 函数的概念

引例 1(飞机升力产生的原理) 1738 年,瑞士数学家、物理学家丹尼尔·伯努利(D. Bernoulli,1700—1782)得到关于流动气体的如下**伯努利方程**:

$$P + \frac{1}{2}\rho v^2 = C,$$

式中,P 为气流的压强,ρ 为气流的密度,v 为气流的速度,C 为常数.伯努利方程表明:在沿流线运动的过程中,单位体积流体的压力能 P 与动能 $\frac{1}{2}\rho v^2$ 的总和保持不变,即总能量守恒.流体力学将方程中的 $P,\frac{1}{2}\rho v^2,C$ 分别称为**静压**、**动压**和**总压**.

将伯努利方程改写成

$$P = -\frac{1}{2}\rho v^2 + C,$$

可见,流动气体对物体的压强 P 随着气流速度 v 的变化而改变,气流的速度增大时,压强就减小；速度减小时，压强就增大；速度为零时，压强达到最大(等于总压 C)。这一结论被称为**伯努利定律**。

下面说明伯努利定律的应用。地铁站台上都画有安全线，这样做的缘由可用伯努利定律来解释：当列车高速驶来时，列车车厢周围的空气将被带动而运动起来，压强随之减小。站台上的旅客若离列车过近，身体前后将出现明显的压强差，从而会被吸向列车而受伤。

飞机飞行时的绝大部分升力由机翼产生，其原理也基于伯努利定律。图 1-1 所示为飞机飞行时位于气流中的机翼的一个剖面，机翼的上表面圆钝，下表面平缓。当飞机前行时，气流流过翼型，只要上翼面压强小而下翼面压强大，就会产生升力 L。实际情况是：空气流到翼型的前缘分成上、下两股，分别沿翼型的上、下表面流过，并在翼型的后缘汇合后向后

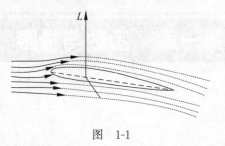

图 1-1

流去。在翼型的上表面，由于正迎角和翼面外凸的作用，流管收缩，流速增大，由伯努利定律，压力将降低；而在翼型的下表面，气流受阻，流管扩张，流速减慢，压力增大。于是就形成上翼面压强小而下翼面压强大的情况，升力 L 就这样产生了。

引例 2（椭圆的方程） 由解析几何，中心在坐标原点，长短半轴分别为 a,b 的椭圆可表示为

$$\frac{x^2}{a^2}+\frac{y^2}{b^2}=1,$$

此式给出了椭圆上动点的坐标 (x,y) 之间的相依关系。根据方程可确定 x 的取值范围为 $[-a,a]$，对于区间 $[-a,a]$ 中的每一个值，y 有确定的值 $y=\pm b\sqrt{1-\dfrac{x^2}{a^2}}$ 与之对应。

引例 3 某家银行定期存款利率如下表所示：

时间	三个月	半年	一年	二年	三年	五年
年利率/%	1.40	1.60	1.70	1.90	2.35	2.40

在利率表中，每一个年限都有一个确定的利率与之对应，储户根据该表就可以算出存款的利息。

引例 4 物理学运动方程中，自由落体运动的距离公式 $s=\dfrac{1}{2}gt^2$。

上述几个例子虽然反映的事物不一样，表现的形式也不尽相同，但是它们都有一个共同的规律，即它们都反映了两个变量之间的相互依存关系，这种相依关系由一种对应法则来确定。根据这种法则，当其中的一个变量在其变化范围内任意取定一个数值时，另一个变量就有确定的值与之对应，两个变量间的这种对应关系就是函数概念的实质。

定义 1.1 设 x 和 y 是某一变化过程中的两个变量，D 是一个非空数集，如果对于 D 中每个值 x，变量 y 按照一定的对应法则 f 总有唯一确定的数值与之对应，则称 y 为 x 的**函数**，记作 $y=f(x)$。其中 D 称为函数的**定义域**，x 称为**自变量**，y 称为**因变量**。

如果对于确定的 $x_0\in D$，通过对应法则 f，有唯一确定的实数 y_0 与之对应，则称 y_0 为

函数 $y=f(x)$ 在 x_0 处的函数值，记作 $y_0=f(x_0)$. 集合 $W=\{y\mid y=f(x),x\in D\}$ 称为函数的**值域**.

函数的两个要素　对应法则和定义域是函数概念的两个要素. 如果两个函数的定义域相同，对应法则也相同，那么这两个函数是相同的，否则就是不同的.

函数的三种表示方法　函数的表示方法有三种：表格法、图像法、解析式法.

（1）表格法　用表格把自变量的值与之对应的函数值一一列举出来，这种表示函数的方法称为表格法.

（2）图像法　设 $x_0\in D$，$y_0=f(x_0)$，以 x_0 为横坐标、y_0 为纵坐标，在直角坐标平面上对应一个点 (x_0,y_0)，所有这些点在直角坐标平面上构成一个图像，这个图像称为函数 $y=f(x)$ 的图像. 同样，这样的图像也可以表示这个函数.

用直角坐标平面上的图像来表示函数的方法称为图像法.

（3）解析式法　用解析式表示函数的方法称为解析式法.

定义域　函数的定义域就是自变量能够取到的使函数的解析式有意义的一切实数值的集合，即**自然定义域**. 一般可用区间表示.

例如，引例 2 中由 $\dfrac{x^2}{a^2}+\dfrac{y^2}{b^2}=1$ 所确定的函数，其定义域由方程 $\dfrac{x^2}{a^2}+\dfrac{y^2}{b^2}=1$ 来确定，即 $[-a,a]$. 而在实际问题中，函数的定义域是根据问题的实际意义确定的.

例 1　判别函数 $f(x)=x$ 与 $g(x)=\sqrt{x^2}$ 是否相同.

解　函数 $f(x)$ 和 $g(x)$ 的定义域都是 $(-\infty,+\infty)$，但 $f(x)=x$，$g(x)=|x|$，对应法则不同，故 $f(x)\neq g(x)$.

例 2　求函数 $y=\log_{(x-1)}(16-x^2)$ 的定义域.

解　由 $\begin{cases}16-x^2>0,\\ x-1>0,\\ x-1\neq 1\end{cases}$　即 $\begin{cases}|x|<4,\\ x>1,\\ x\neq 2,\end{cases}$　解得 $1<x<2$ 及 $2<x<4$，所以此函数的定义域为 $(1,2)\bigcup(2,4)$.

例 3　设函数 $f(x)=\begin{cases}2x^2, & 0\leqslant x<1,\\ 1+x, & x\geqslant 1.\end{cases}$　求：(1) $f(x)$ 的定义域；(2)函数值 $f\left(\dfrac{1}{2}\right)$，$f(1)$，$f(3)$.

解　(1) $f(x)$ 的定义域为 $[0,+\infty)$；

(2) $f\left(\dfrac{1}{2}\right)=2\cdot\left(\dfrac{1}{2}\right)^2=\dfrac{1}{2}$，$f(1)=1+1=2$，$f(3)=1+3=4$.

本例第一问是求函数的自然定义域. 由于在自变量 x 的不同变化范围内，函数的表达式不相同，因此在计算给定点 x_0 处的函数值时要根据 x_0 所在范围（区间）来确定相应的计算式. 像这样，自变量在定义域的不同范围内取值，对应法则的解析表达式不一样的函数称为**分段函数**. 在科学研究、工程技术和现实生活中，分段函数是比较常见的.

2. 函数的主要性质

（1）单调性

设函数 $f(x)$ 在区间 I 上有定义. 任取 $x_1,x_2\in I$，如果当 $x_1<x_2$ 时，总有 $f(x_1)<$

$f(x_2)$,则称函数 $f(x)$ 在间 I 上是单调增加的;如果当 $x_1 < x_2$ 时,总有 $f(x_1) > f(x_2)$,则称函数 $f(x)$ 在区间 I 上是单调减少的.

单调增加的区间和单调减少的区间统称为单调区间.单调增加与单调减少的函数统称为单调函数.

(2)有界性

若存在 $M > 0$,使对任意 $x \in I$,恒有 $|f(x)| \leqslant M$ 成立,则称函数 $f(x)$ 在区间 I 上有界,否则称 $f(x)$ 为无界函数.

每一个具有上述性质的 M 都是该函数的界,也即有界函数的界不是唯一的.

(3)奇偶性

设函数 $f(x)$ 在关于原点对称的区间 I 上有定义,如果对于任意的 $x \in I$,都有 $f(-x) = -f(x)$,则称函数 $f(x)$ 是奇函数;如果对于任意的 $x \in I$,都有 $f(-x) = f(x)$,则称函数 $f(x)$ 是偶函数.既不是奇函数也不是偶函数的函数称为非奇非偶函数.

由定义可知奇函数的图像关于坐标原点对称,偶函数的图像关于 y 轴对称.

例如,$y = x^2$ 是偶函数,图像关于 y 轴对称.$y = x^3$ 是奇函数,图像关于坐标原点对称.

例 4 证明函数 $f(x) = \ln(x + \sqrt{x^2 + 1})$ 是奇函数.

证 显然,$f(x)$ 的定义域 D 为 $(-\infty, +\infty)$. 因为

$$f(x) + f(-x) = \ln(x + \sqrt{x^2 + 1}) + \ln(-x + \sqrt{x^2 + 1})$$
$$= \ln(x + \sqrt{x^2 + 1})(-x + \sqrt{x^2 + 1}) = \ln 1 = 0,$$

即 $f(-x) = -f(x)$,所以 $f(x) = \ln(x + \sqrt{x^2 + 1})$ 是奇函数.

(4)周期性

设 T 为一个不为零的常数,如果对于任意的 $x \in D$,都有 $f(x + T) = f(x)$,则称函数 $f(x)$ 是周期函数.T 称为函数的周期.其中最小的正周期称为最小正周期,简称周期.

例如,$y = \sin x$ 是周期函数,周期为 2π.$y = \tan x$ 是周期函数,周期为 π.

3. 几种常见函数简介

(1)分段函数

有些函数在定义域不同的范围内有不同的表达式,这样的函数叫作分段函数.例如:

狄利克雷函数 $\qquad D(x) = \begin{cases} 1, & x \text{ 为有理数}, \\ 0, & x \text{ 为无理数}. \end{cases}$

克朗涅克函数(符号函数) $\quad \operatorname{sgn} x = \begin{cases} 1, & x > 0, \\ 0, & x = 0, \\ -1, & x < 0. \end{cases}$

(2)反函数

设函数 $y = f(x)$ 的定义域为 D,值域为 M,如果任给 $y \in M$,在 D 中都有唯一的 x 值,使 $y = f(x)$ 成立,则确定一个 y 到 x 的函数(图 1-2),这个函数称为函数 $y = f(x)$ 的反函数.记 $x = f^{-1}(y)$.其定义域为 M,值域为 D.

我们习惯用 x 表示自变量,y 表示自变量的函数,$y = f(x)$ 的反函数常表示为 $y = f^{-1}(x)$.

设 $y_0 = f(x_0)$,所以 $x_0 = f^{-1}(y_0)$,即如果点 (x_0, y_0) 是函数 $y = f(x)$ 图像上的点,则

点 (y_0, x_0) 是反函数 $y = f^{-1}(x)$ 图像上的点(图 1-3).可见函数的图像与反函数的图像关于直线 $y = x$ 对称.

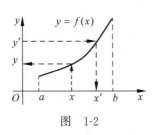

图 1-2

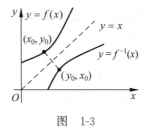

图 1-3

例如,$y = x^3$ 的反函数表示为 $y = \sqrt[3]{x}$.$y = x^2$ 在定义域 $(-\infty, +\infty)$ 内没有反函数.

注 单调函数一定有反函数.

二、初等函数

高等数学所研究的函数以初等函数为主,这样的函数是由基本初等函数构成的.

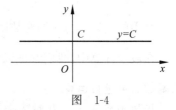

图 1-4

先介绍常值函数:$y = C$,其中 C 是已知常数,定义域为 $(-\infty, +\infty)$,函数图像是过 y 轴上点 C 且平行于 x 轴的直线(图 1-4).

1. 基本初等函数

基本初等函数包括幂函数、指数函数、对数函数、三角函数和反三角函数.这些函数中的大部分都在中学数学中深入探讨过,此处只作简要复习.

(1) 幂函数 $y = x^\mu$,μ 为任意实数

定义域与 μ 的值有关,但无论 μ 取什么值,它在 $(0, +\infty)$ 内总有定义.当 $\mu > 0$ 时,$y = x^\mu$ 在 $(0, +\infty)$ 内单调增加;当 $\mu < 0$ 时,$y = x^\mu$ 在 $(0, +\infty)$ 内单调减少.而当 $\mu \neq 0$ 时,$y = x^\mu$ 和 $y = x^{\frac{1}{\mu}}$ 互为反函数.

$\mu = -1, \frac{1}{2}, 1, 2, 3$ 分别对应于常用的函数 $y = \frac{1}{x}$(图 1-5),$y = \sqrt{x}$,$y = x$,$y = x^2$(图 1-6),$y = x^3$(图 1-7).

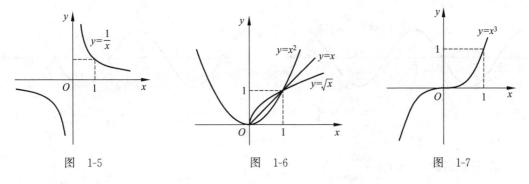

图 1-5   图 1-6   图 1-7

(2) 指数函数 $y = a^x$,常数 $a > 0$ 且 $a \neq 1$

其定义域是 $(-\infty, +\infty)$.当 $a > 1$ 时,函数单调增加;当 $0 < a < 1$ 时函数单调减少

（图 1-8）．在科学技术中，常用的指数函数为 $y=\mathrm{e}^x$，它的底是著名的欧拉（Euler，1707—1783）数 e，e＝2.718 281 828…．

（3）对数函数 $y=\log_a x$，常数 $a>0$ 且 $a\neq 1$

其定义域是 $(0,+\infty)$．当 $a>1$ 时，函数单调增加；当 $0<a<1$ 时，函数单调减少（图 1-9）．

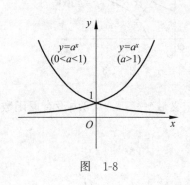

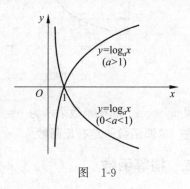

图 1-8　　　　　　　　　　　　　　　　　图 1-9

常用的是以 e 为底的对数函数，称为**自然对数函数**，记为 $y=\ln x$．

在数学计算中，我们常把以 a 为底的对数函数通过换底公式 $\log_a x=\dfrac{\ln x}{\ln a}$ 转化为自然对数函数后再进行运算．

指数函数 $y=a^x$ 和对数函数 $y=\log_a x$ 互为反函数，以 a 为底的指数函数 $y=a^x$ 可转化为 $y=\mathrm{e}^{x\ln a}$．

（4）三角函数

① **正弦函数 $y=\sin x$**

其定义域为 $(-\infty,+\infty)$，值域为 $[-1,1]$，奇函数，是周期为 2π 的周期函数（图 1-10）；$y=\sin x$ 在区间 $\left[-\dfrac{\pi}{2},\dfrac{\pi}{2}\right]$ 上单调增加，因此在区间 $\left[-\dfrac{\pi}{2},\dfrac{\pi}{2}\right]$ 上存在单值单调的反函数．

② **余弦函数 $y=\cos x$**

其定义域为 $(-\infty,+\infty)$，值域为 $[-1,1]$，偶函数，是周期为 2π 的周期函数（图 1-11）；$y=\cos x$ 在区间 $[0,\pi]$ 上单调减少，因此在区间 $[0,\pi]$ 上存在单值单调的反函数．

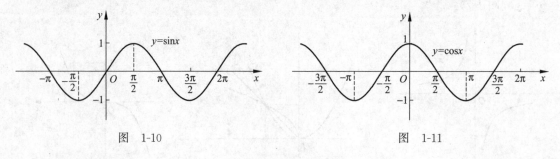

图 1-10　　　　　　　　　　　　　　　　　图 1-11

③ **正切函数 $y=\tan x=\dfrac{\sin x}{\cos x}$**

其定义域为 $\left\{x\left|x\in\mathbb{R},x\neq k\pi+\dfrac{\pi}{2},k\in\mathbb{Z}\right.\right\}$，值域为 $(-\infty,+\infty)$，奇函数，是周期为 π

的周期函数(图 1-12);$y=\tan x$ 在区间 $\left(-\dfrac{\pi}{2},\dfrac{\pi}{2}\right)$ 上单调增加,故在区间 $\left(-\dfrac{\pi}{2},\dfrac{\pi}{2}\right)$ 上存在单值单调的反函数.

④ **余切函数** $y=\cot x=\dfrac{\cos x}{\sin x}$

其定义域为 $\{x\mid x\in\mathbb{R},x\neq k\pi,k\in\mathbb{Z}\}$,值域为 $(-\infty,+\infty)$,奇函数,是周期为 π 的周期函数(图 1-13);$y=\cot x$ 在区间 $(0,\pi)$ 内单调减少,故在区间 $(0,\pi)$ 内存在单值单调的反函数.

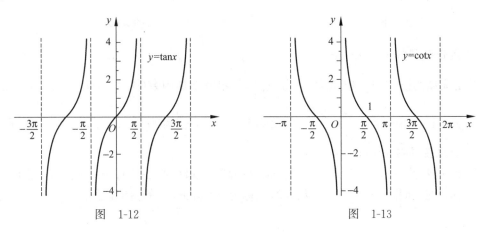

图 1-12　　　　　　　　　　　　　图 1-13

⑤ **正割函数** $y=\sec x=\dfrac{1}{\cos x}$

其定义域为 $\left\{x\;\middle|\;x\in\mathbb{R},x\neq k\pi+\dfrac{\pi}{2},k\in\mathbb{Z}\right\}$,值域为 $(-\infty,-1]\cup[1,+\infty)$,偶函数,是周期为 2π 的周期函数(图 1-14);$y=\sec x$ 在区间 $\left(2k\pi,2k\pi+\dfrac{\pi}{2}\right)$,$\left(2k\pi+\dfrac{\pi}{2},2k\pi+\pi\right)$ 上单调增加,在区间 $\left(2k\pi+\pi,2k\pi+\dfrac{3\pi}{2}\right)$,$\left(2k\pi+\dfrac{3\pi}{2},2k\pi+2\pi\right)$ 上单调减少,其中 k 为整数.

⑥ **余割函数** $y=\csc x=\dfrac{1}{\sin x}$

其定义域为 $\{x\mid x\in\mathbb{R},x\neq k\pi,k\in\mathbb{Z}\}$,值域为 $(-\infty,-1]\cup[1,+\infty)$,奇函数,是周期为 2π 的周期函数(图 1-15);$y=\csc x$ 在区间 $\left(2k\pi,2k\pi+\dfrac{\pi}{2}\right)$,$\left(2k\pi+\dfrac{3\pi}{2},2k\pi+2\pi\right)$ 上单调减少,在区间 $\left(2k\pi+\dfrac{\pi}{2},2k\pi+\pi\right)$,$\left(2k\pi+\pi,2k\pi+\dfrac{3\pi}{2}\right)$ 上单调增加,其中 k 为整数.

(5) 反三角函数

三角函数的反函数称为反三角函数.因为三角函数是周期函数,它们在各自的定义域上不是单调函数,为了得到它们的反函数,将这些函数限定在某个单调区间上来讨论.例如,为了得到正弦函数 $y=\sin x$ 的反函数,将它限制在 $\left[-\dfrac{\pi}{2},\dfrac{\pi}{2}\right]$ 上,就可以得到 $y=\sin x$ 的单值单调的反函数.

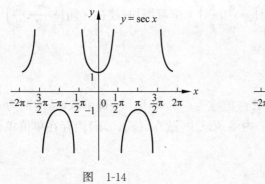

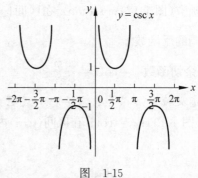

图 1-14   图 1-15

① **反正弦函数** $y=\arcsin x$

其定义域为$[-1,1]$,值域为$\left[-\dfrac{\pi}{2},\dfrac{\pi}{2}\right]$,是单调增加函数(图 1-16);$y=\arcsin x$ 是正弦函数 $y=\sin x$ 在区间 $\left[-\dfrac{\pi}{2},\dfrac{\pi}{2}\right]$ 上的反函数,$\left[-\dfrac{\pi}{2},\dfrac{\pi}{2}\right]$ 称为 $y=\arcsin x$ 的**主值区间**.

② **反余弦函数** $y=\arccos x$

其定义域为$[-1,1]$,值域为$[0,\pi]$,是单调减少函数(图 1-17);$y=\arccos x$ 是余弦函数 $y=\cos x$ 在区间$[0,\pi]$上的反函数,$[0,\pi]$称为 $y=\arccos x$ 的主值区间.

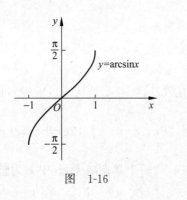

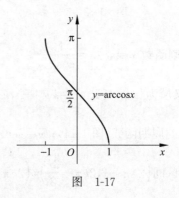

图 1-16   图 1-17

③ **反正切函数** $y=\arctan x$

其定义域为$(-\infty,+\infty)$,值域为$\left(-\dfrac{\pi}{2},\dfrac{\pi}{2}\right)$,是单调增加函数(图 1-18);$y=\arctan x$ 是正切函数 $y=\tan x$ 在区间 $\left(-\dfrac{\pi}{2},\dfrac{\pi}{2}\right)$ 上的反函数,$\left(-\dfrac{\pi}{2},\dfrac{\pi}{2}\right)$ 称为 $y=\arctan x$ 的主值区间.

④ **反余切函数** $y=\operatorname{arccot} x$

其定义域为$(-\infty,+\infty)$,值域为$(0,\pi)$,是单调减少函数(图 1-19);$y=\operatorname{arccot} x$ 是余切函数 $y=\cot x$ 在区间$(0,\pi)$内的反函数,$(0,\pi)$称为 $y=\operatorname{arccot} x$ 的主值区间.

如果函数$y=f(x)$存在反函数,则 $y=f^{-1}(x)$ 与 $y=f(x)$互为反函数.因此
$$f(f^{-1}(x))=x, \quad f^{-1}(f(x))=x.$$

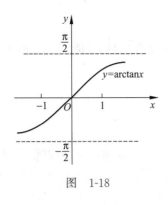

图 1-18

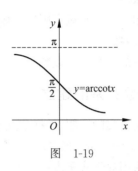

图 1-19

例如,

$$\arcsin(\sin x)=x,x\in\left[-\frac{\pi}{2},\frac{\pi}{2}\right],\quad \sin(\arcsin x)=x,x\in[-1,1],$$

$$\arccos(\cos x)=x,x\in[0,\pi],\quad \cos(\arccos x)=x,x\in[-1,1].$$

2. 复合函数

设函数 $u=g(x)$ 的定义域为 D_g,值域为 M_g,以及函数 $y=f(u)$ 的定义域为 D_f,若 M_g 与 D_f 重合或部分重合,则部分或全部 x 取的值通过 u 可唯一对应一个 y,即 y 通过 u 也是 x 的函数. 这个函数称为 $u=g(x)$ 与 $y=f(u)$ 的**复合函数**,记为 $y=f(g(x))$,其中 u 称为**中间变量**,$y=f(u)$ 称为**外层函数**,$u=g(x)$ 称为**内层函数**.

注意:函数 $y=f(u)$ 与 $u=g(x)$ 能够复合的条件是 $D_f \bigcap M_g \neq \varnothing$.

函数的复合运算是指求复合函数的运算. 在本课程范围内,函数的复合运算就是将一个函数代入另一个函数的运算.

例 5 设 $f(u)=\sin u$,$g(x)=2^x$,求复合函数 $y=f(g(x))$.

解 函数 $y=f(u)=\sin u$ 的定义域 D_f 为 $(-\infty,+\infty)$,$g(x)=2^x$ 的值域 M_g 为 $(0,+\infty)$,逐级代入,得

$$y=f(g(x))=f(2^x)=\sin 2^x.$$

函数的复合运算是由基本初等函数构造出复杂函数的重要方法. 反之,在进行一些应用时,还需要将一个复杂函数拆解,看作若干基本初等函数的复合.

例 6(将复杂函数拆解) 找出下列函数的复合关系:

(1) $y=\left(\arcsin \dfrac{x}{2}\right)^3$; (2) $y=\ln(1+\cos e^x)$.

解 这是将复杂函数拆解. 方法是从最外层开始,从外向里,一个不漏地层层拆分干净.

(1) 最外层是 $y=u^3$,其中 $u=\arcsin \dfrac{x}{2}$;$u=\arcsin \dfrac{x}{2}$ 的外层是 $u=\arcsin v$,其中 $v=\dfrac{x}{2}$.

所以,该函数的复合关系为

$$y=u^3,\quad u=\arcsin v,\quad v=\frac{x}{2}.$$

(2) 最外层是 $y=\ln u$,其中 $u=1+\cos e^x$;$u=1+\cos e^x$ 看作 $u=1+\cos v$,其中 $v=e^x$.

所以,该函数的复合关系为

$$y=\ln u,\quad u=1+\cos v,\quad v=e^x.$$

3. 初等函数

由基本初等函数经过有限次四则运算和有限次复合运算,并能用一个解析式表示的函数,称为**初等函数**.

后文讨论的函数绝大多数是初等函数.

三、函数关系的建立

对于给定的实际问题,怎样建立函数关系? 在中学已经做过一些训练,总结如下：第一步,找出问题中的变量；第二步,用 x,y 等表示变量,用 a,b 等表示常量；第三步,将变量之间的依赖关系用数学式子表示出来.

例 7（地面交通和轨道交通客运量） 据统计测算,上海市区传统公交日均客运量比轨道交通日均客运量的两倍少 109 万人次,在 2010 年 5 月 1 日到 5 月 31 日上海世博会期间,轨道交通日均客运量为 607 万人次,问传统公交日均客运量为多少?

解 设轨道交通日均客运量与传统公交日均客运量分别为 x,y,根据题意,得

$$y = 2x - 109,$$

将 $x = 607$ 代入,得 $y = 1105$,即传统公交日均客运量为 1105 万人次.

习题 1-1

1. 下列各题中,函数 $f(x)$ 与 $g(x)$ 是否是同一个函数,为什么?

(1) $f(x) = \dfrac{1}{x+1}$, $g(x) = \dfrac{x-1}{x^2-1}$;   (2) $f(x) = \ln x^5$, $g(x) = 5\ln x$.

2. 求下列函数的定义域：

(1) $y = \dfrac{1}{\lg(2-x)} + \sqrt{x+1}$;   (2) $y = \sqrt{4-x^2} + \ln(2x-1)$.

3. 判断下列函数的奇偶性：

(1) $y = x\sin x - \cos x$;   (2) $y = \ln(\sqrt{1+x^2} - x)$.

4. 下列函数中,哪些是周期函数? 并指出其周期.

(1) $y = \sin^2 x$;   (2) $y = |\cos x|$;

(3) $y = \cos \pi x$;   (4) $y = \tan 4x$.

5. 设函数 $f(x) = \dfrac{x^2}{x-3}$,求 $f(0)$, $f(1)$, $f(-x+1)$.

6. 求由函数 $y = \lg u$, $u = v^2$, $v = 3+t$ 复合而成的复合函数.

7. 指出下列各函数的复合过程：

(1) $y = (1+x)^5$;   (2) $y = \sqrt{\tan x}$;

(3) $y = \mathrm{e}^{-\sin \frac{1}{x}}$;   (4) $y = \ln \cos(x^2-1)$.

8. 某医药研究所开发一种新药,如果成年人按规定的剂量服用,据检测,服药后每毫升血液中的含药量 $y(\mathrm{mg})$ 与时间 $t(\mathrm{h})$ 之间的函数关系为 $y = \left(\dfrac{1}{2}\right)^{t-3}$. 据进一步测定,每毫升血液中的含药量不少于 0.25mg 时,治疗疾病有效. 则服药一次,治疗疾病有效的时间为多少?

数列的极限

极限是高等数学中最重要的概念之一,是研究微积分学的重要工具.高等数学中许多概念,如连续、导数、定积分、无穷级数等都是建立在极限基础上的.因此,掌握极限的思想与方法是学好微积分的重要前提.

极限的概念是由求解某些实际问题的真值而产生的.如古代数学家刘徽的"割圆术"就是极限思想在几何学上的应用.在一个圆内,作一个内接正六边形,其面积为 A_1;再作一个内接正十二(6×2)边形,其面积为 A_2;再作一个内接正二十四(6×2^2)边形,其面积为 A_3;……一般地,对于内接正 $6 \times 2^{n-1}$ 边形,面积记作 $A_n (n \in N)$;得到一系列内接正多边形的面积: $A_1, A_2, \cdots, A_n, \cdots$,形成一列有次序的数,而且 n 越大即随着边数的无限增加,内接正多边形就无限地接近于圆,同时 A_n 就越接近某个定值,此定值即为圆的面积.

又如,对数学乃至哲学都产生了巨大影响的古希腊哲学家芝诺(Zeno,约前490—前425)提出四个悖论.其中第二个悖论是"阿基里斯(荷马史诗中的善跑者)永远追不上一只乌龟":若乌龟的起跑点领先阿基里斯一段距离,阿基里斯要想追上乌龟必须首先跑到乌龟的出发点,而在这段时间里乌龟又向前爬过了一段距离,此过程不断进行下去直至无穷,所以阿基里斯永远追不上乌龟.事实上我们知道:能追上.可该如何解释芝诺悖论呢?

再比如,比较 $0.\dot{9}$ 与 1 的大小.有人说 $0.\dot{9}$ 无论后面有多少个9,它永远都比1要小.事实上我们知道 $\frac{1}{9} = 0.\dot{1}$,所以 $0.\dot{9} = \frac{1}{9} \times 9 = 1$.

上述三个问题都让人想不通的根本所在是,它们都是无限的,人们不能用有限的想象去解释无穷的世界.下面让我们走进无穷的世界,来了解极限的概念.

一、数列极限的定义

1. 数列的概念

定义 1.2 按照下标自然顺序排列的一列数 $u_1, u_2, \cdots, u_n, \cdots$ 称为**数列**,记为 $\{u_n\}$,其中 u_n 称为数列的第 n 项.将第 n 项表示为项数 n 的函数,即 $u_n = f(n)$,称为数列的**通项公式**.

单调数列 如果从第二项起,每一项比前一项大,即 $u_n < u_{n+1}$,则称数列 $\{u_n\}$ 为单调递增数列;类似地,如果从第二项起,每一项比前一项小,即 $u_n > u_{n+1}$,则称数列 $\{u_n\}$ 为单调递减数列.

单调递增的数列和单调递减的数列统称为单调数列.

有界数列 如果存在一个正常数 M,使数列 $\{u_n\}$ 的每一项 u_n 都有 $|u_n| \leqslant M$,则称数列 $\{u_n\}$ 为有界数列.否则,称为无界数列.

如数列 $1, 2, 2^2, \cdots, 2^n, \cdots$ 是单调且无界数列;数列 $-1, 1, -1, \cdots, (-1)^n, \cdots$ 是有界数列;数列 $a, a, \cdots, a, \cdots$ 是有界数列,称为常数数列.

2. 数列极限的描述与定义

对一个数列 $\{u_n\}$,由通项公式 $u_n = f(n)$ 可以计算出任意有限项,但数列自第 n 项以后各项如何变化呢? 我们需要考虑当项数 n 无限增大(记为 $n \to \infty$)时,数列一般项的变化趋势.

例 1 当 $n \to \infty$ 时,观察下列数列的变化趋势:

(1) $u_n = \dfrac{n}{n+1}$;　　　　　　　　　　　(2) $u_n = \dfrac{1}{2^n}$;

(3) $u_n = 2n+1$;　　　　　　　　　　　(4) $u_n = (-1)^{n+1}$.

解 (1) 对于数列 $u_n = \dfrac{n}{n+1}$,即 $\dfrac{1}{2}, \dfrac{2}{3}, \dfrac{3}{4}, \cdots, \dfrac{n}{n+1}, \cdots$,当 $n \to \infty$ 时,显然数列的一般项 $u_n = \dfrac{n}{n+1} = 1 - \dfrac{1}{n+1}$ 接近常数 1;

(2) 对于数列 $u_n = \dfrac{1}{2^n}$,即 $\dfrac{1}{2}, \dfrac{1}{2^2}, \dfrac{1}{2^3}, \cdots, \dfrac{1}{2^n}, \cdots$,当 $n \to \infty$ 时,显然数列的一般项 $u_n = \dfrac{1}{2^n}$ 接近常数 0;

(3) 对于数列 $u_n = 2n+1$,即 $3, 5, 7, \cdots, 2n+1, \cdots$,当 $n \to \infty$ 时,数列的一般项 $u_n = 2n+1$ 不接近任何常数;

(4) 对于数列 $u_n = (-1)^{n+1}$,即 $1, -1, 1, \cdots, (-1)^{n+1}, \cdots$,当 $n \to \infty$ 时,数列的一般项 $u_n = (-1)^{n+1}$ 在 -1 和 1 两数中跳动,不无限接近任何常数.

定义 1.3 对于数列 $\{u_n\}$,如果当 n 无限增大时,通项 u_n 无限接近于某个确定的常数 a,则称 a 为数列 $\{u_n\}$ 在 $n \to \infty$ 时的**极限**,此时称**数列 $\{u_n\}$ 收敛于 a**,记为 $\lim\limits_{n \to \infty} u_n = a$ 或 $u_n \to a(n \to \infty)$. 若数列 $\{u_n\}$ 没有极限,则称该数列**发散**.

注意: 当 n 无限增大时,如果 $|u_n|$ 无限增大,则数列没有极限. 这时,习惯上也称数列 $\{u_n\}$ 的极限是无穷大,记作 $\lim\limits_{n \to \infty} u_n = \infty$.

所以例 1 中,$\lim\limits_{n \to \infty} \dfrac{n}{n+1} = 1$;$\lim\limits_{n \to \infty} \dfrac{1}{2^n} = 0$;$\lim\limits_{n \to \infty}(2n+1) = \infty$;$\lim\limits_{n \to \infty}(-1)^n$ 不存在.

定义 1.3 建立在直观的基础之上,容易被理解,但其中的"无限增大""无限接近"语意含糊. 为了从数学的精准角度来认知这个抽象的定义,我们以极限 $\lim\limits_{n \to \infty} \dfrac{(-1)^{n-1}}{n} = 0$ 为例来分析如何用严谨的数学语言来表达"如果 n 无限增大时,数列通项 $\dfrac{(-1)^{n-1}}{n}$ 无限接近于 0".

"当 n 无限增大时,$u_n = \dfrac{(-1)^{n-1}}{n}$ 无限接近于 0"的含义是: 随着 n 的无限增大,数轴上变动的点 u_n 和定点 0 之间的距离 $|u_n - 0| = \dfrac{1}{n}$ 无限变小,或者说当 n 大到一定的程度时,$|u_n - 0| = \dfrac{1}{n}$ 可以小于任何事先给定的小正数.

具体地,给定正数 0.01,能否做到 $|u_n - 0| = \dfrac{1}{n} < 0.01$ 呢? 可以,只要 $n > 100$,即从第 101 项起,数列中的各项都满足 $|u_n - 0| < 0.01$.

如果给定更小的正数 0.0001,能不能做到 $|u_n - 0| = \dfrac{1}{n} < 0.0001$ 呢? 可以,但 n 要大

一些才行! 此时,只要 $n>10\,000$ 即可,也即从第 10 001 项起,数列中的各项都将满足 $|u_n-0|<0.0001$.

同理,再给定非常小的正数 $\dfrac{1}{1\,000\,001}$,要使 $|u_n-0|=\dfrac{1}{n}<\dfrac{1}{1\,000\,001}$,显然只要 $n>$

$1\,000\,001$ 即可,也即从第 1 000 002 项起,数列中的各项都满足 $|u_n-0|<\dfrac{1}{1\,000\,001}$.

以上讨论表明,对于事先给定的正数,总可以确定一个自然数 N,这个自然数标记出了一个位置,自此位置之后,即 $n>N$,$|u_n-0|$ 全都小于这个正数. 显然,这样的过程可以无休止地进行下去. 我们需要一个一般性的抽象结果. 总结这三种情形的共同特点,将其中事先给定的具体正数抽象为可以任意选取的很小的正数 ε,换成如下的表述:

对于可以任意选取、事先给定的很小的正数 ε,要使 $|u_n-0|=\dfrac{1}{n}<\varepsilon$,只需要 $n>\dfrac{1}{\varepsilon}$ 即可;记 $N=\left[\dfrac{1}{\varepsilon}\right]$(不超过 $\dfrac{1}{\varepsilon}$ 的最大整数),显然当 $n>N$ 时,或者说从第 $N+1$ 这个位置开始,数列中所有的项都满足 $|u_n-0|=\dfrac{1}{n}<\varepsilon$.

这里,ε 是事先任意选取的,给定后就是一个常量,用 $|u_n-0|<\varepsilon$ 来刻画动点 u_n 与定点 0 接近的程度. 此外,不等式 $|u_n-0|<\varepsilon$ 只有当 n 大到**一定程度**才成立,这里的一定程度指的是数列中的一个特定位置,通常用正整数 N 来表示. 怎样确定这个 N? 通过考察满足不等式 $|u_n-0|<\varepsilon$ 中的 n 的变化范围来定. 也就是说,事先给定 ε,然后由 $|u_n-0|<\varepsilon$ 来确定 N.

对于本例,由 $|u_n-0|<\varepsilon$,解得 $n>\dfrac{1}{\varepsilon}$,这样就得到了一个正整数 $N=\left[\dfrac{1}{\varepsilon}\right]$,它确定了一个特定位置,从这个位置往后,数列中所有的项都满足 $|u_n-0|<\varepsilon$.

最后,正整数 N 与 ε 有关,不同的 ε 对应的 N 往往不一样. 本例中,取 $\varepsilon=0.01$ 时,$N=100$;而取 $\varepsilon=\dfrac{1}{1\,000\,001}$ 时,$N=1\,000\,001$.

以上就是针对数列 $u_n=\dfrac{(-1)^{n-1}}{n}$,极限 $\lim\limits_{n\to\infty}\dfrac{(-1)^{n-1}}{n}=0$ 精确的数学表述.

按照上述分析,所谓 $\lim\limits_{n\to\infty}u_n=a$ 可以量化为:对于任意选取、事先给定的正数 ε,存在正整数 N,只要 $n>N$,就有 $|u_n-a|<\varepsilon$.

这就是魏尔斯特拉斯(Weierstrass,1815—1897)于 1865 年给出的数列极限严格定义.

定义 1.4(" ε-N "语言) 设有数列 $\{u_n\}$,a 是一个常数,如果对任意 $\varepsilon>0$,总存在自然数 N,当 $n>N$ 时,恒有 $|u_n-a|<\varepsilon$ 成立,则称 a 为数列 $\{u_n\}$ 的极限,或称数列 $\{u_n\}$ 收敛于 a. 记作

$$\lim_{n\to\infty}u_n=a \quad 或 \quad u_n\to a \quad (n\to\infty).$$

如果数列 $\{u_n\}$ 没有极限,就称数列 $\{u_n\}$ 发散.

就其数学的严密性而言,数列极限的" ε-N "语言定义是必不可少的,其含义如下:

(1) ε 是可以取到任意小的正数,用 $|u_n-a|<\varepsilon$ 来描述变量 u_n 与 a 接近的程度,即任意接近.

(2) 定义中的条件命题:对任意 $\varepsilon>0$,总存在自然数 N,当 $n>N$ 时,恒有 $|u_n-a|<\varepsilon$.

(3) 当已知 $n \to \infty$ 时,其意为在这个变化过程中,对于自然数 N 总有一个时刻,在这个时刻以后有 $n > N$ 成立. 如果定义的条件命题(2)为真,则在这个时刻以后 $|u_n - a| < \varepsilon$ 为真(即任意接近).

也就是说,如果定义的条件命题(2)为真,在已知 $n \to \infty$ 过程中,总有一个时刻,在这个时刻以后,变量 u_n 可取到任意地接近于常数 a,即 $\lim\limits_{n \to \infty} u_n = a$.

要证明 $\lim\limits_{n \to \infty} u_n = a$,就是要证明定义中的条件命题(2)为真命题.

例 2 证明:$\lim\limits_{n \to \infty}\left(1 + \dfrac{1}{n^2}\right) = 1$.

证 任给 $\varepsilon > 0$,无论 ε 有多小,因为

$$|u_n - 1| = \left|\left(1 + \frac{1}{n^2}\right) - 1\right| = \frac{1}{n^2} < \frac{1}{n},$$

只要 $n \geqslant \dfrac{1}{\varepsilon}$,就有 $|u_n - 1| < \dfrac{1}{n} \leqslant \varepsilon$,所以取 $N = \left[\dfrac{1}{\varepsilon}\right] + 1$. 则定义的条件命题为:

对任意 $\varepsilon > 0$,存在自然数 $N = \left[\dfrac{1}{\varepsilon}\right] + 1$,当 $n > N\left(\text{即 } n > \dfrac{1}{\varepsilon}\right)$ 时,$|u_n - 1| < \varepsilon$ 成立.

所以 $\lim\limits_{n \to \infty}\left(1 + \dfrac{1}{n^2}\right) = 1$.

下面证明一个以后经常要用到的极限.

例 3 设 $0 < |q| < 1$,证明:等比数列

$$1, q, q^2, q^3, \cdots, q^n, \cdots$$

以 0 为极限,即 $\lim\limits_{n \to \infty} q^n = 0 \, (0 < |q| < 1)$.

证 对任意 $\varepsilon > 0$,令 $|q^n - 0| < \varepsilon$,即 $|q|^n < \varepsilon$,解得

$$n \ln|q| < \ln\varepsilon, \quad n > \frac{\ln\varepsilon}{\ln|q|}.$$

可见,对于任意 $\varepsilon > 0$,不妨设 $\varepsilon < 1$,取正整数 $N = \left[\dfrac{\ln\varepsilon}{\ln|q|}\right] + 1$,则当 $n > N$ 时,有 $n > \dfrac{\ln\varepsilon}{\ln|q|}$,由此反推,得 $|q^n - 0| = |q|^n < \varepsilon$. 根据定义,$\lim\limits_{n \to \infty} q^n = 0$.

3. 数列极限的几何解释

设 $\lim\limits_{n \to \infty} u_n = a$,则对任意 $\varepsilon > 0$,都有正整数 N,使得当 $n > N$ 时,$|u_n - a| < \varepsilon$. 注意到 $|u_n - a| < \varepsilon$ 也就是 $u_n \in (a - \varepsilon, a + \varepsilon)$,即 u_n 落在邻域 $U(a, \varepsilon) = (a - \varepsilon, a + \varepsilon)$ 内. 因此,如果 $\lim\limits_{n \to \infty} u_n = a$,则对任意 $\varepsilon > 0$,都有正整数 N,使得满足 $n > N$ 的所有 u_n 无一例外地落在以点 a 为中心、ε 为半径的邻域

$$U(a, \varepsilon) = (a - \varepsilon, a + \varepsilon)$$

内. 在这邻域之外,最多有该数列中的有限多个(N 个)点(图 1-20).

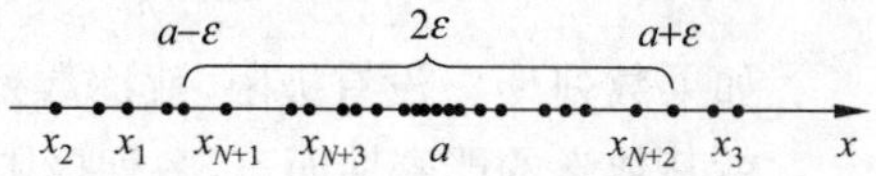

图 1-20

二、数列极限的常用性质

定义 1.5 对于数列 $\{u_n\}$，如果存在正数 M，使得 $|u_n| \leqslant M$ 对所有的 n 都成立，则称数列 $\{u_n\}$ 有界. 如果这样的正数 M 不存在，则称 $\{u_n\}$ 无界.

容易验证，数列 $\{u_n\}$ 有界当且仅当存在两个常数 A,B 使对所有的 n 都有 $A \leqslant u_n \leqslant B$.

例如，数列 $\left\{\dfrac{n}{n+1}\right\}$，$\{(-1)^n\}$ 都是有界数列；而数列 $\{2^n\}$，$\{(-1)^n n\}$ 是无界数列.

根据数列极限的几何解释，结合图 1-20 看到，可以做出一个有限区间 $[A,B]$，该区间既包含邻域 $U(a,\varepsilon)$，又包含 $U(a,\varepsilon)$ 之外的那有限多个 u_n. 也就是说，对所有的 n 都有 $A \leqslant u_n \leqslant B$. 这表明数列 $\{u_n\}$ 有界. 由此得以下性质.

性质 1（收敛数列的有界性定理） 收敛的数列一定有界.

因此，无界数列没有极限. 例如，数列 $\{n\}$，$\{(-1)^n n^2\}$ 都是无界数列，都没有极限.

有界的数列不一定有极限. 例如 $\{(-1)^n\}$ 是有界数列，但没有极限.

性质 2（数列极限的唯一性定理） 若数列 $\{u_n\}$ 收敛，则其极限是唯一的.

证 （反证法）设 $\lim\limits_{n \to \infty} u_n = a$，且 $\lim\limits_{n \to \infty} u_n = b$，$a \neq b$，令 $\varepsilon = \dfrac{|b-a|}{3}$，则由极限定义，存在 N_1，使得当 $n > N_1$ 时，$|u_n - a| < \varepsilon$，即 $u_n \in U(a,\varepsilon)$；同理，存在 N_2，使得当 $n > N_2$ 时，$u_n \in U(b,\varepsilon)$. 令 $N = \max\{N_1, N_2\}$，则当 $n > N$ 时，$n > N_1$ 与 $n > N_2$ 都成立，于是对应的 $u_n \in U(a,\varepsilon) \bigcap U(b,\varepsilon)$.

但这是不可能的，因为当 $\varepsilon = \dfrac{|b-a|}{3}$ 时，邻域 $U(a,\varepsilon)$ 与 $U(b,\varepsilon)$ 的交集是空集.

性质 3（收敛数列的保号性定理） 如果 $\lim\limits_{n \to \infty} u_n = a$，且 $a > 0$，则存在正整数 N，使得当 $n > N$ 时，所有对应的 $u_n > 0$.

类似地，如果 $\lim\limits_{n \to \infty} u_n = a$，且 $a < 0$，则存在正整数 N，使得当 $n > N$ 时，所有对应的 $u_n < 0$.

推论 如果从数列 $\{u_n\}$ 的某项起，所有的 $u_n \geqslant 0$（或 $\leqslant 0$），且 $\lim\limits_{n \to \infty} u_n = a$，则 $a \geqslant 0$（或 $\leqslant 0$）. 该推论可根据性质 3 采用反证法得到. 请读者自己推导一下.

习题 1-2

1. 观察下列数列的变化趋势，判别哪些数列有极限. 如果有极限，写出它们的极限.

(1) $u_n = \dfrac{1}{2^n}$；

(2) $u_n = 2 + (-1)^n \dfrac{1}{n^2}$；

(3) $u_n = \dfrac{2n-1}{2n+1}$；

(4) $u_n = (-1)^n + 1$；

(5) $u_n = \dfrac{3n+1}{4n-2}$；

(6) $u_n = \ln\dfrac{1}{n}$.

2. 利用数列极限的"$\varepsilon\text{-}N$"语言证明：

(1) $\lim\limits_{n \to \infty} \dfrac{n+(-1)^n}{n+1} = 1$；

(2) $\lim\limits_{n \to \infty} 0.\underbrace{33\cdots3}_{n\text{个}} = \dfrac{1}{3}$.

3. 设数列 $\{u_n\}$ 有界，$\lim\limits_{n \to \infty} v_n = 0$，证明 $\lim\limits_{n \to \infty} u_n v_n = 0$.

上一节定义了数列的极限. 数列可看作定义域为自然数集的函数：$u_n = f(n)$，数列 $\{u_n\}$ 的极限为 a，也就是当自变量 n 无限增大（$n \to \infty$）时对应的函数值 $f(n)$ 无限接近常数 a. 对于定义在实数域的集合 D 上的函数 $f(x)$，我们常常需要研究对应于自变量 x 的某个变化过程，函数值 $f(x)$ 的变化趋势. 这里，自变量的变化过程有两大类：一是自变量 x 趋于有限值，二是自变量 x 的绝对值 $|x|$ 无限增大，相应的函数极限也有两大类.

一、自变量趋于有限值时的函数极限

1. $x \to x_0$ 时函数的极限

考虑函数在 x_0（有定义或无定义）点处附近的函数值的变化情况时，我们需要研究当 x 无限接近 x_0（记为：$x \to x_0$，读作 x 趋向于 x_0）时，函数的变化情况.

先从函数图形特征观察简单函数极限.

如图 1-21 所示，当已知 $x \to 1$ 时，$f(x) = x + 1$ 无限接近于 2；

如图 1-22 所示，当已知 $x \to 1$ 时，$g(x) = \dfrac{x^2 - 1}{x - 1}$ 无限接近于 2.

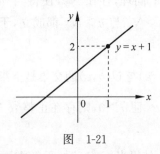
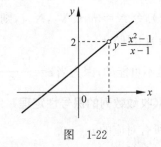

图 1-21   图 1-22

函数 $f(x) = x + 1$ 与 $g(x) = \dfrac{x^2 - 1}{x - 1}$ 是两个不同的函数，前者在 $x = 1$ 处有定义，后者在 $x = 1$ 处无定义. 由此可见，当 $x \to 1$ 时，$f(x)$ 和 $g(x)$ 是否无限接近于 2，与其在 $x = 1$ 点处是否有定义或函数值无关，而只与该点附近的函数值有关. 我们把 x_0 点附近的函数值组成的集合即开区间 $(x_0 - \delta, x_0 + \delta)$（$\delta > 0$）称为 x_0 的 $\pmb{\delta}$ 邻域，记为 $U(x_0, \delta)$. 用 $\mathring{U}(x_0, \delta)$ 表示集合 $(x_0 - \delta, x_0) \cup (x_0, x_0 + \delta)$（$\delta > 0$），称为 x_0 的去心邻域.

定义 1.6 设函数 $y = f(x)$ 在 x_0 的某一去心邻域 $\mathring{U}(x_0, \delta)$ 内有定义，当自变量 x（$x \neq x_0$）无限接近于 x_0 时，相应的函数值无限接近于常数 A，则称 $x \to x_0$ 时，A 为函数 $f(x)$ 的极限，记作

$$\lim_{x \to x_0} f(x) = A \quad \text{或} \quad f(x) \to A \quad (x \to x_0).$$

由定义可知

$$\lim_{x \to 1}(x + 1) = 2, \quad \lim_{x \to 1}\frac{x^2 - 1}{x - 1} = 2.$$

类似数列极限的"$\varepsilon\text{-}N$"语言，可以给出 $x \to x_0$ 时函数极限的精确定义.

定义 1.7("**ε-δ**"**语言**) 设 $f(x)$ 在 x_0 的某个邻域 $U(x_0,\delta)$ 中有定义,若对任意给定的正数 ε,存在 $\delta>0$,使得当 $0<|x-x_0|<\delta$ 时,总有 $|f(x)-A|<\varepsilon$ 成立,则称 $x\to x_0$ 时,A 为函数 $f(x)$ 的极限,记为 $\lim\limits_{x\to x_0}f(x)=A$.

"ε-δ"语言的含义如下:

(1) ε 是可以取到任意小的正数,$|f(x)-A|<\varepsilon$ 描述了函数 $f(x)$ 与 A 接近的程度,即任意接近.

(2) 定义中的条件命题:对任意 $\varepsilon>0$,总存在 $\delta>0$,当 $0<|x-x_0|<\delta$ 时,恒有 $|f(x)-A|<\varepsilon$. 如果这个命题成立,则称 $x\to x_0$ 时,A 为 $f(x)$ 的极限.

(3) 当已知 $x\to x_0$ 时,其意为在此过程中,对于 $\delta(>0)$ 总有一个时刻,在这个时刻以后 $0<|x-x_0|<\delta$ 成立. 如果定义的条件命题(2)为真,则在这个时刻以后 $|f(x)-A|<\varepsilon$ 为真(即任意接近).

也就是说,如果定义的条件命题(2)为真,在已知 $x\to x_0$ 过程中,总有一个时刻,在这个时刻以后,变量 $f(x)$ 可取到任意地接近于常数 A,即 $\lim\limits_{x\to x_0}f(x)=A$.

要证明 $\lim\limits_{x\to x_0}f(x)=A$,就是要证明定义的条件命题(2)为真命题.

例 1 证明 $\lim\limits_{x\to 3}x=3$.

证 这是一个显而易见的等式. 之所以要给出证明,主要是为了熟悉利用极限的精确定义来证明极限的方法. 此处 $f(x)=x$,$A=3$. 对任意 $\varepsilon>0$,欲使 $|f(x)-A|<\varepsilon$,即 $|x-3|<\varepsilon$,显然只要取 $\delta=\varepsilon$,则当 $0<|x-3|<\delta$ 时,必然有

$$|f(x)-A|=|x-3|<\varepsilon,$$

所以 $\lim\limits_{x\to 3}x=3$.

类似可证:$\lim\limits_{x\to x_0}x=x_0$;对任何常数 C,$\lim\limits_{x\to x_0}C=C$.

例 2 证明 $\lim\limits_{x\to x_0}\sqrt{x}=\sqrt{x_0}$,$x_0>0$.

证 本题需要证明的是,对任意 $\varepsilon>0$,能找到正数 δ,使得对于满足 $0<|x-x_0|<\delta$ 的一切 x,都有 $|f(x)-A|=|\sqrt{x}-\sqrt{x_0}|<\varepsilon$. 由

$$|\sqrt{x}-\sqrt{x_0}|=\left|\frac{x-x_0}{\sqrt{x}+\sqrt{x_0}}\right|\leqslant\frac{1}{\sqrt{x_0}}|x-x_0|<\varepsilon$$

解得 $|x-x_0|<\sqrt{x_0}\varepsilon$,可见只要取 $\delta=\sqrt{x_0}\varepsilon$,则当 $0<|x-x_0|<\delta$ 时,必有

$$|f(x)-A|=|\sqrt{x}-\sqrt{x_0}|<\varepsilon$$

成立,即 $\lim\limits_{x\to x_0}\sqrt{x}=\sqrt{x_0}$ $(x_0>0)$.

类似可证:$\lim\limits_{x\to x_0}\sqrt[3]{x}=\sqrt[3]{x_0}$.

例 3 证明 $\lim\limits_{x\to x_0}\sin x=\sin x_0$.

证 对任意 $\varepsilon>0$,因为

$$|\sin x-\sin x_0|=2\left|\sin\frac{x-x_0}{2}\cos\frac{x+x_0}{2}\right|\leqslant 2\left|\sin\frac{x-x_0}{2}\right|\leqslant|x-x_0|,$$

只要$|x-x_0|<\varepsilon$,就恒有$|\sin x-\sin x_0|<\varepsilon$成立,所以,取$\delta=\varepsilon$.

即定义的条件命题:对任意$\varepsilon>0$,存在$\delta=\varepsilon>0$,当$|x-x_0|<\varepsilon$时,就恒有
$$|\sin x-\sin x_0|<\varepsilon$$
成立. 所以$\lim\limits_{x\to x_0}\sin x=\sin x_0$.

2. 左、右极限

定义 1.8 设函数$f(x)$在x_0的右半邻域$(x_0,x_0+\delta)$内有定义,当自变量$x(>x_0)$无限接近于x_0时,相应的函数值$f(x)$无限接近于常数A,则称$x\to x_0$时,A为函数$f(x)$在x_0处的右极限,记为
$$f(x_0+0)=\lim\limits_{x\to x_0^+}f(x)=A \quad \text{或} \quad f(x)\to A \quad (x\to x_0^+).$$

定义 1.9 设函数$f(x)$在x_0的左半邻域$(x_0-\delta,x_0)$内有定义,当自变量$x(<x_0)$无限接近于x_0时,相应的函数值$f(x)$无限接近于常数A,则称当$x\to x_0$时,A为函数$f(x)$在x_0点处的左极限,记为
$$f(x_0-0)=\lim\limits_{x\to x_0^-}f(x)=A \quad \text{或} \quad f(x)\to A \quad (x\to x_0^-).$$

由定义,函数$f(x)$在x_0处的极限$\lim\limits_{x\to x_0}f(x)=A$存在,则无论自变量$x$从左边$(x<x_0)$或者右边$(x>x_0)$无限接近于$x_0$时,函数$f(x)$的极限都存在并且相等. 一般有下列定理.

定理 1.1 极限$\lim\limits_{x\to x_0}f(x)$存在的充要条件是函数$f(x)$在$x_0$点处的左右极限存在并且相等. 即
$$\lim\limits_{x\to x_0^+}f(x)=\lim\limits_{x\to x_0^-}f(x).$$

例 4 设$f(x)=\begin{cases} x^2, & x\leqslant 0, \\ x+1, & x>0, \end{cases}$ 画出该函数的图形,并讨论$\lim\limits_{x\to 0^-}f(x),\lim\limits_{x\to 0}f(x),\lim\limits_{x\to 0^+}f(x)$是否存在.

解 由$f(x)$的图像(图 1-23)不难看出:
$$\lim\limits_{x\to 0^-}f(x)=\lim\limits_{x\to 0^-}x^2=0,$$
$$\lim\limits_{x\to 0^+}f(x)=\lim\limits_{x\to 0^+}(x+1)=1,$$
所以,$\lim\limits_{x\to 0}f(x)$不存在.

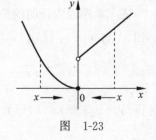

图 1-23

例 5 设函数$f(x)=\begin{cases} A\mathrm{e}^{x+1}, & x>0, \\ x+1, & x=0, \end{cases}$ 则当$x\to 0$时,A等于何值,函数的极限存在?

解 因为
$$\lim\limits_{x\to 0^+}f(x)=\lim\limits_{x\to 0^+}A\mathrm{e}^{x+1}=A\mathrm{e}, \quad \lim\limits_{x\to 0^-}f(x)=\lim\limits_{x\to 0^-}(x+1)=1.$$

由定理 1.1,要使$\lim\limits_{x\to 0}f(x)$存在,需有$\lim\limits_{x\to 0^+}f(x)=\lim\limits_{x\to 0^-}f(x)$,即$A\mathrm{e}=1$,所以$A=\dfrac{1}{\mathrm{e}}$.

二、自变量趋于无限值时的函数极限

1. 当 $x \to \infty$ 时函数 $f(x)$ 的极限

定义 1.10 设函数 $f(x)$ 在 $|x|>a$ 时有定义(a 为某个正实数),如果当自变量的绝对值 $|x|$ 无限增大时,相应的函数值 $f(x)$ 无限接近于常数 A,则称当 $x \to \infty$ 时,A 为函数 $f(x)$ 的极限,记为 $\lim\limits_{x \to \infty} f(x) = A$ 或 $f(x) \to A (x \to \infty)$.

用"ε-X"语言可表述为:设函数 $f(x)$ 在 $|x|$ 大于某一正数时有定义,如果对任意 $\varepsilon>0$,存在 $X>0$,使得当 $|x|>X$ 时,都有 $|f(x)-A|<\varepsilon$ 成立,则称 A 为函数 $f(x)$ 在 $x \to \infty$ 过程中的极限.

2. $x \to +\infty (x \to -\infty)$ 时函数 $f(x)$ 的极限

定义 1.11 设函数 $f(x)$ 在 $(a,+\infty)$ 内有定义(a 为某个正实数),当自变量 $x(x>0)$ 无限增大时,相应的函数值 $f(x)$ 无限接近于常数 A,则称 $x \to +\infty$ 时,A 为函数 $f(x)$ 的极限,记为 $\lim\limits_{x \to +\infty} f(x) = A$ 或 $f(x) \to A(x \to +\infty)$.

定义 1.12 设函数 $f(x)$ 在 $(-\infty,a)$ 内有定义(a 为某个负实数),当自变量 $x<0$,且 $|x|$ 无限增大时,相应的函数值 $f(x)$ 无限接近于常数 A,则称 A 为 $x \to -\infty$ 时函数 $f(x)$ 的极限,记为 $\lim\limits_{x \to -\infty} f(x) = A$ 或 $f(x) \to A(x \to -\infty)$.

同样有下列定理:

定理 1.2 函数 $f(x)$ 的极限 $\lim\limits_{x \to \infty} f(x)$ 存在的充要条件是 $\lim\limits_{x \to -\infty} f(x)$ 和 $\lim\limits_{x \to +\infty} f(x)$ 存在并且相等,即

$$\lim_{x \to -\infty} f(x) = \lim_{x \to +\infty} f(x).$$

例 6 求极限 $\lim\limits_{x \to \infty} \dfrac{1}{x}$.

解 由图 1-24 可知:$\lim\limits_{x \to +\infty} \dfrac{1}{x} = 0$,$\lim\limits_{x \to -\infty} \dfrac{1}{x} = 0$. 即 $\lim\limits_{x \to \infty} \dfrac{1}{x} = 0$.

至此,我们给出了高等数学所涉及的七种极限,如下所示.

数列极限:$\lim\limits_{n \to \infty} u_n$;

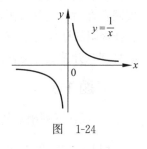

图 1-24

函数极限:

$x \to x_0$ 情形:$\lim\limits_{x \to x_0} f(x)$,$\lim\limits_{x \to x_0^-} f(x)$,$\lim\limits_{x \to x_0^+} f(x)$;

$x \to \infty$ 情形:$\lim\limits_{x \to \infty} f(x)$,$\lim\limits_{x \to -\infty} f(x)$,$\lim\limits_{x \to +\infty} f(x)$.

今后,常用记号 $\lim f(x)$ 来表示上述七种极限中的任何一种.

三、极限的性质

之前已经给出了数列极限的几个常用的性质,这些性质对于七种极限都成立. 为应用方便起见,现不加证明地罗列如下:

性质 1(唯一性) 若极限 $\lim f(x)$ 存在,则其极限值是唯一的.

性质 2(局部有界性) 若极限 $\lim f(x)$ 存在,则在自变量 x 的一定范围内函数 $f(x)$ 有界.

例如,如果极限 $\lim\limits_{x \to x_0} f(x)$ 存在,则在 x_0 的某个去心邻域 $\overset{\circ}{U}(x_0)$ 内函数 $f(x)$ 有界;如果极限 $\lim\limits_{x \to \infty} f(x)$ 存在,则存在正数 X,使得当 $|x| > X$ 时函数 $f(x)$ 有界.

性质 3(局部保号性) 若 $\lim f(x) = A$,且 $A > 0$(或 $A < 0$),则在自变量 x 的一定范围内,$f(x) > 0$(或 $f(x) < 0$).

具体地,如果 $\lim\limits_{x \to x_0} f(x) = A$,且 $A > 0$(或 $A < 0$),则在 x_0 的某个去心邻域 $\overset{\circ}{U}(x_0)$ 内,$f(x) > 0$(或 $f(x) < 0$).

如果 $\lim\limits_{x \to +\infty} f(x) = A$,且 $A > 0$(或 $A < 0$),则存在正数 X,使当 $x > X$ 时,$f(x) > 0$(或 $f(x) < 0$).

对于其他几种极限有类似的结论. 由反证法,容易得到以下推论.

推论 若在 x_0 的某个去心邻域 $\overset{\circ}{U}(x_0)$ 内,$f(x) > 0$($f(x) < 0$),且极限 $\lim\limits_{x \to x_0} f(x) = A$,则极限值 $A \geqslant 0$(或 $A \leqslant 0$).

该推论对于其他几种极限有类似的结论.

如果函数极限 $\lim\limits_{x \to +\infty} f(x) = A$,则无论自变量 x 以怎样的方式趋于正无穷大,对应函数值 $f(x)$ 都趋于 A. 特别是,当自变量 x 取自然数值且趋于无穷时,有 $\lim\limits_{n \to \infty} f(n) = A$. 因此得下面定理.

定理 1.3 如果函数极限 $\lim\limits_{x \to +\infty} f(x) = A$,则数列极限 $\lim\limits f(n) = A$.

在计算某些数列的极限 $\lim\limits_{n \to \infty} u_n$ 时可能需要借助于函数的极限,这时可以运用本定理,将数列 $u_n = f(n)$ 的表达式中的 n 换成实数 x,将 u_n 换成对应的 $f(x)$,这样,所求极限 $\lim\limits_{n \to \infty} u_n$ 就转化为函数的极限 $\lim\limits_{x \to +\infty} f(x)$,即 $\lim\limits_{n \to \infty} u_n = \lim\limits_{x \to +\infty} f(x)$.

极限概念的精确定义是建立极限理论的基础. 在本课程中,它主要用来验证极限或证明与极限有关的命题. 一些很简单的求极限问题可以通过直观考察来判断极限是否存在,并在极限存在时写出其极限值. 但是面对大量复杂的极限计算这一方法就行不通了. 为解决各种各样极限的计算问题,数学家从极限的精确定义出发推导出了一整套求极限的方法,从下一节起将陆续介绍这些方法.

习题 1-3

1. 观察下列函数的变化趋势,写出它们的极限.

(1) $y = 2^x$,$x \to 0$;   (2) $y = \dfrac{2x^2 - 2}{x - 1}$,$x \to 1$.

2. 设函数 $f(x) = \begin{cases} x^2, & x > 0, \\ x, & x \leqslant 0. \end{cases}$ 求:$\lim\limits_{x \to 0} f(x)$.

3. 设函数 $f(x) = \begin{cases} 2x, & 0 \leqslant x < 1, \\ 3 - x, & 1 < x \leqslant 2. \end{cases}$ 求:$\lim\limits_{x \to 1^+} f(x)$;$\lim\limits_{x \to 1^-} f(x)$;$\lim\limits_{x \to 1} f(x)$.

4. 设函数 $f(x) = \begin{cases} 2x - 1, & x < 0, \\ 0, & x = 0, \\ x + 2, & x > 0. \end{cases}$ 求:$\lim\limits_{x \to 0^+} f(x)$;$\lim\limits_{x \to 0^-} f(x)$;$\lim\limits_{x \to 0} f(x)$.

第四节 极限的运算

　　函数可以进行加减乘除运算和复合运算,那么当这些运算和求极限的运算综合在一起的时候,该如何进行操作? 本节介绍的极限运算法则将解决这些问题. 极限运算法则包括极限的四则运算法则和复合函数的极限运算法则. 这些法则使用频繁,需要熟练掌握.

一、极限的四则运算法则

　　以下用 $\lim f(x)$ 表示七种极限中的任意一种.

　　定理 1.4　设在 x 的某一个变化过程中,$\lim f(x)$ 及 $\lim g(x)$ 都存在,且 $\lim f(x)=A$,$\lim g(x)=B$,则有下列运算法则:

　　(1) $\lim[f(x)\pm g(x)]=\lim f(x)\pm\lim g(x)=A\pm B$;

　　(2) $\lim[f(x)\cdot g(x)]=\lim f(x)\cdot\lim g(x)=A\cdot B$;

　　(3) 当 $\lim g(x)=B\neq 0$ 时,$\lim\dfrac{f(x)}{g(x)}=\dfrac{\lim f(x)}{\lim g(x)}=\dfrac{A}{B}$.

　　证　为确定起见,设极限过程为 $x\to x_0$,即 $\lim\limits_{x\to x_0}f(x)=A$,$\lim\limits_{x\to x_0}g(x)=B$.

　　(1) 由极限定义,对于任意 $\varepsilon>0$,以下结果成立:

　　　　存在 $\delta_1>0$,使得当 $0<|x-x_0|<\delta_1$ 时,$|f(x)-A|<\dfrac{\varepsilon}{2}$;

　　　　存在 $\delta_2>0$,使得当 $0<|x-x_0|<\delta_2$ 时,$|g(x)-B|<\dfrac{\varepsilon}{2}$,

取 $\delta=\min\{\delta_1,\delta_2\}$,则当 $0<|x-x_0|<\delta$ 时,$|f(x)-A|<\dfrac{\varepsilon}{2}$ 与 $|g(x)-B|<\dfrac{\varepsilon}{2}$ 同时成立,从而

$$|f(x)+g(x)-(A+B)|<|f(x)-A|+|g(x)-B|<\dfrac{\varepsilon}{2}+\dfrac{\varepsilon}{2}=\varepsilon,$$

因此,$\lim\limits_{x\to x_0}[f(x)+g(x)]=A+B$. 类似可证明 $\lim\limits_{x\to x_0}[f(x)-g(x)]=A-B$.

　　(2) 由于 $\lim\limits_{x\to x_0}g(x)$ 存在,根据极限的局部有界性,对于正数 $M>|A|$,存在 $\delta_1>0$,使得当 $0<|x-x_0|<\delta_1$ 时,$|g(x)|\leqslant M$. 再由极限的定义,对任意 $\varepsilon>0$,存在 $\delta_2>0$,使得当 $0<|x-x_0|<\delta_2$ 时,$|f(x)-A|<\dfrac{\varepsilon}{2M}$,且 $|g(x)-B|<\dfrac{\varepsilon}{2M}$.

　　取 $\delta=\min\{\delta_1,\delta_2\}$,则当 $0<|x-x_0|<\delta$ 时,

$$|g(x)|\leqslant M,\quad |f(x)-A|<\dfrac{\varepsilon}{2M},\quad |g(x)-B|<\dfrac{\varepsilon}{2M}$$

都成立,于是,

$$|f(x)g(x)-AB|=|f(x)g(x)-Ag(x)+Ag(x)-AB|$$
$$\leqslant|f(x)-A|\cdot|g(x)|+|A|\cdot|g(x)-B|$$
$$<\dfrac{\varepsilon}{2M}\cdot M+|A|\cdot\dfrac{\varepsilon}{2M}<\dfrac{\varepsilon}{2}+\dfrac{\varepsilon}{2}=\varepsilon,$$

因此,$\lim\limits_{x \to x_0}[f(x)g(x)]=AB.$

(3) 结合乘积法则(2),只需证明

$$\lim\limits_{x \to x_0}\frac{1}{g(x)}=\frac{1}{\lim\limits_{x \to x_0}g(x)}=\frac{1}{B},$$

即证明,对于任意 $\varepsilon > 0$,存在 $\delta > 0$,使得当 $0 < |x-x_0| < \delta$ 时,

$$\left|\frac{1}{g(x)}-\frac{1}{B}\right| < \varepsilon.$$

注意到 $\left|\dfrac{1}{g(x)}-\dfrac{1}{B}\right|=\dfrac{|g(x)-B|}{|g(x)| \cdot |B|}$,先来证明 $\dfrac{1}{|g(x)| \cdot |B|}$ 是有界量. 因为 $\lim\limits_{x \to x_0}g(x)=B$,

对于正数 $|B|>0$,存在 $\delta_1>0$,使得当 $0<|x-x_0|<\delta_1$ 时,$|g(x)-B|<\dfrac{|B|}{2}$,此时,由

$$|B|=|B-g(x)+g(x)| \leqslant |B-g(x)|+|g(x)|$$

得

$$|g(x)| \geqslant |B|-|B-g(x)| > |B|-\frac{|B|}{2}=\frac{|B|}{2},$$

因此

$$\left|\frac{1}{g(x)}-\frac{1}{B}\right|=\frac{|g(x)-B|}{|g(x)| \cdot |B|} < \frac{2}{|B|^2}|g(x)-B|,$$

因为 $\lim\limits_{x \to x_0}g(x)=B$,对于任意 $\varepsilon > 0$,存在 $\delta_2 > 0$,使得当 $0<|x-x_0|<\delta_2$ 时,$|g(x)-B|<$

$\dfrac{|B|^2}{2}\varepsilon.$ 取 $\delta=\min\{\delta_1,\delta_2\}$,则当 $0<|x-x_0|<\delta$ 时,$|g(x)-B|<\dfrac{|B|}{2}$ 与 $|g(x)-B|<$

$\dfrac{|B|^2}{2}\varepsilon$ 同时成立,于是

$$\left|\frac{1}{g(x)}-\frac{1}{B}\right|=\frac{|g(x)-B|}{|g(x)| \cdot |B|} < \frac{2}{|B|^2}|g(x)-B| < \varepsilon,$$

即 $\lim\limits_{x \to x_0}\dfrac{1}{g(x)}=\dfrac{1}{\lim\limits_{x \to x_0}g(x)}=\dfrac{1}{B}.$

和、差、积的极限运算法则可以推广到任意有限多个函数的情形. 例如,对应于同一个极限过程,在极限

$$\lim f(x), \quad \lim g(x), \quad \lim h(x)$$

都存在的前提下,以下等式都成立:

$$\lim[f(x)+g(x)-h(x)]=\lim f(x)+\lim g(x)-\lim h(x),$$
$$\lim[f(x)g(x)h(x)]=\lim f(x)\lim g(x)\lim h(x).$$

推论 1 如果 $\lim f(x)$ 存在,C 为常数,则

$$\lim[Cf(x)]=C\lim[f(x)].$$

结合定理 1.4 得

$$\lim[af(x)+bg(x)]=a\lim f(x)+b\lim g(x).$$

这表明极限运算具有线性性质,是一种线性运算.

推论 2 设 n 是自然数,则 $\lim[f(x)]^n=[\lim f(x)]^n.$

例 1 求数列极限 $\lim\limits_{n\to\infty}\left[\dfrac{1}{1\times 2}+\dfrac{1}{2\times 3}+\cdots+\dfrac{1}{n(n+1)}\right]$.

解 先变形再求极限. 由 $\dfrac{1}{k(k+1)}=\dfrac{1}{k}-\dfrac{1}{k+1}$ 得

$$\dfrac{1}{1\times 2}+\dfrac{1}{2\times 3}+\cdots+\dfrac{1}{n(n+1)}=\left(1-\dfrac{1}{2}\right)+\left(\dfrac{1}{2}-\dfrac{1}{3}\right)+\cdots+\left(\dfrac{1}{n}-\dfrac{1}{n+1}\right)=1-\dfrac{1}{n+1},$$

所以

$$\lim\limits_{n\to\infty}\left[\dfrac{1}{1\times 2}+\dfrac{1}{2\times 3}+\cdots+\dfrac{1}{n(n+1)}\right]=\lim\limits_{n\to\infty}\left(1-\dfrac{1}{n+1}\right)=1.$$

第三节指出,对任何 x_0,极限 $\lim\limits_{x\to x_0}x=x_0$,由推论 2,对任意自然数 k,有 $\lim\limits_{x\to x_0}x^k=x_0^k$. 结合极限的四则运算法则可以解决一类极限的计算问题.

例 2 求极限 $\lim\limits_{x\to 3}(x^3-3x^2+5x)$.

解

$$\lim\limits_{x\to 3}(x^3-3x^2+5x)=\lim\limits_{x\to 3}x^3-3\lim\limits_{x\to 3}x^2+5\lim\limits_{x\to 3}x=3^3-3\times 3^2+5\times 3=15.$$

一般地,对于 n 次多项式

$$P_n(x)=a_nx^n+a_{n-1}x^{n-1}+\cdots+a_2x^2+a_1x+a_0,\quad a_n\neq 0,$$

如同例 2,运用四则运算法则可得

$$\lim\limits_{x\to x_0}P_n(x)=a_nx_0^n+a_{n-1}x_0^{n-1}+\cdots+a_2x_0^2+a_1x_0+a_0=P_n(x_0).$$

这就是说,当 $x\to x_0$ 时,多项式函数的极限值就是函数值:$\lim\limits_{x\to x_0}P_n(x)=P_n(x_0).$

两个多项式的商

$$R(x)=\dfrac{P_n(x)}{Q_m(x)}=\dfrac{a_nx^n+a_{n-1}x^{n-1}+\cdots+a_2x^2+a_1x+a_0}{b_mx^m+b_{m-1}x^{m-1}+\cdots+b_2x^2+b_1x+b_0},\quad a_n,b_m\neq 0$$

称为**有理分式函数**.

例 3 求极限 $\lim\limits_{x\to -1}\dfrac{2x^2+x-4}{3x^2+2}$.

解 分子、分母都是多项式,且分母的极限 $\lim\limits_{x\to -1}(3x^2+2)=5\neq 0$,由极限运算的商法则得

$$\lim\limits_{x\to -1}\dfrac{2x^2+x-4}{3x^2+2}=\dfrac{\lim\limits_{x\to -1}(2x^2+x-4)}{\lim\limits_{x\to -1}(3x^2+2)}=-\dfrac{3}{5}.$$

例 4 求极限 $\lim\limits_{x\to 4}\dfrac{x^2-7x+12}{x^2-5x+4}$.

解 分子、分母都是多项式,且极限 $\lim\limits_{x\to 4}(x^2-7x+12)=0,\lim\limits_{x\to 4}(x^2-5x+4)=0$,这表明分子、分母有公因式 $x-4$,将分子、分母分解因式并约去公因子,得

$$\lim\limits_{x\to 4}\dfrac{x^2-7x+12}{x^2-5x+4}=\lim\limits_{x\to 4}\dfrac{(x-3)(x-4)}{(x-1)(x-4)}=\lim\limits_{x\to 4}\dfrac{x-3}{x-1}=\dfrac{1}{3}.$$

当分子、分母的极限都为零时,应先分解因式并约去分子和分母中趋向于零的公因式后再求极限.

一般地,如果极限 $\lim\limits_{x\to x_0}f(x)=0$,则称 $f(x)$ 是 $x\to x_0$ 时的无穷小. 例 4 的分子、分母都

是 $x \to 4$ 时的**无穷小**.

例 5　求极限 $\lim\limits_{x \to 2} \dfrac{x^2+1}{x^2-4}$.

解　令 $f(x) = \dfrac{x^2+1}{x^2-4}$, 分子的极限 $\lim\limits_{x \to 2}(x^2+1) \neq 0$, 分母的极限 $\lim\limits_{x \to 2}(x^2-4) = 0$, 极限运算的商法则不能用. 因为 $x \to 2$ 时分子的极限不为零, 分母为无穷小, 因此极限 $\lim\limits_{x \to 2} \dfrac{x^2+1}{x^2-4}$ 不存在. 此时函数的绝对值 $|f(x)| = \left| \dfrac{x^2+1}{x^2-4} \right|$ 当 $x \to 2$ 时无限增大, 记作

$$\lim_{x \to 2} f(x) = \lim_{x \to 2} \frac{x^2+1}{x^2-4} = \infty.$$

一般地, 如果当 $x \to x_0$ 时函数 $f(x)$ 的绝对值 $|f(x)|$ 无限增大, 则称 $f(x)$ 是 $x \to x_0$ 时的**无穷大**, 记为 $\lim\limits_{x \to x_0} f(x) = \infty$. 需要强调的是, 这种情况下, 极限 $\lim\limits_{x \to x_0} f(x)$ 并不存在. 容易理解:

如果 $\lim\limits_{x \to x_0} f(x) = \infty$, 则 $\dfrac{1}{f(x)}$ 是 $x \to x_0$ 时的无穷小; 反之, 如果 $f(x)$ 是 $x \to x_0$ 时的无穷小且 $f(x) \neq 0$, 则 $f(x)$ 是 $x \to x_0$ 时的无穷大. 关于无穷小、无穷大的概念和理论, 本章第六节将作进一步的讨论.

对于有理分式函数的极限 $\lim\limits_{x \to x_0} R(x) = \lim\limits_{x \to x_0} \dfrac{P_n(x)}{Q_m(x)}$, 总结如下:

(1) 分母函数值 $Q_m(x_0) \neq 0$ 时, $R(x)$ 的极限值等于函数值:

$$\lim_{x \to x_0} R(x) = \lim_{x \to x_0} \frac{P_n(x)}{Q_m(x)} = \frac{\lim\limits_{x \to x_0} P_n(x)}{\lim\limits_{x \to x_0} Q_m(x)} = \frac{P_n(x_0)}{Q_m(x_0)} = R(x_0).$$

(2) $P_n(x_0) = 0, Q_m(x_0) = 0$ (即 $x \to x_0$ 时分子、分母都是无穷小) 时, 将分子、分母分解因式并约去公因式 $x - x_0$ 后再求极限.

(3) 分子 $P_n(x_0) \neq 0$, 分母 $Q_m(x_0) = 0$ ($x \to x_0$ 时分母为无穷小) 时,

$$\lim_{x \to x_0} R(x) = \lim_{x \to x_0} \frac{P_n(x)}{Q_m(x)} = \infty.$$

二、复合函数的极限运算法则

定理 1.5　设 $\lim\limits_{u \to u_0} f(u) = A$, $\lim\limits_{x \to x_0} \varphi(x) = u_0$, 且在点 x_0 的某去心邻域内 $\varphi(x) \neq u_0$, 则由 $y = f(u)$ 和 $u = \varphi(x)$ 复合而得函数 $f(\varphi(x))$ 的极限存在且

$$\lim_{x \to x_0} f(\varphi(x)) = \lim_{u \to u_0} f(u) = A.$$

证　因为 $\lim\limits_{u \to u_0} f(u) = A$, 故对任意 $\varepsilon > 0$, 存在 $\eta > 0$, 使得

当 $0 < |u - u_0| < \eta$ 时,　$|f(u) - A| < \varepsilon$;

因为 $\lim\limits_{x \to x_0} \varphi(x) = u_0$, 对上述 $\eta > 0$, 存在 $\delta_1 > 0$, 当 $0 < |x - x_0| < \delta_1$ 时 $|\varphi(x) - u_0| < \eta$ 成立; 再由已知条件, 存在 $\delta_2 > 0$, 在去心邻域 $\overset{\circ}{U}(x_0, \delta_2)$ 内 $\varphi(x) \neq u_0$, 因此取 $\delta = \min\{\delta_1, \delta_2\}$, 则

当 $0<|x-x_0|<\delta$ 时， $|\varphi(x)-u_0|=|u-u_0|<\eta$，

从而有 $|f(u)-A|<\varepsilon$.

定理 1.5 的应用：

在直接求复合函数的极限 $\lim\limits_{x\to x_0}f(\varphi(x))$ 有难度时,想到作变量代换 $u=\varphi(x)$,可将难以计算的极限 $\lim\limits_{x\to x_0}f(\varphi(x))$ 转化为容易计算的极限 $\lim\limits_{u\to u_0}f(u)$. 将 $x\to x_0$ 换成 $x\to\infty$,结论仍成立.

例 6 求极限 $\lim\limits_{x\to 1}\sqrt[3]{x^2-5x+1}$.

解 作变量代换 $u=x^2-5x+1$,则 $x\to 1$ 时 $u\to -3$,结合第三节例 2,得

$$\lim_{x\to 1}\sqrt[3]{x^2-5x+1}=\lim_{u\to -3}\sqrt[3]{u}=-\sqrt[3]{3}.$$

例 7 求极限 $\lim\limits_{x\to +\infty}\dfrac{\sqrt{x^4+x^3-2x}}{2x^2+5x-3}$.

解 当 $x\to +\infty$ 时,分子、分母的极限都不存在,其中单项 $\sqrt{x^4+x^3-2x}$, x , x^2 都是 $x\to +\infty$ 时的无穷大；在 $x\to +\infty$ 的过程中,显然 x^2 趋于无穷大的速度比 x 更快,因此,在分子、分母中同除以 x^2,再把 $\dfrac{1}{x}$ 换成 t,于是得 $x\to +\infty$ 时 $t\to 0^+$,

$$\lim_{x\to +\infty}\frac{\sqrt{x^4+x^3-2x}}{2x^2+5x-3}=\lim_{x\to +\infty}\frac{\sqrt{1+\dfrac{1}{x}-2\dfrac{1}{x^3}}}{2+\dfrac{5}{x}-\dfrac{3}{x^2}}=\lim_{t\to 0^+}\frac{\sqrt{1+t-2t^3}}{2+t-3t^2}=\frac{1}{2}.$$

例 8 求极限 $\lim\limits_{x\to \infty}\dfrac{(3x^4+2x^2+x+6)^3}{(5x^3-4x^2+7)^4}$.

解 $x\to \infty$ 时,分子、分母的极限都不存在,趋于无穷大最快的单项为 x^{12},分子、分母同除以 x^{12},再把 $\dfrac{1}{x}$ 换成 t,得

$$\lim_{x\to \infty}\frac{(3x^4+2x^2+x+6)^3}{(5x^3-4x^2+7)^4}=\lim_{t\to 0}\frac{(3+2t^2+t^3+6t^4)^3}{(5-4t+7t^3)^4}=\frac{3^3}{5^4}=\frac{27}{625}.$$

例 9 设 $f(x)=\begin{cases}\dfrac{x+3}{x-1}, & x<0,\\[3mm]\dfrac{3x^3+1}{x^2+2}, & x\geqslant 0,\end{cases}$ 求极限 $\lim\limits_{x\to 0}f(x)$，$\lim\limits_{x\to +\infty}f(x)$，$\lim\limits_{x\to -\infty}f(x)$.

解 $x=0$ 是分段点,要通过左、右极限来求 $\lim\limits_{x\to 0}f(x)$：

$$\lim_{x\to 0^-}f(x)=\lim_{x\to 0^-}\frac{x+3}{x-1}=-3,\quad \lim_{x\to 0^+}f(x)=\lim_{x\to 0^+}\frac{3x^3+1}{x^2+2}=\frac{1}{2},$$

可见,极限 $\lim\limits_{x\to 0}f(x)$ 不存在. 因为

$$\lim_{x\to +\infty}f(x)=\lim_{x\to +\infty}\frac{3x^3+1}{x^2+2}=\lim_{x\to +\infty}\frac{3+\dfrac{1}{x^3}}{\dfrac{1}{x}+\dfrac{2}{x^3}}=+\infty,$$

所以,极限 $\lim\limits_{x \to +\infty} f(x)$ 不存在. 下面考虑

$$\lim_{x \to \infty} f(x) = \lim_{x \to \infty} \frac{x+3}{x-1} = \lim_{x \to \infty} \frac{1+\dfrac{3}{x}}{1-\dfrac{1}{x}} = 1.$$

例 10 求极限 $\lim\limits_{n \to \infty} \dfrac{3+2^n}{1+5^{n+1}}$.

解 由本章第二节例 3,当 $|a|>1$ 时,$\dfrac{1}{a^n}$ 是 $n \to \infty$ 时的无穷小,因此 a^n 为 $n \to \infty$ 时的无穷大. 由此可见 5^n 与 2^n 都是 $n \to \infty$ 时的无穷大,其中趋于无穷大最快的是 5^n,在分子、分母中同除以 5^n,得

$$\lim_{n \to \infty} \frac{3+2^n}{1+5^{n+1}} = \lim_{n \to \infty} \frac{\dfrac{3}{5^n} + \left(\dfrac{2}{5}\right)^n}{\dfrac{1}{5^n} + 5} = \frac{0}{5} = 0.$$

例 7、例 8、例 10 都是商的极限,且分子、分母都趋于 ∞,这种商的极限可能存在,也可能不存在,通常称为 $\dfrac{\infty}{\infty}$ 型未定式. 本节处理这类极限的主要步骤是:第一,确定分子、分母中趋于无穷最快的单项;第二,在分子、分母中同除以这个单项,再求极限.

习题 1-4

1. 计算极限:

(1) $\lim\limits_{n \to \infty}\left(1 + \dfrac{1}{3} + \dfrac{1}{9} + \cdots + \dfrac{1}{3^n}\right)$;

(2) $\lim\limits_{n \to \infty} \dfrac{1+2+3+\cdots+n}{n^2}$.

2. 求下列极限:

(1) $\lim\limits_{x \to 1} \dfrac{x^2+2x+2}{x^2+3}$;

(2) $\lim\limits_{x \to \sqrt{2}} \dfrac{x^2-3}{1+x^2}$;

(3) $\lim\limits_{x \to 0} \dfrac{x^2+x+2}{x^2+3x}$;

(4) $\lim\limits_{x \to 2} \dfrac{x^2-2x}{x^2-4x+4}$;

(5) $\lim\limits_{x \to 1}\left(\dfrac{1}{1-x} - \dfrac{3}{1-x^3}\right)$;

(6) $\lim\limits_{x \to 1} \dfrac{\sqrt{x}-1}{x-1}$;

(7) $\lim\limits_{x \to 1} \dfrac{\sqrt[3]{x}-1}{x-1}$;

(8) $\lim\limits_{x \to 0} \dfrac{\sqrt{x+1}-\sqrt{1-x}}{x}$;

(9) $\lim\limits_{x \to \infty} \dfrac{2x^2+x+3}{3x^2-x+2}$;

(10) $\lim\limits_{x \to \infty} \dfrac{x^2+3x-2}{3x^3-2x^2+1}$.

3. 设极限 $\lim\limits_{x \to 1} \dfrac{x^2-2x+a}{x-1}=2$,求 a.

4. 设极限 $\lim\limits_{x \to 1} \dfrac{f(x)-8}{x-1}$ 存在,求极限 $\lim\limits_{x \to 1} f(x)$.

第五节 极限存在准则与两个重要极限

本节介绍判定极限存在的两个准则,并由这两个准则推得两个重要极限:

$$\lim_{x \to 0} \frac{\sin x}{x} = 1, \quad \lim_{x \to \infty} \left(1 + \frac{1}{x}\right)^x = e.$$

一、夹逼准则

夹逼准则分为数列极限和函数极限两种情形. 利用极限的精确定义不难给出它们的证明.

定理 1.6(数列极限的夹逼准则) 设数列 $\{x_n\}$,$\{y_n\}$,$\{z_n\}$ 满足以下两个条件:(1)$y_n \leqslant x_n \leqslant z_n$;(2)$\lim\limits_{n \to \infty} y_n = a$,$\lim\limits_{n \to \infty} z_n = a$,则数列 $\{x_n\}$ 的极限存在,且 $\lim\limits_{n \to \infty} x_n = a$.

证 对于任意 $\varepsilon > 0$,由 $\lim\limits_{n \to \infty} y_n = a$,存在 $N_1 > 0$,使得当 $n > N_1$ 时,$|y_n - a| < \varepsilon$;由 $\lim\limits_{n \to \infty} z_n = a$,存在 $N_2 > 0$,使得当 $n > N_2$ 时,$|z_n - a| < \varepsilon$. 取 $N = \max\{N_1, N_2\}$,则当 $n > N$ 时,以下两个不等式同时成立:

$$|y_n - a| < \varepsilon, \quad |z_n - a| < \varepsilon,$$

即

$$a - \varepsilon < y_n < a + \varepsilon, \quad a - \varepsilon < z_n < a + \varepsilon,$$

故当 $n > N$ 时,

$$a - \varepsilon < y_n \leqslant x_n \leqslant z_n < a + \varepsilon,$$

由此得 $|x_n - a| < \varepsilon$,所以 $\lim\limits_{n \to \infty} x_n = a$.

该准则可用来证明极限等式,也可用来求极限.

例 1 求极限 $\lim\limits_{n \to \infty} n\left(\dfrac{1}{n^2+1} + \dfrac{1}{n^2+2} + \cdots + \dfrac{1}{n^2+n}\right)$.

解 记 $u_n = n\left(\dfrac{1}{n^2+1} + \dfrac{1}{n^2+2} + \cdots + \dfrac{1}{n^2+n}\right)$,因为对于 $1 \leqslant k \leqslant n$,有

$$\frac{n}{n^2+n} \leqslant \frac{n}{n^2+k} \leqslant \frac{n}{n^2+1},$$

则把上述 n 个不等式对应相加,得 $\dfrac{n^2}{n^2+n} \leqslant u_n \leqslant \dfrac{n^2}{n^2+1}$,又

$$\lim_{n \to \infty} \frac{n^2}{n^2+n} = \lim_{n \to \infty} \frac{1}{1+\dfrac{1}{n}} = 1, \quad \lim_{n \to \infty} \frac{n^2}{n^2+1} = \lim_{n \to \infty} \frac{1}{1+\dfrac{1}{n^2}} = 1,$$

由夹逼准则得

$$\lim_{n \to \infty} u_n = \lim_{n \to \infty} n\left(\frac{1}{n^2+1} + \frac{1}{n^2+2} + \cdots + \frac{1}{n^2+n}\right) = 1.$$

例 2 证明 $\lim\limits_{n \to \infty} \dfrac{n!}{n^n} = 0$.

证 由于

$$0 \leqslant \frac{n!}{n^n} = \frac{1 \times 2 \cdots (n-1)n}{n \cdot n \cdots n \cdot n} \leqslant \frac{1 \cdot n \cdots n \cdot n}{n \cdot n \cdots n \cdot n} = \frac{1}{n},$$

而 $\lim\limits_{n \to \infty} \frac{1}{n} = 0$,所以 $\lim\limits_{n \to \infty} \frac{n!}{n^n} = 0$.

按照证明定理 1.6 的思路,不难证明如下关于函数极限的夹逼准则,它适用于所有六种形式的函数极限.

定理 1.7(函数极限的夹逼准则) 设对应于自变量 x 的某一变化趋势,函数 $f(x)$,$g(x)$,$h(x)$ 满足以下两个条件:

(1) $g(x) \leqslant f(x) \leqslant h(x)$;(2) $\lim\limits_{x \to x_0} g(x) = A$,$\lim\limits_{x \to x_0} h(x) = A$,

则极限 $\lim\limits_{x \to x_0} f(x)$ 存在,且 $\lim\limits_{x \to x_0} f(x) = A$.

二、第一个重要极限 $\lim\limits_{x \to 0} \dfrac{\sin x}{x} = 1$

函数 $y = \dfrac{\sin x}{x}$ 在 $x = 0$ 处没有定义,它的图像如图 1-25 所示.由图可见,当 x 无限接近于 0 时,曲线上点的纵坐标逼近于 1,以下利用夹逼准则证明:

$$\lim_{x \to 0} \frac{\sin x}{x} = 1.$$

在图 1-26 所示的单位圆(即半径为 1 的圆)内作圆心角 $\angle AOB = x$,$0 < x < \dfrac{\pi}{2}$,由图易知:

$$\triangle AOB \text{ 的面积} < \text{圆扇形 } AOB \text{ 的面积} < \triangle AOD \text{ 的面积},$$

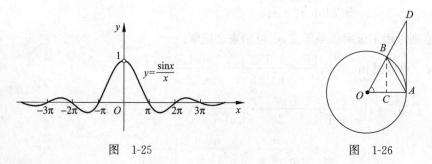

图 1-25　　　　　　　　　　图 1-26

求出三个面积各自的表达式,得

$$\frac{1}{2} \sin x < \frac{1}{2} x < \frac{1}{2} \tan x,$$

或

$$\sin x < x < \tan x, \quad x \in \left(0, \frac{\pi}{2}\right).$$

注意到 $\sin x > 0$,将不等式的每一项除以 $\sin x$,得

$$1 < \frac{x}{\sin x} < \frac{\tan x}{\sin x}, \quad \text{或} \quad \cos x < \frac{\sin x}{x} < 1.$$

因为 $\cos x$ 与 $\dfrac{\sin x}{x}$ 都是偶函数,故上述不等式对 $-\dfrac{\pi}{2} < x < 0$ 也成立,即对于 $0 < |x| < \dfrac{\pi}{2}$,

均有

$$\cos x < \frac{\sin x}{x} < 1.$$

因为在 $x=0$ 的去心邻域内

$$0 < 1 - \cos x = 2\sin^2 \frac{x}{2} < 2\left(\frac{x}{2}\right)^2 = \frac{x^2}{2},$$

而 $\lim\limits_{x\to 0}\dfrac{x^2}{2}=0$,由夹逼准则得 $\lim\limits_{x\to 0}(1-\cos x)=0$,故 $\lim\limits_{x\to 0}\cos x=1$.再由夹逼准则,得 $\lim\limits_{x\to 0}\dfrac{\sin x}{x}=1$.

从极限 $\lim\limits_{x\to 0}\dfrac{\sin x}{x}=1$ 出发,可解决一类与三角函数有关的极限问题.

例3 证明以下极限:

(1) $\lim\limits_{x\to 0}\dfrac{\tan x}{x}=1$;   (2) $\lim\limits_{x\to 0}\dfrac{\arcsin x}{x}=1$;   (3) $\lim\limits_{x\to 0}\dfrac{\arctan x}{x}=1$.

证 (1) $\lim\limits_{x\to 0}\dfrac{\tan x}{x}=\lim\limits_{x\to 0}\dfrac{\sin x}{x}\cdot\dfrac{1}{\cos x}=\lim\limits_{x\to 0}\dfrac{\sin x}{x}\cdot\lim\limits_{x\to 0}\dfrac{1}{\cos x}=1$;

(2) 作变换 $t=\arcsin x$,则 $x=\sin t$,且当 $x\to 0$ 时,$t\to 0$,因此

$$\lim\limits_{x\to 0}\frac{\arcsin x}{x}=\lim\limits_{t\to 0}\frac{t}{\sin t}=\lim\limits_{t\to 0}\frac{1}{\dfrac{\sin t}{t}}=\frac{1}{\lim\limits_{t\to 0}\dfrac{\sin t}{t}}=1;$$

(3) 类似可证 $\lim\limits_{x\to 0}\dfrac{\arctan x}{x}=1$.

一般地,如果对应于自变量的某一变化趋势,$\lim\limits_{x\to 0}\varphi(x)=0$,则通过代换 $t=\varphi(x)$ 可得

$$\lim\limits_{x\to 0}\frac{\sin\varphi(x)}{\varphi(x)}=\lim\limits_{t\to 0}\frac{\sin t}{t}=1.$$

例4 求极限:(1) $\lim\limits_{x\to 0}\dfrac{1-\cos x}{x^2}$; (2) $\lim\limits_{x\to\infty}x\arcsin\dfrac{1}{x}$.

解 (1) $\lim\limits_{x\to 0}\dfrac{1-\cos x}{x^2}=\lim\limits_{x\to 0}\dfrac{2\sin^2\dfrac{x}{2}}{x^2}=\lim\limits_{x\to 0}\dfrac{1}{2}\left(\dfrac{\sin\dfrac{x}{2}}{\dfrac{x}{2}}\right)^2=\dfrac{1}{2}$;

(2) 取 $\varphi(x)=\dfrac{1}{x}$,且 $\lim\limits_{x\to\infty}\varphi(x)=0$,因此,$\lim\limits_{x\to\infty}x\arcsin\dfrac{1}{x}=\lim\limits_{x\to\infty}\dfrac{\arcsin\dfrac{1}{x}}{\dfrac{1}{x}}=1$.

三、单调有界准则

由本章第二节所述可知,有极限的数列一定有界,但是反过来,有界数列却不一定有极限.单调有界准则说明,单调有界数列一定有极限.

定义1.13 如果数列 $\{x_n\}$ 满足 $x_1\leqslant x_2\leqslant\cdots\leqslant x_n\leqslant\cdots$,则称 $\{x_n\}$ 为单调递增数列;如果 $\{x_n\}$ 满足 $x_1\geqslant x_2\geqslant\cdots\geqslant x_n\geqslant\cdots$,则称 $\{x_n\}$ 为单调递减数列.

单调递增和单调递减数列统称为单调数列.

定理 1.8（单调有界准则） 单调有界数列必有极限.

证明略.

单调有界准则是实数集的一个重要属性,我们主要用它来证明数列极限的存在.

容易验证,如果存在常数 A 和 B,使得数列的所有项都满足 $A \leqslant x_n \leqslant B$,则数列 $\{x_n\}$ 有界,其中 A 称为数列的下界,而 B 称为该数列的上界.

由于单调递增数列 $\{x_n\}$ 是有下界的(任何小于或等于第一项 x_1 的常数都是 $\{x_n\}$ 的下界),因此,任何有上界的单调递增数列有界.同理,有下界的单调递减数列有界.

例 5 设数列的项 $x_1 = \sqrt{6}$,$x_2 = \sqrt{6+\sqrt{6}}$,$\cdots$,$x_n = \sqrt{6+\sqrt{6+\cdots+\sqrt{6}}}$,$\cdots$,证明极限 $\lim\limits_{n\to\infty} x_n$ 存在,并求出极限值.

本数列的后项通过前项来确定,即 $x_n = \sqrt{6+x_{n-1}}$ 由递推公式给出.怎样证明极限 $\lim\limits_{n\to\infty} x_n$ 存在?利用单调有界准则,分两步证明数列 $\{x_n\}$ 单调,有界.

解 首先,$x_2 - x_1 = \sqrt{6+x_1} - \sqrt{6} > 0$,而

$$x_3 - x_2 = \sqrt{6+x_2} - \sqrt{6+x_1} = \frac{x_2 - x_1}{\sqrt{6+x_2} + \sqrt{6+x_1}} > 0,$$

一般地,假设 $x_n - x_{n-1} > 0$,则

$$x_{n+1} - x_n = \sqrt{6+x_n} - \sqrt{6+x_{n-1}} = \frac{x_n - x_{n-1}}{\sqrt{6+x_n} + \sqrt{6+x_{n-1}}} > 0,$$

因此由数学归纳法,对所有的 n,都有 $x_{n+1} - x_n > 0$,即 $\{x_n\}$ 是单调递增数列.

其次,证明数列有界.显然 $x_1 > 2$,即 $\{x_n\}$ 有下界;因为 $x_1 = \sqrt{6} < 3$,

$$x_2 = \sqrt{6+\sqrt{6}} < \sqrt{6+3} = 3,$$

假设 $x_n < 3$,则 $x_{n+1} = \sqrt{6+x_n} < \sqrt{6+3} = 3$,根据数学归纳法,对所有的 n,都有 $2 < x_n < 3$,表明数列 $\{x_n\}$ 有界.由单调有界准则,极限 $\lim\limits_{n\to\infty} x_n$ 存在.

怎样求出极限值呢?因为 $\lim\limits_{n\to\infty} x_n$ 存在,故可设 $\lim\limits_{n\to\infty} x_n = a$.在 $x_n = \sqrt{6+x_{n-1}}$ 的两边同时取极限,得 $a^2 = 6+a$,解得 $a = -2$ 或 3.注意到对所有的 n,$2 < x_n < 3$,故 $\lim\limits_{n\to\infty} x_n \geqslant 2$,所以只能是 $a = 3$,即 $\lim\limits_{n\to\infty} x_n = 3$.

四、第二个重要极限 $\lim\limits_{x\to\infty}\left(1+\dfrac{1}{x}\right)^x = \mathrm{e}$

形如 $y = u(x)^{v(x)}$（$u(x) > 0$）的函数既不是指数函数,也不是幂函数,称为**幂指函数**.
例如

$$y = x^x, \quad y = (\sin x)^{\tan x}, \quad y = (x^2+3x)^{\ln x},$$

等等.幂指函数又可表示为

$$y = u(x)^{v(x)} = \mathrm{e}^{\ln u(x)^{v(x)}} = \mathrm{e}^{v(x)\ln u(x)}.$$

对于幂指函数 $y = u(x)^{v(x)}$,如果底数的极限 $\lim\limits_{x\to\infty} u(x) = 1$,而指数的极限 $\lim\limits_{x\to\infty} v(x) = \infty$,则极限 $\lim\limits_{x\to\infty} u(x)^{v(x)}$ 不一定存在,称这样的极限为 **1^∞ 型未定式**. $\lim\limits_{x\to\infty}\left(1+\dfrac{1}{x}\right)^x$ 就是这种类

型的极限.

为了考察 $x \to \infty$ 时函数 $y = \left(1 + \dfrac{1}{x}\right)^x$ 的变化趋势,计算一些函数值如下:

x	10	50	80	300	10^3	10^4	10^6	10^7
$\left(1+\dfrac{1}{x}\right)^x$	2.593 742	2.691 588	2.701 485	2.713 765	2.716 924	2.718 146	2.718 28	2.718 281 79

将表中第一行自变量的每个值换成相应的负值,计算得

x	-10	-50	-80	-300	-10^3	-10^4	-10^6	-10^7
$\left(1+\dfrac{1}{x}\right)^x$	2.867 972	2.745 973	2.735 468	2.722 826	2.719 642	2.718 418	2.718 283	2.718 281 96

可见 $x \to \infty$ 时函数 $y = \left(1 + \dfrac{1}{x}\right)^x$ 无限逼近于常数 2.718 281 8$\cdots$. 可以证明当 $x \to \infty$ 时,极限 $\lim\limits_{x \to \infty} \left(1 + \dfrac{1}{x}\right)^x$ 存在,并且极限值是一个无理数. 数学家欧拉(Euler,1707—1783)于 1748 年用 e 来表示这一极限值,即

$$\lim_{x \to \infty} \left(1 + \frac{1}{x}\right)^x = \mathrm{e}.$$

如果作代换 $t = \dfrac{1}{x}$,则可得 $\lim\limits_{x \to \infty} \left(1 + \dfrac{1}{x}\right)^x = \lim\limits_{t \to 0}(1+t)^{\frac{1}{t}} = \mathrm{e}.$

常用的三种形式为

$$\lim_{n \to \infty} \left(1 + \frac{1}{n}\right)^n = \mathrm{e}, \quad \lim_{x \to \infty} \left(1 + \frac{1}{x}\right)^x = \mathrm{e}, \quad \lim_{x \to 0}(1+x)^{\frac{1}{x}} = \mathrm{e}.$$

通过适当的代换,可推得:

对应于自变量的某一变化趋势,如果 $\lim\limits_{x \to \infty} \varphi(x) = \infty$,则

$$\lim_{x \to \infty} \left(1 + \frac{1}{\varphi(x)}\right)^{\varphi(x)} = \mathrm{e};$$

如果 $\lim\limits_{x \to \infty} \psi(x) = 0$,则

$$\lim_{x \to \infty} (1 + \psi(x))^{\frac{1}{\psi(x)}} = \mathrm{e}.$$

例 6 求极限:(1) $\lim\limits_{n \to \infty} \left(1 + \dfrac{3}{n}\right)^{n+2}$;(2) $\lim\limits_{x \to 0}(1-x)^{\frac{k}{x}}$.

解 (1) $\lim\limits_{n \to \infty} \left(1 + \dfrac{3}{n}\right)^{n+2} = \lim\limits_{n \to \infty} \left[\left(1 + \dfrac{3}{n}\right)^{\frac{n}{3}}\right]^{\frac{3(n+2)}{n}} = \mathrm{e}^3$;

(2) $\lim\limits_{x \to 0}(1-x)^{\frac{k}{x}} = \lim\limits_{x \to 0}\left[(1-x)^{\frac{1}{(-x)}}\right]^{-k} = \mathrm{e}^{-k}.$

例 7 求极限 $\lim\limits_{x \to \infty} \left(\dfrac{2-x}{3-x}\right)^x$.

解

$$\lim_{x \to \infty} \left(\frac{2-x}{3-x}\right)^x = \lim_{x \to \infty} \left(1 + \frac{1}{x-3}\right)^x = \lim_{x \to \infty} \left[\left(1 + \frac{1}{x-3}\right)^{x-3}\right]^{\frac{x}{x-3}} = \mathrm{e}.$$

例 8 求极限 $\lim\limits_{x \to 0}(1+\sin x)^{\frac{1}{2\sin x}}$.

解

$$\lim_{x \to 0}(1+\sin x)^{\frac{1}{2\sin x}} = \lim_{x \to 0}\left[(1+\sin x)^{\frac{1}{\sin x}}\right]^{\frac{1}{2}} = e^{\frac{1}{2}}.$$

习题 1-5

1. 求下列极限:

(1) $\lim\limits_{x \to 0}\dfrac{\sin 5x}{x}$;

(2) $\lim\limits_{x \to 0}\dfrac{\sin\sqrt{x}}{\sqrt{2x}}$;

(3) $\lim\limits_{x \to 0}\dfrac{\sin 2x}{\sin 3x}$;

(4) $\lim\limits_{x \to 0}\sin 3x\cot 6x$;

(5) $\lim\limits_{x \to 0}\dfrac{\sin x}{\tan 3x}$;

(6) $\lim\limits_{x \to 0}\dfrac{1-\cos 2x}{x^2}$;

(7) $\lim\limits_{x \to \frac{\pi}{2}}\dfrac{\cos x}{x-\dfrac{\pi}{2}}$;

(8) $\lim\limits_{x \to \pi}\dfrac{\sin x}{x-\pi}$;

(9) $\lim\limits_{x \to 0}\dfrac{\arcsin 5x}{x}$;

(10) $\lim\limits_{x \to 0}\dfrac{x-\sin 2x}{x+\sin 3x}$.

2. 求下列极限:

(1) $\lim\limits_{x \to \infty}\left(1+\dfrac{3}{x}\right)^x$;

(2) $\lim\limits_{x \to \infty}\left(1-\dfrac{2}{x}\right)^x$;

(3) $\lim\limits_{x \to \infty}\left(\dfrac{2+x}{3+x}\right)^x$;

(4) $\lim\limits_{x \to \infty}\left(\dfrac{x^2-1}{x^2-2}\right)^{x+1}$;

(5) $\lim\limits_{x \to 0}(1+\sin x)^{\frac{1}{x}}$;

(6) $\lim\limits_{x \to 0}(\cos x)^{\frac{1}{x}}$;

(7) $\lim\limits_{x \to 0}\dfrac{\ln(1+x)}{x}$;

(8) $\lim\limits_{x \to 0}\dfrac{1}{x}\ln\left(\sqrt{\dfrac{1+x}{1-x}}\right)$;

(9) $\lim\limits_{x \to 0}\dfrac{e^x-1}{x}$;

(10) $\lim\limits_{x \to 0}(\sec^2 x)^{-\frac{1}{x^2}}$.

3. 求极限 $\lim\limits_{n \to \infty}\left(\dfrac{1}{\sqrt{n^2+\pi}}+\dfrac{1}{\sqrt{n^2+2\pi}}+\cdots+\dfrac{1}{\sqrt{n^2+n\pi}}\right)$.

4. 设 $x_1=\dfrac{1}{3}$, $x_{n+1}=\dfrac{1+x_n^2}{2}$ $(n=1,2,3,\cdots)$, 证明数列 $\{x_n\}$ 收敛,并求极限 $\lim\limits_{n \to \infty}x_n$.

第六节 无穷小量与无穷大量

有一类变量在微积分的许多环节发挥着重要的作用,这就是无穷小量. 微积分中许多概念的引入、理论的推导及其应用都和无穷小量密切相关,因此微积分学在早期也称为无穷小分析. 本节介绍无穷小的概念与性质,无穷小的比较,利用等价无穷小代换求极限,无穷小与无穷大的关系等.

一、无穷小量

先看一个例子. 由物理学,物体从 $t=0$ 时刻开始做自由落体运动,所下降的高度 h 随时间 t 变化的规律是 $h(t)=\dfrac{1}{2}gt^2$,试计算 $t=3\mathrm{s}$ 时物体的瞬时速度 $v(3)$.

在 $t=3\mathrm{s}$ 时，设时间有一个改变量 t，则在 $3\mathrm{s}$ 到 $(3+t)\mathrm{s}(t>0)$ 范围内，物体高度的改变量为

$$h(3+t)-h(3)=\frac{1}{2}g(3+t)^2-\frac{1}{2}g3^2=3gt+\frac{1}{2}gt^2,$$

于是，在 $3\mathrm{s}$ 到 $(3+t)\mathrm{s}$ 这段时间内，物体的平均速度为

$$\bar{v}=\frac{h(3+t)-h(3)}{t}=3g+\frac{1}{2}gt,$$

显然，当时间的间隔 t 很小时，平均速度 $\bar{v}$ 就很接近于 $t=3\mathrm{s}$ 时物体的瞬时速度 $v(3)$. 为了得到瞬时速度 $v(3)$ 的准确值，可以令 $t\to 0$，对平均速度 $\bar{v}$ 取极限，得到

$$v(3)=\lim_{t\to 0}\bar{v}=\lim_{t\to 0}\left(3g+\frac{1}{2}gt\right)=3g.$$

在极限理论尚不完善的 17 世纪，有人将 $\bar{v}=3g+\frac{1}{2}gt$ 中的第二项 $\frac{1}{2}gt$ "舍弃"，得到 $v(3)=3g$. 结果虽然是对的，但"舍弃"的做法不严密，是站不住脚的.

事实上，$\bar{v}$ 的第二项 $\frac{1}{2}gt$ 中的正数 t 可以很小，然而无论如何，当 $t\neq 0$ 时 $\frac{1}{2}gt$ 并不为零，不能"舍弃"；然而，当 t 很小时，$\frac{1}{2}gt$ 也很小，并且当 $t\to 0$ 时，$\frac{1}{2}gt$ 的极限是零，因此通过求极限，就可得到 $v(3)$ 的准确值.

本例中，$\lim\limits_{t\to 0}\frac{1}{2}gt=0$，称 $\frac{1}{2}gt$ 为 $t\to 0$ 时的无穷小量. 意思是，随着 t 无限变小，$\frac{1}{2}gt$ 也无限变小，可以小于任何事先给定的正数.

1. 无穷小量的概念

简单地说，极限为零的变量称为无穷小量. 准确定义如下：

定义 1.14 如果 $\lim\limits_{x\to x_0}f(x)=0$，则称函数 $f(x)$ 为 $x\to x_0$ 时的**无穷小量**（简称为**无穷小**）.

其他六种极限有类似的定义. 例如，如果 $\lim\limits_{n\to\infty}x_n=0$，则称数列 x_n 为 $n\to\infty$ 时的无穷小.

例 1 因为 $\lim\limits_{x\to 1}\dfrac{x^3-1}{x^2+2x+1}=\dfrac{0}{4}=0$，所以 $\dfrac{x^3-1}{x^2+2x+1}$ 为 $x\to 1$ 时的无穷小.

因为 $\lim\limits_{n\to\infty}\dfrac{n^2+1}{n^3+4}=0$，所以 $\dfrac{n^2+1}{n^3+4}$ 为 $n\to\infty$ 时的无穷小.

因为 $\lim\limits_{x\to -\infty}\mathrm{e}^x=0$，所以 e^x 为 $x\to -\infty$ 时的无穷小.

因为 $\lim\limits_{x\to 0^+}\sqrt{x}=0$，所以 $\sqrt{x}$ 为 $x\to 0^+$ 时的无穷小.

需要强调的是，一个函数是不是无穷小与其自变量的变化趋势密切相关. 例如 $\dfrac{x^3-1}{x^2+2x+1}$ 为 $x\to 1$ 时的无穷小. 但是如果简单地写成 $\dfrac{x^3-1}{x^2+2x+1}$ 为无穷小，那就错了！因为 $\lim\limits_{x\to 0}\dfrac{x^3-1}{x^2+2x+1}=-1$，而 $\lim\limits_{x\to -1}\dfrac{x^3-1}{x^2+2x+1}=\infty$，极限不存在. 因此，在说到一个函数为无穷小时，必须像例 1 那样同时指明它的自变量的变化趋势.

2. 无穷小与极限的关系

无穷小是微积分中的一个重要概念,第一个重要性体现在它与普通极限之间有着密切的联系.

设 $\lim\limits_{x \to x_0} f(x) = A$,如果令 $\alpha(x) = f(x) - A$,则 $\lim\limits_{x \to x_0} \alpha(x) = \lim\limits_{x \to x_0} [f(x) - A] = 0$. 表明函数 $\alpha(x) = f(x) - A$ 是 $x \to x_0$ 时的无穷小,而 $f(x) = A + \alpha(x)$.

反之,如果 $f(x) = A + \alpha(x)$,其中 A 是常数,$\alpha(x)$ 为 $x \to x_0$ 时的无穷小,则

$$\lim\limits_{x \to x_0} f(x) = \lim\limits_{x \to x_0} [A + \alpha(x)] = A.$$

将极限过程换成其他六种极限中的任何一种,结果是一样的,因此有以下定理.

定理 1.9 对应于自变量的某一变化趋势,$\lim f(x) = A$ 的充分必要条件是 $f(x) = A + \alpha(x)$,其中 $\alpha(x)$ 为同一过程中的无穷小.

例 2 验证 $\lim\limits_{x \to \infty} \dfrac{3x^2 + 2x}{x^2} = 3$.

证 因为函数 $f(x) = \dfrac{3x^2 + 2x}{x^2} = 3 + \dfrac{2}{x}$,且当 $x \to \infty$ 时 $\alpha(x) = \dfrac{2}{x}$ 为无穷小,所以,

$$\lim\limits_{x \to \infty} \frac{3x^2 + 2x}{x^2} = \lim\limits_{x \to \infty} f(x) = 3.$$

3. 无穷小的运算法则

因为无穷小是极限为 0 的变量,所以由极限的四则运算法则立刻得到以下定理.

定理 1.10 设 α, β 是对应于同一极限过程的两个无穷小,则 $\alpha \pm \beta, \alpha\beta$ 都是同一极限过程的无穷小.

推论 有限个无穷小的和是无穷小;有限个无穷小的乘积是无穷小.

定理 1.11 有界量与无穷小的乘积是无穷小.

需要说明的是,定理 1.11 中的有界量因极限过程的不同而不同. 例如,如果是数列的极限,则这个有界量指的是有界数列;如果是函数 $f(x)$,极限过程为 $x \to x_0$,则 $f(x)$ 为有界量指的是在 x_0 的某去心邻域内 $f(x)$ 有界.

定理 1.11 的证明 为确定起见,设 $\lim\limits_{x \to x_0} \alpha(x) = 0, f(x)$ 在 x_0 的某邻域内有界,即存在正数 δ_0 和 M,使得当 $0 < |x - x_0| < \delta_0$ 时 $|f(x)| \leqslant M$;又对任意 $\varepsilon > 0$,存在正数 δ_1,使得当 $0 < |x - x_0| < \delta_1$ 时 $|\alpha(x)| < \dfrac{\varepsilon}{M}$;于是,选取 $\delta = \min\{\delta_0, \delta_1\}$,则当 $0 < |x - x_0| < \delta$ 时,必有

$$|f(x)\alpha(x)| \leqslant M|\alpha(x)| < \varepsilon,$$

即 $\lim\limits_{x \to x_0} f(x)\alpha(x) = 0$.

推论 常数与无穷小的乘积仍然是无穷小.

例 3 证明 $\lim\limits_{x \to \infty} \dfrac{\sin x}{x} = 0$.

证 因为 $\sin x$ 有界,且 $\dfrac{1}{x}$ 为 $x \to \infty$ 时的无穷小,因此,$\lim\limits_{x \to \infty} \dfrac{\sin x}{x} = \lim\limits_{x \to \infty} \dfrac{1}{x} \sin x = 0$.

类似可推得

$$\lim_{x \to 0} x \sin \frac{1}{x} = 0, \quad \lim_{x \to \infty} \frac{\cos x}{x} = 0, \quad \lim_{x \to \infty} \frac{\arctan x}{x} = 0, \quad \lim_{x \to \infty} \frac{1 - \cos x}{x^2} = 0.$$

注意区别：

$$\lim_{x \to 0} \frac{\sin x}{x} = 1, \quad \lim_{x \to 0} \frac{\arcsin x}{x} = 1, \quad \lim_{x \to 0} \frac{\arctan x}{x} = 1, \quad \lim_{x \to 0} \frac{1 - \cos x}{x^2} = \frac{1}{2}.$$

例 4 求极限 $\lim\limits_{x \to 0} \dfrac{x^2 \sqrt{1 + \cos x} + \sin x}{x} = 1.$

解 因为 $0 \leqslant \sqrt{1 + \cos x} \leqslant \sqrt{2}$，即 $\sqrt{1 + \cos x}$ 是有界函数，所以 $\lim\limits_{x \to 0} x\sqrt{1 + \cos x} = 0$，进而

$$\lim_{x \to 0} \frac{x^2 \sqrt{1 + \cos x} + \sin x}{x} = \lim_{x \to 0} x\sqrt{1 + \cos x} + \lim_{x \to 0} \frac{\sin x}{x} = 0 + 1 = 1.$$

如果 α, β 都是无穷小，则称这时的极限 $\lim \dfrac{\alpha}{\beta}$ 为 $\dfrac{0}{0}$ **型未定式**，此处 $\dfrac{0}{0}$ 仅仅是一个记号，

不是算式！$\dfrac{0}{0}$ 型未定式的极限是不定的. 例如 $x \to 0$ 时，$x, x^2, x^3, \tan x, x\cos\dfrac{1}{x}$ 都是无穷

小，而

$$\lim_{x \to 0} \frac{\tan x}{x} = 1, \quad \lim_{x \to 0} \frac{x^3}{x^2} = 0, \quad \lim_{x \to 0} \frac{x\cos\dfrac{1}{x}}{x} = \lim_{x \to 0} \cos\frac{1}{x} \text{ 不存在.}$$

二、无穷小的比较

1. 无穷小的阶

当 $|x|$ 很小，比如 $x = 0.03$ 时，x^6 的值远比 $2x$ 的值要小，因此在计算函数 $f(x) = 2x + x^6$ 在 $x = 0.03$ 的值时，可以忽略 x^6 而用 $2x$ 来近似它. 容易看出，当 $x \to 0$ 时，x^6 趋于 0 的速度远比 $2x$ 要快. 再看几个例子：

$\lim\limits_{x \to 0} \dfrac{\sin x}{x} = 1$，表明分子 $\sin x$ 趋于 0 的速度和分母 x 趋于 0 的速度"快慢相当"；

$\lim\limits_{x \to 0} \dfrac{x + x^2}{2x} = \dfrac{1}{2}$，表明分子 $x + x^2$ 趋于 0 的速度几乎是分母 $2x$ 的 $\dfrac{1}{2}$；

$\lim\limits_{x \to 0} \dfrac{x^3}{3x + x^2} = 0$，表明分子 x^3 趋于 0 的速度远远超过分母 $3x + x^2$ 趋于 0 的速度.

定义 1.15 设 α, β 是对应于自变量同一变化趋势的两个无穷小，且 $\alpha \neq 0$.

(1) 如果 $\lim \dfrac{\beta}{\alpha} = 0$，则称 β 为比 α **高阶**的无穷小，记作 $\beta = o(\alpha)$；此时也称 α 为比 β **低阶**的无穷小.

(2) 如果 $\lim \dfrac{\beta}{\alpha} = C(C \neq 0)$，则称 β 与 α 为**同阶无穷小**.

(3) 如果 $\lim \dfrac{\beta}{\alpha} = 1$，则称 β 与 α 为**等价无穷小**，记作 $\beta \sim \alpha$.

(4) 如果 $\lim\dfrac{\beta}{\alpha^k}=1$,则称 β 为 α 的 k 阶无穷小.

显然,等价无穷小是同阶无穷小;如果 β 为 α 的 k 阶无穷小,则 β 与 α^k 为同阶无穷小.

例 5 因为 $\lim\limits_{x\to 1}\dfrac{(x-1)^2}{x^2-1}=\lim\limits_{x\to 1}\dfrac{x-1}{x+1}=0$,所以 $x\to 1$ 时,$(x-1)^2$ 为比 x^2-1 高阶的无穷小,用数学式子来表示,就是 $(x-1)^2=o(x^2-1)(x\to 1)$.

因为 $\lim\limits_{x\to 0}\dfrac{1-\cos x}{x^2}=\dfrac{1}{2}$,所以 $x\to 0$ 时,以下 3 种说法都是对的:

$1-\cos x$ 与 x^2 是同阶无穷小,$1-\cos x$ 是 x 的二阶无穷小,$1-\cos x\sim\dfrac{x^2}{2}$.

例 6 当 $x\to 0$ 时,$x-x^2$ 与 x^2-x^3 哪一个是高阶无穷小?

解 因为 $\lim\limits_{x\to 0}\dfrac{x^2-x^3}{x-x^2}=\lim\limits_{x\to 0}x=0$,所以当 $x\to 0$ 时,x^2-x^3 是比 $x-x^2$ 高阶的无穷小.

2. 常用等价无穷小

因为 $\lim\limits_{x\to 0}\dfrac{\sin x}{x}=1,\lim\limits_{x\to 0}\dfrac{\arcsin x}{x}=1,\lim\limits_{x\to 0}\dfrac{\arctan x}{x}=1,\lim\limits_{x\to 0}\dfrac{1-\cos x}{x^2}=\dfrac{1}{2}$,所以当 $x\to 0$ 时,

$\sin x\sim x$,$\arcsin x\sim x$,$\arctan x\sim x$,$1-\cos x\sim\dfrac{x^2}{2}$.

下一节还将推得

$$\lim\limits_{x\to 0}\dfrac{\ln(1+x)}{x}=1,\quad \lim\limits_{x\to 0}\dfrac{e^x-1}{x}=1,\quad \lim\limits_{x\to 0}\dfrac{a^x-1}{x}=\ln a,\quad \lim\limits_{x\to 0}\dfrac{(1+x)^k-1}{x}=k(k\neq 0).$$

因此 $x\to 0$ 时,

$\ln(1+x)\sim x$,$\quad e^x-1\sim x$,$\quad a^x-1\sim x\ln a$,$\quad (1+x)^k-1\sim kx(k\neq 0)$.

在 $(1+x)^k-1\sim kx(k\neq 0)$ 中,当 $k=\dfrac{1}{n}$ 时,得到常用公式

$$\sqrt[n]{1+x}-1\sim\dfrac{x}{n},\quad x\to 0.$$

以上等价无穷小代换公式在求极限时经常反复使用,所以要熟记.下一个定理给我们提供了一种用简单函数表示复杂函数的方法.

定理 1.12 β 与 α 是等价无穷小的充分必要条件是 $\beta=\alpha+o(\alpha)$.

证 如果 $\beta\sim\alpha$,则

$$\lim\dfrac{\beta-\alpha}{\alpha}=\lim\left(\dfrac{\beta}{\alpha}-1\right)=\lim\dfrac{\beta}{\alpha}-1=0,$$

这表明 $\beta-\alpha=o(\alpha)$ 或 $\beta=\alpha+o(\alpha)$.反之,如果 $\beta=\alpha+o(\alpha)$,则

$$\lim\dfrac{\beta}{\alpha}=\lim\dfrac{\alpha+o(\alpha)}{\alpha}=\lim\left(1+\dfrac{o(\alpha)}{\alpha}\right)=1,$$

因此 $\beta\sim\alpha$.

例 7 因为 $x\to 0$ 时,$1-\cos x\sim\dfrac{x^2}{2}$,$(1+x)^k-1\sim kx(k\neq 0)$.根据定理 1.12,得如下表达式

$$1-\cos x=\frac{x^2}{2}+o\left(\frac{x^2}{2}\right),\quad \text{或}\quad \cos x=1-\frac{x^2}{2}+o\left(\frac{x^2}{2}\right),$$

$$(1+x)^k-1=kx+o(x),\quad \text{或}\quad (1+x)^k=1+kx+o(x)\quad(k\neq0).$$

当 $|x|$ 较小时,将以上等式右端中的高阶无穷小忽略不计,得近似公式

$$\cos x\approx1-\frac{x^2}{2},\quad (1+x)^k\approx1+kx\quad(k\neq0).$$

三、利用等价无穷小代换求极限

等价无穷小代换是求极限的一种重要方法,可用来简化极限计算.依据是下面的定理.

定理 1.13 设 $\alpha\sim\alpha',\beta\sim\beta'$,且 $\lim\dfrac{\alpha'}{\beta'}$ 存在,则 $\lim\dfrac{\alpha}{\beta}=\lim\dfrac{\alpha'}{\beta'}$.

证 $\lim\dfrac{\alpha}{\beta}=\lim\dfrac{\alpha}{\alpha'}\cdot\dfrac{\alpha'}{\beta'}\cdot\dfrac{\beta'}{\beta}=\lim\dfrac{\alpha}{\alpha'}\cdot\lim\dfrac{\alpha'}{\beta'}\cdot\lim\dfrac{\beta'}{\beta}=\lim\dfrac{\alpha'}{\beta'}.$

例 8 求极限 $\lim\limits_{x\to0}\dfrac{\sin mx}{\tan nx}$.

解 当 $x\to0$ 时,$\sin mx\sim mx$,$\tan nx\sim nx$,因此 $\lim\limits_{x\to0}\dfrac{\sin mx}{\tan nx}=\lim\limits_{x\to0}\dfrac{mx}{nx}=\dfrac{m}{n}$.

例 9 求极限 $\lim\limits_{x\to0}\dfrac{\sqrt{1+\tan^2x}-1}{x^2}$.

解 因为 $\tan x$ 为 $x\to0$ 的无穷小,利用公式 $\sqrt[n]{1+x}-1\sim\dfrac{x}{n}\,(x\to0)$,得

$$\sqrt{1+\tan^2x}-1\sim\frac{\tan^2x}{2}\quad(x\to0),$$

所以

$$\lim_{x\to0}\frac{\sqrt{1+\tan^2x}-1}{x^2}=\lim_{x\to0}\frac{\tan^2x}{2x^2}=\frac{1}{2}.$$

例 10 求极限 $\lim\limits_{x\to\infty}x(2^{\frac{1}{x}}-1)$.

解 令 $t=\dfrac{1}{x}$,得

$$\lim_{x\to\infty}x(2^{\frac{1}{x}}-1)=\lim_{t\to0}\frac{2^t-1}{t}=\lim_{t\to0}\frac{\mathrm{e}^{t\ln2}-1}{t}=\lim_{t\to0}\frac{t\ln2}{t}=\ln2.$$

例 11 求极限 $\lim\limits_{x\to0}\dfrac{\mathrm{e}^x-\cos x}{x}$.

解

$$\lim_{x\to0}\frac{\mathrm{e}^x-\cos x}{x}=\lim_{x\to0}\frac{\mathrm{e}^x-1}{x}+\lim_{x\to0}\frac{1-\cos x}{x}=\lim_{x\to0}\frac{x}{x}+\lim_{x\to0}\frac{\frac{1}{2}x^2}{x}=1.$$

例 12 求极限 $\lim\limits_{x\to+\infty}(\sin\sqrt{1+x}-\sin\sqrt{x})$.

解 当 $x\to+\infty$ 时,$\sin\sqrt{1+x}$ 与 $\sin\sqrt{x}$ 的极限都不存在.利用恒等式

$$\sin\alpha-\sin\beta=2\cos\frac{\alpha+\beta}{2}\sin\frac{\alpha-\beta}{2},$$

得

$$\sin\sqrt{1+x} - \sin\sqrt{x} = 2\cos\frac{\sqrt{1+x}+\sqrt{x}}{2}\sin\frac{\sqrt{1+x}-\sqrt{x}}{2}$$

$$= 2\cos\frac{\sqrt{1+x}+\sqrt{x}}{2}\sin\frac{1}{2(\sqrt{1+x}+\sqrt{x})},$$

当 $x \to +\infty$ 时, $\cos\dfrac{\sqrt{1+x}+\sqrt{x}}{2}$ 为有界量, $\dfrac{1}{2(\sqrt{1+x}+\sqrt{x})}$ 为无穷小,而

$$\sin\frac{1}{2(\sqrt{1+x}+\sqrt{x})} \sim \frac{1}{2(\sqrt{1+x}+\sqrt{x})} \quad (x \to +\infty),$$

所以

$$\lim_{x\to+\infty}(\sin\sqrt{1+x}-\sin\sqrt{x}) = \lim_{x\to+\infty}2\cos\frac{\sqrt{1+x}+\sqrt{x}}{2} \cdot \frac{1}{2(\sqrt{1+x}+\sqrt{x})} = 0.$$

例 13 求极限 $\lim\limits_{x\to0}\dfrac{\tan x-\sin x}{\sin x^3}$.

解

$$\lim_{x\to0}\frac{\tan x-\sin x}{\sin x^3} = \lim_{x\to0}\frac{\tan x(1-\cos x)}{\sin x^3} = \lim_{x\to0}\frac{x\cdot\frac{1}{2}x^2}{x^3} = \frac{1}{2}.$$

由本例不难得到

$$\tan x-\sin x \sim \frac{x^3}{2} \quad (x \to 0).$$

例 14 设 $x \to 0$ 时, $(1-x^2)^{\frac{k}{3}}-1$ 与 $x\sin x$ 为等价无穷小,求 k 的值.

解 由已知条件,应当有 $\lim\limits_{x\to0}\dfrac{(1-x^2)^{\frac{k}{3}}-1}{x\sin x}=1$,因此

$$1 = \lim_{x\to0}\frac{(1-x^2)^{\frac{k}{3}}-1}{x\sin x} = \lim_{x\to0}\frac{\frac{k}{3}(-x^2)}{x^2} = -\frac{k}{3},$$

解得 $k=-3$.

四、无穷大量

无穷小量是绝对值无限变小的变量.顾名思义,无穷大量就是绝对值无限增大的变量. 这样的变量在第三节求有理分式函数的极限时就已经遇到过了.

一般地,设函数 $f(x)$ 在 x_0 的某空心邻域内有定义,如果当 $x \to x_0$ 时函数的绝对值 $|f(x)|$ 无限增大,则称 $f(x)$ 为 $x \to x_0$ 时的无穷大量,记为 $\lim\limits_{x\to x_0}f(x)=\infty$,简称为无穷大.

无穷大的定义适用于极限的所有七种形式,可统一记为 $\lim\limits_{x\to x_0}f(x)=\infty$,为了便于今后 的运用,我们把 $x \to x_0$ 情形下无穷大的精确定义列在下面,其他情形请读者类比给出.

定义 1.16 设函数 $f(x)$ 在 x_0 的某空心邻域内有定义,如果对于事先任意给定的正数 M,总存在 $\delta>0$,使得当 $0<|x-x_0|<\delta$ 时,恒有 $|f(x)|>M$,则称 $f(x)$ 为 $x \to x_0$ 时的无

穷大,记作 $\lim\limits_{x \to x_0} f(x) = \infty$.

需要强调的是,这种情况下,极限 $\lim\limits_{x \to x_0} f(x)$ 不存在.

$\lim\limits_{x \to x_0} f(x) = \infty$ 有两种特别情形:

(1) $\lim\limits_{x \to x_0} f(x) = +\infty$,表示对应于自变量的某一变化趋势,$f(x)$ 取正值且函数值无限增大.

(2) $\lim\limits_{x \to x_0} f(x) = -\infty$,表示对应于自变量的某一变化趋势,$f(x)$ 取负值且函数值的绝对值无限增大.

例 15 $\lim\limits_{x \to 0} \dfrac{1}{x} = \infty$,特别地(见图 1-27), $\lim\limits_{x \to 0^-} \dfrac{1}{x} = -\infty$,

$\lim\limits_{x \to 0^+} \dfrac{1}{x} = +\infty$.

无穷大与无穷小之间有如下关系.

定理 1.14 对应于自变量的同一变化趋势,如果 $f(x)$ 为无穷大,则 $\dfrac{1}{f(x)}$ 为无穷小;如果 $f(x)$ 为无穷小,且 $f(x) \neq 0$,则 $\dfrac{1}{f(x)}$ 为无穷大.

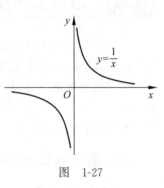

图 1-27

例 16 下列函数在自变量的什么变化趋势下为无穷小? 在什么趋势下为无穷大?

(1) $f(x) = \tan x$;(2) $f(x) = e^x$.

解 (1) $f(x) = \dfrac{\sin x}{\cos x}$,设 k 为整数,则当 $x \to k\pi$ 时,$f(x)$ 为无穷小;而当 $x \to k\pi + \pi/2$ 时,$f(x)$ 为无穷大.

(2) 当 $x \to -\infty$ 时,$f(x) = e^x$ 为无穷小;而 $x \to +\infty$ 时,$f(x) = e^x$ 为无穷大.

习题 1-6

1. 填空题

(1) $f(x) = x^2 \cos \dfrac{1}{x}$ 为 $x \to$ _____ 时的无穷小;

(2) 设 $x \to 0$ 时,$e^x - 1$ 与 $2\tan \dfrac{x}{k}$ 为等价无穷小,则 $k =$ _____.

2. 选择题

(1) 当 $x \to 0$ 时,以下无穷小中( )为与 x 等价的无穷小.

    A. $1 - \cos x$ B. $3^x - 1$ C. $\log_2(1+x)$ D. $x + x^2$

(2) 当 $x \to \infty$ 时,函数 $y = x \sin x$ 为( ).

    A. 无穷大   B. 无穷小   C. 无界函数   D. 有界函数

3. 利用等价无穷小代换计算下列各极限:

(1) $\lim\limits_{x \to 0} \dfrac{\tan 3x}{x}$;

(2) $\lim\limits_{x \to 1} \dfrac{2\ln x}{x - 1}$;

(3) $\lim\limits_{x \to 0}(1-\cos x)\cot x$;

(4) $\lim\limits_{x \to 0}\dfrac{\tan x^m}{\sin^n x}$, m,n 为正整数;

(5) $\lim\limits_{x \to 0}\dfrac{\ln(1+x^3)}{x(e^{x^2}-1)}$;

(6) $\lim\limits_{x \to 0}\dfrac{\ln(1+3x)\sin x^2}{x^2\tan x}$;

(7) $\lim\limits_{x \to 0}\dfrac{e^{x^2}-1}{1-\cos 2x}$;

(8) $\lim\limits_{x \to 0}\dfrac{\sqrt{1+\sin x^3}-1}{x\tan^2 x}$.

4. 设 $x \to 0$ 时，$1-\cos x$ 与 mx^n 为等价无穷小，求常数 m,n 的值.

第七节　函数的连续性

自然界中有许多现象的变化过程都是连续不断的，如水的连续流动、气温的变化、生物的生长等都随时间的变化而连续变化. 这种现象反映在数学上就是函数的连续性.

在直角坐标系中，函数的图像可能是一条不间断的曲线，也可能曲线在某点处断开. 或者说在某点处，自变量有微小改变时，函数值一种可能是仅有微小改变，另一种可能是有较大的改变. 函数的这种特征也就是所谓函数连续性问题. 下面我们研究函数的连续性问题.

一、函数连续性的定义

1. 变量的改变量

设变量 u 的初值为 u_0，末值为 u_1，则称 $\Delta u = u_1 - u_0$ 为**变量 u 的改变量**. 显然，如果已知 u 的初值 u_0 和改变量 Δu，则末值 $u_1 = u_0 + \Delta u$. 改变量 Δu 可以大于 0，也可以小于 0.

对于函数 $y = f(x)$，设自变量 x 的初值为 x_0，改变量为 Δx，则相应地，函数 y 由 $f(x_0)$ 变到 $f(x_0 + \Delta x)$，**函数的改变量为**

$$\Delta y = f(x_0 + \Delta x) - f(x_0).$$

在几何中，当曲线 $y = f(x)$ 上的点从 (x_0, y_0) 变化到 $(x_0 + \Delta x, y_0 + \Delta y)$ 时，横坐标的改变量为 Δx，相应的纵坐标改变量为 Δy（图 1-28）.

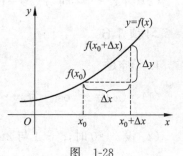

图　1-28

例 1　函数 $y = x^3$，自变量从 $x = 3$ 变到 $x = 2.96$，此时自变量的改变量为 $\Delta x = -0.04$，函数 $y = x^3$ 的相应改变量为

$$\Delta y = 2.96^3 - 3^3 \approx -1.066.$$

当自变量 x 从 x_0 变到 $x_0 + \Delta x$ 时，函数 $y = x^3$ 的改变量为

$$\Delta y = (x_0 + \Delta x)^3 - x_0^3 = 3x_0^2\Delta x + 3x_0(\Delta x)^2 + (\Delta x)^3.$$

2. 函数在一点连续的定义

连续函数的背景是连续性现象，出自对连续性问题研究的需要. 那么，怎样给出连续函数的定义？我们以水温的变化为例分析一下连续性现象的本质.

一杯开水放在常温下的室内，水温将连续地下降. 在一个较长的时间范围，比如 10min 内，水温 T 作为时间 t 的函数 $T = T(t)$，变化是明显的；但是在一个很小的时间范围内，比如 0.5s 或 0.01s,水温的变化非常小,几乎无法用普通的温度表量出.换句话说,从某一个时刻 t_0 算起,当时间 t 的改变量 Δt 非常小时,水温函数 $T = T(t)$ 的改变量 ΔT 也非常小.一般的连续性现象都具有这样的特征.抽取这种本质特征,给出以下定义.

定义 1.17 设函数 $y = f(x)$ 在点 x_0 的某邻域内有定义,如果自变量 x 在 x_0 点处的增量 Δx 趋于零时,相应函数的增量 $\Delta y = f(x_0 + \Delta x) - f(x_0)$ 也趋于零,即

$$\lim_{\Delta x \to 0} \Delta y = \lim_{\Delta x \to 0} \left[f(x_0 + \Delta x) - f(x_0) \right] = 0,$$

则称函数 $f(x)$ **在 x_0 点处连续**.点 x_0 称为函数 $y = f(x)$ 的**连续点**.

令 $x = x_0 + \Delta x$,则 $\Delta y = f(x) - f(x_0)$,所以上述定义 1.17 中的表达式也写为 $\lim\limits_{x \to x_0} [f(x) - f(x_0)] = 0$,即 $\lim\limits_{x \to x_0} f(x) = f(x_0)$.

连续性的概念也常用下列定义表达.

定义 1.18 设函数 $y = f(x)$ 在点 x_0 的某邻域内有定义,若 $\lim\limits_{x \to x_0} f(x) = f(x_0)$,则称函数 $f(x)$ 在点 x_0 处连续.

注:函数 $f(x)$ 在点 x_0 连续,必须同时满足以下三要素.

(1) $f(x)$ 在点 x_0 的某邻域内有定义;

(2) 极限 $\lim\limits_{x \to x_0} f(x)$ 存在;

(3) 极限值等于函数值,即 $\lim\limits_{x \to x_0} f(x) = f(x_0)$.

例 2 讨论函数 $f(x) = \begin{cases} x^2 + 1, & x \leqslant 1 \\ x + 1, & x > 1 \end{cases}$ 在 $x = 1$ 处的连续性.

解 因为 $\lim\limits_{x \to 1^-} f(x) = \lim\limits_{x \to 1^-} (x^2 + 1) = 2$,$\lim\limits_{x \to 1^+} f(x) = \lim\limits_{x \to 1^+} (x + 1) = 2$ 且 $f(1) = 2$,所以该函数在 $x = 1$ 处连续.

3. 左连续与右连续

结合左极限与右极限的概念,给出如下定义:

如果 $\lim\limits_{x \to x_0^-} f(x) = f(x_0)$,则称函数 $f(x)$ **在点 x_0 左连续**;

如果 $\lim\limits_{x \to x_0^+} f(x) = f(x_0)$,则称函数 $f(x)$ **在点 x_0 右连续**.

定理 1.15 函数 $f(x)$ 在点 x_0 连续的充分必要条件是 $f(x)$ 在点 x_0 既左连续又右连续.

例 3 a 为何值时,函数 $f(x) = \begin{cases} x + a, & x \leqslant 0, \\ 3 - \cos x, & x > 0 \end{cases}$ 在点 $x = 0$ 连续?

解 在点 $x = 0$,函数值 $f(0) = a$,左、右极限分别为

$$\lim_{x \to 0^-} f(x) = \lim_{x \to 0^-} (x + a) = a, \quad \lim_{x \to 0^+} f(x) = \lim_{x \to 0^+} (3 - \cos x) = 2,$$

当三者相等,即 $a = 2$ 时,函数 $f(x)$ 在点 $x = 0$ 连续.

例 4 讨论函数 $f(x) = \begin{cases} x + 1, & -1 \leqslant x < 1, \\ x - 1, & 1 \leqslant x \leqslant 3 \end{cases}$ 在定义域 $[-1, 3]$ 上的连续性.

解 $\lim\limits_{x \to -1^+} f(x) = \lim\limits_{x \to -1^+}(x+1) = 0 = f(-1)$，因此，$y = f(x)$ 在 $x = -1$ 处右连续；

$\lim\limits_{x \to 1^-} f(x) = \lim\limits_{x \to 1^-}(x+1) = 2$，$\lim\limits_{x \to 1^+} f(x) = \lim\limits_{x \to 1^+}(x-1) = 0$，且 $f(1) = 0$，因此，$f(x)$ 在 $x = 1$ 处右连续，但不左连续；

$\lim\limits_{x \to 3^-} f(x) = \lim\limits_{x \to 3^-}(x-1) = 2 = f(3)$，因此，$f(x)$ 在 $x = 3$ 处左连续.

4. 连续函数的概念

定义 1.19 如果函数 $y = f(x)$ 在区间 I 上每一点都连续，则称 $f(x)$ 为区间 I 上的**连续函数**.

这里的区间 I 可以是开区间、闭区间、半开半闭区间等有限区间，也可以是无穷区间. 如果区间 I 包含端点，则函数在区间端点处连续指的是单侧连续. 具体地，在右端点连续是指左连续，在左端点连续是指右连续.

连续函数的图像是平面上一条连续不断的曲线.

例5 由本章第四节的介绍可知，对任意实数 x_0，多项式函数的极限 $\lim\limits_{x \to x_0} P_n(x) = P_n(x_0)$. 因此，多项式函数是区间 $(-\infty, +\infty)$ 上的连续函数. 在同一节还给出，有理分式函数(两个多项式的商)$R(x) = \dfrac{P_n(x)}{Q_m(x)}$ 当分母函数值 $Q_m(x_0) \neq 0$ 时，其极限值等于函数值 $\lim\limits_{x \to x_0} R(x) = R(x_0)$. 因此，有理分式函数在其定义域上的每一点都连续.

例6 证明函数 $y = \sin x$ 在 $(-\infty, +\infty)$ 上连续.

证 对任意 $x_0 \in (-\infty, +\infty)$，与自变量增量 Δx 相对应，函数 $y = \sin x$ 的增量

$$\Delta y = \sin(x_0 + \Delta x) - \sin x_0 = 2\cos\frac{2x_0 + \Delta x}{2}\sin\frac{\Delta x}{2},$$

由不等式 $|\sin a| \leqslant |a|$，得

$$0 \leqslant |\Delta y| = 2\left|\cos\frac{2x_0 + \Delta x}{2}\right| \cdot \left|\sin\frac{\Delta x}{2}\right| \leqslant 2\left|\sin\frac{\Delta x}{2}\right| \leqslant |\Delta x|,$$

再由夹逼准则，$\lim\limits_{\Delta x \to 0}|\Delta y| = 0$，即 $\lim\limits_{\Delta x \to 0}\Delta y = 0$，表明 $y = \sin x$ 在 x_0 点连续，根据 x_0 在 $(-\infty, +\infty)$ 上取值的任意性可知，$y = \sin x$ 在 $(-\infty, +\infty)$ 上连续.

同理可以证明，$y = \cos x$ 在 $(-\infty, +\infty)$ 上连续. 同样地，基本初等函数中，常值函数 $y = C$，幂函数 $y = x^{\mu}$(μ 为任意实数)，指数函数 $y = a^x$($a > 0$ 且 $a \neq 1$)，对数函数 $y = \log_a x$($a > 0$ 且 $a \neq 1$)在定义域内均为连续函数.

二、函数的间断点及其分类

除了连续性现象以外，现实世界还存在大量的突变、断裂等现象. 例如，在人造卫星发射升空的过程中，卫星与助推火箭系统的总质量 $m = m(t)$ 由于火箭燃料燃烧的消耗而减少；设在时刻 t_0，某一级火箭的燃料耗尽，则该级火箭自行脱落，因此在时刻 t_0，总质量 $m = m(t)$ 突然从一个值跳过所有的中间值减少为另一个值. 如图 1-29 所示，质量曲线在时刻 t_0 有一个"突变"，曲线上出现了"不连续点(间断点)".

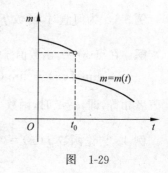

图 1-29

1. 间断点的概念

定义 1.20 设函数 $y=f(x)$ 在点 x 的某邻域或去心邻域内有定义,则称函数 $f(x)$ 的不连续点为 $f(x)$ 的**间断点**.

怎样确定一个点 x_0 是不是 $f(x)$ 的间断点?根据前述函数在点 x_0 连续的三要素可知,如果出现下列三种情形之一,则 x_0 是 $f(x)$ 的间断点:

(1) $f(x)$ 在点 x_0 的某去心邻域内有定义,但在点 x_0 无定义;

(2) 极限 $\lim\limits_{x \to x_0} f(x)$ 不存在;

(3) $f(x)$ 在点 x_0 有定义,且极限 $\lim\limits_{x \to x_0} f(x)$ 也存在,但 $\lim\limits_{x \to x_0} f(x) \neq f(x_0)$.

例 7 图 1-30 所示为函数 $f(x)=\begin{cases} x^2-2x+2, & x\neq 1, \\ 2, & x=1 \end{cases}$ 的

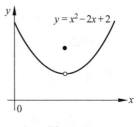

图 1-30

图像.当 $x \to 1$ 时函数 $f(x)$ 的左、右极限都存在并且相等:$\lim\limits_{x \to 1^-} f(x) = \lim\limits_{x \to 1^+} f(x) = 1$,因此极限存在,即 $\lim\limits_{x \to 1} f(x) = 1$;但 $\lim\limits_{x \to 1} f(x) \neq f(1)$,因此 $x=1$ 是该函数的间断点.注意到曲线间断的原因是函数在 $x=1$ 处的极限值与函数值不相等.直观地,只需要改变一个点,就可以使得新的曲线在点 $(1,1)$ 连续.怎样用数学式子来表示这种操作?方法是改变一个函数值,即令 $f(1)=1$,则新定义的函数在 $x=1$ 处连续.利用这种方法,把曲线的断点"黏结"起来了.

例 7 中,间断点的特点是极限 $\lim\limits_{x \to x_0} f(x)$ 存在,但极限值不等于函数值.可以形象地认为曲线在某点处被"剪断",剪下来的点被"扔掉",但是断头并没有错位.因此只需要补一个点,就可以把被断开的曲线"黏结"起来,使其变得连续.因此,这样的间断点称为**可去间断点**."去掉"这种间断点的方法是在断头处补一个点把它黏住.数学上的作法就是补充或改变为一个新的函数值,使得 $y|_{x=x_0} = \lim\limits_{x \to x_0} f(x)$.这样就得到一个新的函数,它在 x_0 处连续.

例 8 讨论函数 $f(x)=\begin{cases} x+2, & x \geqslant 0, \\ x-2, & x<0 \end{cases}$ 在点 $x=0$ 的连续性.

解 该函数在点 $x=0$ 有定义,计算得

$$\lim\limits_{x \to 0^-} f(x) = \lim\limits_{x \to 0^-} (x-2) = -2,$$

$$\lim\limits_{x \to 0^+} f(x) = \lim\limits_{x \to 0^+} (x+2) = 2,$$

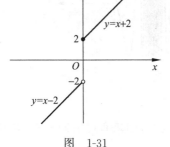

图 1-31

左、右极限不相等,因此极限 $\lim\limits_{x \to 0} f(x)$ 不存在.

与例 7 不同的是,本例由于左、右极限不相等,曲线不但被断开,而且断头还错位(图 1-31),因此,不可能用一个点把被断开的曲线"黏结"起来使之变得连续.这种左极限与右极限都存在但是不相等的间断点称为**跳跃间断点**.

2. 间断点的分类

根据左极限 $\lim\limits_{x \to x_0^-} f(x)$ 和右极限 $\lim\limits_{x \to x_0^+} f(x)$ 是否都存在,

间断点被分为两大类.

第一类间断点:如果 x_0 是 $f(x)$ 的间断点,且左极限 $\lim\limits_{x \to x_0^-} f(x)$ 和右极限 $\lim\limits_{x \to x_0^+} f(x)$ 都存在,则称 x_0 为 $f(x)$ 的**第一类间断点**.

第一类间断点又分为:**可去间断点**($\lim\limits_{x \to x_0^-} f(x) = \lim\limits_{x \to x_0^+} f(x)$,即 $\lim\limits_{x \to x_0} f(x)$ 存在);**跳跃间断点**($\lim\limits_{x \to x_0^-} f(x)$ 和 $\lim\limits_{x \to x_0^+} f(x)$ 都存在但不相等).

第二类间断点:函数 $f(x)$ 的不属于第一类间断点的间断点,也即左极限 $\lim\limits_{x \to x_0^-} f(x)$ 或右极限 $\lim\limits_{x \to x_0^+} f(x)$ 至少有一个不存在的间断点称为 $f(x)$ 的**第二类间断点**.

常见的第二类间断点有:

无穷间断点:极限 $\lim\limits_{x \to x_0} f(x) = \infty$,或 $\lim\limits_{x \to x_0^-} f(x) = \infty$,或 $\lim\limits_{x \to x_0^+} f(x) = \infty$.

例如,$y = \ln|x|$ 在点 $x = 0$ 没有定义,且 $\lim\limits_{x \to 0} \ln|x| = \infty$,所以 $x = 0$ 为函数 $y = \ln|x|$ 的无穷间断点.

振荡间断点:在 $x \to x_0$ 的过程中,$f(x)$ 的函数值无限次振荡,极限不存在.见例10.

例 9 确定函数 $f(x) = \begin{cases} \dfrac{1}{x}, & x > 0, \\ x, & x \leqslant 0 \end{cases}$ 的间断点类型.

解 函数在 $(-\infty, 0)$ 与 $(0, +\infty)$ 内连续. $f(0) = 0$,

$$\lim_{x \to 0^-} f(x) = \lim_{x \to 0^-} x = 0, \quad \lim_{x \to 0^+} f(x) = \lim_{x \to 0^+} \frac{1}{x} = +\infty,$$

所以 $x = 0$ 为函数的第二类间断点,且为无穷间断点(图1-32).

例 10 确定函数 $y = \sin\dfrac{\pi}{x}$ 的间断点类型.

解 函数 $y = \sin\dfrac{\pi}{x}$ 在点 $x = 0$ 无定义,当自变量 $x \to 0$ 时,函数值在 -1 和 1 之间上下振荡,极限 $\lim\limits_{x \to 0} \sin\dfrac{\pi}{x}$ 不存在(图1-33).所以点 $x = 0$ 是振荡间断点.

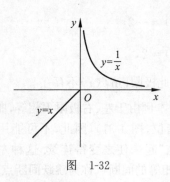

图 1-32

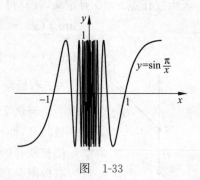

图 1-33

例 11 确定函数 $f(x) = \begin{cases} 2\sqrt{x}, & 0 \leqslant x < 1, \\ 1 + x, & x > 1 \end{cases}$ 的间断点类型,如果有可去间断点,补充

定义或改变原来的定义使得新函数连续.

解 函数的图像如图 1-34 所示,由函数的表达式,函数在 $[0,1)$ 与 $(1,+\infty)$ 上都连续. 在函数的分段点 $x=1$ 处,

$$f(1)=1, \quad \lim_{x\to1^-}f(x)=\lim_{x\to1^-}2\sqrt{x}=2,$$

$$\lim_{x\to1^+}f(x)=\lim_{x\to1^+}(1+x)=2,$$

由于 $\lim_{x\to1}f(x)=2\neq f(1)$,极限值与函数值不相等,因此 $x=1$ 为第一类间断点中的可去间断点. 与例 7 不同的是,现在需要补充一个点,即令 $f(1)=2$,使得新函数

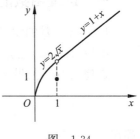

图 1-34

$$f(x)=\begin{cases}2\sqrt{x}, & 0\leqslant x<1,\\ 1+x, & x\geqslant1\end{cases}$$

在点 $x=1$ 连续.

习题 1-7

1. 判断以下命题的正确性:

(1) 如果 $f(x)$ 在 x_0 处连续,$g(x)$ 在 x_0 处间断,则 $f(x)+g(x)$ 在 x_0 处间断.

(2) 如果 $f(x)$ 在 x_0 处间断,$g(x)$ 在 x_0 处也间断,则 $f(x)g(x)$ 在 x_0 处可能连续.

2. 单项选择题

(1) 点 $x=1$ 是函数 $f(x)=\dfrac{x^3-1}{x^2+x-2}$ 的( ).

    A. 无穷间断点   B. 可去间断点   C. 跳跃间断点   D. 连续点

(2) 如果 $f(x)=\begin{cases}ax^2+bx+1, & x\leqslant0,\\ \dfrac{\sin(ax)}{x}, & x>0\end{cases}$ 在 $x=0$ 处连续,则( ).

    A. $a=0,b=1$ B. $a=1,b=1$

    C. $a=1,b$ 任意   D. $a=0,b$ 任意

3. 确定下列函数在指定点的连续性,如果指定点是间断点,指出间断点的类型;如果是可去间断点,重新定义函数使得在该间断点处函数连续.

(1) $f(x)=\dfrac{x^2-2}{x^2-3x+2}, \quad x=2$;   (2) $f(x)=\dfrac{x^2-1}{x^2-3x+2}, \quad x=1$;

(3) $f(x)=\dfrac{\ln(4-x)}{x-3}, \quad x=3$;   (4) $f(x)=\begin{cases}1-\cos x, & x\leqslant0,\\ x^2+1, & x>0,\end{cases} \quad x=0$.

第八节 连续函数的运算与性质

函数在一点的连续是通过极限来定义的,本节将根据极限的运算法则推出连续函数的运算法则,进一步推得初等函数在其定义区间内连续,以及闭区间上连续函数的性质.

一、连续函数的运算

1. 连续函数的和、差、积、商的连续性

由极限的四则运算法则,立即可得以下定理:

定理 1.16 如果 $f(x),g(x)$ 在 x_0 点连续,则它们的和、差、积、商

$$f(x) \pm g(x), \quad f(x) \cdot g(x), \quad \frac{f(x)}{g(x)} \quad (g(x) \neq 0)$$

都在 x_0 点连续.

推论 两个连续函数的和、差、积、商在它们共同的连续区间中仍然连续,商的情形分母为零的点要除外.

上一节例 6 已证明 $\sin x, \cos x$ 在 $(-\infty, +\infty)$ 内连续,由定理 1.16,其他四个三角函数

$$\tan x = \frac{\sin x}{\cos x}, \quad \cot x = \frac{\cos x}{\sin x}, \quad \sec x = \frac{1}{\cos x}, \quad \csc x = \frac{1}{\sin x}$$

在各自的定义域内连续.

2. 基本初等函数的连续性

定理 1.17 如果函数 $y = f(x)$ 在区间 I_x 上连续且单调增加(减少),则它的反函数 $y = f^{-1}(x)$ 在对应区间 $I_y = \{y \mid y = f(x), x \in I_x\}$ 上连续且单调增加(减少).

证明略.

因为 $y = \sin x$ 在 $\left[-\frac{\pi}{2}, \frac{\pi}{2}\right]$ 上单调增加且连续,所以反正弦函数 $y = \arcsin x$ 在对应区间 $[-1,1]$ 上也单调增加且连续. 类似地可验证其他反三角函数的连续性.

总之,反三角函数 $y = \arcsin x, y = \arccos x, y = \arctan x, y = \text{arccot} x$ 在各自的定义域内连续.

可以证明,幂函数 $y = x^\mu$、指数函数 $y = a^x$ 在各自的定义域内都连续. 由于 $y = a^x$ 是单调的连续函数,所以 $y = a^x$ 的反函数 $y = \log_a x$ 在其定义域内连续.

至此可以得到结论:**基本初等函数在各自的定义域内连续**.

3. 复合函数的连续性

由本章第四节的定理 1.5,不难得到以下定理:

定理 1.18 设 $u = \varphi(x)$,$\lim\limits_{x \to x_0} \varphi(x) = u_0$;函数 $y = f(u)$ 在 $u = u_0$ 处连续,即 $\lim\limits_{u \to u_0} f(u) = f(u_0)$,则

$$\lim_{x \to x_0} f(\varphi(x)) = f(u_0), \quad \text{或} \lim_{x \to x_0} f(\varphi(x)) = f(\lim_{x \to x_0} \varphi(x)).$$

定理 1.18 表明,对于复合函数 $y = f(\varphi(x))$,如果外层函数 $y = f(u)$ 在点 $u_0 = \lim\limits_{x \to x_0} \varphi(x)$ 连续,则在求 $x \to x_0$ 的极限时,极限运算 $\lim\limits_{x \to x_0}(\cdot)$ 与函数运算 $f(\cdot)$ 可以交换运算的先后次序,即

$$\lim_{x \to x_0} f(\cdot) = f(\lim_{x \to x_0}(\cdot)).$$

需要指出的是,在外层函数 $y = f(u)$ 连续的条件下,将极限运算 $\lim\limits_{x \to x_0}(\cdot)$ 换成七种极

限中的任何一种,该结论仍成立.

推论 设 $u=\varphi(x)$ 在区间 I 上连续,函数 $y=f(u)$ 在 $u=\varphi(x)$ 的与 I 所对应的值域上连续,则复合函数 $y=f(\varphi(x))$ 在区间 I 上连续.

例 1 求以下极限:

(1) $\lim\limits_{x\to 2}\ln\dfrac{x^2+5}{x-1}$; (2) $\lim\limits_{x\to 0}\tan\dfrac{\mathrm{e}^{x^2}-1}{2x^2+x^3}$; (3) $\lim\limits_{x\to +\infty}\sin(\sqrt{x+1}-\sqrt{x})$.

解 (1) 由对数函数的连续性,根据定理 1.18,可得

$$\lim_{x\to 2}\ln\frac{x^2+5}{x-1}=\ln\left(\lim_{x\to 2}\frac{x^2+5}{x-1}\right)=\ln 9=2\ln 3;$$

(2) 因为 $\tan x$ 在其定义域内的每一点都连续,且当 $x\to 0$ 时 $\mathrm{e}^x-1\sim x$,因此

$$\lim_{x\to 0}\tan\frac{\mathrm{e}^{x^2}-1}{2x^2+x^3}=\tan\left(\lim_{x\to 0}\frac{\mathrm{e}^{x^2}-1}{2x^2+x^3}\right)=\tan\left(\lim_{x\to 0}\frac{x^2}{2x^2+x^3}\right)=\tan\frac{1}{2};$$

(3) $\displaystyle\lim_{x\to +\infty}\sin(\sqrt{x+1}-\sqrt{x})=\sin\left(\lim_{x\to +\infty}(\sqrt{x+1}-\sqrt{x})\right)$

$$=\sin\left(\lim_{x\to +\infty}\frac{1}{\sqrt{x+1}+\sqrt{x}}\right)=\sin 0=0.$$

例 2 函数 $y=\left|\dfrac{x\sin x}{x^2+2}\right|$ 由 $y=|u|$ 与 $u=\dfrac{x\sin x}{x^2+2}$ 复合而成. 因为 $y=|u|$ 连续,且 $u=\dfrac{x\sin x}{x^2+2}$ 也连续,所以 $y=\left|\dfrac{x\sin x}{x^2+2}\right|$ 是连续函数.

4. 初等函数的连续性

运用定理 1.18 的推论,结合基本初等函数的连续性,立即得到以下定理.

定理 1.19 一切初等函数在其定义区间内都是连续的.

此处的**定义区间**是指包含在函数的定义域内的区间.

例 3 设 $f(x)=\begin{cases}\dfrac{\sin x}{x}, & x\neq 0,\\[2mm] 2, & x=0,\end{cases}$ 讨论函数 $f(x)$ 在其定义域内的连续性.

解 该函数的定义域为 $(-\infty,+\infty)$,因为初等函数在其定义区间内连续,故在区间 $(-\infty,0)$ 和 $(0,+\infty)$ 内函数 $f(x)=\dfrac{\sin x}{x}$ 都连续. 以下考察 $f(x)$ 在点 $x=0$ 的连续性. 因为

$$f(0)=2,\quad \lim_{x\to 0}f(x)=\lim_{x\to 0}\frac{\sin x}{x}=1,$$

所以 $f(x)$ 在点 $x=0$ 不连续. 总之,该函数在定义域上不连续,但在定义区间 $(-\infty,0)$ 和 $(0,+\infty)$ 内连续.

例 4 求极限 $\lim\limits_{x\to 1}\dfrac{\sqrt{3-x}-\sqrt{1+x}}{x^2+x-2}$.

解 这是 $\dfrac{0}{0}$ 型不定式. 将分子有理化,分母分解因式,再利用函数的连续性,得

$$\lim_{x\to 1}\frac{\sqrt{3-x}-\sqrt{1+x}}{x^2+x-2}=\lim_{x\to 1}\frac{(3-x)-(1+x)}{(x+2)(x-1)}\cdot\frac{1}{\sqrt{3-x}+\sqrt{1+x}}$$

$$=-2\lim_{x\to 1}\frac{1}{x+2}\cdot\frac{1}{\sqrt{3-x}+\sqrt{1+x}}=-\frac{\sqrt{2}}{6}.$$

二、闭区间上连续函数的性质

闭区间上的连续函数有一些特别重要的性质,这些性质在今后的学习中常常被用到.下面介绍最大值最小值定理、零点定理与介值定理.这些定理的证明不简单,可以结合几何直观来理解.

1. 最大值最小值定理

定义 1.21 设函数 $f(x)$ 在区间 I 上有定义,如果存在 $x_0\in I$,使对任意 $x\in I$,都有
$$f(x)\leqslant f(x_0)\quad(f(x)\geqslant f(x_0)),$$
则称 $f(x_0)$ 为函数 $f(x)$ 在区间 I 上的**最大值(最小值)**,称 x_0 为 $f(x)$ 的**最大值点(最小值点)**.

例如函数 $f(x)=\dfrac{1}{x}$,借助图 1-35 可见,在区间 $\left[\dfrac{1}{3},1\right]$ 上,$f(x)$ 的最大值为 $M=f\left(\dfrac{1}{3}\right)=3$,最小值为 $m=f(1)=1$;在区间 $[1,2]$ 上,最大值为 $M=f(1)=1$,最小值为 $m=f(2)=\dfrac{1}{2}$;而在区间 $(0,1]$ 上,最小值为 $m=f(1)=1$,没有最大值.

在实际工作中,常常需要求出已知函数 $f(x)$ 的最大值或最小值. 问题是,给定的函数 $f(x)$ 在什么条件下存在最大值或最小值?

如果函数 $f(x)$ 在闭区间 $[a,b]$ 上连续,则如图 1-36 所示,$f(x)$ 的图像是一条连续的曲线段. 直观地,该曲线上至少有一个最高点(该点的纵坐标就是函数的最大值),并且至少有一个最低点(该点的纵坐标就是函数的最小值).

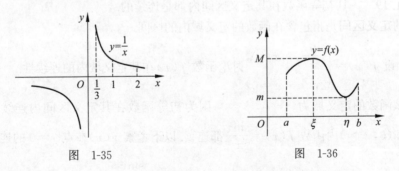

图 1-35　　　　　　图 1-36

换句话说,如果函数 $f(x)$ 在闭区间 $[a,b]$ 上连续,则至少存在一点 $\xi\in[a,b]$,使对任意 $x\in[a,b]$,都有 $f(x)\leqslant f(\xi)$,即 $f(\xi)$ 为函数的最大值 M;且至少存在一点 $\eta\in[a,b]$,使对任意 $x\in[a,b]$,都有 $f(x)\geqslant f(\eta)$,即 $f(\eta)$ 为 $f(x)$ 的最小值 m.

受上述几何直观的启示,得到以下定理(证明略).

定理 1.20(最大值最小值定理) 在闭区间上连续的函数一定在该区间上取得最大值和最小值.

注 当定理中的条件"在闭区间上连续"不满足时,定理的结论可能不成立.

例如,$f(x)=\dfrac{1}{x}$ 在开区间 $(0,1)$ 内没有最大值,也没有最小值;在左开右闭区间 $(0,1]$

上有最小值,但没有最大值.

推论(有界性定理) 闭区间上连续的函数在该区间上一定有界.

2. 零点定理

直观地,如图 1-37 所示的曲线在 x 轴上 $0,1$ 两点之间与 x 轴相交.设曲线方程是 $y=f(x)$,则交点处的函数值为零,因此称交点的横坐标为函数 $f(x)$ 的零点.

定义 1.22 如果 $f(x_0)=0$,则称 x_0 为函数 $f(x)$ 的**零点**.

函数 $f(x)$ 的零点就是方程 $f(x)=0$ 的实根.

函数 $f(x)$ 的零点就是曲线 $y=f(x)$ 与 x 轴的交点的横坐标.

我们知道,给定一个多项式 $P_n(x)$,如果能得出 $P_n(x)$ 在一个区间的两个端点处函数值的符号相反,则多项式方程 $P_n(x)=0$ 在这个区间内有实根.

对于由一般函数构成的方程 $f(x)=0$,是否也有这样的结果? 看一个例子,如图 1-38 所示的 $y=f(x)$,它的两个端点的函数值符号相反,但在 (a,b) 内方程 $f(x)=0$ 没有实根!为什么? 问题在于函数 $f(x)$ 在 (a,b) 内有间断点.

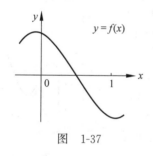

图 1-37

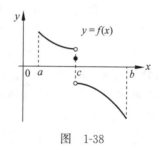

图 1-38

什么条件能保证方程 $f(x)=0$ 在 (a,b) 内一定有实根? 可以证明以下定理.

定理 1.21(零点定理) 如果函数 $f(x)$ 在闭区间 $[a,b]$ 上连续,且 $f(a)f(b)<0$,则至少存在一点 $\xi\in(a,b)$,使得 $f(\xi)=0$.

该定理说明,在闭区间 $[a,b]$ 上连续的函数 $f(x)$,如果在区间的端点处函数值异号,则该函数在 a,b 之间至少有一个零点;即方程 $f(x)=0$ 在 a,b 之间至少有一个实根;或者说这样的连续曲线 $y=f(x)$ 与 x 轴至少有一个交点.

零点定理可用来证明某个方程在某一区间内有实根,因此也称它为根的存在定理.证明时,首先要根据已知方程构造一个辅助函数和一个闭区间,然后验证零点定理的条件被满足并写出结论.

例 5 证明方程 $x^3+2x^2-5x+1=0$ 在区间 $(0,1)$ 内至少有一个实根.

证 令 $f(x)=x^3+2x^2-5x+1$,则 $f(x)$ 在区间 $[0,1]$ 上连续,且 $f(0)=1>0$,$f(1)=-1<0$.由零点定理,至少有一点 $\xi\in(0,1)$,使得 $f(\xi)=0$,或 $\xi^3+2\xi^2-5\xi+1=0$,即方程 $x^3+2x^2-5x+1=0$ 在区间 $(0,1)$ 内至少有一个实根 ξ.

例 6 确定函数 $f(x)=(x-1)(x-2)+(x-2)(x-3)+(x-3)(x-1)$ 有几个零点,并指出零点所在的区间.

解 显然 $f(x)$ 是连续函数,且
$$f(1)=2,\quad f(2)=-1,\quad f(3)=2,$$
由零点定理,$f(x)$ 在开区间 $(1,2)$ 和 $(2,3)$ 内各至少有一个零点,又因为 $f(x)$ 是二次多项

式,最多有两个零点,因此 $f(x)$ 正好有两个零点,分别在区间$(1,2)$和$(2,3)$内.

需要指出的是,定理 1.20 和定理 1.21 的条件(闭区间、连续函数)是充分的,当定理的条件不满足时,定理的结论可能不成立.

例 7 设函数 $f(x)$ 在$[a,b]$上连续,且 $f(a)<a$,$f(b)>b$,证明存在 $\xi\in(a,b)$使得$f(\xi)=\xi$.

证 构造辅助函数 $F(x)=f(x)-x$,则 $F(x)$在$[a,b]$上连续,且

$$F(a)=f(a)-a<0, \quad F(b)=f(b)-b>0,$$

由零点定理,至少有一点 $\xi\in(a,b)$,使得 $F(\xi)=f(\xi)-\xi=0$,即 $f(\xi)=\xi$.

3. 介值定理

定理 1.22(介值定理) 设函数 $f(x)$ 在$[a,b]$上连续,且 $f(a)\neq f(b)$,则对介于 $A=f(a)$ 与 $B=f(b)$之间的任何实数 C,总存在 $\xi\in(a,b)$,使得 $f(\xi)=C$.

证 构造辅助函数 $F(x)=f(x)-C$,则 $F(x)$在$[a,b]$上连续,且

$$F(a)=f(a)-C=A-C, \quad F(b)=f(b)-C=B-C,$$

因为 C 介于 $A=f(a)$和 $B=f(b)$之间,故 $A-C$ 与 $B-C$ 必然异号,即 $F(a)F(b)<0$,由零点定理,至少存在一点 $\xi\in(a,b)$,使得 $F(\xi)=f(\xi)-C=0$,即 $f(\xi)=C$.

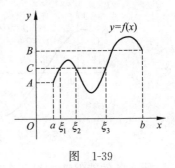

图 1-39

直观地,介值定理的结论是指,过 y 轴上 A,B 两点之间的任意一点 C,作水平直线 $y=C$,则该直线与曲线 $y=f(x)$ 至少相交一次. 如图 1-39 中,这样的点有三个.

推论 闭区间上的连续函数一定可以取得介于最大值和最小值之间的一切值.

这个推论表明,如果函数 $f(x)$ 在$[a,b]$上连续,则函数的值正好填满区间$[m,M]$,其中 m,M 分别是函数 $f(x)$ 在$[a,b]$上的最小值、最大值.

例 8 如果函数 $f(x)$ 在$[a,b]$上连续,对于实数 c 满足 $a<c<b$,则在区间$[a,b]$上至少有一点 ξ,使得

$$f(\xi)=\frac{f(a)+f(b)+f(c)}{3}.$$

证 设 $f(x)$ 在$[a,b]$上的最大值、最小值分别为 M,m,则

$$m\leqslant\frac{f(a)+f(b)+f(c)}{3}\leqslant M,$$

令 $C=\dfrac{f(a)+f(b)+f(c)}{3}$,显然,$C$ 是介于最大值 M 与最小值 m 之间的一个实数,由定理 1.22 的推论知,存在 $\xi\in[a,b]$,使得 $f(\xi)=C$,即

$$f(\xi)=\frac{f(a)+f(b)+f(c)}{3}.$$

习题 1-8

1. 利用函数的连续性求下列极限:

(1) $\lim\limits_{x\to 1}\dfrac{x^2}{x-2}$;　　　　(2) $\lim\limits_{x\to 3}\dfrac{1+x^3}{1+x}$;　　　　(3) $\lim\limits_{x\to 2}x\sin\dfrac{1}{x}$;

(4) $\lim\limits_{x\to\frac{\pi}{2}}\ln(\sin x)$;   (5) $\lim\limits_{x\to\frac{4}{\pi}}\arctan\dfrac{1}{x}$;   (6) $\lim\limits_{x\to\pi}e^{\sin\frac{x}{2}}$;

(7) $\lim\limits_{x\to+\infty}\arccos(\sqrt{x^2+x}-x)$.

2. 证明方程 $x^5-3x=1$ 至少有一个根介于 1 和 2 之间.

3. 证明方程 $\sin x-x+1=0$ 在 0 与 π 之间有实根.

4. 设函数 $f(x)$ 在 $[0,2a]$ 上连续,且 $f(0)=f(2a)$,证明至少存在一点 $\xi\in[0,2a]$,使得 $f(\xi)=f(a+\xi)$.

5. 如果函数 $f(x)$ 在 $[a,b]$ 上连续,$a<x_1<x_2<\cdots<x_n<b$,则在区间 $[x_1,x_n]$ 上至少有一点 ξ,使得 $f(\xi)=\dfrac{f(x_1)+f(x_2)+\cdots+f(x_n)}{n}$.

附录 基于 Python 的极限计算

一、Python 简介

Python 是一种广泛使用的高级编程语言,以其高效的高级数据结构、简单有效的面向对象编程特性以及广泛的标准库著称.它支持多种编程范式,包括面向对象、命令式、函数式和程序式编程,使其成为进行科学计算、数据分析、人工智能开发和网络服务器构建等多个领域的理想选择.Python 由 Guido van Rossum 于 1989 年年底推出,第一个公开发行版发布于 1991 年.自那以后,Python 逐步发展成为最受欢迎的编程语言之一.

Python 的设计理念强调代码的可读性和简洁的语法(尤其是使用空格缩进来表示代码块,而不是使用大括号或关键字).标准库中包含丰富的模块和包,这些模块和包提供了文件 I/O、系统调用、套接字以及图形用户界面等的标准接口,以及被广泛应用于数学、科学和工程计算中的科学计算和数据分析库(如 NumPy、SciPy、Pandas 和 Matplotlib).这些功能使得 Python 成为一门功能强大、易于学习和高效执行计算任务的语言.

Python 也支持与其他语言的集成,允许直接调用 C、C++ 的库,并可以通过 Cython、SWIG 等工具轻松扩展.这意味着 Python 不仅适用于快速原型开发和脚本编写,而且适用于构建大型应用程序.Python 社区活跃,拥有大量的第三方模块和库,覆盖了网络开发、数据库接口、数据科学等领域,大大增强了 Python 的功能.

Python 的应用范围极为广泛,从 Web 开发(如 Django 和 Flask 框架)到数据科学(如 TensorFlow 和 PyTorch 框架),再到系统运维、网络爬虫以及科学计算等.它的通用性和强大的库支持功能,让它在学术研究、工程设计和商业分析中发挥着重要作用.Python 的官方网站 Python.org 提供了详尽的文档、教程和资源,帮助用户学习和使用 Python.互联网上有大量的 Python 资源和社区,如 Python 数据科学社区 SciPy.org、Python Web 开发社区等,提供了丰富的学习资料和案例,希望深入了解 Python 在特定领域应用的用户,可以参考使用.

二、基于 Python 的极限计算

在 Python 中,使用 SymPy 库可以计算函数的极限,类似于 MATLAB 的 limit 函数.

SymPy 的 limit 函数允许用户求解一个表达式在某一点趋近某个值时的极限,如表 1-1 所示为其调用格式和功能说明,这在数学分析、工程和科学研究中是一个非常常见的需求. 以下给出使用 SymPy 求函数极限的示例.

表 1-1 求函数极限命令的调用格式和功能说明

调 用 格 式	功 能 说 明
limit(f,x,0)	求函数 f 在指定变量 x 趋向于 0 时的极限
limit(f,x,a)	求函数 f 在指定变量 x 趋向于 a 时的极限
limit(f,x,0,'+')	求函数 f 在指定变量 x 从右边(正方向)趋向于 0 时的极限
limit(f,x,0,'−')	求函数 f 在指定变量 x 从左边(负方向)趋向于 0 时的极限
limit(f,x,a,'+')	求函数 f 在指定变量 x 从右边(正方向)趋向于 a 时的极限
limit(f,x,a,'−')	求函数 f 在指定变量 x 从左边(负方向)趋向于 a 时的极限
limit(f,x,oo)	求函数 f 在指定变量 x 趋向于正无穷大时的极限
limit(f,x,−oo)	求函数 f 在指定变量 x 趋向于负无穷大时的极限

例 1 求下列函数的极限.

(1) $\lim\limits_{x\to 0}\dfrac{\sqrt{1+x}-1}{x}$; (2) $\lim\limits_{x\to 2}\dfrac{x^2-3x+2}{x^2-x-2}$;

(3) $\lim\limits_{x\to 0^-}\left(\cot x-\dfrac{1}{x}\right)$; (4) $\lim\limits_{x\to\infty}\left(1+\dfrac{a}{x}\right)^x$.

```
from sympy import symbols, sqrt, cot, limit, oo, exp
# 清除变量
a, x = symbols('a x')
# 定义函数 f1, f2, f3, f4
f1 = (sqrt(1 + x) - 1) / x
f2 = (x**2 - 3*x + 2) / (x**2 - x - 2)
f3 = cot(x) - 1 / x
f4 = (1 + a / x)**x
# 计算极限
limit_f1 = limit(f1, x, 0)
limit_f2 = limit(f2, x, 2)
limit_f3 = limit(f3, x, 0, dir = '-')
limit_f4 = limit(f4, x, oo)
# 打印结果
print("lim f1(x) =", limit_f1)
print("lim f2(x) =", limit_f2)
print("lim f3(x) =", limit_f3)
print("lim f4(x) =", limit_f4)
```

结果为:

```
lim f1(x) = 1/2
lim f2(x) = 1/3
lim f3(x) = 0
lim f4(x) = exp(a)
```

第一篇 综合练习

一、填空题

1. 设 $f(x)=\dfrac{1}{x}$，$g(x)=\dfrac{1}{1+x^2}$，则 $f(g(x))=$ _____，$g(f(x))=$ _____.

2. 设 $f(x)=\ln(\sqrt{x^2+1}-x)$，则 $f(-x)=$ _____.

3. $\lim\limits_{n\to\infty}(\sqrt{n+1}-\sqrt{n})=$ _____.

4. $\lim\limits_{x\to+\infty}\left(\dfrac{1}{4}+\dfrac{1}{x}\right)^x=$ _____.

5. 设 $f(x)=\begin{cases}\mathrm{e}^x, & x\geqslant 0, \\ \dfrac{\sin x}{x}, & x<0,\end{cases}$ 则 $\lim\limits_{x\to 0}f(x)=$ _____.

6. $\lim\limits_{x\to 0}\dfrac{x}{\sin 3x}=$ _____.

7. 函数 $f(x)=\dfrac{1}{x^2-5x+6}$ 的间断点是 _____.

8. 函数 $f(x)=\sin\dfrac{1}{x^2-1}$ 的连续区间是 _____.

9. 当 $x\to$ _____ 时，函数 $f(x)=\dfrac{1}{x^2-2x-3}$ 为无穷大量.

10. 设函数 $f(x)=\begin{cases}(1+2x)^{\frac{1}{x}}, & x>0, \\ x+a, & x\leqslant 0,\end{cases}$ 则 $a=$ _____ 时，函数 $f(x)$ 在点 $x=0$ 处连续.

二、选择题

1. 下列函数是偶函数又是周期函数的是（　　）.

   A. $\sin x$ 　　　　B. $\cos x$ 　　　　C. $\tan x$ 　　　　D. $\cot x$

2. 如果函数 $f(x)(x>0)$ 是单调函数，则函数 $f(x^2)$（　　）.

   A. 是单调函数 　　　　　　　　B. 是偶函数

   C. 是奇函数 　　　　　　　　　D. 既是单调函数又是偶函数

3. 将函数 $f(x)=2-|x-2|$ 表示为分段函数时，$f(x)=$（　　）.

   A. $\begin{cases}4-x, & x\geqslant 2, \\ x, & x<2\end{cases}$ 　　　　　　B. $\begin{cases}4-x, & x\geqslant 0, \\ x, & x<0\end{cases}$

   C. $\begin{cases}4-x, & x\geqslant 0, \\ 4+x, & x<0\end{cases}$ 　　　　　D. $\begin{cases}4-x, & x\geqslant 2, \\ 4+x, & x<2\end{cases}$

4. 若 $\lim\limits_{x\to x_0^+}f(x)=\lim\limits_{x\to x_0^-}f(x)$，则函数 $f(x)$ 在点 $x=x_0$ 处（　　）.

   A. 连续 　　　B. 不连续 　　　C. $\lim\limits_{x\to x_0}f(x)$ 存在 　D. $\lim\limits_{x\to x_0}f(x)$ 不存在

5. 如果 $\lim\limits_{x\to\infty}\left(1+\dfrac{1}{x}\right)^{ax}=e^2$，则 a 等于（　　）.

　　A. 1　　　　　　　B. 2　　　　　　　C. 3　　　　　　　D. e

6. 设 $f(x)=\begin{cases}\dfrac{\sin x}{x}, & x>0,\\ e^x-1, & x\leqslant 0,\end{cases}$ 则 $\lim\limits_{x\to 0}f(x)$ 的值为（　　）.

　　A. 0　　　　　　　B. 1　　　　　　　C. e　　　　　　　D. 不存在

7. 当 $x\to 0$ 时，$\sin 2x$ 与 $3x$ 是（　　）.

　　A. 等价的无穷小量　　　　　　　　　B. 同阶的无穷小量
　　C. 无穷大量　　　　　　　　　　　　D. 有界变量

8. 函数 $f(x)=\dfrac{x}{\sin x}$ 的间断点是（　　）.

　　A. 0　　　　　　　B. π　　　　　　　C. $k\pi(k\in\mathbb{Z})$　　　D. $\dfrac{\pi}{2}+k\pi$

9. $\lim\limits_{x\to x_0^+}f(x)=\lim\limits_{x\to x_0^-}f(x)$ 是函数 $f(x)$ 在 a 点连续的（　　）.

　　A. 必要条件　　　B. 充分条件　　　C. 充要条件　　　D. 无关条件

10. $x=1$ 点是函数 $f(x)=\dfrac{x^2-1}{x-1}$ 的（　　）.

　　A. 无穷间断点　　B. 跳跃间断点　　C. 可去的间断点　　D. 连续点

三、求函数极限

1. $\lim\limits_{x\to 0}(1+\sin x)^{\frac{1}{x}}$；

2. $\lim\limits_{x\to 0}\dfrac{\sqrt{x^2+1}-1}{2x^2}$；

3. $\lim\limits_{x\to\infty}\left(\dfrac{x-1}{x+1}\right)^{2x+1}$；

4. $\lim\limits_{x\to 1}\dfrac{\sin(x-1)}{x^2-1}$；

5. $\lim\limits_{x\to -1}\dfrac{x^3+1}{x^2+2x+1}$；

6. $\lim\limits_{x\to 0}\dfrac{1}{x}\ln(1+2x)$；

7. $\lim\limits_{x\to\infty}\dfrac{2x^2+3x+1}{3x^2+3x-1}$；

8. $\lim\limits_{x\to\infty}\dfrac{2x^2+6x+1}{x^3+3x+4}$；

9. $\lim\limits_{x\to 1}\left(\dfrac{1}{x-1}-\dfrac{3x-1}{x^2-1}\right)$.

四、综合题

1. 求函数 $f(x)=\dfrac{1}{\ln|x-5|}$ 的定义域.

2. 求函数 $y=e^{\cos^2\sqrt{x}}$ 的复合关系.

3. 设函数 $f(x)=\begin{cases}2x-1, & x>0,\\ 1, & x=0,\\ \dfrac{\tan x}{x}, & x<0.\end{cases}$ （1）求 $\lim\limits_{x\to 0^-}f(x),\ \lim\limits_{x\to 0^+}f(x)$；（2）判断极限

$\lim\limits_{x\to 0}f(x)$ 是否存在.

4. 判断函数 $f(x)=\begin{cases}\dfrac{\tan x}{e^x-1}, & x\neq 0,\\ 1, & x=0\end{cases}$ 在点 $x=0$ 处是否连续.

五、证明题

证明方程 $e^x+\sin x-1=0$ 在区间 $(-\pi,\pi)$ 内至少有一个根.

第二篇

一元函数微分学

数学中研究导数、微分及其应用的部分称为微分学,包括一元函数微分学和多元函数微分学.

导数概念的产生源于对切线、极值和运动速度等问题的处理.17 世纪以前的数学基本停留于对规则的、均匀的事物数量关系的描述与研究,大致相当于现行初等数学部分.例如,在牛顿之前,人们只能求物体在一段时间内的平均速度,无法求某一时刻的瞬时速度.17 世纪的欧洲社会变革和生产力的发展为微积分的诞生提供了沃土.当时欧洲一些国家处于资本主义上升时期,生产力得到空前发展,航海、工商业、工程建筑设计都发展起来,研究物体的运动和变化成了日益迫切的课题.各种实际问题(包括古老的天文学问题以及历史悠久的面积、体积测算)都要求数学引入新的概念,提出更有效的算法.当时,以力学方面的需要为中心,至少有三类问题直接导致微分学的诞生:

(1) 求做变速直线运动的物体在任意时刻的速度和加速度;

(2) 曲线切线问题,透镜设计要考虑曲线的法线,实际上就是求切线,运动物体在任一点处的运动方向即该点的切线方向;

(3) 炮弹射程问题,求获得最大射程的发射角,求行星离太阳的最远、最近距离(近日点、远日点),讨论函数的最大值、最小值.

这三类实际问题的实质是函数的变化率问题.有了极限这一重要工具,牛顿从第一个问题入手,莱布尼茨从第二个问题入手,分别给出了导数的概念.

牛顿不仅开创性地使用导数与微分这一工具,同时还将微分学与积分学有机地联系起来,使微积分成为解决大量过去无法解决的科技问题的得力工具,这一理论被科技界广泛接受,并得以迅速发展,微积分成为当时数学的重要内容.同时,微积分也是现代数学的肇始.微积分的产生是数学上的伟大创造.恩格斯曾指出:"在一切理论成就中,未必再有什么像17 世纪下半叶微积分的发明那样被看作人类精神的最高胜利了."微积分中蕴藏着丰富的理性思维和处理连续量的重要方法,在微积分中先近似后精确、从量变到质变的思想精髓仍是我们当今分析问题、解决问题的重要法宝.学习和掌握微积分不仅为后继课程的学习和今后从事科技工作提供必要的数学工具,而且对科学素质的形成和分析解决问题能力的提高将产生深远的影响.

本篇为一元函数微分学,主要内容包括:导数与微分的概念;导数与微分的计算;微分中值定理;利用导数研究函数;极值问题求解.

第二章 导数与微分

一元函数微分学包括两个基本概念,即导数与微分.导数表示的是因变量关于自变量的变化率,而微分则给出函数的局部改变量的线性近似.本章介绍这两个概念,并给出计算导数与微分的一系列方法,包括求导法则、微分法则和基本的导数公式、微分公式.随着学习的深入,我们将会看到,导数的概念与导数的计算是基础且很重要,它对本课程的影响至少体现在三个方面:一是与变化率相关的各类问题;二是不定积分的概念与计算;三是关于多元函数偏导数的概念与计算.

本章主要内容:导数的概念,求导法则,高阶导数,隐函数的导数,微分的概念与计算.

第一节 导数的概念

求变速运动的瞬时速度,求曲线上某一点处的切线,求最大值和最小值,历史上关于这三类问题的探究与解决导致导数概念的形成.本节以前两个问题为例,分析解决这类问题的共同本质特征,抽象出导数的定义.

本节主要内容:导数概念的引入,导数的定义,单侧导数,导数的几何意义,函数的可导性与连续性的关系,导数的基本应用.

一、导数概念的引入

例1 变速直线运动的瞬时速度.

设一质点做变速直线运动,在 $(0,t)$ 这段时间内经过的路程为 s,则 s 是时间 t 的函数,$s=s(t)$.通常把 $s=s(t)$ 称为质点的**位置函数**或**运动方程**.我们知道,物理学上用速度来描述质点运动的快慢程度,一般来讲,质点运动的速度随时都在变化.现在的问题是,怎样由 $s=s(t)$ 求出质点在某个特定时刻 t_0 的(瞬时)速度 $v(t_0)$?

设质点在 t_0 时刻的位置为 $s_0=s(t_0)$.对于时间间隔 Δt,当时间 t 从 t_0 变化到 $t_0+\Delta t$ 时,位置 s 相应地从 $s(t_0)$ 变化到 $s(t_0+\Delta t)$,如图 2-1 所示,质点在这段时间内的位移为

$$\Delta s = s(t_0 + \Delta t) - s(t_0),$$

在这段时间间隔内,质点的平均速度为

$$\overline{v} = \frac{\Delta s}{\Delta t} = \frac{s(t_0 + \Delta t) - s(t_0)}{\Delta t}.$$

当时间间隔很短时,可以认为物体在时间区间 $(t_0, t_0 + \Delta t)$ 内近似地做匀速运动.因此,可以用 $\overline{v}$ 作为质点在 t_0 时刻瞬时速度的近似值.显然,时间间隔 Δt 越短,其近似程度也就越高.但无论 Δt 取得怎样小,平均速度 $\overline{v}$ 总不能精确地刻画出质点在 $t = t_0$ 时刻运动变化的快慢程度.为此我们想到采取"极限"的手段:如果平均速度 $\overline{v} = \frac{\Delta s}{\Delta t}$ 当 $\Delta t \to 0$ 时的极限存在,则自然地把这极限值定义为质点在 $t = t_0$ 时刻的瞬时速度 $v(t_0)$,即

$$v(t_0) = \lim_{\Delta t \to 0} \frac{\Delta s}{\Delta t} = \lim_{\Delta t \to 0} \frac{s(t_0 + \Delta t) - s(t_0)}{\Delta t}.$$

例 2 平面曲线的切线.

什么是曲线的切线?

切线问题的提出与解决出自对实际问题研究的需要.历史上,关于切线的定义有多种,经历了一个不断完善的过程.对光学的研究特别是透镜的设计,促使大数学家费马(Fermat,1601—1665)探求并给出了曲线切线的定义.他在 1629 年得到了确定曲线切线的一种方法,并被后人不断改进.下面介绍切线的一般性定义.

设已知曲线 C 及 C 上一点 P_0.在曲线 C 上另取一点 P,作割线 $P_0 P$(图 2-2).当点 P 沿曲线 C 趋于点 P_0 时,如果割线 $P_0 P$ 绕点 P_0 旋转而趋于极限位置 $P_0 T$,则称直线 $P_0 T$ 为曲线 C 在点 P_0 处的**切线**.

曲线切线的这个定义既适用于平面曲线,也适用于空间曲线.

现在设平面曲线 C 是函数 $y = f(x)$ 的图像,$P_0(x_0, y_0)$ 为 C 上一定点.因为曲线的切线是直线,可由点斜式方程表示,而点 P_0 为已知,因此关键是求切线的斜率.

设点 $P(x_0 + \Delta x, f(x_0 + \Delta x))$ 为曲线 C 上另外一点,于是直线 $P_0 P$ 就是曲线 C 的一条过点 P_0 的割线.用 φ 表示割线 $P_0 P$ 的倾角,如图 2-3 所示,割线 $P_0 P$ 的斜率为

$$\tan\varphi = \frac{\Delta y}{\Delta x} = \frac{f(x_0 + \Delta x) - f(x_0)}{\Delta x}.$$

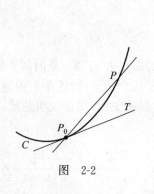

图 2-2

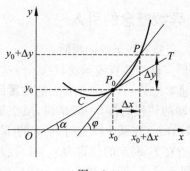

图 2-3

如果点 P 沿着曲线 C 趋于 P_0(即 $\Delta x \to 0$),则割线 $P_0 P$ 绕着点 P_0 转动.由切线的定义,$\Delta x \to 0$ 时割线 $P_0 P$ 的极限位置 $P_0 T$ 就是曲线 C 在点 P_0 处的切线.设切线 $P_0 T$ 的倾角为 α,则切线的斜率 $k = \tan\alpha$.注意到,当 $\Delta x \to 0$ 时 $\varphi \to \alpha$,相应地,割线 $P_0 P$ 的斜率

$\tan\varphi = \dfrac{\Delta y}{\Delta x}$ 就趋向于切线 $P_0 T$ 的斜率 $\tan\alpha$. 因此,切线的斜率

$$k = \tan\alpha = \lim_{\Delta x \to 0} \tan\varphi = \lim_{\Delta x \to 0} \frac{f(x_0 + \Delta x) - f(x_0)}{\Delta x}.$$

上面介绍的瞬时速度和切线斜率,虽然它们的实际背景完全不同,但是,如果忽略变量在实际意义上的差别,则在数学演算的本质上都归结为同样的步骤:

首先,在点 x_0 处使自变量产生一个改变量 Δx,求出函数 $y = f(x)$ 的相应改变量

$$\Delta y = f(x_0 + \Delta x) - f(x_0);$$

其次,求函数的增量与自变量的增量之比,通常称为**函数的平均变化率**:

$$\frac{\Delta y}{\Delta x} = \frac{f(x_0 + \Delta x) - f(x_0)}{\Delta x};$$

最后,令 $\Delta x \to 0$,对平均变化率取极限,得到所要的结果,称这个结果为**函数的瞬时变化率**.

在大量的实际问题和科学研究中,经常会遇到从数学结构上来看与上述形式完全相同的变化率问题. 数学家们领悟到这种问题的普遍性与重要意义,从而抽象出一个重要的数学概念——导数.

二、导数的定义

1. 函数在一点的导数

定义 2.1　设函数 $y = f(x)$ 在点 x_0 的某个邻域 $U(x_0)$ 内有定义,当自变量在点 x_0 处取得增量 Δx 且 $x_0 + \Delta x \in U(x_0)$ 时,相应地,函数有增量 $\Delta y = f(x_0 + \Delta x) - f(x_0)$. 如果当 $\Delta x \to 0$ 时,极限

$$\lim_{\Delta x \to 0} \frac{\Delta y}{\Delta x} = \lim_{\Delta x \to 0} \frac{f(x_0 + \Delta x) - f(x_0)}{\Delta x} \tag{2.1}$$

存在,则称函数 $y = f(x)$ 在点 x_0 **可导**或在点 x_0 处的**导数存在**,并称此极限值为函数 $y = f(x)$ 在点 x_0 的**导数**,记作

$$f'(x_0), \quad y'|_{x = x_0}, \quad \frac{\mathrm{d}y}{\mathrm{d}x}\bigg|_{x = x_0}, \quad \text{或} \frac{\mathrm{d}f}{\mathrm{d}x}\bigg|_{x = x_0}.$$

因此

$$f'(x_0) = \lim_{\Delta x \to 0} \frac{f(x_0 + \Delta x) - f(x_0)}{\Delta x}.$$

导数的定义式可以用不同的形式表示,以下是一些常用的等价形式:

令 $x = x_0 + \Delta x$,则

$$f'(x_0) = \lim_{x \to x_0} \frac{f(x) - f(x_0)}{x - x_0}.$$

记 $h = \Delta x$,则

$$f'(x_0) = \lim_{h \to 0} \frac{f(x_0 + h) - f(x_0)}{h}.$$

如果式(2.1)中极限 $\lim\limits_{\Delta x \to 0} \dfrac{\Delta y}{\Delta x}$ 不存在,则称函数 $y = f(x)$ 在点 x_0 **不可导**或在点 x_0 的**导**

数不存在. 如果不可导的情形是 $\lim\limits_{\Delta x \to 0} \dfrac{\Delta y}{\Delta x} = \infty$, 则习惯上也称 $f(x)$ 在点 x_0 的**导数为无穷大**.

根据导数的定义, $f'(x_0)$ 是函数 $y = f(x)$ 在点 x_0 的瞬时变化率, 而 $\dfrac{\Delta y}{\Delta x}$ 则是函数 $y = f(x)$ 在以 $x_0, x_0 + \Delta x$ 为端点的区间上的平均变化率.

运动方程为 $s = s(t)$ 的质点在时刻 t_0 的瞬时速度为 $v(t_0) = s'(t_0)$.

曲线 $y = f(x)$ 在点 (x_0, y_0) 处的切线斜率为 $k = f'(x_0)$.

2. 导函数

如果函数 $y = f(x)$ 在区间 (a, b) 内每一点都可导, 则称函数 $f(x)$ **在区间 (a, b) 内可导**. 此种情况下, 对任意 $x \in (a, b)$, 都对应着一个确定的导数值, 这样就构成了一个新的函数, 称这个函数为函数 $y = f(x)$ 的**导函数**, 简称**导数**, 记作

$$y', \quad f'(x), \quad \frac{\mathrm{d}y}{\mathrm{d}x}, \quad 或 \frac{\mathrm{d}f}{\mathrm{d}x},$$

即

$$f'(x) = \lim_{\Delta x \to 0} \frac{f(x + \Delta x) - f(x)}{\Delta x}, \quad x \in (a, b).$$

显然, 函数 $f(x)$ 在点 x_0 的导数 $f'(x_0)$ 就是导函数 $f'(x)$ 在点 $x = x_0$ 的函数值, 即

$$f'(x_0) = f'(x)\big|_{x = x_0}.$$

3. 利用定义求导数

利用导数的定义求导数, 通常分为以下三个步骤:

(1) 给自变量 x 以增量 Δx, 求函数的增量: $\Delta y = f(x_0 + \Delta x) - f(x_0)$;

(2) 求函数增量与自变量增量的比值: $\dfrac{\Delta y}{\Delta x} = \dfrac{f(x_0 + \Delta x) - f(x_0)}{\Delta x}$;

(3) 求极限: 得 $y' = \lim\limits_{\Delta x \to 0} \dfrac{\Delta y}{\Delta x}$.

例 3 (1) 求函数 $y = 2x^2 - 1$ 在点 $x = 1$ 的导数; (2) 求常数 C 的导数.

解 (1) $\dfrac{\mathrm{d}y}{\mathrm{d}x}\bigg|_{x=1} = \lim\limits_{\Delta x \to 0} \dfrac{\Delta y}{\Delta x}$

$$= \lim_{\Delta x \to 0} \frac{[2(1 + \Delta x)^2 - 1] - (2 \cdot 1^2 - 1)}{\Delta x} = \lim_{\Delta x \to 0} \frac{4\Delta x + 2(\Delta x)^2}{\Delta x} = 4.$$

(2) 考虑常值函数 $y = C$, 当 x 取得增量 Δx 时, 函数的增量总等于零, 即 $\Delta y = C - C = 0$, 从而有 $\dfrac{\Delta y}{\Delta x} = 0$, 因此, $C' = \dfrac{\mathrm{d}y}{\mathrm{d}x} = \lim\limits_{\Delta x \to 0} \dfrac{\Delta y}{\Delta x} = 0.$

例 4 证明 $(x^n)' = nx^{n-1}$, n 为正整数.

证 设 $y = x^n$, 则

$$\Delta y = (x + \Delta x)^n - x^n = nx^{n-1}\Delta x + \frac{n(n-1)}{2}x^{n-2}(\Delta x)^2 + \cdots + (\Delta x)^n,$$

所以

$$\lim_{\Delta x \to 0} \frac{\Delta y}{\Delta x} = \lim_{\Delta x \to 0} \left[nx^{n-1} + \frac{n(n-1)}{2}x^{n-2}(\Delta x) + \cdots + (\Delta x)^{n-1} \right] = nx^{n-1},$$

即

$$(x^n)' = nx^{n-1}.$$

一般地，当 μ 为一实数时，有

$$(x^\mu)' = \mu x^{\mu-1}.$$

这个公式的推导可见本章第二节例 5. 取 $\mu = -1, \frac{1}{2}, \frac{1}{3}$，可得以下几个经常使用的导数：

$$\left(\frac{1}{x}\right)' = -\frac{1}{x^2}, \quad (\sqrt{x})' = \frac{1}{2\sqrt{x}}, \quad (\sqrt[3]{x})' = \frac{1}{3\sqrt[3]{x^2}}.$$

例 5 证明 $(a^x)' = a^x \ln a, a > 0, a \neq 1$.

证

$$(a^x)' = \lim_{h \to 0} \frac{a^{x+h} - a^x}{h} = a^x \lim_{h \to 0} \frac{a^h - 1}{h} = a^x \lim_{h \to 0} \frac{e^{h\ln a} - 1}{h} = a^x \ln a.$$

特别地，当 $a = e$ 时，有 $(e^x)' = e^x$.

例 6 证明 $(\sin x)' = \cos x$.

证

$$(\sin x)' = \lim_{\Delta x \to 0} \frac{\sin(x + \Delta x) - \sin x}{\Delta x} = \lim_{\Delta x \to 0} \frac{2\sin\frac{\Delta x}{2}\cos\left(x + \frac{\Delta x}{2}\right)}{\Delta x} = \cos x.$$

类似地，$(\cos x)' = -\sin x$.

三、单侧导数

在求函数 $y = f(x)$ 在点 x_0 的导数时，式中的 Δx 可正可负，即 $\Delta x \to 0$ 的方式是任意的，极限 $y' = \lim\limits_{\Delta x \to 0} \frac{\Delta y}{\Delta x}$ 是一双侧极限. 如果 $f(x)$ 是分段函数，而且点 x_0 是分段点，则 $\frac{\Delta y}{\Delta x}$ 在点 x_0 左右两侧的表达式是不相同的，对此就要用单侧导数来讨论. 如果在求比值 $\frac{\Delta y}{\Delta x}$ 的极限时，x 是从 x_0 的一侧趋于 x_0（即 $\Delta x \to 0^+$，或 $\Delta x \to 0^-$），那么所得极限就叫作**单侧导数**. 分为

左导数： $\quad f'_-(x_0) = \lim\limits_{\Delta x \to 0^-} \frac{\Delta y}{\Delta x} = \lim\limits_{\Delta x \to 0^-} \frac{f(x_0 + \Delta x) - f(x_0)}{\Delta x}$.

右导数： $\quad f'_+(x_0) = \lim\limits_{\Delta x \to 0^+} \frac{\Delta y}{\Delta x} = \lim\limits_{\Delta x \to 0^+} \frac{f(x_0 + \Delta x) - f(x_0)}{\Delta x}$.

如果函数 $f(x)$ 在开区间 (a, b) 内可导，且在两个端点处的单侧导数 $f'_+(a)$ 及 $f'_-(b)$ 都存在，则称 **$f(x)$ 在闭区间 $[a, b]$ 上可导**.

当左导数 $f'_-(x_0)$ 存在时，称函数 $f(x)$ 在 x_0 点**左可导**. 类似可定义**右可导**.

根据左、右极限与极限的关系，可以得到以下定理.

定理 2.1 $f(x)$ 在 x_0 点可导的充要条件是 $f(x)$ 在 x_0 点既左可导又右可导，且

$$f'_-(x_0) = f'_+(x_0).$$

对于分段函数，求它的导函数时需要分段进行. 特别地，求分段点处的导数往往要根据定义来计算，定理 2.1 常被用于判定分段函数在分段点处是否可导.

例 7 已知 $f(x) = \begin{cases} \sin x, & x < 0, \\ x, & x \geqslant 0, \end{cases}$ 求 $f'(x)$.

解 当 $x<0$ 时, $f'(x)=(\sin x)'=\cos x$; 当 $x>0$ 时, $f'(x)=(x)'=1$; 在 $x=0$ 处,

$$f'_-(0)=\lim_{x\to0^-}\frac{\sin x-0}{x-0}=1, f'_+(0)=\lim_{x\to0^+}\frac{x-0}{x-0}=1, 所以 f'(0)=1. 于是得$$

$$f'(x)=\begin{cases}\cos x, & x<0,\\ 1, & x\geq0.\end{cases}$$

四、导数的几何意义

由例 2 可知, 函数 $y=f(x)$ 在点 x_0 的导数 $f'(x_0)$ 就是曲线 $y=f(x)$ 在 $(x_0,f(x_0))$ 处切线的斜率, 即

$$k=\tan\alpha=f'(x_0),$$

其中 α 为曲线 $y=f(x)$ 在点 $(x_0,f(x_0))$ 处切线的倾角(见图 2-3).

因此, 曲线 $y=f(x)$ 在点 $(x_0,f(x_0))$ 处的切线方程为

$$y-y_0=f'(x_0)(x-x_0).$$

如果 $f(x)$ 在点 x_0 的导数为无穷大, 即 $\lim\limits_{\Delta x\to0}\frac{\Delta y}{\Delta x}=\infty$, 则函数 $y=f(x)$ 在点 x_0 不可导, 即导数 $f'(x_0)$ 不存在. 但是曲线在点 $(x_0,f(x_0))$ 处仍然有竖直切线, 切线方程为 $x=x_0$.

五、函数的可导性与连续性的关系

连续与可导是函数的两个重要概念. 虽然在导数的定义中未明确要求函数在点 x_0 连续, 但却蕴涵可导必然连续这一结论.

定理 2.2 如果 $y=f(x)$ 在点 x_0 可导, 则它在点 x_0 一定连续.

证 设 $y=f(x)$ 在点 x_0 可导, 即 $\lim\limits_{\Delta x\to0}\frac{\Delta y}{\Delta x}=f'(x_0)$, 则有

$$\lim_{\Delta x\to0}\Delta y=\lim_{\Delta x\to0}\left(\frac{\Delta y}{\Delta x}\cdot\Delta x\right)=\lim_{\Delta x\to0}\frac{\Delta y}{\Delta x}\cdot\lim_{\Delta x\to0}\Delta x=0,$$

所以 $f(x)$ 在点 x_0 连续.

定理 2.2 的逆命题不成立, 即连续未必可导.

例 8 证明函数 $y=f(x)=|x|$ 在点 $x=0$ 连续但不可导.

证 函数 $y=|x|$ 的图像见图 2-4. 因为 $\lim\limits_{x\to0}|x|=\left|\lim\limits_{x\to0}x\right|=0$, 所以 $y=|x|$ 在点 $x=0$ 连续, 但由于

$$f'_-(0)=\lim_{x\to0^-}\frac{-x-0}{x-0}=-1, \quad f'_+(0)=\lim_{x\to0^+}\frac{x-0}{x-0}=1,$$

即 $f'_-(0)\neq f'_+(0)$, 所以 $f(x)=|x|$ 在点 $x=0$ 不可导.

定理 2.2 的逆否命题可作为判定函数 $f(x)$ 在点 x_0 不连续的方法, 即: 函数 $f(x)$ 在点 x_0 不可导, 则函数 $f(x)$ 在点 x_0 一定不连续.

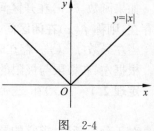

图 2-4

例 9 试分别讨论当 $m=0,1,2$ 时, 函数

$$f_m(x)=\begin{cases}x^m\sin\dfrac{1}{x}, & x\neq0,\\ 0, & x=0\end{cases}$$

在点 $x=0$ 的连续性与可导性.

解 当 $m=0$ 时,由于 $\lim\limits_{x\to 0}f_0(x)=\lim\limits_{x\to 0}\sin\dfrac{1}{x}$ 不存在,所以 $f_0(x)$ 在点 $x=0$ 不连续,当然不可导.

当 $m=1$ 时,$\lim\limits_{x\to 0}f_1(x)=\lim\limits_{x\to 0}x\sin\dfrac{1}{x}=0=f_1(0)$,即函数 $f_1(x)$ 在点 $x=0$ 连续,但

$$\lim_{x\to 0}\frac{f_1(x)-f_1(0)}{x-0}=\lim_{x\to 0}\frac{x\sin\dfrac{1}{x}-0}{x-0}=\lim_{x\to 0}\sin\frac{1}{x}$$

不存在,所以 $f_1(x)$ 在点 $x=0$ 不可导.

当 $m=2$ 时,

$$f_2'(0)=\lim_{x\to 0}\frac{x^2\sin\dfrac{1}{x}-0}{x-0}=\lim_{x\to 0}x\sin\frac{1}{x}=0,$$

所以 $f_2(x)$ 在点 $x=0$ 可导,当然也在点 $x=0$ 连续.

六、导数的基本应用

1. 平面曲线的切线与法线

例 10 求曲线 $y=x^2+2\sqrt{x}$ 在点 $(1,3)$ 处的切线方程与法线方程.

解 解题的关键是求出函数 $y=x^2+2\sqrt{x}$ 在点 $x=1$ 的导数,得到曲线在点 $(1,3)$ 处的切线斜率,然后求得切线方程与法线方程.因为

$$y'=2x+\frac{1}{\sqrt{x}},\quad y'|_{x=1}=3.$$

则所求切线方程为

$$y-3=3(x-1),\quad 即\ y=3x.$$

法线方程为

$$y-3=-\frac{1}{3}(x-1)$$

化简得

$$x+3y-10=0.$$

2. 导数的物理应用

如前所述,$\dfrac{\Delta y}{\Delta x}$ 是函数 $y=f(x)$ 在以 $x,x+\Delta x$ 为端点的区间上的平均变化率,而 $f'(x)$ 则是函数 $y=f(x)$ 在点 x 处的瞬时变化率.因此人们常说导数是变化率.

（1）位移、速度、加速度

设质点做变速直线运动,它的位移函数也就是运动方程为 $s=s(t)$,那么在 t 时刻质点的速度为 $v(t)=s'(t)$.这个速度反映的是质点位移变化的快慢程度,因此也称为位移函数关于时间 t 的变化率.根据物理学知识可知,加速度 $a(t)$ 用来描述速度变化的快慢程度,类似于例 1,我们可以导出 t 时刻的加速度为

$$a(t) = \lim_{\Delta t \to 0} \frac{\Delta v}{\Delta t} = \lim_{\Delta t \to 0} \frac{v(t+\Delta t) - v(t)}{\Delta t}.$$

可见 $a(t) = v'(t)$，即加速度是速度函数关于时间 t 的变化率.

此外，当我们乘坐汽车时，如果汽车做匀加速运动，则汽车的运行是"稳当的"；如果汽车做变加速运动，即司机一会儿踩刹车，一会儿踩油门，表现出加速度一会儿为负，一会儿为正，那么车上的乘客就会"前仰后合"，十分难受. 如何反映汽车加速度变化的快慢程度？根据前面的讨论，读者肯定会想到去求加速度函数 $a(t)$ 的导数 $a'(t)$，即加速度函数关于时间 t 的变化率.

（2）交变电流的电流强度

电流强度是表示电流强弱的一个物理量. 对于交流电，导线中通过的电量 q 随时间 t 变化而改变，可由函数 $q = q(t)$ 来表示. 电量 $q = q(t)$ 关于时间 t 的变化率就是电流强度 I，即 $I = q'(t)$.

（3）非均匀杆的线密度

金属直杆的质量分布可用一个称为线密度的量 ρ 来刻画，它定义为直杆"单位长度所含有的质量". 如果金属直杆的质量分布处处一样，则称这样的直杆为均匀杆，其质量随棒长 x 均匀变化，ρ 是常数. 如果直杆是非均匀的，则质量随棒长 x 的变化不再均匀. 设距离起点的长度为 x 这一段直杆的质量为 $m = m(x)$. 这种情况下，杆上点 x 处的线密度 $\rho(x)$ 为

$$\rho(x) = \lim_{\Delta x \to 0} \frac{\Delta m}{\Delta x} = \lim_{\Delta x \to 0} \frac{m(x+\Delta x) - m(x)}{\Delta x}.$$

可见 $\rho(x) = m'(x)$，即线密度 $\rho(x)$ 是质量 m 关于长度 x 的变化率.

3. 经济学中的边际函数

在经济学中，称导数 $f'(x)$ 为函数 $f(x)$ 的**边际**. 例如，

产品总成本函数 $C = C(x)$ 的导数 $C'(x)$ 称为**边际成本**；

利润函数 $L = L(x)$ 的导数 $L'(x)$ 称为**边际利润**；

收益函数 $R = R(x)$ 的导数 $R'(x)$ 称为**边际收益**.

习题 2-1

1. 将一炮弹以初速度 v_0 向目标发射，经过 $t(\text{s})$ 后其高度为 $h = h(t) = v_0 t - \frac{1}{2} g t^2$，求：

（1）炮弹在 $t(\text{s})$ 到 $(t+\Delta t)(\text{s})$ 这段时间内的平均速度；

（2）炮弹在 $t(\text{s})$ 时的瞬时速度；

（3）炮弹落到地面（高度 $h = 0$ 时）的瞬时速度.

2. 按定义求下列函数在指定点的导数值：

（1）$f(x) = 2 - x^2$，$f'(-2)$，$f'(0)$；　　　　（2）$g(t) = \dfrac{1}{1+t^2}$，$g'(-1)$，$g'(2)$.

3. 按定义求下列函数的导函数：

（1）$s = t^2 + t - 6$；　　　　（2）$y = \cos x$.

4. 质点沿 x 轴做变速直线运动，其位移关于时间的函数为 $x(t) = t^3 - 4t^2 - 3t - 2$.

（1）求质点运动的速度函数；　　　　（2）求速度为零时刻质点的加速度.

5. 设 $f'(x_0)$ 存在, 试利用导数的定义求下列极限:

(1) $\lim\limits_{\Delta x \to 0} \dfrac{f(x_0 - \Delta x) - f(x_0)}{2\Delta x}$;

(2) $\lim\limits_{\Delta x \to 0} \dfrac{f(x_0 - \Delta x) - f(x_0 + 2\Delta x)}{5\Delta x}$.

6. 求下列函数的导数:

(1) $y = \dfrac{1}{\sqrt[3]{x}}$;

(2) $y = \dfrac{\sqrt{x}}{x^3}$;

(3) $y = x^2 \sqrt[5]{x^2}$.

7. 设函数 $f(x)$ 在点 $x = 0$ 连续, 且 $\lim\limits_{x \to 0} \dfrac{f(x) - 2}{x} = -1$. (1) 求 $f(0)$; (2) 问 $f(x)$ 在点 $x = 0$ 是否可导?

8. 运用导数解下列各题:

(1) 求球的体积变量 V 相对于球半径变量 R 的变化率;

(2) 球的体积为 1 时, 求球的体积变量 V 相对于球半径变量 R 的变化率.

9. 求曲线 $y = \sin x$ 在 $x = \dfrac{\pi}{4}$ 处的切线方程和法线方程.

10. 判断函数 $y = x|x|$ 在 $x = 0$ 处是否可导. 如果可导, 求出导数.

11. 设 $f(x) = \begin{cases} x^2 + 1, & x \leqslant 0, \\ ax + b, & x > 0, \end{cases}$ 问当 a 和 b 为何值时, $f(x)$ 在点 $x = 0$ 处连续且可导?

12. 讨论下列函数在 $x = 0$ 处的连续性和可导性:

(1) $f(x) = \begin{cases} \dfrac{2}{3}x^3, & x \leqslant 1, \\ x^2, & x > 1; \end{cases}$

(2) $y = \begin{cases} x, & x < 0, \\ \ln(1 + x), & x \geqslant 0. \end{cases}$

13. 设 $f(x)$ 在 $(-\infty, +\infty)$ 内可导, 试证明:

(1) 如果 $f(x)$ 为偶函数, 则 $f'(x)$ 为奇函数;

(2) 如果 $f(x)$ 为奇函数, 则 $f'(x)$ 为偶函数;

(3) 如果 $f(x)$ 为周期函数, 则 $f'(x)$ 也为周期函数.

14. 证明: 如果函数 $f(x)$ 在点 $x = a$ 可导, 则

$$\lim_{x \to a} \frac{xf(a) - af(x)}{x - a} = f(a) - af'(a).$$

15. 设函数 $\zeta(x)$ 在点 a 连续, $f(x) = (x - a)\zeta(x)$, 证明: $f(x)$ 在点 a 可导, 并求出 $f'(a)$.

第二节 求导法则

定义了导数的概念以后, 接下来的主要任务就是解决导数的计算问题. 可以用导数的定义来求导数, 即只要求出 $\Delta x \to 0$ 时增量比值 $\dfrac{f(x + \Delta x) - f(x)}{\Delta x}$ 的极限, 就可以得到导数 $f'(x)$. 根据定义求导数对于少数简单函数是可行的, 但是对稍微复杂的函数, 关于增量比值及其极限的计算往往非常烦琐, 有时甚至很难进行下去. 那么, 如何彻底有效地解决导数的计算问题呢? 牛顿、莱布尼茨等众多数学家的大量工作, 为我们建立了一套完整的求导法则. 回顾第一章第一节, 我们通常见到的函数基本上都是基本初等函数经过和、差、积、商运

算或函数的复合运算得到的,所以只要得到函数的和、差、积、商的求导法则,复合函数的求导法则以及基本初等函数的导数公式,就可以避开烦琐复杂的极限计算,方便地求出其他众多函数的导数.

本节主要内容:函数的和、差、积、商的求导法则,反函数的求导法则,复合函数的求导法则,对数求导法,基本初等函数的导数公式.

一、函数的和、差、积、商的求导法则

定理 2.3 设函数 $u(x),v(x)$ 在点 x 处可导,C 为常数,则 $u(x),v(x)$ 的和、差、积、商(分母不为零)在点 x 处也可导,且有

(1) $[u(x)\pm v(x)]'=u'(x)\pm v'(x)$;

(2) $[u(x)v(x)]'=u'(x)v(x)+u(x)v'(x)$,特别地,$[Cu(x)]'=Cu'(x)$;

(3) $\left[\dfrac{u(x)}{v(x)}\right]'=\dfrac{u'(x)v(x)-u(x)v'(x)}{v^2(x)}$,$v(x)\neq 0$,特别地,$\left(\dfrac{C}{v(x)}\right)'=-C\dfrac{v'(x)}{v^2(x)}$.

由(1)和(2)知,对于常数 C,D,有
$$[Cu(x)\pm Dv(x)]'=Cu'(x)\pm Dv'(x),$$
可知**求导运算是线性运算**.

证 此处只证明(2),其余的请读者自行证明.

令 $y=u(x)v(x)$,则
$$\begin{aligned}\Delta y&=u(x+\Delta x)v(x+\Delta x)-u(x)v(x)\\&=[u(x+\Delta x)-u(x)]v(x+\Delta x)+u(x)[v(x+\Delta x)-v(x)]\\&=\Delta u\cdot v(x+\Delta x)+u(x)\cdot\Delta v,\end{aligned}$$
由于可导的函数一定连续,因此有 $\lim\limits_{\Delta x\to 0}v(x+\Delta x)=v(x)$,从而推出
$$\lim_{\Delta x\to 0}\frac{\Delta y}{\Delta x}=\lim_{\Delta x\to 0}\frac{\Delta u}{\Delta x}\cdot\lim_{\Delta x\to 0}v(x+\Delta x)+u(x)\cdot\lim_{\Delta x\to 0}\frac{\Delta v}{\Delta x}=u'(x)v(x)+u(x)v'(x).$$
所以,$y=u(x)v(x)$ 也在点 x 处可导,并且
$$[u(x)v(x)]'=u'(x)v(x)+u(x)v'(x).$$

定理 2.3 中关于和、差、积的求导公式可以推广到有限个可导函数的情形.例如,设函数 $u=u(x),v=v(x),w=w(x)$ 都可导,则
$$(u+v-w)'=u'+v'-w',$$
$$(uvw)'=u'vw+uv'w+uvw'.$$

例 1 求下列函数的导数:(1)$y=\tan x$;(2)$y=\sec x$.

解 (1) $y'=(\tan x)'=\left(\dfrac{\sin x}{\cos x}\right)'=\dfrac{\cos x\cos x-\sin x(-\sin x)}{\cos^2 x}=\dfrac{1}{\cos^2 x}=\sec^2 x$;

(2) $y'=(\sec x)'=\left(\dfrac{1}{\cos x}\right)'=-\dfrac{(\cos x)'}{\cos^2 x}=\dfrac{1}{\cos x}\cdot\dfrac{\sin x}{\cos x}=\sec x\tan x$.

由例 1 得
$$(\tan x)'=\sec^2 x,\quad(\sec x)'=\sec x\tan x.$$
同理可得
$$(\cot x)'=-\csc^2 x,\quad(\csc x)'=-\csc x\cot x.$$

例2 求 $y = 2\sqrt{x} + e^x \tan x - \dfrac{\sin x}{x^2}$ 的导数.

解

$$y' = 2(\sqrt{x})' + (e^x)'\tan x + e^x(\tan x)' - \frac{x^2(\sin x)' - \sin x \cdot (x^2)'}{x^4}$$

$$= 2\frac{1}{2\sqrt{x}} + e^x\tan x + e^x\sec^2 x - \frac{x^2\cos x - \sin x \cdot (2x)}{x^4}$$

$$= \frac{1}{\sqrt{x}} + e^x(\tan x + \sec^2 x) - \frac{x\cos x - 2\sin x}{x^3}.$$

二、反函数的求导法则

设 $y = f(x)$ 为 $x = \varphi(y)$ 的反函数,如果 $x = \varphi(y)$ 在某区间 I_y 内单调、连续,则它的反函数在对应区间 I_x 内单调、连续. 定理 2.4 表明:

单调、可导函数的反函数也单调、可导,且反函数的导数等于原函数的导数的倒数.

定理 2.4 设 $y = f(x)$ 为 $x = \varphi(y)$ 的反函数. 如果 $x = \varphi(y)$ 在某区间 I_y 内单调、可导且 $\varphi'(y) \neq 0$,则它的反函数 $y = f(x)$ 也在对应区间 I_x 内可导,且

$$f'(x) = \frac{1}{\varphi'(y)}, \quad \text{或} \quad \frac{dy}{dx} = \frac{1}{\dfrac{dx}{dy}}. \tag{2.2}$$

证 任取 $x \in I_x$ 及 $\Delta x \neq 0$,使 $x + \Delta x \in I_x$. 因为 $x = \varphi(y)$ 在区间 I_y 内单调、可导,所以 $y = f(x)$ 在区间 I_x 内也单调、连续,因此

$$\Delta y = f(x + \Delta x) - f(x) \neq 0,$$

且当 $\Delta x \to 0$ 时,$\Delta y \to 0$. 因为 $x = \varphi(y)$ 可导且 $\varphi'(y) \neq 0$,所以

$$\lim_{\Delta x \to 0} \frac{\Delta y}{\Delta x} = \frac{1}{\lim\limits_{\Delta y \to 0} \dfrac{\Delta x}{\Delta y}} = \frac{1}{\varphi'(y)},$$

即 $y = f(x)$ 在 x 点可导,并且式(2.2)成立.

例3 求对数函数 $y = \log_a x \, (a > 0, a \neq 1)$ 的导数.

解 $y = \log_a x, x \in (0, +\infty)$ 的反函数为 $x = a^y, y \in (-\infty, +\infty)$,且 $(a^y)' = a^y \ln a$. 则由式(2.2)得

$$(\log_a x)' = \frac{1}{(a^y)'} = \frac{1}{a^y \ln a} = \frac{1}{x \ln a}.$$

因此,$(\log_a x)' = \dfrac{1}{x \ln a}$. 特别地,$(\ln x)' = \dfrac{1}{x}$.

例4 求反正弦函数 $y = \arcsin x$ 的导数.

解 $y = \arcsin x, x \in (-1, 1)$ 的反函数为 $x = \sin y, y \in \left(-\dfrac{\pi}{2}, \dfrac{\pi}{2}\right)$,且当 $y \in \left(-\dfrac{\pi}{2}, \dfrac{\pi}{2}\right)$ 时,$(\sin y)' = \cos y > 0$. 则由式(2.2)得

$$(\arcsin x)' = \frac{1}{(\sin y)'} = \frac{1}{\cos y} = \frac{1}{\sqrt{1-\sin^2 y}} = \frac{1}{\sqrt{1-x^2}},$$

即

$$(\arcsin x)' = \frac{1}{\sqrt{1-x^2}}, \quad x \in (-1,1).$$

同理可得

$$(\arccos x)' = -\frac{1}{\sqrt{1-x^2}}, \quad x \in (-1,1),$$

$$(\arctan x)' = \frac{1}{1+x^2}, \quad (\operatorname{arccot} x)' = -\frac{1}{1+x^2}.$$

三、复合函数的求导法则

定理 2.5 设函数 $u = \varphi(x)$ 在点 x 处可导,而 $y = f(u)$ 在对应点 $u = \varphi(x)$ 处可导,则复合函数 $y = f(\varphi(x))$ 在点 x 处可导,且其导数为

$$\frac{dy}{dx} = f'(u) \cdot \varphi'(x), \quad \text{或} \quad \frac{dy}{dx} = \frac{dy}{du} \cdot \frac{du}{dx}. \tag{2.3}$$

复合函数 $y = f(\varphi(x))$ 对自变量 x 的导数等于 y 对中间变量 u 的导数乘以中间变量 u 对自变量 x 的导数.

证 设对应于 x 的增量 Δx,$\Delta u = \varphi(x+\Delta x) - \varphi(x)$. 因为 $y = f(u)$ 在点 u 可导,则当增量 $\Delta u \neq 0$ 时,有

$$\lim_{\Delta u \to 0} \frac{\Delta y}{\Delta u} = f'(u),$$

由极限与无穷小的关系,得 $\dfrac{\Delta y}{\Delta u} = f'(u) + \alpha$,其中 $\alpha = \alpha(\Delta u) \to 0$,$\Delta u \to 0$. 由此式得

$$\Delta y = f'(u) \cdot \Delta u + \alpha \cdot \Delta u.$$

当 $\Delta u = 0$ 时,规定 $\alpha = 0$,此时 $\Delta y = f(u+\Delta u) - f(u) = 0$,上式仍然成立,所以

$$\frac{dy}{dx} = \lim_{\Delta x \to 0} \frac{\Delta y}{\Delta x} = \lim_{\Delta x \to 0} \left(f'(u) \frac{\Delta u}{\Delta x} + \alpha \frac{\Delta u}{\Delta x} \right)$$

$$= f'(u) \lim_{\Delta x \to 0} \frac{\Delta u}{\Delta x} + \lim_{\Delta x \to 0} \alpha \cdot \lim_{\Delta x \to 0} \frac{\Delta u}{\Delta x} = f'(u) \cdot \varphi'(x).$$

复合函数的求导法则也称为**链式法则**. 它可以推广到有限多个中间变量的情形. 例如,设 $y = f(u)$,$u = \psi(v)$,$v = \varphi(x)$ 都可导,则复合函数 $y = f(\psi(\varphi(x)))$ 可导,且

$$\frac{dy}{dx} = \frac{dy}{du} \cdot \frac{du}{dv} \cdot \frac{dv}{dx}.$$

例 5 求幂函数 $y = x^\mu$($x > 0$,μ 为任意实数)的导数.

解 由于 $y = x^\mu = e^{\mu \ln x}$,$y = x^\mu$ 可看作由函数 $y = e^u$ 与 $u = \mu \ln x$ 复合而成,由链式法则得

$$y' = \frac{de^u}{du} \cdot \frac{d(\mu \ln x)}{dx} = e^u \cdot \mu \frac{1}{x} = \mu e^{\mu \ln x} \cdot \frac{1}{x} = \mu x^{\mu-1},$$

即 $(x^\mu)' = \mu x^{\mu-1}$.

例 6 求函数 $y=\ln\sin(2x)$ 的导数.

解 $y=\ln\sin x$ 看作由函数 $y=\ln u$, $u=\sin v$, $v=2x$ 复合而成,由链式法则得

$$y'=\frac{\mathrm{d}\ln u}{\mathrm{d}u}\cdot\frac{\mathrm{d}\sin v}{\mathrm{d}v}\cdot\frac{\mathrm{d}(2x)}{\mathrm{d}x}=2\cdot\frac{1}{u}\cdot\cos v=2\cot(2x).$$

上述求复合函数的导数时,先引入中间变量,然后用链式法则求导,再把中间变量代换成自变量的函数. 这样做的好处是不容易算错,但也比较麻烦. 读者对此比较熟练以后,可把引入中间变量的过程省去,直接运用链式法则.

例 7 求 $y=\mathrm{e}^{\arctan\frac{1}{\sqrt{x}}}$ 的导数.

解 由链式法则,得

$$y'=\left(\mathrm{e}^{\arctan\frac{1}{\sqrt{x}}}\right)'=\mathrm{e}^{\arctan\frac{1}{\sqrt{x}}}\cdot\left(\arctan\frac{1}{\sqrt{x}}\right)'=\mathrm{e}^{\arctan\frac{1}{\sqrt{x}}}\cdot\frac{1}{1+\left(\frac{1}{\sqrt{x}}\right)^2}\cdot\left(\frac{1}{\sqrt{x}}\right)'$$

$$=\mathrm{e}^{\arctan\frac{1}{\sqrt{x}}}\cdot\frac{x}{1+x}\cdot\left(-\frac{1}{2}x^{-\frac{3}{2}}\right)=-\frac{1}{2(1+x)\sqrt{x}}\cdot\mathrm{e}^{\arctan\frac{1}{\sqrt{x}}}.$$

对复合函数运用链式法则求导数总是从外层开始,一层一层"剥皮"直到最里层. 比如例 7,先"剥去"最外层 $y=\mathrm{e}^u$,再分析 $\arctan\frac{1}{\sqrt{x}}$;然后"剥去" $u=\arctan v$,直到最里层 $\frac{1}{\sqrt{x}}$.

例 8 求 $y=\ln(x+\sqrt{x^2+1})$ 的导数.

解

$$y'=\frac{1}{x+\sqrt{x^2+1}}(x+\sqrt{x^2+1})'=\frac{1}{x+\sqrt{x^2+1}}\left[1+\frac{1}{2\sqrt{x^2+1}}(x^2+1)'\right]$$

$$=\frac{1}{x+\sqrt{x^2+1}}\left(1+\frac{x}{\sqrt{x^2+1}}\right)=\frac{1}{\sqrt{x^2+1}}.$$

例 9 设函数 $f(x)$ 在 $[0,1]$ 上可导,且 $y=f(\sin^2 x)+f(\cos^2 x)$,求 y'.

解

$$y'=[f(\sin^2 x)]'+[f(\cos^2 x)]'$$
$$=f'(\sin^2 x)\cdot 2\sin x\cdot\cos x+f'(\cos^2 x)\cdot 2\cos x\cdot(-\sin x)$$
$$=\sin 2x[f'(\sin^2 x)-f'(\cos^2 x)].$$

以下两个导数很有用:

$$(|x|)'=\frac{x}{|x|},\quad x\neq 0;\quad (\ln|x|)'=\frac{1}{x},\quad x\neq 0.$$

我们利用链式法则来推导一下. 将 $|x|$ 看作 $y=\sqrt{x^2}$,则

$$y'=\frac{1}{2\sqrt{x^2}}(x^2)'=\frac{2x}{2\sqrt{x^2}}=\frac{x}{|x|},\quad x\neq 0,$$

$$(\ln|x|)'=\frac{1}{|x|}(|x|)'=\frac{1}{|x|}\cdot\frac{x}{|x|}=\frac{1}{x},\quad x\neq 0.$$

四、对数求导法

例 10 求幂指函数 $y=[u(x)]^{v(x)}$ 的导数,其中 $u(x)$ 与 $v(x)$ 均为可导函数,且 $u(x)>0$.

解 对 $y=[u(x)]^{v(x)}$ 取对数,得 $\ln y=v(x)\ln u(x)$.由链式法则得

$$\frac{d\ln y}{dx}=\frac{1}{y}\frac{dy}{dx}=\frac{1}{y}y',$$

而

$$(v(x)\ln u(x))'=v'(x)\ln u(x)+v(x)\frac{u'(x)}{u(x)},$$

所以

$$\frac{1}{y}y'=v'(x)\ln u(x)+v(x)\frac{u'(x)}{u(x)},$$

解得

$$y'=[u(x)]^{v(x)}\cdot\left[v'(x)\ln u(x)+\frac{v(x)u'(x)}{u(x)}\right].$$

关于例 10,看一个具体的函数:$y=(x^2+\sin\sqrt{x})^{\tan x}$,求 y'.

对 $y=(x^2+\sin\sqrt{x})^{\tan x}$ 取对数,得

$$\ln y=\tan x\ln(x^2+\sin\sqrt{x}),$$

两端对 x 求导,得

$$\frac{1}{y}y'=\sec^2 x\ln(x^2+\sin\sqrt{x})+\tan x\cdot\frac{2x+\dfrac{\cos\sqrt{x}}{2\sqrt{x}}}{x^2+\sin\sqrt{x}},$$

解得

$$y'=(x^2+\sin\sqrt{x})^{\tan x}\cdot\left[\sec^2 x\ln(x^2+\sin\sqrt{x})+\tan x\cdot\frac{4x^{\frac{3}{2}}+\cos\sqrt{x}}{2\sqrt{x}(x^2+\sin\sqrt{x})}\right].$$

总结一下,有时为了求 $y=f(x)$ 的导数,需要利用例 10 的方法:

第一步,对 $y=f(x)$ 取对数;

第二步,在式 $\ln y=\ln f(x)$ 两端对 x 求导,左端的导数是 $\dfrac{1}{y}y'$;

第三步,从第二步所得等式中解出 y'.

这种方法称为**对数求导法**,可以帮助我们大大简化某些复杂的计算过程.适用对象是:幂指函数,或函数的表达式含有比较复杂的乘积、商、根式或乘幂.

例 11 求 $y=\sqrt{\dfrac{x(x^2+1)}{(x-1)^2}}$ 的导数.

解 利用对数求导法.取对数得

$$\ln y=\frac{1}{2}[\ln|x|+\ln(x^2+1)-2\ln|x-1|],$$

两端对 x 求导得

$$\frac{1}{y}y' = \frac{1}{2}\left(\frac{1}{x} + \frac{2x}{x^2+1} - \frac{2}{x-1}\right),$$

解得

$$y' = \frac{1}{2}\sqrt{\frac{x(x^2+1)}{(x-1)^2}}\left(\frac{1}{x} + \frac{2x}{x^2+1} - \frac{2}{x-1}\right).$$

利用对数求导法简化计算的关键是：利用对数的性质

$$\ln(ab) = \ln a + \ln b, \quad \ln\frac{a}{b} = \ln a - \ln b, \quad \ln a^b = b\ln a, \quad \ln\sqrt[b]{a} = \frac{1}{b}\ln a,$$

先将函数中的复杂乘积、商、根式或乘幂转化为简单的和、差、积,然后再求导.

五、基本初等函数的导数公式

(1) $(C)' = 0$;

(2) $(x^\mu)' = \mu x^{\mu-1}$, μ 为任意实数;

(3) $(a^x)' = a^x \ln a$;

(4) $(e^x)' = e^x$;

(5) $(\log_a x)' = \frac{1}{x\ln a}$;

(6) $(\ln x)' = \frac{1}{x}$;

(7) $(\sin x)' = \cos x$;

(8) $(\cos x)' = -\sin x$;

(9) $(\tan x)' = \sec^2 x$;

(10) $(\cot x)' = -\csc^2 x$;

(11) $(\sec x)' = \sec x \tan x$;

(12) $(\csc x)' = -\csc x \cot x$;

(13) $(\arcsin x)' = \frac{1}{\sqrt{1-x^2}}$;

(14) $(\arccos x)' = -\frac{1}{\sqrt{1-x^2}}$;

(15) $(\arctan x)' = \frac{1}{1+x^2}$;

(16) $(\text{arccot}\,x)' = -\frac{1}{1+x^2}$;

(17) $(|x|)' = \frac{x}{|x|}$, $x \neq 0$;

(18) $(\ln|x|)' = \frac{1}{x}$, $x \neq 0$.

例 12 求下列函数的导数:

(1) $y = 3^x + x^x + \log_2(x^3 e^{2x})$;

(2) $y = e^x(\sin 2x - 3\cos x)$;

(3) $y = \sec x \tan x + 3\sqrt[3]{x}\arctan x$.

解 (1) $y' = (3^x)' + (e^{x\ln x})' + (3\log_2 x + 2x\log_2 e)'$

$$= 3^x \ln 3 + e^{x\ln x}(x\ln x)' + \frac{3}{x\ln 2} + 2\log_2 e$$

$$= 3^x \ln 3 + e^{x\ln x}(1 + \ln x) + \frac{3}{x\ln 2} + 2\log_2 e;$$

(2) $y' = (e^x)'(\sin 2x - 3\cos x) + e^x(\sin 2x - 3\cos x)'$

$$= e^x(\sin 2x - 3\cos x + 2\cos 2x + 3\sin x);$$

(3) $y' = (\sec x \tan x)' + (3\sqrt[3]{x}\arctan x)'$

$$= \sec x \tan^2 x + \sec^3 x + x^{-\frac{2}{3}}\arctan x + \frac{3\sqrt[3]{x}}{1+x^2}.$$

例 13 证明:双曲线 $xy = a^2$ 上任一点处的切线与两坐标轴构成的三角形面积都等于 $2a^2$.

证　由于 $y=\dfrac{a^2}{x}$，$y'=-\dfrac{a^2}{x^2}$，故过双曲线 $xy=a^2$ 上任意一点 $\left(x,\dfrac{a^2}{x}\right)$ 的切线方程为

$$Y-\frac{a^2}{x}=-\frac{a^2}{x^2}(X-x),$$

令 $X=0$，得 $Y=\dfrac{2a^2}{x}$；令 $Y=0$，得 $X=2x$．即切线在两坐标轴上的截距分别为 $\dfrac{2a^2}{x}$ 和 $2x$．因此所求三角形的面积为

$$S=\frac{1}{2}\left|\frac{2a^2}{x}\right|\cdot|\,2x\,|=2a^2.$$

习题 2-2

1. 求下列函数在指定点处的导数：

(1) $y=\sin x-\cos x$，求 $y'\big|_{x=\frac{\pi}{6}}$ 和 $y'\big|_{x=\frac{\pi}{4}}$；

(2) $p=\varphi\cos\varphi-\dfrac{1}{2}\sin\varphi$，求 $\dfrac{\mathrm{d}p}{\mathrm{d}\varphi}\bigg|_{\varphi=\frac{\pi}{4}}$；

(3) $f(x)=\dfrac{1-\sqrt{2x}}{1+\sqrt{2x}}$，求 $f'(2)$；

(4) $f(x)=\dfrac{2}{3-x^2}+\dfrac{x^2}{3}$，求 $f'(0)$ 和 $f'(2)$．

2. 求下列函数的导数：

(1) $y=2x^2+3x+1$；

(2) $y=(1+x)(2-3x)(3-4x)$；

(3) $y=\dfrac{x^2-3x+2}{2x-1}$；

(4) $y=\dfrac{1}{\sqrt{x}}+\ln 2$；

(5) $y=\left(x-\dfrac{1}{x}\right)\left(\sqrt{x}-\dfrac{1}{\sqrt{x}}\right)$；

(6) $y=\dfrac{x-\sin x}{x+\cos x}$；

(7) $y=x^2\tan x$；

(8) $y=\arctan x+\operatorname{arccot}x$；

(9) $y=\dfrac{x\ln x}{1+x}$；

(10) $y=\dfrac{\mathrm{e}^x-x}{\mathrm{e}^x+x}$．

3. 求下列函数的导数：

(1) $y=(\mathrm{e}^x-x)^2$；

(2) $y=\sqrt{x^2-3x+2}$；

(3) $y=\ln(\lg x)$；

(4) $y=(\sin x-\cos x)^2$；

(5) $y=\dfrac{1}{\sqrt{a^2-x^2}}$；

(6) $y=\ln x^2+(\ln x)^2$；

(7) $y=\mathrm{e}^{-3x}\sin 2x$；

(8) $y=x^{\cos x}$；

(9) $y=\csc^2\left(\dfrac{\pi}{4}+x\right)$；

(10) $y=\cos\left(3x-\dfrac{\pi}{4}\right)$；

(11) $y=\cot\sqrt{x}$；

(12) $y=(a+x)\sqrt{b-x}$；

(13) $y=\left(\arcsin\dfrac{1}{x}\right)^3$；

(14) $y=\mathrm{e}^{\frac{x^2}{2}}$；

(15) $y=\sec(ax+b)$；

(16) $y=x^{\arctan x}$．

4. 求下列函数的导数:

(1) $y = \cos\sqrt{1-x^2}$;

(2) $y = \mathrm{e}^{-x}\cos\ln x$;

(3) $y = \arccos(1-\mathrm{e}^{x^2})$;

(4) $y = \sec\sqrt{1-3^x}$;

(5) $y = \ln\csc\sqrt{2-x}$;

(6) $y = (1-\sqrt{1+\tan x})^3$;

(7) $y = \sqrt[3]{x-\arctan 2x}$;

(8) $y = \mathrm{arccot}[\ln(ax+b)]$;

(9) $y = 2^{\sqrt{x-2}} - \ln|\tan x|$;

(10) $y = \dfrac{1}{\sqrt{x+\sqrt{x+\sqrt{x}}}}$.

5. 设 $f(x) = (ax+b)\sin x + (cx+d)\cos x$,试确定常数 a,b,c,d 的值,使 $f'(x) = x\sin x$.

6. 设 $f(0)=1, f'(0)=-1, g(1)=2, g'(1)=-2$,求下列极限:

(1) $\lim\limits_{x\to 0} \dfrac{2^x f(x)-1}{\sin x}$;

(2) $\lim\limits_{x\to 0} \dfrac{\cos x - f(x)}{\arctan x}$;

(3) $\lim\limits_{x\to 1} \dfrac{\sqrt{x}\, g(x)-2}{\ln x}$;

(4) $\lim\limits_{x\to 1} \dfrac{f(\ln x)-1}{1-x}$.

7. 设 $f(x)$ 可导,求下列函数的导数:

(1) $y = \mathrm{e}^{f(x)}$;

(2) $y = \sqrt{1-\ln f(x)}$;

(3) $y = f(x^2) - f^2(x)$;

(4) $y = \ln[1+f^2(\mathrm{e}^x)]$;

(5) $y = \sin 3^{\sqrt{f(x)}}$;

(6) $y = \tan[1-\arctan f(x)]$.

第三节 高阶导数 由参数方程所表示的函数的导数

在本章第一节已经说明,如果已知质点的运动方程 $s=s(t)$,则质点的速度为 $v(t)=s'(t)$,而加速度为 $a(t)=v'(t)$. 为了反映汽车加速度变化的快慢程度,还需要求出加速度函数关于时间 t 的变化率 $a'(t)$. 其中,运动方程 $s=s(t)$ 是最基本的,速度为 $s(t)$ 的导数,$v(t)=s'(t)$;加速度为 $s(t)$ 的导数的导数,即

$$a(t) = v'(t) = (s'(t))';$$

$a'(t)$ 为速度函数的导数的导数,$a'(t)=(v'(t))'$,也就是 $s(t)$ 的导数的导数的导数:

$$a'(t) = (v'(t))' = ((s'(t))')'.$$

在数学上,称加速度 $a(t)$ 为 $s(t)$ 的二阶导数,称 $a'(t)$ 为 $s(t)$ 的三阶导数.

本节主要内容:高阶导数的定义与计算法,由参数方程所表示的函数的导数.

一、高阶导数的定义与计算方法

1. 高阶导数的定义

定义 2.2 如果函数 $y=f(x)$ 的导函数 $f'(x)$ 在 x_0 点可导,则称 $y=f(x)$ 在 x_0 点**二阶可导**,且称 $f'(x)$ 在 x_0 点的导数为 $f(x)$ 在 x_0 点的**二阶导数**,记作

$$f''(x_0), \quad y''\big|_{x=x_0}, \quad \left.\frac{\mathrm{d}^2 y}{\mathrm{d}x^2}\right|_{x=x_0}, \quad \text{或} \left.\frac{\mathrm{d}^2 f(x)}{\mathrm{d}x^2}\right|_{x=x_0}.$$

如果函数 $y=f(x)$ 在区间 I 内每一点都二阶可导,则称 $y=f(x)$ 在区间 I 内二阶可

导,并称 $f'(x)$ 的导数

$$\lim_{\Delta x \to 0} \frac{f'(x+\Delta x)-f'(x)}{\Delta x}$$

为 $f(x)$ 在区间 I 内的**二阶导函数**,简称**二阶导数**,记作

$$f''(x), \quad y'', \quad \frac{\mathrm{d}^2 y}{\mathrm{d}x^2}, \quad 或 \frac{\mathrm{d}^2 f}{\mathrm{d}x^2}.$$

其中,

$$\frac{\mathrm{d}^2 y}{\mathrm{d}x^2} = \frac{\mathrm{d}}{\mathrm{d}x}\left(\frac{\mathrm{d}y}{\mathrm{d}x}\right), \quad \frac{\mathrm{d}^2 f(x)}{\mathrm{d}x^2} = \frac{\mathrm{d}}{\mathrm{d}x}\left(\frac{\mathrm{d}f(x)}{\mathrm{d}x}\right).$$

类似地,$f(x)$ 的二阶导数的导数称为 $f(x)$ 的三阶导数,三阶导数的导数称为 $f(x)$ 的四阶导数. 一般地,$f(x)$ 的 $n-1$ 阶导数的导数叫作 $f(x)$ 的 n 阶导数,记作

$$f^{(n)}(x), \quad y^{(n)}, \quad \frac{\mathrm{d}^n y}{\mathrm{d}x^n}, \quad 或 \frac{\mathrm{d}^n f}{\mathrm{d}x^n}.$$

二阶及二阶以上的导数统称为**高阶导数**. 相对于高阶导数而言,$f'(x)$ 又称为 $f(x)$ 的**一阶导数**,称 $f(x)$ 自身为 $f(x)$ 的 **0 阶导数**.

一阶、二阶和三阶导数都用"撇记号",分别记作 $f'(x)$,$f''(x)$,$f'''(x)$. 但是四阶和四阶以上的导数不能再用"撇记号",而是记作

$$f^{(4)}(x), f^{(5)}(x), \cdots, f^{(n)}(x).$$

2. 高阶导数的计算法

一般地,计算函数 $f(x)$ 的 n 阶导数,总是先求出一阶导数,然后求出二阶导数,再求出三阶导数,$\cdots\cdots$,最后求得 n 阶导数.

例1 求 n 次多项式 $P_n(x) = a_0 x^n + a_1 x^{n-1} + a_2 x^{n-2} + \cdots + a_{n-2} x^2 + a_{n-1} x + a_n$ ($a_0 \neq 0$)的 n 阶导数.

解

$$P_n'(x) = a_0 n x^{n-1} + a_1(n-1)x^{n-2} + \cdots + 2a_{n-2}x + a_{n-1},$$

$$P_n''(x) = a_0 n(n-1)x^{n-1} + a_1(n-1)(n-2)x^{n-2} + \cdots + 2a_{n-2},$$

可见,对多项式每求一次导数,多项式的次数就降低一次,经过 n 次求导,得

$$P_n^{(n)}(x) = a_0 n(n-1)(n-2)\cdots 3 \times 2 \times 1 = a_0 n!,$$

因此

$$P_n^{(n)}(x) = a_0 n!;$$

当 $k > n$ 时,$P_n^{(k)}(x) = 0$.

例2 求 $y = \ln(x+\sqrt{x^2+1})$ 的二阶导数.

解 由第二节例 8 得,$y' = \dfrac{1}{\sqrt{x^2+1}} = (x^2+1)^{-\frac{1}{2}}$,继续求导得

$$y'' = \left[(x^2+1)^{-\frac{1}{2}}\right]' = -\frac{1}{2}(x^2+1)^{-\frac{3}{2}} \cdot 2x = -x(x^2+1)^{-\frac{3}{2}} = -\frac{x}{\sqrt{(x^2+1)^3}}.$$

例3 求 $y = \mathrm{e}^x$ 的 n 阶导数.

解 $y' = \mathrm{e}^x, y'' = \mathrm{e}^x, y''' = \mathrm{e}^x, \cdots$,一般地,

$$(\mathrm{e}^x)^{(n)} = \mathrm{e}^x.$$

例 4 求 $y = \sin x$ 的 n 阶导数.

解

$$(\sin x)' = \cos x = \sin\left(x + \frac{\pi}{2}\right),$$

$$(\sin x)'' = \cos\left(x + \frac{\pi}{2}\right) = \sin\left(x + 2 \cdot \frac{\pi}{2}\right),$$

$$(\sin x)''' = \cos\left(x + 2\frac{\pi}{2}\right) = \sin\left(x + 3 \cdot \frac{\pi}{2}\right),$$

$$\cdots$$

观察可见,对函数 $y = \sin x$ 每求一次导数,就要在其变元上加一个 $\frac{\pi}{2}$. 一般地,

$$(\sin x)^{(n)} = \sin\left(x + n \cdot \frac{\pi}{2}\right).$$

类似地,有

$$(\cos x)^{(n)} = \cos\left(x + n \cdot \frac{\pi}{2}\right).$$

例 5 求 $y = \ln(1+x)$ 的 n 阶导数.

解

$$y' = \frac{1}{1+x} = (1+x)^{-1}, \quad y'' = (-1)(1+x)^{-2} = -\frac{1}{(1+x)^2},$$

$$y''' = (-1)(-2)(1+x)^{-3} = (-1)^2 2! \; (1+x)^{-3} = (-1)^2 \frac{2!}{(1+x)^3},$$

$$\cdots$$

一般地,有 $y^{(n)} = (-1)^{n-1} \dfrac{(n-1)!}{(1+x)^n}$,即

$$[\ln(1+x)]^{(n)} = (-1)^{n-1} \frac{(n-1)!}{(1+x)^n}.$$

由 $\dfrac{1}{1+x} = [\ln(1+x)]'$ 可得

$$\left(\frac{1}{1+x}\right)^{(n)} = [\ln(1+x)]^{(n+1)} = \frac{(-1)^n n!}{(1+x)^{n+1}}.$$

一般地,对于两个函数的和或差的 n 阶导数,有如下公式:

$$[u(x) \pm v(x)]^{(n)} = [u(x)]^{(n)} \pm [v(x)]^{(n)}.$$

对于两个函数的乘积的 n 阶导数,有如下的 **莱布尼茨公式**:

$$[u(x)v(x)]^{(n)} = \sum_{k=0}^{n} C_n^k u^{(n-k)}(x) v^{(k)}(x)$$

$$= u^{(n)} v + n u^{(n-1)} v' + \frac{n(n-1)}{2!} u^{(n-2)} v'' + \cdots + n u' v^{(n-1)} + u v^{(n)}.$$

例 6 设 $y = x^2 \sin x$,求 $y^{(50)}$.

解 令 $u = \sin x$,$v = x^2$,则

$$u^{(k)} = \sin\left(x + \frac{k\pi}{2}\right), \quad k = 1, 2, \cdots, 50,$$

$$v' = 2x, \quad v'' = 2, \quad v^{(k)} = 0, \quad k \geq 3,$$

由莱布尼茨公式,得

$$y^{(50)} = u^{(50)}v + 50u^{(49)}v' + \frac{50 \cdot 49}{2!}u^{(48)}v''$$

$$= x^2\sin\left(x + \frac{50\pi}{2}\right) + 50 \times 2x\sin\left(x + \frac{49\pi}{2}\right) + \frac{50 \times 49}{2} \times 2\sin\left(x + \frac{48\pi}{2}\right)$$

$$= -x^2\sin x + 100x\cos x + 2450\sin x.$$

例 7 求函数 $y = \dfrac{x^3}{x^2 - 3x + 2}$ 的 n 阶导数.

解 这是一个假分式,先将其分拆为一个多项式与一个真分式的和:

$$y = x + 3 + \frac{7x - 6}{x^2 - 3x + 2},$$

再将真分式分拆为最简分式:

$$\frac{7x - 6}{x^2 - 3x + 2} = \frac{8(x - 1) - (x - 2)}{(x - 1)(x - 2)} = \frac{8}{x - 2} - \frac{1}{x - 1}.$$

因此,给定函数为

$$y = x + 3 + \frac{8}{x - 2} - \frac{1}{x - 1}.$$

$$y' = 1 - \frac{8}{(x - 2)^2} + \frac{1}{(x - 1)^2}, \quad y'' = (-1)^2\frac{8 \cdot 2!}{(x - 2)^3} - \frac{2!}{(x - 1)^3}, \cdots$$

一般地(当 $n \geq 2$ 时),有

$$y^{(n)} = (-1)^n\frac{8 \cdot n!}{(x - 2)^{n+1}} - (-1)^n\frac{n!}{(x - 1)^{n+1}} = (-1)^n n!\left[\frac{8}{(x - 2)^{n+1}} - \frac{1}{(x - 1)^{n+1}}\right].$$

二、由参数方程所表示的函数的导数

参数方程 $x = x(t), y = y(t)$ 为我们提供了表示曲线的一种方法,给出了变量 x, y 之间相互依赖的又一种对应法则. 为了有助于理解什么是由参数方程所表示的函数,下面举一个例子.

设炮弹被发射时的水平初速度为 v_1,铅直速度为 v_2. 发射后,炮弹在空中的飞行可分解为水平运动与铅直上抛运动,运行轨迹如图 2-5 所示,炮弹运行的方向为曲线的切线方向. 设发射 $t(\mathrm{s})$ 后炮弹所在的位置是 (x, y),则炮弹的运动轨迹可以用参数方程表示为

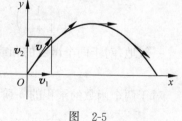

图 2-5

$$\begin{cases} x = v_1 t, \\ y = v_2 t - \dfrac{1}{2}gt^2, \end{cases} \tag{2.4}$$

该方程确定了变量 x, y 之间的一种函数关系. 事实上,将上式中的参数 t 消去就得到 y 与 x

之间的函数关系:

$$y = \frac{v_2}{v_1}x - \frac{g}{2v_1^2}x^2. \tag{2.5}$$

这样,函数 y 对 x 的导数 $\dfrac{\mathrm{d}y}{\mathrm{d}x}$ 就可以由式(2.5)求出. 此外,$\dfrac{\mathrm{d}y}{\mathrm{d}x}$ 还可以直接由式(2.4)求出. 本节将介绍后一种求导方法. 为此,考虑一般情形,设参数方程

$$\begin{cases} x = \varphi(t), \\ y = \psi(t), \end{cases} \quad \alpha \leqslant t \leqslant \beta \tag{2.6}$$

确定 y 与 x 之间的函数关系,称此函数为**由参数方程所确定的函数**.

1. 参数方程所确定的函数的一阶导数

定理 2.6 设参数方程(2.6)中的 $x = \varphi(t)$ 是单调函数,$\varphi(t)$,$\psi(t)$ 都可导,且 $\varphi'(t) \neq 0$,则方程(2.6)确定 y 是 x 的函数,且

$$\frac{\mathrm{d}y}{\mathrm{d}x} = \frac{\psi'(t)}{\varphi'(t)}, \quad \text{或} \quad \frac{\mathrm{d}y}{\mathrm{d}x} = \frac{\dfrac{\mathrm{d}y}{\mathrm{d}t}}{\dfrac{\mathrm{d}x}{\mathrm{d}t}}. \tag{2.7}$$

证 因为 $x = \varphi(t)$ 是单调可导函数,它的反函数 $t = t(x)$ 存在,因此参数方程(2.6)确定 y 是 x 的函数. 又因为 $\varphi'(t) \neq 0$,故 $t = t(x)$ 也可导,且 $\dfrac{\mathrm{d}t}{\mathrm{d}x} = \dfrac{1}{\dfrac{\mathrm{d}x}{\mathrm{d}t}} = \dfrac{1}{\varphi'(t)}$. 对复合函数 $y = \psi(t) = \psi(t(x))$ 运用链式法则得

$$\frac{\mathrm{d}y}{\mathrm{d}x} = \frac{\mathrm{d}y}{\mathrm{d}t} \cdot \frac{\mathrm{d}t}{\mathrm{d}x} = \frac{\dfrac{\mathrm{d}y}{\mathrm{d}t}}{\dfrac{\mathrm{d}x}{\mathrm{d}t}} = \frac{\psi'(t)}{\varphi'(t)},$$

因此式(2.7)成立.

例 8 设 $\begin{cases} x = \ln(1+t^2), \\ y = t + \operatorname{arccot}t, \end{cases}$ 求 $\dfrac{\mathrm{d}y}{\mathrm{d}x}$.

解 $\dfrac{\mathrm{d}y}{\mathrm{d}t} = 1 - \dfrac{1}{1+t^2} = \dfrac{t^2}{1+t^2}$,$\dfrac{\mathrm{d}x}{\mathrm{d}t} = \dfrac{2t}{1+t^2}$,所以

$$\frac{\mathrm{d}y}{\mathrm{d}x} = \frac{\dfrac{\mathrm{d}y}{\mathrm{d}t}}{\dfrac{\mathrm{d}x}{\mathrm{d}t}} = \frac{t^2}{2t} = \frac{t}{2}.$$

例 9 设 $\begin{cases} x = 2(1-\sin\theta), \\ y = 4\cos\theta, \end{cases}$ 求 $\dfrac{\mathrm{d}y}{\mathrm{d}x}$ 及 $\dfrac{\mathrm{d}y}{\mathrm{d}x}\Big|_{\theta=\frac{\pi}{3}}$,并写出对应曲线在 $\theta = \dfrac{\pi}{3}$ 处的切线方程.

解 因为 $\dfrac{\mathrm{d}y}{\mathrm{d}\theta} = -4\sin\theta$,$\dfrac{\mathrm{d}x}{\mathrm{d}\theta} = -2\cos\theta$,故

$$\frac{\mathrm{d}y}{\mathrm{d}x} = \frac{-4\sin\theta}{-2\cos\theta} = 2\tan\theta, \quad \frac{\mathrm{d}y}{\mathrm{d}x}\Big|_{\theta=\frac{\pi}{3}} = 2\tan\frac{\pi}{3} = 2\sqrt{3},$$

$\theta = \dfrac{\pi}{3}$ 对应的切点为 $(2-\sqrt{3}, 2)$，切线的斜率为 $k = \dfrac{\mathrm{d}y}{\mathrm{d}x}\Big|_{\theta=\frac{\pi}{3}} = 2\sqrt{3}$，故切线方程为

$$y - 2 = 2\sqrt{3}(x - 2 + \sqrt{3}), \quad \text{即} \quad 2\sqrt{3}\,x - y + 8 - 4\sqrt{3} = 0.$$

2. 参数方程所确定的函数的高阶导数

给定参数方程 $x = \varphi(t), y = \psi(t)$，在定理 2.6 的条件下，可求出一阶导数 $\dfrac{\mathrm{d}y}{\mathrm{d}x} = \dfrac{\psi'(t)}{\varphi'(t)}$.
下面求二阶导数.

注意到二阶导数 $\dfrac{\mathrm{d}^2 y}{\mathrm{d}x^2} = \dfrac{\mathrm{d}y'}{\mathrm{d}x}$，且 $y' = \dfrac{\psi'(t)}{\varphi'(t)}$ 是参数 t 的函数. 为求 $\dfrac{\mathrm{d}y'}{\mathrm{d}x}$，作一个新的参数方程

$$x = \varphi(t), \quad y' = \omega(t) = \frac{\psi'(t)}{\varphi'(t)},$$

运用定理 2.6 的方法，得二阶导数

$$\frac{\mathrm{d}^2 y}{\mathrm{d}x^2} = \frac{\mathrm{d}y'}{\mathrm{d}x} = \frac{\omega'(t)}{\varphi'(t)}.$$

进一步，作参数方程

$$x = \varphi(t), \quad y'' = \zeta(t) = \frac{\omega'(t)}{\varphi'(t)},$$

则可得到三阶导数 $\dfrac{\mathrm{d}^3 y}{\mathrm{d}x^3} = \dfrac{\mathrm{d}y''}{\mathrm{d}x} = \dfrac{\zeta'(t)}{\varphi'(t)}$. 利用这种方法，可以求得由参数方程所确定的函数的任意高阶导数. 当然，在求这些高阶导数时，定理 2.6 所要求的条件是应当满足的.

例 10 设 $\begin{cases} x = \ln(1+t^2), \\ y = t + \operatorname{arccot} t, \end{cases}$ 求 $\dfrac{\mathrm{d}^2 y}{\mathrm{d}x^2}$.

解 例 8 已经求得 $\dfrac{\mathrm{d}y}{\mathrm{d}x} = \dfrac{t}{2}$. 作参数方程 $\begin{cases} x = \ln(1+t^2), \\ y' = \dfrac{t}{2}, \end{cases}$ 得

$$\frac{\mathrm{d}^2 y}{\mathrm{d}x^2} = \frac{\mathrm{d}y'}{\mathrm{d}x} = \frac{\left(\dfrac{t}{2}\right)'}{[\ln(1+t^2)]'} = \frac{1+t^2}{4t}.$$

例 11 设 $\begin{cases} x = f'(t), \\ y = t f'(t) - f(t), \end{cases}$ 其中 $f(t)$ 二阶可导，求 $\dfrac{\mathrm{d}^2 y}{\mathrm{d}x^2}$.

解 $\dfrac{\mathrm{d}y}{\mathrm{d}x} = \dfrac{f'(t) + t \cdot f''(t) - f'(t)}{f''(t)} = t$，作参数方程 $\begin{cases} x = f'(t), \\ y' = t, \end{cases}$ 则 $\dfrac{\mathrm{d}^2 y}{\mathrm{d}x^2} = \dfrac{\mathrm{d}y'}{\mathrm{d}x} = \dfrac{1}{f''(t)}$.

习题 2-3

1. 求下列函数的二阶导数：

(1) $y = x^2 \ln x$；

(2) $y = \mathrm{e}^x \cos x$；

(3) $y = x - \sqrt{x^2 - 1}$；

(4) $y = \sqrt{1 - x^2} \arccos x$；

(5) $y = \dfrac{x-1}{x^2+1}$；

(6) $y = \dfrac{2^x}{x}$；

(7) $y=\ln(2x^2-3x+1)$;　　(8) $y=(1+x^2)\operatorname{arccot}x$;　　(9) $y=\ln\ln x$.

2. 设 $f''(x)$ 存在,求下列函数的二阶导数 $\dfrac{\mathrm{d}^2y}{\mathrm{d}x^2}$.

(1) $y=f(\ln x)$;　　　　　(2) $y=\arctan f(x)$;　　　　(3) $y=f^2(x)-f(x^2)$.

3. 已知函数 $f(x)=\begin{cases}ax^2+bx+c,&x<0,\\ \sin\left(\dfrac{\pi}{3}-x\right),&x\geqslant0\end{cases}$ 在点 $x=0$ 有二阶导数,试确定常数 a,b,c 的值.

4. 验证下列函数满足对应的关系式:

(1) $y=C_1\mathrm{e}^{2x}+C_2\mathrm{e}^{3x}$, C_1,C_2 为常数,满足关系式 $y''-5'y+6y=0$;

(2) $y=-\ln\cos(x+C_1)+C_2$, C_1,C_2 为常数,满足关系式 $y''=1+(y')^2$.

5. 求下列函数的 n 阶导数:

(1) $y=\cos^2\dfrac{x}{2}$;　　　　(2) $y=x^2\ln x$;　　　　(3) $y=(x^2-3x+2)\mathrm{e}^x$;

(4) $y=\dfrac{2x+3}{x^2-5x+6}$;　　　(5) $y=\ln(2-7x+6x^2)$.

6. 求由下列参数方程所确定的函数的一阶导数 $\dfrac{\mathrm{d}y}{\mathrm{d}x}$ 与二阶导数 $\dfrac{\mathrm{d}^2y}{\mathrm{d}x^2}$:

(1) $\begin{cases}x=v_1t,\\ y=v_2t-\dfrac{1}{2}gt^2;\end{cases}$　　(2) $\begin{cases}x=t^2-2t,\\ y=\dfrac{1}{3}t^3+\dfrac{1}{2}t^2-2t;\end{cases}$　　(3) $\begin{cases}x=2\mathrm{e}^{-2x},\\ y=3\mathrm{e}^x\sin x;\end{cases}$

(4) $\begin{cases}x=\ln(1+t^2),\\ y=t+\arctan t;\end{cases}$　　(5) $\begin{cases}x=a(t-\sin t),\\ y=a(1-\cos t).\end{cases}$

7. 求由下列参数方程所确定的函数的三阶导数 $\dfrac{\mathrm{d}^3y}{\mathrm{d}x^3}$:

(1) $\begin{cases}x=\dfrac{1}{2}t^2,\\ y=\dfrac{3}{2}t^2-t^3;\end{cases}$　　(2) $\begin{cases}x=\mathrm{e}^{-t},\\ y=2\mathrm{e}^{2t}.\end{cases}$

8. 写出下列曲线的参数方程,并求曲线上指定点的切线与法线方程.

(1) 椭圆 $\dfrac{x^2}{a^2}+\dfrac{y^2}{b^2}=1$,点 $\left(\dfrac{\sqrt{2}}{2}a,\dfrac{\sqrt{2}}{2}b\right)$;

(2) 笛卡儿叶形线 $x^3+y^3-3axy=0$,点 $\left(\dfrac{3a}{2},\dfrac{3a}{2}\right)$.

第四节　隐函数的导数　相关变化率

　　本章第一节及第二节主要分析的是显函数 $y=y(x)$ 的求导问题.但是在实际应用中,还会遇到各种各样的隐函数,这类函数的求导也同样重要.什么是隐函数?由第一章第一节可知,隐函数是指因变量 y 与自变量 x 之间的依赖关系由二元方程 $F(x,y)=0$ 所确定的函数.例如,由二元方程 $x^2+y^3=1$ 可以确定 y 为 x 的隐函数,而且可以将这个函数解出来,表示为 $y=\sqrt[3]{1-x^2}$.

上述从方程 $x^2+y^3=1$ 中将 y 解出用 x 来表示,这一过程称为**隐函数的显化**.隐函数的显化有时十分困难,甚至是不可能的.例如,由方程

$$y-x-\varepsilon\sin y=0, \quad 0<\varepsilon<1$$

确定 y 为 x 的隐函数,而且是单值函数,但从方程中却无法将 y 解出而用 x 的显函数表示.这种情形要求 y 关于 x 的导数,用显函数的求导方法就无法奏效.本节介绍的隐函数的求导方法可以很方便地解决这一问题.

本节主要内容:隐函数的导数,相关变化率.

一、隐函数的导数

任意给定一个二元方程 $F(x,y)=0$,它不一定能够确定一个隐函数.例如方程 $x^2+y^2+1=0$ 就不能确定隐函数.那么,在什么条件下二元方程 $F(x,y)=0$ 能够确定隐函数?这个问题较为复杂,将在下册第八章第五节中加以讨论.本节仅在隐函数存在且可导的条件下讨论它的导数的求法.为方便起见,如不作特别说明时,我们所指由方程 $F(x,y)=0$ 确定 y 为 x 的隐函数均为单值函数,而且形式地记为 $y=y(x)$(不管它是否能够显化).

以下通过一个例题来介绍如何对隐函数求导.

例1 求由方程 $y-x-\varepsilon\sin y=0(0<\varepsilon<1)$ 所确定的函数 $y=y(x)$ 的导数 $y'(x)$ 及 $y'(0)$.

解 因为函数 $y=y(x)$ 是由方程 $y-x-\varepsilon\sin y=0$ 所确定的,因此将 $y=y(x)$ 代入原方程,将得到恒等式

$$y(x)-x-\varepsilon\sin y(x)\equiv 0.$$

在等式的两端同时对 x 求导,结合复合函数的求导法则得

$$\frac{dy}{dx}-1-\varepsilon\cos y\cdot\frac{dy}{dx}=0,$$

解出 $\dfrac{dy}{dx}$,得 $\dfrac{dy}{dx}=\dfrac{1}{1-\varepsilon\cos y}$.又当 $x=0$ 时,原方程化为 $y-\varepsilon\sin y=0$,因为 $0<\varepsilon<1$,所以 $|y|=|\varepsilon\sin y|<|\sin y|<|y|$,从而可得 $y=0$.将 $x=0$,$y=0$ 代入 $\dfrac{dy}{dx}=\dfrac{1}{1-\varepsilon\cos y}$,得

$$\left.\frac{dy}{dx}\right|_{x=0}=\frac{1}{1-\varepsilon}.$$

一般地,设 $y=y(x)$ 是由方程 $F(x,y)=0$ 所确定的在 x 的某一区间 I 内的隐函数,则在区间 I 内,有恒等式

$$F(x,y(x))\equiv 0.$$

这个恒等式的左边是 x 的函数,其中 y 为中间变量.利用复合函数的求导法则,在恒等式的两端同时对自变量 x 求导,然后解出所求导数 $\dfrac{dy}{dx}$.这就是**隐函数的求导法**.

例2 求由方程 $ye^{x+y}+\ln y=1$ 所确定的函数 $y=y(x)$ 的导数 $y'(x)$.

解 将方程中的 y 看成 x 的函数,在方程的两端对 x 求导,得

$$y'e^{x+y} + ye^{x+y} \cdot (1+y') + \frac{1}{y} \cdot y' = 0,$$

解出 y'，得 $y' = -\dfrac{y^2 e^{x+y}}{y^2 e^{x+y} + y e^{x+y} + 1}$.

例 3 求曲线 $y^3 + 2y^2 = 3x$ 在点 $P_0(1,1)$ 处的切线方程和法线方程.

解 首先求出 $y'(1)$，即求出曲线在点 $P_0(1,1)$ 处的切线斜率. 在方程的两端对 x 求导，得

$$3y^2 \cdot y' + 4y \cdot y' = 3,$$

解得 $y' = \dfrac{3}{3y^2 + 4y}$，将点 $P_0(1,1)$ 的坐标代入，得 $y'|_{x=1} = \dfrac{3}{7}$. 因此，切线方程为

$$y - 1 = \frac{3}{7}(x-1), \quad 即 \ 3x - 7y + 4 = 0.$$

法线方程为

$$y - 1 = -\frac{7}{3}(x-1), \quad 即 \ 7x + 3y - 10 = 0.$$

本题也可以将 y 作为自变量而转化为 x 的显函数 $x = \dfrac{1}{3}y^3 + \dfrac{2}{3}y^2$ 来求解，但用隐函数的方法求解更具有一般性. 下面给出求隐函数的二阶导数的例子.

例 4 设 $y = y(x)$ 由方程 $e^{x+y} + xy - e^x = e - 1$ 所确定，求 $y''(0)$.

解 原方程两端同时对 x 求导，得

$$e^{x+y}(1+y') + y + xy' - e^x = 0, \tag{2.8}$$

解出 y' 得

$$y' = \frac{e^x - y - e^{x+y}}{e^{x+y} + x}, \tag{2.9}$$

将 $x = 0$ 代入原方程，得 $e^y - 1 = e - 1$，求得 $y(0) = 1$，再将 $x = 0$ 和 $y(0) = 1$ 代入式 (2.9)，得 $y'(0) = -1$. 即 $x = 0$ 时，

$$y(0) = 1, \quad y'(0) = -1.$$

为求二阶导数 y''，在式 (2.8) 或式 (2.9) 的两端同时对 x 求导都是可行的. 在式 (2.8) 的两端同时对 x 求导，得

$$e^{x+y}(1+y')^2 + e^{x+y}y'' + 2y' + xy'' - e^x = 0,$$

解出 y'' 得

$$y'' = \frac{e^x - 2y' - e^{x+y}(1+y')^2}{e^{x+y} + x}.$$

将 $x = 0, y(0) = 1, y'(0) = -1$ 代入上式得 $y''(0) = \dfrac{3}{e}$.

二、相关变化率

什么是相关变化率？让我们从下面的问题谈起.

设质点沿平面曲线 C 运动，t 时刻的位置为 $P(x,y)$，那么它的坐标 x, y 都是 t 的函数. 假设在坐标原点有一个控制台，工作人员想知道 t 时刻质点离开控制台的速率，该怎么

确定呢? 用 l 来表示点 P 离开坐标原点的距离,则 $l=\sqrt{x^2+y^2}$,点 P 离开坐标原点的速率就是

$$\frac{\mathrm{d}l}{\mathrm{d}t}=\frac{1}{2\sqrt{x^2+y^2}}\Big(2x\frac{\mathrm{d}x}{\mathrm{d}t}+2y\frac{\mathrm{d}y}{\mathrm{d}t}\Big),\tag{2.10}$$

式中 $\frac{\mathrm{d}x}{\mathrm{d}t}$ 是 t 时刻点 P 的水平速度, $\frac{\mathrm{d}y}{\mathrm{d}t}$ 则是铅直速度. 如果知道了 $\frac{\mathrm{d}x}{\mathrm{d}t}$ 和 $\frac{\mathrm{d}y}{\mathrm{d}t}$,就可以求出点 P 离开坐标原点的速率. 怎样确定 $\frac{\mathrm{d}x}{\mathrm{d}t}$ 和 $\frac{\mathrm{d}y}{\mathrm{d}t}$?

设曲线 C 的方程为 $F(x,y)=0$,式中的 x,y 都是 t 的函数,即 $x=x(t),y=y(t)$. 在方程 $F(x,y)=0$ 的两端同时对 t 求导,将会得到含有变化率 $\frac{\mathrm{d}x}{\mathrm{d}t}$ 与 $\frac{\mathrm{d}y}{\mathrm{d}t}$ 的一个方程

$$G\Big(x,y,\frac{\mathrm{d}x}{\mathrm{d}t},\frac{\mathrm{d}y}{\mathrm{d}t}\Big)=0.\tag{2.11}$$

利用此方程便可由一个变化率求出另一个变化率. 例如,假设可算得水平速度 $\frac{\mathrm{d}x}{\mathrm{d}t}$,则由方程(2.11)就可以求得 $\frac{\mathrm{d}y}{\mathrm{d}t}$,再由方程(2.10)就可得到质点离开控制台的速率 $\frac{\mathrm{d}l}{\mathrm{d}t}$.

小结: 设在某问题的求解中得到方程 $F(x,y)=0$,式中 $x=x(t),y=y(t)$;在方程 $F(x,y)=0$ 的两端同时对 t 求导,将会得到含有变化率 $\frac{\mathrm{d}x}{\mathrm{d}t}$ 与 $\frac{\mathrm{d}y}{\mathrm{d}t}$ 的一个方程

$$G\Big(x,y,\frac{\mathrm{d}x}{\mathrm{d}t},\frac{\mathrm{d}y}{\mathrm{d}t}\Big)=0.$$

式(2.11)表明变化率 $\frac{\mathrm{d}x}{\mathrm{d}t}$ 与 $\frac{\mathrm{d}y}{\mathrm{d}t}$ 之间相互关联,因而称 $\frac{\mathrm{d}x}{\mathrm{d}t}$ 与 $\frac{\mathrm{d}y}{\mathrm{d}t}$ 为**相关变化率**. 根据式(2.11)可以由其中的一个变化率求出另一个变化率.

例 5 设以 $2\mathrm{cm}^3/\mathrm{s}$ 的速率向一个圆球形气球充气. 当气球半径为 6cm 时,气球半径增大的速率是多少?

解 设 t 时刻气球半径为 R ,气球的体积为 V ,则 $R=R(t),V=V(t)$,且 $\frac{\mathrm{d}V}{\mathrm{d}t}=2$,而

$$V=\frac{4}{3}\pi R^3,$$

在上式的两端对 t 求导得

$$\frac{\mathrm{d}V}{\mathrm{d}t}=4\pi R^2\frac{\mathrm{d}R}{\mathrm{d}t},$$

将 $\frac{\mathrm{d}V}{\mathrm{d}t}=2,R=6$ 代入上式,解得 $\frac{\mathrm{d}R}{\mathrm{d}t}=0.0044\mathrm{cm/s}$. 即当气球半径为 6cm 时,气球半径增大的速率是 $0.0044\mathrm{cm/s}$.

例 6 向平静的水面上抛一块石头产生同心波纹,如果最外一圈波纹半径的增大率总是 6m/s,问在 2s 末扰动水面面积的增大率为多少?

解 设最外一圈波纹的半径为 r ,扰动水面的面积为 S ,显然 $S=S(t)$ 与 $r=r(t)$ 都是时间 t 的函数,且两者之间有关系 $S=\pi r^2$. 在等式 $S(t)=\pi[r(t)]^2$ 的两端对 t 求导得

$$\frac{dS}{dt} = 2\pi r \frac{dr}{dt},$$

此式给出了面积变化率与半径变化率之间的关系. 已知 $\frac{dr}{dt} = 6\,\text{m/s}$，又当 $t = 2\,\text{s}$ 时，$r = 12\,\text{m}$，代入上式得

$$\left.\frac{dS}{dt}\right|_{t=2} = 2\pi \times 12\,\text{m} \times 6\,\text{m/s} = 144\pi\ \text{m}^2/\text{s},$$

即在 2s 末扰动水面面积的增大率为 $144\pi\,\text{m}^2/\text{s}$.

例 7 小船由一绳索牵引靠岸，绞盘位于岸边比船头高 6m 处（图 2-6），绳索经绞盘牵引的速率为 4m/s. 问：(1)距岸边 8m 处小船靠岸的速率是多少？(2)角 θ 以什么速度变化？

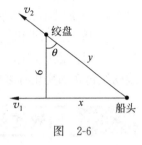

图　2-6

解 (1) 如图 2-6 所示，设在 t 时刻小船距岸边 x（单位：m），牵引小船的绳索到绞盘的长为 y（单位：m），则 x 与 y 有关系 $x^2 + 36 = y^2$，式中 x, y 随时间 t 的改变而变化，都是 t 的函数. 方程 $x^2 + 36 = y^2$ 两端关于 t 求导得

$$2x\frac{dx}{dt} = 2y\frac{dy}{dt}, \quad \text{即} \frac{dx}{dt} = \frac{y}{x}\cdot\frac{dy}{dt}.$$

已知 $\frac{dy}{dt} = 4$，而当 $x = 8$ 时，$y = 10$，所以

$$\left.\frac{dx}{dt}\right|_{x=8} = \left.\frac{y}{x}\cdot\frac{dy}{dt}\right|_{x=8} = \frac{10}{8} \times 4\,\text{m/s} = 5\,\text{m/s}.$$

(2) 由图易知，$\tan\theta = \dfrac{x}{6}$，因此 $\theta = \arctan\dfrac{x}{6}$. 此等式两边关于 t 求导得

$$\frac{d\theta}{dt} = \frac{1}{1 + (x/6)^2}\cdot\frac{1}{6}\cdot\frac{dx}{dt},$$

利用 x 与 y 的关系式进行化简，可得 $\dfrac{d\theta}{dt} = \dfrac{24}{xy}\,(\text{rad/s})$.

习题 2-4

1. 求由下列方程所确定的隐函数 $y = y(x)$ 的导数 $\dfrac{dy}{dx}$：

(1) $e^y = xy$；　　　　　(2) $y = x + \cos(x+y)$；　　(3) $x^3 + y^3 - xy = 0$；

(4) $ye^x + \ln y = x^2$；　　(5) $y = 1 - \ln x + e^{x+y}$；　　(6) $\arctan\dfrac{y}{x} = \ln\sqrt{x^2 + y^2}$.

2. 求由下列方程所确定的隐函数 $y = y(x)$ 的导数：

(1) $y = x^2 + 1 + xe^y$，求 $y'|_{x=0}, y''|_{x=0}$；　　　(2) $y = x + \sin(x+y)$，求 $\dfrac{dy}{dx}, \dfrac{d^2y}{dx^2}$；

(3) $x + y = e^{x-y}$，求 $\dfrac{dy}{dx}, \dfrac{d^2y}{dx^2}$；　　　　　(4) $x^2 + 3xy - 2y^2 = 2x$，求 $\dfrac{dy}{dx}, \dfrac{d^2y}{dx^2}$.

3. 已知曲线 $y^4 + 2\ln y = x^3$，求该曲线在点 $(1,1)$ 处的切线方程与法线方程.

4. 求过点 $(-1,1)$ 且与曲线 $2\ln x - 2\cos y - 1 = 0$ 上点 $\left(e, \dfrac{\pi}{3}\right)$ 处切线相互垂直的直线方程.

5. 设 $y = y(x)$ 由方程 $y = x + e^y$ 所确定,求 $\dfrac{d^3 y}{dx^3}$.

6. 以 16L/min 的速度往一圆锥形水箱注水,水箱尖端朝下,底半径为 0.5m,高 1m(图 2-7).问注水高度为 0.4m 时,水位上升的速度?

7. 一个球形气球正以 $100\pi \text{dm}^3/\text{min}$ 的速度充气,当气球半径为 10dm 时气球半径的增加有多快?气球表面积的增加有多快?

8. 质点由原点出发沿第一象限中的抛物线 $y^2 = 4x$ 运动,其 x 坐标(以 m 计)以恒定速度 10m/s 增长,当 $x = 3$ 时,连接质点与原点的直线的倾角 θ 的变化有多快?

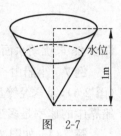

图 2-7

第五节 函数的微分

在理论研究和实际应用中,常常会遇到这样的问题:当自变量 x 有一个微小改变量 Δx 时,计算函数 $y = f(x)$ 的改变量 $\Delta y = f(x + \Delta x) - f(x)$. 这看上去不难:只要对两个函数值 $f(x + \Delta x)$ 与 $f(x)$ 作减法运算就可以了. 但是问题并没有这么简单,因为对于较为复杂的函数 $f(x)$,差值 $\Delta y = f(x + \Delta x) - f(x)$ 是一个更为复杂的算式,往往难以求解. 此外,在很多场合,并不一定要求出 Δy 的精确值. 那么,能不能找到一种能达到某种精度要求,又便于计算的函数表达式去近似 Δy? 当然,最理想的是用 Δx 的线性函数去近似 Δy. 本节将要介绍的微分就是实现这种线性近似的数学模型.

函数的微分是 Δx 的线性函数,它与导数密切相关,可用来代替增量 Δy.

本节主要内容:微分的定义,微分的几何意义与局部线性化,基本微分公式与微分运算法则,微分在近似计算中的应用.

一、微分的定义

下面从一个简单的计算函数增量 $\Delta y = f(x + \Delta x) - f(x)$ 的例题开始分析.

例1 一块正方形铁片受热后均匀膨胀,边长由 x_0 变为 $x_0 + \Delta x$,其中 Δx 为无穷小,试问铁片的面积改变了多少?

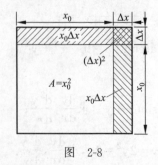

图 2-8

解 铁片的原面积为 $A(x_0) = x_0^2$,受热膨胀后边长的改变量为 Δx,则面积的改变量为

$$\Delta A = A(x_0 + \Delta x) - A(x_0)$$
$$= (x_0 + \Delta x)^2 - x_0^2 = 2x_0 \cdot \Delta x + (\Delta x)^2.$$

图 2-8 给出了铁片受热前后的图形表示.

我们着重分析 ΔA 的表达式的结构,显然 ΔA 随着 Δx 的改变而变化,是 Δx 的二次函数. 易见 ΔA 的表达式可拆为两部分之和:

第一部分, $2x_0\Delta x$——关于 Δx 的线性函数;

第二部分, $(\Delta x)^2$——比 Δx 高阶的无穷小.

这里的第二部分 $(\Delta x)^2$ 是比 Δx 高阶的无穷小,也即 $(\Delta x)^2 = o(\Delta x)$.

当 $|\Delta x|$ 很小时, $(\Delta x)^2 = o(\Delta x)$ 更小. 如果将高阶无穷小 $(\Delta x)^2$ 忽略不计,则有

$$\Delta A \approx 2x_0\Delta x,$$

即在计算 ΔA 时,只要用最简单的第一部分 $2x_0\Delta x$ 作为它的近似值,而舍去的仅是比 Δx 高阶的无穷小. 例如,假设 $x_0 = 1\text{m}$,则当 $\Delta x = 0.001\text{m}(1\text{mm})$ 时, $(\Delta x)^2 = 10^{-6}\text{m}^2$ 已很小,因此

$$\Delta A \approx 2x_0 \cdot \Delta x = 0.002\text{m}^2.$$

这是偶然的吗?

经过数学家的深入观察、分析与研究,发现对于众多函数,函数改变量的上述分拆结构具有普遍性. 于是抽象出一个基本概念——微分.

定义 2.3 设函数 $y = f(x)$ 在点 x_0 的某邻域 $U(x_0)$ 内有定义, $x_0 + \Delta x \in U(x_0)$. 如果存在一个关于 Δx 的线性函数 $l(\Delta x) = A\Delta x$,使得函数的改变量 $\Delta y = f(x_0 + \Delta x) - f(x_0)$ 可表示为

$$\Delta y = A\Delta x + o(\Delta x), \tag{2.12}$$

其中 A 是只与 x_0 有关而与 Δx 无关的常数, $o(\Delta x)$ 是比 Δx 高阶的无穷小,则称函数 $y = f(x)$ **在点 x_0 处可微**,并称 $A\Delta x$ 为函数 $y = f(x)$ **在点 x_0 的微分**,记作 $\mathrm{d}y\big|_{x=x_0}$, $\mathrm{d}f\big|_{x=x_0}$ 或 $\mathrm{d}f(x_0)$,即

$$\mathrm{d}y\big|_{x=x_0} = A\Delta x, \quad \text{或 } \mathrm{d}f(x_0) = \mathrm{d}f\big|_{x=x_0} = A\Delta x.$$

如果 $y = f(x)$ 在区间 I 内每一点都可微,则称 $y = f(x)$ 在**区间 I 内可微**.

由定义可见:

(1) 如果函数 $y = f(x)$ 在点 x_0 可微,则在该点处 Δy 可分拆为两部分之和:第一部分是微分 $\mathrm{d}f(x_0) = A\Delta x$,它是 Δy 中与 Δx 呈线性关系的部分;第二部分是 $o(\Delta x)$.

当 $|\Delta x|$ 很小时,微分 $\mathrm{d}f(x_0) = A\Delta x$ 就成了 Δy 的主要部分,所以我们称微分 $\mathrm{d}f(x_0)$ 是 Δy 的**线性主部**.

(2) 在可微点 x_0,当 $A \neq 0$ 时,微分 $\mathrm{d}f(x_0)$ 与 Δy 是 $\Delta x \to 0$ 时的等价无穷小. 事实上,

$$\frac{\Delta y}{\mathrm{d}f(x_0)} = \frac{\mathrm{d}f(x_0) + o(\Delta x)}{\mathrm{d}f(x_0)} = 1 + \frac{o(\Delta x)}{A \cdot \Delta x} \to 1, \quad \Delta x \to 0.$$

(3) 用定义证明函数 $f(x)$ 在点 x_0 是否可微,也就是分析在 x_0 点 Δy 的形如式(2.12)的分拆是否成立,具体地就是验证以下极限是否成立:

$$\lim_{\Delta x \to 0} \frac{\Delta y - A \cdot \Delta x}{\Delta x} = 0.$$

判定函数 $y = f(x)$ 在点 x_0 可微的更简便的方法是利用下面的定理. 这一定理不仅指出了函数可微与可导的等价关系,同时还给出了微分定义中的常数 A 的计算公式.

定理 2.7 函数 $y = f(x)$ 在点 x_0 可微的充分必要条件是函数 $y = f(x)$ 在点 x_0 可导,而且有

$$\mathrm{d}f(x_0) = f'(x_0)\Delta x. \tag{2.13}$$

证 必要性 设函数 $y = f(x)$ 在点 x_0 可微,则有常数 A 使得

$$\Delta y = f(x_0 + \Delta x) - f(x_0) = A \cdot \Delta x + o(\Delta x),$$

从而有

$$\frac{\Delta y}{\Delta x} = A + \frac{o(\Delta x)}{\Delta x}, \quad \Delta x \neq 0,$$

两端取极限,得

$$\lim_{\Delta x \to 0} \frac{\Delta y}{\Delta x} = A,$$

这表明,函数 $y = f(x)$ 在点 x_0 可导,且 $f'(x_0) = A$,因此 $\mathrm{d}f(x_0) = f'(x_0)\Delta x$.

充分性 设 $y = f(x)$ 在点 x_0 可导,则有

$$\lim_{\Delta x \to 0} \frac{\Delta y}{\Delta x} = \lim_{\Delta x \to 0} \frac{f(x_0 + \Delta x) - f(x_0)}{\Delta x} = f'(x_0),$$

根据函数极限与无穷小的关系,有

$$\frac{\Delta y}{\Delta x} = f'(x_0) + \alpha,$$

其中 α 是 $\Delta x \to 0$ 时的无穷小,从而

$$\Delta y = f'(x_0)\Delta x + \alpha \Delta x,$$

注意到

$$\lim_{\Delta x \to 0} \frac{\alpha \Delta x}{\Delta x} = \lim_{\Delta x \to 0} \alpha = 0,$$

故 $\alpha \Delta x$ 是比 Δx 高阶的无穷小,可以记作 $\alpha \Delta x = o(\Delta x)$. 结合以上两式可得

$$\Delta y = f'(x_0)\Delta x + o(\Delta x).$$

而 $f'(x_0)$ 只与 x_0 有关,与 Δx 无关,这表明 $y = f(x)$ 在点 x_0 可微,而且式(2.13)成立.

由定理可知函数的微分有如下重要特性:

(1) 如果函数 $y = f(x)$ 在区间 I 内每一点 x 可导,则它在点 x 可微,且

$$\mathrm{d}y = \mathrm{d}f(x) = f'(x)\Delta x.$$

可以看到,微分 $\mathrm{d}y$ 的值既与点 x 有关又与 Δx 有关,由于 x 和 Δx 的取值是相互独立的,因此 $\mathrm{d}y$ 是 x 和 Δx 的函数.

特别地,如果 $f(x) = x$,则 $\mathrm{d}x = (x)' \cdot \Delta x = \Delta x$,假如我们把这个函数的微分认为是自变量 x 的微分,就表明**自变量的微分等于自变量的改变量**,因而通常将函数 $y = f(x)$ 的微分写作

$$\mathrm{d}y = \mathrm{d}f(x) = f'(x)\mathrm{d}x. \tag{2.14}$$

(2) 由于 $\mathrm{d}x = \Delta x$ 是独立取值的变量,用 $\mathrm{d}x \neq 0$ 除式(2.14)两端,得

$$\frac{\mathrm{d}y}{\mathrm{d}x} = f'(x).$$

这说明,**函数的导数等于函数的微分与自变量的微分的商**. 因此,导数又称为**微商**. 在此之前我们把导数的记号 $\dfrac{\mathrm{d}y}{\mathrm{d}x}$ 看作一个整体记号. 自此以后,导数 $\dfrac{\mathrm{d}y}{\mathrm{d}x}$ 又可看成 $\mathrm{d}y$ 与 $\mathrm{d}x$ 之商,这正是导数记号用 $\dfrac{\mathrm{d}y}{\mathrm{d}x}$ 表示比用 $f'(x)$ 表示方便之所在,例如反函数的求导公式 $\dfrac{\mathrm{d}y}{\mathrm{d}x} = \dfrac{1}{\dfrac{\mathrm{d}x}{\mathrm{d}y}}$ 可以看

作 dy 与 dx 相除的一种代数变形.

例 2 已知函数 $y=\sqrt{2x-1}$,求:(1)当 $x=5$ 时,y 的微分;(2)当 x 从 5 变化到 5.01 时,y 的微分.

解 因为 $dy=f'(x)dx=\dfrac{1}{\sqrt{2x-1}}dx$,所以:

(1) 当 $x=5$ 时,y 的微分为

$$dy\big|_{x=5}=\frac{1}{\sqrt{2x-1}}dx\bigg|_{x=5}=\frac{1}{3}dx;$$

(2) 当 x 由 5 改变到 5.01 时,$dx=\Delta x=0.01$,y 的微分为

$$dy\bigg|_{\substack{x=5 \\ dx=0.01}}=\frac{1}{\sqrt{2x-1}}dx\bigg|_{\substack{x=5 \\ dx=0.01}}=\frac{1}{300}.$$

二、微分的几何意义与局部线性化

微分的定义刻画了函数 $f(x)$ 在可微点 x_0 处函数改变量 Δy 的分析结构特征,而微分的几何意义可以直观地体现"以直代曲"的局部线性化思想.

如图 2-9 所示,当自变量由 x_0 增加到 $x_0+\Delta x$ 时,平面曲线 $y=f(x)$ 上相应的点沿曲线由点 P"走"到点 Q,Δy 是曲线上 P,Q 两点纵坐标的改变量,由图可知

$$PR=\Delta x,\quad RQ=\Delta y.$$

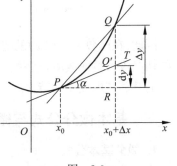

图 2-9

由于函数 $f(x)$ 在 x_0 点的导数 $f'(x_0)$ 是曲线在点 P 的切线斜率,所以函数 $y=f(x)$ 的微分

$$dy=f'(x_0)\Delta x=\tan\alpha\cdot PR=RQ'$$

是曲线 $y=f(x)$ 在点 $(x_0,f(x_0))$ 的切线段 PQ' 上纵坐标的改变量.并且

$$\lim_{x\to x_0}\frac{\Delta y-dy}{\Delta x}=\lim_{x\to x_0}\frac{Q'Q}{PR}=\lim_{x\to x_0}\frac{RQ'}{PR}\cdot\frac{Q'Q}{RQ'}=f'(x_0)\lim_{x\to x_0}\frac{Q'Q}{RQ'}=0,$$

所以当 $f'(x_0)\neq 0$ 时,有

$$\lim_{x\to x_0}\frac{Q'Q}{RQ'}=0.$$

这表明,当 $x\to x_0$ 时线段 $Q'Q$ 的长度远比 RQ' 的长度小,这时曲线段几乎等同于直线段.

由于这一重要事实的支撑,在理论推导和应用实践中,"以直代曲"是有理论依据的. 也就是当 $\Delta x=x-x_0$ 的绝对值很小时,在 x_0 的以 $|\Delta x|$ 为半径的邻域内,可以用切线段代替曲线段,用线性函数 $y=f'(x_0)(x-x_0)+f(x_0)$ 来代替 $y=f(x)$.

例如,$y=2\sqrt{x}$ 在点 $(1,2)$ 处的切线为 $y=x+1$.考察曲线 $y=2\sqrt{x}$ 在点 $(1,2)$ 附近的切线段与曲线段的变化:随着自变量取值范围的缩小,两者的差异越来越小. 图 2-10 所示为正常状态下的图形,图 2-11 所示为缩小范围并放大的结果,图 2-12 和图 2-13 进一步缩小范围并放大. 在此过程中采用倍数不断增加的放大镜来观察图形的变化,进而在区间(0.998,

1.002)内已几乎无法区分切线与曲线.

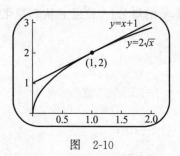

图　2-10

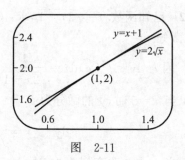

图　2-11

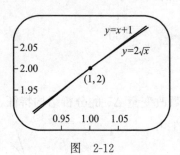

图　2-12

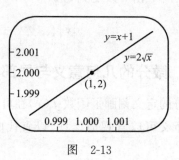

图　2-13

因此,在函数 $y=f(x)$ 的可微点 x_0 附近,当 $|\Delta x|$ 很小时,可近似地用点 $(x_0,f(x_0))$ 处的切线段代替曲线段,这就是"以直代曲"的局部线性化思想. 这里所说的"局部性"是指在一点的某邻域内成立的特性.

三、基本微分公式与微分运算法则

1. 微分基本公式

由函数的微分表达式 $\mathrm{d}y=f'(x)\mathrm{d}x$ 和基本初等函数的导数公式,容易推得基本初等函数的微分公式. 为便于对照,把两者列出如下:

基本导数公式

(1) $(C)'=0$;

(2) $(x^{\mu})'=\mu x^{\mu-1}$, μ 为任意实数;

(3) $(a^x)'=a^x\ln a$;

(4) $(\mathrm{e}^x)'=\mathrm{e}^x$;

(5) $(\log_a x)'=\dfrac{1}{x\ln a}$;

(6) $(\ln x)'=\dfrac{1}{x}$;

(7) $(\sin x)'=\cos x$;

(8) $(\cos x)'=-\sin x$;

(9) $(\tan x)'=\sec^2 x$;

(10) $(\cot x)'=-\csc^2 x$;

(11) $(\sec x)'=\sec x\tan x$;

基本微分公式

(1) $\mathrm{d}(C)=0$;

(2) $\mathrm{d}(x^{\mu})=\mu x^{\mu-1}\mathrm{d}x$;

(3) $\mathrm{d}(a^x)=a^x\ln a\,\mathrm{d}x$;

(4) $\mathrm{d}(\mathrm{e}^x)=\mathrm{e}^x\mathrm{d}x$;

(5) $\mathrm{d}(\log_a x)=\dfrac{1}{x\ln a}\mathrm{d}x$;

(6) $\mathrm{d}(\ln x)=\dfrac{1}{x}\mathrm{d}x$;

(7) $\mathrm{d}(\sin x)=\cos x\,\mathrm{d}x$;

(8) $\mathrm{d}(\cos x)=-\sin x\,\mathrm{d}x$;

(9) $\mathrm{d}(\tan x)=\sec^2 x\,\mathrm{d}x$;

(10) $\mathrm{d}(\cot x)=-\csc^2 x\,\mathrm{d}x$;

(11) $\mathrm{d}(\sec x)=\sec x\tan x\,\mathrm{d}x$;

(12) $(\csc x)' = -\csc x \cot x$；

(12) $\mathrm{d}(\csc x) = -\csc x \cot x\,\mathrm{d}x$；

(13) $(\arcsin x)' = \dfrac{1}{\sqrt{1-x^2}}$；

(13) $\mathrm{d}(\arcsin x) = \dfrac{1}{\sqrt{1-x^2}}\,\mathrm{d}x$；

(14) $(\arccos x)' = -\dfrac{1}{\sqrt{1-x^2}}$；

(14) $\mathrm{d}(\arccos x) = -\dfrac{1}{\sqrt{1-x^2}}\,\mathrm{d}x$；

(15) $(\arctan x)' = \dfrac{1}{1+x^2}$；

(15) $\mathrm{d}(\arctan x) = \dfrac{1}{1+x^2}\,\mathrm{d}x$；

(16) $(\operatorname{arccot} x)' = -\dfrac{1}{1+x^2}$.

(16) $\mathrm{d}(\operatorname{arccot} x) = -\dfrac{1}{1+x^2}\,\mathrm{d}x$.

2. 微分的四则运算法则

利用导数的四则运算法则及微分的定义,不难得出微分的四则运算法则.

函数和、差、积、商的求导法则

(1) $(C \cdot u)' = C \cdot u'$,$C$ 为常数；

(2) $(u \pm v)' = u' \pm v'$；

(3) $(uv)' = vu' + uv'$；

(4) $\left(\dfrac{u}{v}\right)' = \dfrac{vu' - uv'}{v^2}$.

函数和、差、积、商的微分法则

(1) $\mathrm{d}(C \cdot u) = C \cdot \mathrm{d}u$；

(2) $\mathrm{d}(u \pm v) = \mathrm{d}u \pm \mathrm{d}v$；

(3) $\mathrm{d}(uv) = v\,\mathrm{d}u + u\,\mathrm{d}v$；

(4) $\mathrm{d}\left(\dfrac{u}{v}\right) = \dfrac{v\,\mathrm{d}u - u\,\mathrm{d}v}{v^2}$.

3. 复合函数的微分、微分形式不变性

我们知道,$y = f(u)$ 的微分是 $\mathrm{d}y = f'(u)\,\mathrm{d}u$. 其中,$u$ 为函数的自变量.

设 $y = f(\varphi(x))$ 由可微函数 $y = f(u)$ 和 $u = \varphi(x)$ 复合而成,则 $y = f(\varphi(x))$ 可微,且

$$\mathrm{d}(f(\varphi(x))) = f'(\varphi(x))\varphi'(x)\,\mathrm{d}x. \tag{2.15}$$

事实上,由复合函数求导的链式法则得

$$\frac{\mathrm{d}y}{\mathrm{d}x} = \frac{\mathrm{d}y}{\mathrm{d}u} \cdot \frac{\mathrm{d}u}{\mathrm{d}x} = f'(u)\varphi'(x) = f'(\varphi(x))\varphi'(x),$$

所以 $y = f(\varphi(x))$ 是 x 的可微函数,并且式(2.15)成立.

由以上复合函数的微分法则,又可得到微分的一个重要性质.

由于 $u = \varphi(x)$,$\mathrm{d}u = \varphi'(x)\mathrm{d}x$,所以式(2.15)又可写作

$$\mathrm{d}y = f'(u)\,\mathrm{d}u, \quad \text{或 } \mathrm{d}f(u) = f'(u)\,\mathrm{d}u,$$

这个式子中的 u 是中间变量. 可见,

无论 u 是自变量还是中间变量,函数 $f(u)$ 的微分总是 $\mathrm{d}f(u) = f'(u)\,\mathrm{d}u$.

这说明,函数 $y = f(u)$ 的微分形式是不变的. 这一性质称为**微分形式不变性**. 因此求复合函数的微分时,通常可用以下两种方法之一:

(1) 先求复合函数 $y = f(\varphi(x))$ 的导数,然后写出微分 $\mathrm{d}y = f'(\varphi(x))\varphi'(x)\mathrm{d}x$；

(2) 直接利用微分形式不变性逐层计算:$\mathrm{d}f(u) = f'(u)\mathrm{d}u = f'(\varphi(x))\mathrm{d}\varphi(x)$.

当函数复合的层数较多时,利用微分形式不变性逐层计算更显得简便. 而导数不具有此类性质,这就是微分运算比求导运算简洁灵便之所在,所以我们也可以先求函数的微分,然后两边除以自变量的微分而得到复合函数的导数.

例 3 设 $y=\tan(1+x^2)$,求微分 $\mathrm{d}y$.

解一 $y'=(\tan(1+x^2))'=2x\sec^2(1+x^2)$,从而
$$\mathrm{d}y=(\tan(1+x^2))'\mathrm{d}x=2x\sec^2(1+x^2)\mathrm{d}x.$$

解二 利用微分形式不变性,记 $u=1+x^2$,则
$$\mathrm{d}y=\mathrm{d}\tan u=\sec^2 u\,\mathrm{d}u=\sec^2(1+x^2)\mathrm{d}(1+x^2)$$
$$=\sec^2(1+x^2)(\mathrm{d}1+\mathrm{d}(x^2))=2x\sec^2(1+x^2)\mathrm{d}x.$$

解题熟练以后,引入中间变量的过程可以记在脑子里,而不用写出.

例 4 设 $y=\mathrm{e}^{-2x}\cos 2x$,求微分 $\mathrm{d}y$.

解
$$\mathrm{d}y=\mathrm{d}(\mathrm{e}^{-2x}\cos 2x)=\mathrm{e}^{-2x}\mathrm{d}(\cos 2x)+\cos 2x\,\mathrm{d}(\mathrm{e}^{-2x})$$
$$=\mathrm{e}^{-2x}(-\sin 2x)\mathrm{d}(2x)+\cos 2x(\mathrm{e}^{-2x})\mathrm{d}(-2x)$$
$$=-2\mathrm{e}^{-2x}(\sin 2x+\cos 2x)\mathrm{d}x.$$

可见,不经过求导数而直接计算函数的微分,过程可能更简洁. 当然,熟练运用基本初等函数的微分公式,和、差、积、商的微分法则以及微分形式不变性是关键.

例 5 设 $y=\ln(x-\sqrt{x^2+1})+\cos(3x+1)$,求微分 $\mathrm{d}y$.

解
$$\mathrm{d}y=\mathrm{d}\ln(x-\sqrt{x^2+1})+\mathrm{d}\cos(3x+1)$$
$$=\frac{1}{x-\sqrt{x^2+1}}\mathrm{d}(x-\sqrt{x^2+1})-\sin(3x+1)\mathrm{d}(3x+1)$$
$$=\frac{1}{x-\sqrt{x^2+1}}\left(1-\frac{x}{\sqrt{x^2+1}}\right)\mathrm{d}x-3\sin(3x+1)\mathrm{d}x=-\left(\frac{1}{\sqrt{x^2+1}}+3\sin(3x+1)\right)\mathrm{d}x.$$

例 6 设 $y=(x^2+1)\arctan x$,求 $\dfrac{\mathrm{d}y}{\mathrm{d}x}$.

解 先求微分得
$$\mathrm{d}y=\arctan x\,\mathrm{d}(x^2+1)+(x^2+1)\mathrm{d}\arctan x=(2x\arctan x+1)\mathrm{d}x,$$
所以
$$\frac{\mathrm{d}y}{\mathrm{d}x}=2x\arctan x+1.$$

利用微分求导数,对于求隐函数和由参数方程所确定的函数的导数往往更直接.

例 7 设 $y=y(x)$ 由方程 $2x+\cos(x+y)=\mathrm{e}^{-xy}$ 所确定,求微分 $\mathrm{d}y$,并求 $\dfrac{\mathrm{d}y}{\mathrm{d}x}$.

解 方程两边微分得
$$\mathrm{d}(2x)+\mathrm{d}\cos(x+y)=\mathrm{d}\mathrm{e}^{-xy},$$
即
$$2\mathrm{d}x-\sin(x+y)\mathrm{d}(x+y)=\mathrm{e}^{-xy}\mathrm{d}(-xy),$$
$$2\mathrm{d}x-\sin(x+y)(\mathrm{d}x+\mathrm{d}y)=-\mathrm{e}^{-xy}(y\mathrm{d}x+x\mathrm{d}y),$$
从上式解出 $\mathrm{d}y$ 得

$$\mathrm{d}y = \frac{2 + y\mathrm{e}^{-xy} - \sin(x + y)}{\sin(x + y) - x\mathrm{e}^{-xy}}\mathrm{d}x.$$

则有

$$\frac{\mathrm{d}y}{\mathrm{d}x} = \frac{2 + y\mathrm{e}^{-xy} - \sin(x + y)}{\sin(x + y) - x\mathrm{e}^{-xy}}.$$

例 8 设 $\begin{cases} x = 2\mathrm{e}^{-2t}, \\ y = 3\mathrm{e}^t \sin t, \end{cases}$ 求 $\dfrac{\mathrm{d}y}{\mathrm{d}x}$ 和 $\dfrac{\mathrm{d}^2 y}{\mathrm{d}x^2}$.

解

$$\frac{\mathrm{d}y}{\mathrm{d}x} = \frac{\mathrm{d}(3\mathrm{e}^t \sin t)}{\mathrm{d}(2\mathrm{e}^{-2t})} = \frac{3(\sin t\, \mathrm{d}\mathrm{e}^t + \mathrm{e}^t\, \mathrm{d}\sin t)}{2\mathrm{d}(\mathrm{e}^{-2t})} = \frac{3(\mathrm{e}^t \sin t\, \mathrm{d}t + \mathrm{e}^t \cos t\, \mathrm{d}t)}{2(-2\mathrm{e}^{-2t})\mathrm{d}t}$$

$$= -\frac{3(\mathrm{e}^t \sin t + \mathrm{e}^t \cos t)}{4\mathrm{e}^{-2t}} = -\frac{3}{4}\mathrm{e}^{3t}(\sin t + \cos t).$$

$$\frac{\mathrm{d}^2 y}{\mathrm{d}x^2} = \frac{\mathrm{d}y'}{\mathrm{d}x} = \frac{\mathrm{d}\left(-\dfrac{3}{4}\mathrm{e}^{3t}(\sin t + \cos t)\right)}{\mathrm{d}(2\mathrm{e}^{-2t})} = -\frac{3}{4} \cdot \frac{\mathrm{e}^{3t}\,\mathrm{d}(\sin t + \cos t) + (\sin t + \cos t)\mathrm{d}\mathrm{e}^{3t}}{2\mathrm{d}(\mathrm{e}^{-2t})}$$

$$= -\frac{3}{4} \cdot \frac{\mathrm{e}^{3t}\left[(\cos t - \sin t)\mathrm{d}t + 3(\sin t + \cos t)\mathrm{d}t\right]}{-4\mathrm{e}^{-2t}\,\mathrm{d}t} = \frac{3}{8}(2\cos t + \sin t)\mathrm{e}^{5t}.$$

例 9 在下列等式的括号中填入适当的函数,使等式成立:

(1) $\mathrm{d}(\quad) = x^2\,\mathrm{d}x$;   (2) $\mathrm{d}(\quad) = 3^x\,\mathrm{d}x$.

解 (1) 因为 $\mathrm{d}(x^3) = 3x^2\,\mathrm{d}x$,因此得 $x^2\,\mathrm{d}x = \dfrac{1}{3}\mathrm{d}(x^3) = \mathrm{d}\left(\dfrac{x^3}{3}\right)$,即

$$\mathrm{d}\left(\frac{x^3}{3}\right) = x^2\,\mathrm{d}x.$$

又因为对任意常数 C,$\mathrm{d}(C) = 0$,因此,一般地,

$$\mathrm{d}\left(\frac{x^3}{3} + C\right) = x^2\,\mathrm{d}x, \quad C \text{ 为任意常数.}$$

括号中应填 $\dfrac{x^3}{3} + C$.

(2) 因为 $\mathrm{d}(3^x) = 3^x \ln 3\,\mathrm{d}x$,所以 $3^x\,\mathrm{d}x = \dfrac{1}{\ln 3}\mathrm{d}(3^x) = \mathrm{d}\left(\dfrac{3^x}{\ln 3}\right)$,因此有

$$\mathrm{d}\left(\frac{3^x}{\ln 3} + C\right) = 3^x\,\mathrm{d}x, \quad C \text{ 为任意常数.}$$

括号中应填 $\dfrac{3^x}{\ln 3} + C$.

例 10 求 $\dfrac{\mathrm{d}(\log_a \sin bx)}{\mathrm{d}(a^x)}$.

解

$$\frac{\mathrm{d}(\log_a \sin bx)}{\mathrm{d}(a^x)} = \frac{\dfrac{1}{\sin bx \ln a}\mathrm{d}(\sin bx)}{a^x(\ln a)\mathrm{d}x} = \frac{b\cot bx\,\mathrm{d}x}{a^x(\ln a)^2\,\mathrm{d}x} = \frac{b\cot bx}{a^x(\ln a)^2}.$$

四、微分在近似计算中的应用

微分在数学中有许多重要的应用,本节仅介绍它在近似计算方面的一些应用.

1. 函数的线性化与近似计算

在实际应用问题中,经常会遇到一些涉及较复杂的函数的计算公式.如果直接用这些公式进行计算,往往既烦琐又费力.利用微分就可以把这些复杂的计算公式改用简单的近似公式来代替.

设函数 $y=f(x)$ 在点 x_0 可微,其导数 $f'(x_0)\neq0$.由函数增量

$$\Delta y=f(x_0+\Delta x)-f(x_0)$$

与微分 $\mathrm{d}y=f'(x_0)\mathrm{d}x$ 的关系,得

$$\Delta y=\mathrm{d}y+o(\Delta x)=f'(x_0)\Delta x+o(\Delta x).$$

当 $|\Delta x|$ 很小时,有 $\Delta y\approx\mathrm{d}y$,由此得

$$f(x_0+\Delta x)\approx f(x_0)+f'(x_0)\Delta x, \tag{2.16}$$

或当 x 很接近 x_0 时,有

$$f(x)\approx f(x_0)+f'(x_0)(x-x_0). \tag{2.17}$$

式(2.16)或式(2.17)就是函数 $y=f(x)$ 的近似计算公式.当 $|\Delta x|$ 很小,或 x 很接近 x_0,而 $f(x_0)$ 与 $f'(x_0)$ 都较易计算时,利用式(2.17)可以将不容易计算的函数值 $f(x)$ 转化为 x 的线性函数来计算,也就是利用微分将函数 $y=f(x)$ 线性化.

例 11 求 $\sin33°$ 的近似值.

解 首先找出与 $33°$ 最接近的特殊角 $30°$,即 $\dfrac{\pi}{6}$.由于

$$\sin33°=\sin\left(\frac{\pi}{6}+\frac{\pi}{60}\right),$$

因此取 $f(x)=\sin x,x_0=\dfrac{\pi}{6},\Delta x=\dfrac{\pi}{60}$,由式(2.16)得

$$\sin33°\approx\sin\frac{\pi}{6}+\cos\frac{\pi}{6}\cdot\frac{\pi}{60}=\frac{1}{2}+\frac{\sqrt{3}}{2}\cdot\frac{\pi}{60}\approx0.545.$$

($\sin33°$ 的真值是 $0.544\,639\cdots$)

例 12 设钟摆的周期为 $1\mathrm{s}$,在夏季摆长至多伸长 $0.01\mathrm{cm}$,试问此钟每天至多慢几秒?

解 由物理学知道,单摆周期 T 与摆长 l 的关系为

$$T=2\pi\sqrt{\frac{l}{g}},$$

其中 g 为重力加速度.已知钟摆周期为 $1\mathrm{s}$,则此摆原长为

$$l_0=\frac{g}{(2\pi)^2}.$$

当摆长最多伸长 $0.01\mathrm{cm}$ 时,摆长的增量 $\Delta l=0.01\mathrm{cm}$,它引起单摆周期的增量

$$\Delta T\approx\frac{\mathrm{d}T}{\mathrm{d}l}\bigg|_{l=l_0}\cdot\Delta l=\frac{\pi}{\sqrt{g}}\cdot\frac{\Delta l}{\sqrt{l_0}}=\frac{2\pi^2}{g}\Delta l=\frac{2\pi^2}{980}\times0.01\mathrm{s}\approx0.0002\mathrm{s}.$$

这就是说,单摆周期增加约 $0.0002\mathrm{s}$,因此该钟每天大约慢

$$60 \times 60 \times 24 \times 0.0002 \text{s} = 17.28 \text{s}.$$

微分也是近似公式的来源. 例如,在式(2.17)中取 $x_0 = 0$,则当 $|x|$ 很小时有

$$f(x) \approx f(0) + f'(0)x. \tag{2.18}$$

如分别令 $f(x)$ 为 $\ln(1+x)$,e^x,$(1+x)^\alpha$,$\sin x$,$\tan x$,$\arctan x$,则当 $|x|$ 很小时,由式(2.18)可得以下一些常用的近似公式:

$$\ln(1+x) \approx x; \quad e^x \approx 1+x; \quad (1+x)^\alpha \approx 1+\alpha x;$$
$$\sin x \approx x; \quad \tan x \approx x; \quad \arctan x \approx x.$$

例 13 计算 $\sqrt[3]{1.006}$ 的近似值.

解 $\sqrt[3]{1.006} = \sqrt[3]{1+0.006}$,记 $x = 0.006$,其值较小,利用近似公式 $(1+x)^\alpha \approx 1+\alpha x$ 得

$$\sqrt[3]{1.006} \approx 1 + \frac{1}{3} \times 0.006 = 1.002.$$

2. 误差估计

在实际问题中,经常要测量各种数据. 但是由于测量仪器的精度、测量条件和测量方法等各种因素的影响,测得的数据往往带有误差,这类误差称为**测量误差**. 而以带有误差的数据作为自变量的值计算函数值时所得的结果也会有误差,这类误差称为**间接测量误差**. 下面讨论怎样用微分来估计间接测量误差.

设某个量的精确值为 A,a 是它的一个近似值,则称 $|A-a|$ 为近似值 a 的**绝对误差**,$|A-a|$ 与 $|a|$ 的比值 $\dfrac{|A-a|}{|a|}$ 称为近似值 a 的**相对误差**.

通常,某个量的精确值往往是无法知道的,因此其近似值的绝对误差和相对误差也就无法求得. 但是根据测量仪器的精度等因素,有时能够确定误差在某一个范围内. 如果某个量的精确值是 A,测得它的近似值是 a,又知道它的(绝对)误差不超过 δ_A,即

$$|A-a| \leqslant \delta_A,$$

则称 δ_A 为测量 A 的**绝对误差限**,而称 $\dfrac{\delta_A}{|a|}$ 为测量 A 的**相对误差限**.

现在考察可微函数 $y = f(x)$ 的间接测量误差. 设量 A 是自变量 x 的某一精确值,a 是由测量得到的量 A 的近似值,而 $|\Delta A| = |A-a| \leqslant \delta_A$. 则当 δ_A 很小时,有

$$|\Delta y| = |f(A) - f(a)| \approx |f'(a)\Delta A| \leqslant |f'(a)|\delta_A,$$

从而函数值的间接绝对误差限为

$$\delta_y \approx |f'(a)|\delta_A, \tag{2.19}$$

间接相对误差限为

$$\frac{\delta_y}{|f(a)|} \approx \left|\frac{f'(a)}{f(a)}\right|\delta_A. \tag{2.20}$$

例 14 设测得一球体的直径为 48cm,测量工具的精度为 0.05cm. 试求以所测得直径计算球体体积时所引起的绝对误差限与相对误差限.

解 直径为 d 的球体体积的函数式为

$$V = \frac{1}{6}\pi d^3.$$

取 $d_0 = 48 \text{cm}$,$\delta_d = 0.05 \text{cm}$,求得(取 $\pi = 3.1416$)

$$V_0 = \frac{1}{6}\pi d_0^3 \approx 57\,905.97\,\text{cm}^3,$$

从而由式(2.19)、式(2.20)得体积的绝对误差限和相对误差限分别为

$$\delta_V = \left| \frac{1}{2}\pi d_0^2 \right| \cdot \delta_d = \frac{\pi}{2}\times 48^2 \times 0.05\,\text{cm}^3 \approx 180.96\,\text{cm}^3,$$

$$\frac{\delta_V}{|V_0|} = \frac{\frac{1}{2}\pi d_0^2}{\frac{1}{6}\pi d_0^3} \cdot \delta_d = \frac{3}{d_0}\delta_d \approx 3.13‰.$$

习题 2-5

1. 已知函数 $y=2x^2-3$,计算在 $x=1$ 处当 Δx 分别为 $0.1,0.01$ 时的 Δy 与 $\mathrm{d}y$ 值.

2. 求下列函数的微分:

(1) $y=2\sqrt{x}+\mathrm{e}^{-2x}$;

(2) $y=x^3\sin\omega x$;

(3) $y=\mathrm{e}^{\lambda x}\cos\omega x$;

(4) $y=\cot(1+\mathrm{e}^{2x})$;

(5) $y=\ln(2x)+\arctan\sqrt{x}$;

(6) $y=\ln(x+\sqrt{1+x^2})$;

(7) $y=\dfrac{\sin 2x}{2-\sqrt{x}}$;

(8) $y=2^{\cos x}$;

(9) $y=x\sqrt{x^2-1}-\ln\sqrt{2x+x^2}$;

(10) $y=f(u^2(x)-\ln u(x)),f,u$ 可导;

(11) $y=\mathrm{e}^{-x^2}\cos\dfrac{1}{x}$;

(12) $y=\ln\sqrt{1+x^2}+\arctan x$.

3. 将适当的函数填入下列括号内,使等式成立:

(1) $\mathrm{d}(\qquad)=3x\,\mathrm{d}x$;

(2) $\mathrm{d}(\qquad)=\sin 2t\,\mathrm{d}t$;

(3) $\mathrm{d}(\qquad)=\dfrac{1}{x^3}\mathrm{d}x$;

(4) $\mathrm{d}(\qquad)=-\dfrac{1}{x}\mathrm{d}x$;

(5) $\mathrm{d}(\qquad)=2\mathrm{e}^{-2x}\mathrm{d}x$;

(6) $\mathrm{d}(\qquad)=\sin t\,\mathrm{e}^{\cos t}\,\mathrm{d}t$;

(7) $\mathrm{d}(\qquad)=\dfrac{1}{\sqrt{x-1}}\mathrm{d}x$;

(8) $\mathrm{d}(\qquad)=\dfrac{1}{\sqrt{4-x^2}}\mathrm{d}x$;

(9) $\mathrm{d}(\qquad)=\dfrac{1}{x\ln x}\mathrm{d}x$;

(10) $\mathrm{d}(\qquad)=2\sec^2 3t\,\mathrm{d}t$.

4. 已知函数 $y=y(x)$ 由下列方程所确定,求 $\mathrm{d}y$:

(1) $\sin(xy)-\ln y=1$;

(2) $x^3+y^3+4xy=3$;

(3) $\mathrm{e}^{x-y}-\ln(x+y)=xy$;

(4) $2x-y=(x-2y)\ln(x-y)$.

5. 将 $\mathrm{d}y$ 表示成 $u,v,\mathrm{d}u,\mathrm{d}v$ 的函数:

(1) $y=u+2v-\sqrt{uv}$;

(2) $y=\sin(u-v)-\cos(u+v)$;

(3) $y=\ln(u+v)-\mathrm{e}^{uv}$;

(4) $y=\sqrt{u^2+v^2}-\arctan(u+v)$.

6. 求下列各题的近似值:

(1) $\sqrt[3]{0.996}$;   (2) $\sin 59°$;   (3) $\ln 1.002$;   (4) $\mathrm{e}^{-0.03}$.

7. 圆的半径从 1.00m 增加到 1.002m,试求其面积改变量的精确值与近似值.

8. 有一批半径为 1cm 的球,为了提高球面的光洁度,要镀上一层铜,厚度定为 0.01cm,试估计每只球需用铜多少克(铜的密度为 $8.9\mathrm{g/cm^3}$).

9. 圆柱的高 h 与底面半径相等,要使计算此圆柱体积时达到误差不超过真值 1% 的精度,则在测量 h 时容许的最大误差是多少?

附录 基于 Python 的一元函数导数计算

利用 Python 求函数的导数是用命令函数 diff( ) 来实现的,其调用格式和功能说明见表 2-1.

表 2-1 求函数导数命令的调用格式和功能说明

调 用 格 式	功 能 说 明
diff(f)	对函数 f 求一阶导数
diff(f,n)	对函数 f 求 n 阶导数
diff(f,v)	对函数 f 求相对于变量 v 的一阶导数
diff(f,v,n)	对函数 f 求相对于变量 v 的 n 阶导数

注意:若输入的系统函数 diff(f) 与 diff(f,n) 自变量缺失,如果函数 f 为一元函数,则系统默认自变量;若函数 f 为多元函数,则系统默认为对最靠近的那个变量求导.

例 1 求下列函数的导数.

(1) $y=\mathrm{e}^{3x-2}$;　　　　(2) $y=\ln(x+\sqrt{x^2+a^2}\,)$.

```
from sympy import symbols, exp, log, diff, simplify, sqrt
# 清除变量
x, a = symbols('x a')
# 定义函数 y1 和 y2
y1 = exp(3 * x - 2)
y2 = log(x + sqrt(x ** 2 + a ** 2))
# 计算 y1 和 y2 的导数
dy1 = diff(y1, x)
dy2 = diff(y2, x)
# 对 dy2 进行化简
dy2_simplified = simplify(dy2)
# 打印结果
print("dy1 =", dy1)
print("dy2_simplified =", dy2_simplified)
```

结果为:

```
dy1 = 3 * exp(3 * x - 2)
dy2_simplified = 1/sqrt(a ** 2 + x ** 2)
```

例 2 求函数 $y=\dfrac{x^2}{\sqrt{1+x^2}}$ 的一阶导数及二阶导数.

```
import sympy as sp
x = sp.symbols('x')
y = x ** 2/sp.sqrt(1 + x ** 2)
d1y = sp.simplify(sp.diff(y))
d2y = sp.simplify(sp.diff(y, x, 2))
print(d1y)
print(d2y)
```

结果为：

```
x * (x ** 2 + 2)/(x ** 2 + 1) ** (3/2)
(2 - x ** 2)/(sqrt(x ** 2 + 1) * (x ** 4 + 2 * x ** 2 + 1))
```

例3 求由参数方程 $\begin{cases} x = \arctan t, \\ y = \ln(1+t^2) \end{cases}$ 所确定的函数的导数.

```
import sympy as sp
x, y, t = sp.symbols('x y t')
x = sp.atan(t)
y = sp.log(1 + t ** 2)
dy = sp.diff(y) / sp.diff(x)
print(dy)
```

结果为：

```
2 * t
```

例4 求由方程 $\ln\sqrt{x^2+y^2}=\arctan\dfrac{y}{x}$ 所确定的函数 $y=f(x)$ 的导数 $\dfrac{\mathrm{d}y}{\mathrm{d}x}$.

```
from sympy import symbols, Function, Eq, log, atan, diff, sqrt, solve
# 定义变量
x = symbols('x')
y = Function('y')(x)
# 定义等式
equation = Eq(log(sqrt(x ** 2 + y ** 2)), atan(y/x))
# 对等式两边同时关于 x 进行隐式微分
implicit_derivative = diff(equation.lhs, x) - diff(equation.rhs, x)
# 解出隐式微分的结果 dy/dx
dy_dx = solve(implicit_derivative, diff(y, x))[0]
# 输出结果
print(dy_dx)
```

结果为：

```
(x + y(x))/(x - y(x))
```

第三章　微分中值定理与导数的应用

第二章从分析切线、速度等实际问题中因变量相对于自变量的变化快慢出发，引出了导数的概念，并讨论了导数的计算方法．本章我们将利用导数来研究定义在某区间上函数的整体性质以及曲线的某些性态，如函数的单调性、凹凸性、极值、最大值、最小值等，并利用这些知识解决一些实际问题．为此，首先介绍导数应用的理论基础——微分中值定理，包括罗尔定理、拉格朗日中值定理、柯西中值定理和泰勒中值定理．它们从不同的方面建立了自变量、函数和导数三者之间的关系．

第一节　微分中值定理

微分中值定理反映了函数在闭区间上的整体性质和它在区间内某点的局部性质之间的关系，是导数应用的理论基础．本节先介绍罗尔定理，然后推导出拉格朗日中值定理和柯西中值定理．

一、罗尔定理

定理 3.1（罗尔（Rolle）定理）　如果函数 $f(x)$ 满足：

(1) 在闭区间 $[a,b]$ 上连续；

(2) 在开区间 (a,b) 内可导；

(3) 在区间端点处的函数值相等：$f(a)=f(b)$，则在 (a,b) 内至少存在一点 ξ，使得 $f'(\xi)=0$.

通常称导数等于零的点为函数的驻点．即如果 $f'(x_0)=0$，则称 x_0 为函数 $f(x)$ 的**驻点**.

显然，驻点是方程 $f'(x)=0$ 的根．所以罗尔定理的结论也可叙述为：方程 $f'(x)=0$ 在 (a,b) 内至少有一个实根．

罗尔定理的几何意义如图 3-1 所示，在曲线弧 $\overset{\frown}{AB}$ 上至少有一个点 C，在该点处有水平切线．

罗尔定理的证明　因为 $f(x)$ 在闭区间上连续，故 $f(x)$ 在 $[a,b]$ 上取得最大值 M 和最小值 m.

(1) 如果 $M=m$，则 $f(x)$ 在闭区间 $[a,b]$ 上恒为常数，即

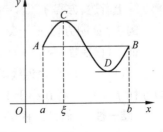

图　3-1

$f(x) \equiv C$, 于是对任意的 $\xi \in (a,b)$, 都有 $f'(\xi) = 0$.

(2) 如果 $M \neq m$, 则必有 $M > m$, 又因为 $f(a) = f(b)$, 故 M,m 中至少有一个在开区间 (a,b) 内取得. 不妨设最大值 M 在开区间 (a,b) 内取得, 即存在 $\xi \in (a,b)$, 使得 $f(\xi) = M$, 则对应于自变量的改变量 Δx, 有

$$f(\xi + \Delta x) - f(\xi) \leqslant 0.$$

易见, 当 $\Delta x < 0$ 时, $\dfrac{f(\xi + \Delta x) - f(\xi)}{\Delta x} \geqslant 0$; 当 $\Delta x > 0$ 时, $\dfrac{f(\xi + \Delta x) - f(\xi)}{\Delta x} \leqslant 0$. 因此, 由极限的保号性得, $f(x)$ 在点 ξ 处的左导数和右导数满足

$$f'_-(\xi) = \lim_{\Delta x \to 0} \frac{f(\xi + \Delta x) - f(\xi)}{\Delta x} \geqslant 0, \quad f'_+(\xi) = \lim_{\Delta x \to 0} \frac{f(\xi + \Delta x) - f(\xi)}{\Delta x} \leqslant 0.$$

因为 $f(x)$ 在点 ξ 处可导, 因此必有 $f'(\xi) = f'_-(\xi) = f'_+(\xi) = 0$.

注 罗尔定理的条件是充分条件, 三个条件同时满足就能保证定理的结论. 如果缺少其中某一个条件, 定理的结论就可能不再成立. 如图 3-2 所示, 其中第一个图中的 $f(x)$ 在点 $x = c$ 不连续, 第二个图中的 $f(x)$ 在点 $x = c$ 不可导, 第三个图中的 $f(x)$ 在区间端点处的函数值不相等, 相应的曲线上都没有水平切线, 即定理的结论不成立.

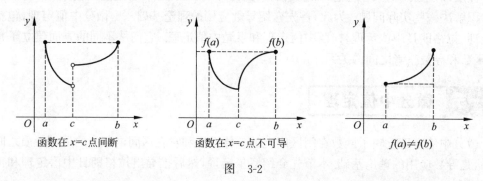

函数在 $x=c$ 点间断   函数在 $x=c$ 点不可导 $f(a) \neq f(b)$

图 3-2

例 1 设函数 $f(x) = (x-1)(x-2)(x-3)$, 不用计算 $f'(x)$, 指出方程 $f'(x) = 0$ 有几个实根, 各属于什么区间.

解 因为 $f(x)$ 在闭区间 $[1,2]$ 上连续, 在开区间 $(1,2)$ 内可导, 且 $f(1) = f(2) = 0$, 由罗尔定理, 至少存在一点 $\xi_1 \in (1,2)$, 使得 $f'(\xi_1) = 0$, 即 ξ_1 是 $f'(x) = 0$ 在 $(1,2)$ 内的一个实根;

同理可知, 方程至少存在一个根 $\xi_2 \in (2,3)$, 使得 $f'(\xi_2) = 0$.

因此, 方程 $f'(x) = 0$ 至少有两个实根.

另一方面, $f(x) = (x-1)(x-2)(x-3)$ 是三次多项式, 所以 $f'(x) = 0$ 是一元二次方程, 最多有两个实根.

综上所述, 方程 $f'(x) = 0$ 一共有两个实根, 分别在开区间 $(1,2)$ 和 $(2,3)$ 内.

例 2 证明方程 $x^5 - 5x + 1 = 0$ 有且仅有一个小于 1 的正实根.

证 (存在性) 令 $f(x) = x^5 - 5x + 1$, 则 $f(x)$ 在 $[0,1]$ 上连续, 在 $(0,1)$ 内可导, 且 $f(0) = 1 > 0$, $f(1) = -3 < 0$, 由连续函数的零点定理知, 至少存在一点 $x_0 \in (0,1)$, 使得 $f(x_0) = 0$. 即方程 $f(x) = 0$ 存在小于 1 的正实根.

(唯一性) 假设方程 $f(x) = 0$ 另有一个小于 1 的正实根, 即在开区间 $(0,1)$ 内另有一点 x_1, 满足 $f(x_1) = 0$, 则在以 x_0, x_1 为端点的区间 (区间 $[0,1]$ 的一个子区间) 上, $f(x)$ 满

足罗尔定理的条件,故在 x_0, x_1 之间至少存在一点 ξ,使得 $f'(\xi)=0$. 这与 $f'(x)=5(x^4-1)<0(x\in(0,1))$ 矛盾. 所以方程仅有唯一实根.

例 3 证明方程 $3ax^2+2bx=a+b$ 在 $(0,1)$ 内至少有一个根.

分析 把 $3ax^2+2bx-(a+b)=0$ 看成 $f'(x)=0$,左端是函数 $f(x)=ax^3+bx^2-(a+b)x$ 的导数.

证 设 $f(x)=ax^3+bx^2-(a+b)x$,显然 $f(x)$ 在 $[0,1]$ 上连续,在 $(0,1)$ 内可导,且 $f(0)=f(1)=0$,所以由罗尔定理得:在 $(0,1)$ 内至少有一点 ξ,使得 $f'(\xi)=0$,即方程 $3ax^2+2bx=a+b$ 在 $(0,1)$ 内至少有一个根.

一般地,利用罗尔定理证明方程 $g(x)=0$ 有根的步骤如下:

第一步:先确定一个区间,将方程 $g(x)=0$ 看成 $f'(x)=0$,找出辅助函数 $f(x)$.

第二步:验证 $f(x)$ 满足罗尔定理的条件,从而证明方程有根.

例 4(赛车的加速度问题) A,B 两辆赛车同时出发,不久 A 车领先于 B 车,后来 B 赶上并反超 A 车,最后两辆车同时到达终点,试证明至少有一个时刻 ξ,两车加速度相等.

分析 这是一个简单的数学建模问题.必须完全弄清楚题意,归纳提炼出已知的条件,这就是所谓"条件解析";总结表达出所需证明的结论,这就是"目标分析";有时可能还需要做出一些"合理假定",例如本题中辅助函数的连续性与可导性,还有"删繁就简""取主舍次"等重要方法,要做到具体问题具体分析.

[问题假设] 设在启动后 t 时刻两车所跑过的路程分别为 $f(t)$ 和 $g(t)$,并假定两车在比赛过程中加速度是连续变化的,即函数 $f(t)$ 和 $g(t)$ 有二阶连续导数.

[条件解析] $f(0)=g(0)=0$,$f(T)=g(T)=L$,存在 $\tau\in(0,T)$,$f(\tau)=g(\tau)$,其中 T 为两赛车到达终点所花的时间,L 为所跑过的总路程,τ 为 B 车赶上 A 车的时刻,显然 $0<\tau<T$.

[目标分析] 存在 $\xi\in(0,T)$,使得 $f''(\xi)=g''(\xi)$.

[问题解答] 作辅助函数 $\varphi(t)=f(t)-g(t)$,则 $\varphi(t)$ 在 $[0,T]$ 上连续,在 $(0,T)$ 内有二阶导数,且有

$$\varphi(0)=\varphi(\tau)=\varphi(T)=0,$$

根据罗尔定理,存在 $\xi_1\in(0,\tau)$,$\xi_2\in(\tau,T)$ 使得

$$\varphi'(\xi_1)=\varphi'(\xi_2)=0.$$

在区间 $[\xi_1,\xi_2]$ 上对函数 $\varphi'(t)$ 再次运用罗尔定理,可知存在 $\xi\in(\xi_1,\xi_2)\subset(0,T)$,使得 $\varphi''(\xi)=0$,即 $f''(\xi)=g''(\xi)$.

例 5 设函数 $f(x),g(x)$ 在 $[a,b]$ 上连续,在 (a,b) 内可导,有 $f(a)=g(b)=0$. 证明:至少存在一点 $\xi\in(a,b)$,使 $f'(\xi)g(\xi)+f(\xi)g'(\xi)=0$.

分析 已知 $f'(x)g(x)+f(x)g'(x)=[f(x)g(x)]'$,则可构造函数 $F(x)=f(x)g(x)$,再由罗尔定理即证.

证 令 $F(x)=f(x)g(x)$,根据连续函数和导数的性质知,$F(x)$ 在 $[a,b]$ 上连续,在 (a,b) 内可导,且 $F(a)=F(b)=0$. 因而由罗尔定理,至少存在一点 $\xi\in(a,b)$,使 $F'(\xi)=0$,即

$$[f(x)g(x)]'|_{x=\xi}=0,$$

从而有

$$f'(\xi)g(\xi)+f(\xi)g'(\xi)=0.$$

二、拉格朗日中值定理

罗尔定理中第三个条件 $f(a)=f(b)$ 是相当特殊的,对于很多函数来说是无法满足的,它使罗尔定理的应用受到限制.如果把 $f(a)=f(b)$ 这个条件取消,但仍保留其余两个条件,考虑从几何图形上看会是什么样的情况,结论会是什么.

首先,因为对函数 $f(x)$ 的要求被放宽,因此适用范围会更加宽泛;其次,罗尔定理的结论会随之改变.会如何变化呢?结合几何图形来分析一下.如图 3-3 所示,现在,连续曲线的两个端点 A,B 的高度不一样,但在曲线上有一点 C,**过点 C 的切线平行于弦 AB**.设点 C 的横坐标为 ξ,则过点 C 的切线斜率为 $f'(\xi)$,而弦 AB 的斜率为

$$\frac{f(b)-f(a)}{b-a},$$

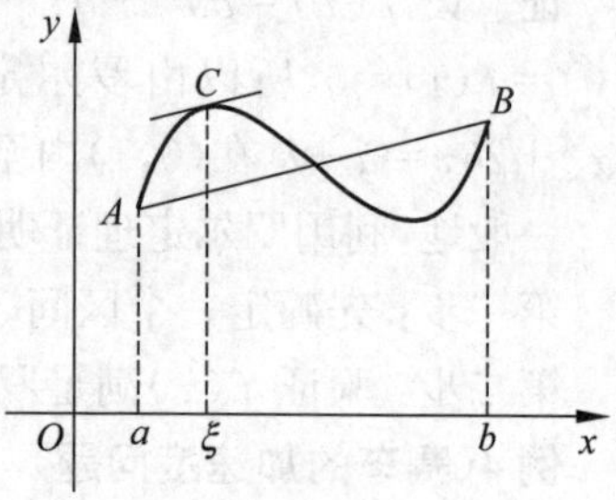

因此有

$$f'(\xi)=\frac{f(b)-f(a)}{b-a}.$$

图 3-3

下面给出微分学中十分重要的拉格朗日(Lagrange)中值定理.

定理 3.2(拉格朗日中值定理) 设函数 $f(x)$ 满足:

(1) 在闭区间 $[a,b]$ 上连续;

(2) 在开区间 (a,b) 内可导,

则至少存在一点 $\xi\in(a,b)$,使得

$$f(b)-f(a)=f'(\xi)(b-a),\quad \text{或}\ f'(\xi)=\frac{f(b)-f(a)}{b-a}.$$

定理证明思路分析 常用的证明手段是由已知结论证明待证结论.现由 $f(x)$ 出发,构造一个满足罗尔定理条件的辅助函数.构造辅助函数的方法很多,我们取其中的一种.要证明存在 $\xi\in(a,b)$,使得 $f'(\xi)=\frac{f(b)-f(a)}{b-a}$,相当于证明方程 $f'(x)-\frac{f(b)-f(a)}{b-a}=0$ 在 (a,b) 内至少有一个根,所以考虑辅助函数

$$\varphi(x)=f(x)-\frac{f(b)-f(a)}{b-a}x.$$

拉格朗日中值定理的证明 设 $\varphi(x)=f(x)-\frac{f(b)-f(a)}{b-a}x$,则 $\varphi(x)$ 在闭区间 $[a,b]$ 上连续,在开区间 (a,b) 内可导,且

$$\varphi'(x)=f'(x)-\frac{f(b)-f(a)}{b-a},$$

$$\varphi(a)=f(a)-\frac{f(b)-f(a)}{b-a}a=\frac{bf(a)-af(b)}{b-a},$$

$$\varphi(b)=f(b)-\frac{f(b)-f(a)}{b-a}b=\frac{bf(a)-af(b)}{b-a},$$

即 $\varphi(a)=\varphi(b)$.由罗尔定理,至少存在一点 $\xi\in(a,b)$,使得 $\varphi'(\xi)=0$,即 $f'(\xi)=$

$\dfrac{f(b)-f(a)}{b-a}$. 定理得证.

显然,罗尔定理是拉格朗日中值定理的一种特殊情况.拉格朗日中值定理在微分学中占有重要地位,因此常称这个定理为**微分中值定理**.

拉格朗日中值公式精确地表达了函数在一个区间上的增量与函数在这个区间内某点处的导数值之间的关系,从而开辟了利用导数反过来研究函数性态的途径.

设 $f(x)$ 在 $[a,b]$ 上连续,在 (a,b) 内可导,$x_0,x_0+\Delta x \in (a,b)$,则有

$$f(x_0+\Delta x)-f(x_0)=f'(x_0+\theta\Delta x)\Delta x, \quad 0<\theta<1,$$

也可记为

$$\Delta y=f'(x_0+\theta\Delta x)\Delta x, \quad 0<\theta<1.$$

这是函数增量 Δy 的准确表达式,因此也称拉格朗日中值公式为**有限增量公式**.

推论 若 $f(x)$ 在区间 I 上的导数恒为零,则 $f(x)$ 在 I 上恒等于常数.

证 在区间 I 上任取两点 $a,b,a<b$,应用拉格朗日中值定理可知,存在 $\xi\in(a,b)$,使得

$$f(b)-f(a)=f'(\xi)(b-a),$$

由于已知 $f'(\xi)=0$,故 $f(b)-f(a)=0$,即 $f(b)=f(a)$.又由 a,b 的任意性可知,$f(x)$ 在 I 上恒等于常数.

从变化率的角度出发,数 $\dfrac{f(b)-f(a)}{b-a}$ 是函数 $f(x)$ 在 $[a,b]$ 上的平均变化率,而 $f'(\xi)$ 是 $f(x)$ 在 $x=\xi$ 处的瞬时变化率.微分中值定理说明,在 $[a,b]$ 的某个内点处,瞬时变化率一定等于整个区间上的平均变化率.例如,如果汽车用 6s 把距离从 0m 推进到 41.6m,则这 6s 内汽车的平均速度为 6.93m/s.也就是说在加速过程中的某个时刻,汽车速度表的读数正好是 25km/h(6.93m/s).

例 6(超速罚单) 一货车司机在限速为 90km/h 的收费道路上用 2h 行驶了 220km,结果在收费亭处拿到一张罚款单,罚款单列出的违章理由是该司机超速行驶,为什么?

解 该货车司机的平均行驶速度为 220/2km/h=110km/h,说明该司机至少在某一时刻的速度达到了 110km/h,所以判定该货车司机超速行驶的依据是正确的.

例 7 证明恒等式:$\arctan x+\operatorname{arccot} x=\dfrac{\pi}{2},x\in[0,+\infty)$.

分析 证明恒等式分两步:(1)由 $f'(x)=0$ 得 $f(x)=C$;(2)把特殊点代入函数求出 C 的值.

证 设 $f(x)=\arctan x+\operatorname{arccot} x,x\in(0,+\infty)$,因为

$$f'(x)=\frac{1}{1+x^2}+\left(-\frac{1}{1+x^2}\right)=0, \quad x\in[0,+\infty),$$

由推论知,$f(x)=C,x\in[0,+\infty)$;取 $x=1$,则 $C=f(1)=\dfrac{\pi}{4}+\dfrac{\pi}{4}=\dfrac{\pi}{2}$,从而证得

$$\arctan x+\operatorname{arccot} x=\frac{\pi}{2}, \quad x\in[0,+\infty).$$

例 8 证明不等式:$|\cos x-\cos y|\leqslant|x-y|,x,y\in(-\infty,+\infty)$.

分析 不等式中明显含有函数值的差 $\cos x-\cos y$ 与自变量的差 $x-y$,故考虑用拉格

朗日中值定理. 用拉格朗日中值定理证明不等式的关键是构造辅助函数 $f(x)$ 和确定区间 $[a,b]$.

证 显然, $x=y$ 时结论成立. 当 $x\neq y$ 时, 不妨设 $x<y$, 在区间 $[x,y]$ 上对函数 $f(x)=\cos x$ 应用拉格朗日中值定理可知, 存在 $\xi\in(x,y)$, 使得

$$\cos x-\cos y=-\sin\xi(x-y),$$

而 $|-\sin\xi|\leqslant 1$, 所以 $|\cos x-\cos y|\leqslant|x-y|$, 得证.

请读者证明: 当 $x>0$ 时, $e^x>1+x$.

提示 本题形式上不是很明显, 但通过相应变形, 就可以得到类似例 7 的形式:

$$e^x-e^0>x-0.$$

三、柯西中值定理

从几何的角度, 拉格朗日中值定理描述的是: 如果一条连续曲线除端点外处处有不垂直于 x 轴的切线, 则在曲线上至少存在一点 C, 曲线在 C 点处的切线平行于两端点的连线.

设曲线的参数方程为

$$\begin{cases} x=g(t), \\ y=f(t). \end{cases}$$

曲线的端点 A,B 分别对应参数 $t=a,b$, 则曲线上点 (x,y) 处的切线斜率为

$$\frac{dy}{dx}=\frac{f'(t)}{g'(t)},$$

曲线端点连线 AB 的斜率为

$$\frac{f(b)-f(a)}{g(b)-g(a)}.$$

假设点 C 对应的参数 $t=\xi$, 那么曲线在 C 点处的切线平行于两端点的连线, 可表示为

$$\frac{f(b)-f(a)}{g(b)-g(a)}=\frac{f'(\xi)}{g'(\xi)}.$$

由上式即得函数在参数方程形式下的拉格朗日中值定理的表达形式.

进一步, 把上面的讨论看作是对两个函数 $f(x),g(x)$ 进行的讨论, 则得以下一般性的结论.

定理 3.3(柯西(Cauchy)中值定理) 设函数 $f(x),g(x)$ 满足:

(1) 在闭区间 $[a,b]$ 上连续;

(2) 在开区间 (a,b) 内可导, 且 $g'(x)\neq 0$,

则存在 $\xi\in(a,b)$, 使得

$$\frac{f(b)-f(a)}{g(b)-g(a)}=\frac{f'(\xi)}{g'(\xi)}.$$

证明思路分析 令 $F(x)=f(x)-\frac{f(b)-f(a)}{g(b)-g(a)}g(x)$, 对 $F(x)$ 运用罗尔定理即可证明.

如果取 $g(x)=x$, 则柯西中值定理就是拉格朗日中值定理, 所以柯西中值定理是拉格朗日中值定理的推广.

习题 3-1

1. 下列函数在给定区间上是否满足罗尔定理的条件？如果满足,求出定理中的 ξ.

(1) $f(x)=2x^2+x-6,\left[-2,\dfrac{3}{2}\right]$;　　(2) $f(x)=2-|x|,[-2,2]$.

2. 验证函数 $f(x)=\arctan x$ 在区间 $[0,1]$ 上满足拉格朗日定理的条件,并求出定理中的 ξ 值.

3. 不用求函数 $f(x)=(x+1)(x+2)(x-1)(x-2)$ 的导数,试用罗尔定理说明方程 $f'(x)=0$ 有几个实根,并指出它们所在的区间.

4. 已知函数 $f(x)$ 在闭区间 $[a,b]$ 上连续,在开区间 (a,b) 内可导,且满足 $a<f(x)<b$, $f'(x)\neq 1$,证明在 (a,b) 内有唯一一点 ξ,使得 $f(\xi)=\xi$.

5. 已知 $a_0+\dfrac{a_1}{2}+\dfrac{a_2}{3}+\dfrac{a_3}{4}+\dfrac{a_4}{5}=0$,证明方程

$$a_0+a_1x+a_2x^2+a_3x^3+a_4x^4=0$$

至少存在一个小于 1 的正根.

6. 设 $f(x)$ 在 $[0,1]$ 上连续,在 $(0,1)$ 内可导,且 $f(0)=f(1)=0$, $f\left(\dfrac{1}{2}\right)=1$,证明:存在 $\xi\in(0,1)$,使得 $f'(\xi)=1$.

7. 设函数 $f(x)$ 在 $[0,1]$ 上连续,在 $(0,1)$ 内可导,且已知 $f(1)=0$,证明:至少存在一点 $\xi\in(0,1)$,使得 $f(\xi)+\xi f'(\xi)=0$.

8. 证明下列恒等式:

(1) $\arcsin x+\arccos x=\dfrac{\pi}{2},x\in[-1,1]$;

(2) $2\arctan x+\arcsin\dfrac{2x}{1+x^2}=\pi,x\in[1,+\infty]$.

9. 证明下列不等式:
(1) $|\sin x-\sin y|\leqslant|x-y|,x,y\in(-\infty,+\infty)$;
(2) $na^{n-1}(b-a)<b^n-a^n<nb^{n-1}(b-a),b>a\geqslant 0,n>1$;
(3) $e^x>ex,x>1$.

10. 设函数 $f(x)$ 在闭区间 $[a,b](0<a<b)$ 上连续,在开区间 (a,b) 内可导,证明:在开区间 (a,b) 内至少存在一点 ξ,使得

$$f(b)-f(a)=\xi f'(\xi)\ln\dfrac{b}{a}.$$

第二节　洛必达法则

通过第一章的学习我们知道,如果当 $x\to x_0$(或 $x\to\infty$)时,函数 $f(x)$ 和 $g(x)$ 都趋于无穷小或都趋于无穷大,那么极限 $\lim\dfrac{f(x)}{g(x)}$ 可能存在,也可能不存在,它取决于分子、分母趋

于 0 或 ∞ 的速度. 通常把这种极限叫作**未定式**,其中两个无穷小比的极限称为 $\frac{0}{0}$ 型未定式,

两个无穷大比的极限称为 $\frac{\infty}{\infty}$ 型未定式. 在第一章讨论过的极限 $\lim\limits_{x\to 0}\frac{\sin x}{x}$ 就是 $\frac{0}{0}$ 型未定式的

特例. 对于这类极限, 即使它存在也不能用"商的极限等于极限的商"这一法则. 洛必达 (L'Hospital)法则就是求这类极限的一种常用方法,它是根据柯西中值定理推出的求解这类极限的一种简单且重要的方法.

下面重点讨论 $\frac{0}{0}$ 型未定式.

一、$\frac{0}{0}$ 型或 $\frac{\infty}{\infty}$ 型未定式的洛必达法则

定理 3.4 设函数 $f(x)$ 和 $g(x)$ 满足以下三个条件:

(1) $\lim\limits_{x\to x_0}f(x)=0$, $\lim\limits_{x\to x_0}g(x)=0$;

(2) 在 x_0 的某个去心邻域内,$f'(x)$ 与 $g'(x)$ 都存在,且 $g'(x)\neq 0$;

(3) 极限 $\lim\limits_{x\to x_0}\frac{f'(x)}{g'(x)}$ 存在或者为 ∞,

则 $\lim\limits_{x\to x_0}\frac{f(x)}{g(x)}=\lim\limits_{x\to x_0}\frac{f'(x)}{g'(x)}$.

注 1:当 $\lim\limits_{x\to x_0}\frac{f'(x)}{g'(x)}$ 存在时, $\lim\limits_{x\to x_0}\frac{f(x)}{g(x)}$ 也存在且等于 $\lim\limits_{x\to x_0}\frac{f'(x)}{g'(x)}$; 当 $\lim\limits_{x\to x_0}\frac{f'(x)}{g'(x)}$ 为无

穷大时, $\lim\limits_{x\to x_0}\frac{f(x)}{g(x)}$ 也为无穷大.

注 2:若 $\frac{f'(x)}{g'(x)}$ 当 $x\to x_0$ 时仍属 $\frac{0}{0}$ 型未定式,且 $f'(x)$ 和 $g'(x)$ 满足定理中 $f(x)$ 和 $g(x)$ 所满足的条件,则可以继续使用洛必达法则求解,即

$$\lim\limits_{x\to x_0}\frac{f(x)}{g(x)}=\lim\limits_{x\to x_0}\frac{f'(x)}{g'(x)}=\lim\limits_{x\to x_0}\frac{f''(x)}{g''(x)},$$

且可以依次类推.

证明要点 由条件(1),可设 $f(x_0)=\lim\limits_{x\to x_0}f(x)=0$, $g(x_0)=\lim\limits_{x\to x_0}g(x)=0$; 在 x_0, x 为端点的区间上运用柯西中值定理可知,在 x_0, x 之间存在 ξ,使得

$$\frac{f(x)}{g(x)}=\frac{f(x)-f(x_0)}{g(x)-g(x_0)}=\frac{f'(\xi)}{g'(\xi)},$$

取极限

$$\lim\limits_{x\to x_0}\frac{f(x)}{g(x)}=\lim\limits_{\xi\to x_0}\frac{f'(\xi)}{g'(\xi)}=\lim\limits_{x\to x_0}\frac{f'(x)}{g'(x)}.$$

通过分子、分母分别求导再求极限来确定未定式的值的方法称为**洛必达法则**,定理 3.4 说明,对于满足定理条件的 $\frac{0}{0}$ 型未定式,其极限可转化为

$$\lim\limits_{x\to x_0}\frac{f(x)}{g(x)}=\lim\limits_{x\to x_0}\frac{f'(x)}{g'(x)}.$$

例 1 求极限 $\lim\limits_{x\to 0}\dfrac{\sin 3x}{\sin 5x}$.

解 这是 $\dfrac{0}{0}$ 型未定式,应用洛必达法则可得

$$\lim_{x\to 0}\frac{\sin 3x}{\sin 5x}=\lim_{x\to 0}\frac{3\cos 3x}{5\cos 5x}=\frac{3}{5}.$$

例 2 求极限 $\lim\limits_{x\to 0}\dfrac{(1+x)^n-1}{x}$.

解

$$\lim_{x\to 0}\frac{(1+x)^n-1}{x}=\lim_{x\to 0}\frac{\left[(1+x)^n-1\right]'}{x'}=\lim_{x\to 0}\frac{n(1+x)^{n-1}}{1}=n.$$

类似地,洛必达法则还适用于 $\dfrac{\infty}{\infty}$ 型未定式.

定理 3.5 设函数 $f(x)$ 和 $g(x)$ 满足以下三个条件:

(1) $\lim\limits_{x\to x_0}f(x)=\infty$, $\lim\limits_{x\to x_0}g(x)=\infty$;

(2) 在 x_0 的某去心邻域内, $f'(x)$ 与 $g'(x)$ 都存在,且 $g'(x)\neq 0$;

(3) 极限 $\lim\limits_{x\to x_0}\dfrac{f'(x)}{g'(x)}$ 存在或者为 ∞,

则 $\lim\limits_{x\to x_0}\dfrac{f(x)}{g(x)}=\lim\limits_{x\to x_0}\dfrac{f'(x)}{g'(x)}$.

证明略.

在利用洛必达法则求极限时需要注意以下几点:

(1) 在同一个计算中可以多次使用洛必达法则,但每次都必须检查定理中的条件是否满足.

例 3 求极限 $\lim\limits_{x\to 1}\dfrac{x^3-3x+2}{x^3-x^2-x+1}$.

解

$$\lim_{x\to 1}\frac{x^3-3x+2}{x^3-x^2-x+1}=\lim_{x\to 1}\frac{3x^2-3}{3x^2-2x-1}=\lim_{x\to 1}\frac{6x}{6x-2}=\frac{3}{2}.$$

注意:前两个等式都用到了 $\dfrac{0}{0}$ 型未定式的洛必达法则,但 $\lim\limits_{x\to 1}\dfrac{6x}{6x-2}$ 已不是未定式,不能再用洛必达法则.

(2) 洛必达法则适用于函数极限的六种类型.

例 4 求极限 $\lim\limits_{x\to 0^+}\dfrac{\ln\sin x}{\ln x}$.

解 这是 $\dfrac{\infty}{\infty}$ 型未定式,应用洛必达法则可得

$$\lim_{x\to 0^+}\frac{\ln\sin x}{\ln x}=\lim_{x\to 0^+}\frac{\dfrac{\cos x}{\sin x}}{\dfrac{1}{x}}=\lim_{x\to 0^+}\frac{x}{\sin x}\cdot\cos x=1.$$

（3）洛必达法则不能用于求数列的极限,若需使用必须先将数列的极限转化为函数的极限.

例5 求极限 $\lim\limits_{n\to\infty}\dfrac{\ln(1+n^2)}{n\arctan n}$.

解 这是 $\dfrac{\infty}{\infty}$ 型未定式,因为是数列的极限,因此要先转化为函数的极限,才能用洛必达法则.

$$\lim_{n\to\infty}\frac{\ln(1+n^2)}{n\arctan n}=\lim_{x\to+\infty}\frac{\ln(1+x^2)}{x\arctan x}=\lim_{x\to+\infty}\frac{\dfrac{2x}{1+x^2}}{\arctan x+\dfrac{x}{1+x^2}}=\lim_{x\to+\infty}\frac{2x}{(1+x^2)\arctan x+x}$$

$$=\lim_{x\to+\infty}\frac{2}{2x\arctan x+1+1}=0.$$

（4）$\lim\dfrac{f'(x)}{g'(x)}$ 不存在且不为 ∞ 时,不能简单地认为 $\lim\dfrac{f(x)}{g(x)}$ 不存在. 这时洛必达法则不适用,需选用其他方法.

例6 求极限 $\lim\limits_{x\to\infty}\dfrac{x+\cos x}{x}$.

解 这是 $\dfrac{\infty}{\infty}$ 型未定式,应用洛必达法则可得

$$\lim_{x\to\infty}\frac{x+\cos x}{x}=\lim_{x\to\infty}\frac{1-\sin x}{1}=1-\lim_{x\to\infty}\sin x.$$

注意:最后的极限不存在且不为无穷大,不能下结论说原极限不存在. 事实上,这个极限是存在的,即

$$\lim_{x\to\infty}\frac{x+\cos x}{x}=\lim_{x\to\infty}\left(1+\frac{1}{x}\cos x\right)=1+0=1.$$

（5）与其他求极限的方法综合起来使用,比如等价无穷小代换、消非零因子等,可以使得计算过程简洁.

例7 求极限 $\lim\limits_{x\to0}\dfrac{\arctan x-x}{x\ln(1+2x^2)}$.

解

$$\lim_{x\to0}\frac{\arctan x-x}{x\ln(1+2x^2)}=\lim_{x\to0}\frac{\arctan x-x}{2x^3}=\lim_{x\to0}\frac{\dfrac{1}{1+x^2}-1}{6x^2}=\lim_{x\to0}\frac{-1}{6(1+x^2)}=-\frac{1}{6}.$$

例8 求极限 $\lim\limits_{x\to\frac{\pi}{2}}\dfrac{\tan 5x}{\tan 3x}$.

解

$$\lim_{x\to\frac{\pi}{2}}\frac{\tan 5x}{\tan 3x}=\lim_{x\to\frac{\pi}{2}}\frac{\sin 5x}{\sin 3x}\cdot\frac{\cos 3x}{\cos 5x}=-\lim_{x\to\frac{\pi}{2}}\frac{\cos 3x}{\cos 5x}=-\lim_{x\to\frac{\pi}{2}}\frac{-3\sin 3x}{-5\sin 5x}=\frac{3}{5}.$$

例9 求极限 $\lim\limits_{x\to+\infty}\dfrac{\mathrm{e}^x-\mathrm{e}^{-x}}{\mathrm{e}^x+\mathrm{e}^{-x}}$.

解

$$\lim_{x \to +\infty} \frac{e^x - e^{-x}}{e^x + e^{-x}} = \lim_{x \to +\infty} \frac{e^x + e^{-x}}{e^x - e^{-x}} = \lim_{x \to +\infty} \frac{e^x - e^{-x}}{e^x + e^{-x}}.$$

注意：用洛必达法则求解，有时会循环往复，求不出极限，表明该法则并不是万能的. 但这并不代表极限不存在，事实上，有

$$\lim_{x \to +\infty} \frac{e^x - e^{-x}}{e^x + e^{-x}} = \lim_{x \to +\infty} \frac{e^{2x} - 1}{e^{2x} + 1} = \lim_{x \to +\infty} \frac{2e^{2x}}{2e^{2x}} = 1.$$

二、其他五类未定式的极限

除 $\frac{0}{0}$ 型、$\frac{\infty}{\infty}$ 型未定式外，另外还有 $0 \cdot \infty, \infty - \infty, 0^0, \infty^0, 1^\infty$ 型五种未定式，对这五种未定式不能直接使用洛必达法则，必须经过转化，化为 $\frac{0}{0}$ 型或 $\frac{\infty}{\infty}$ 型后才能使用.

1. $0 \cdot \infty$ 型未定式（乘积的极限）

若 $\lim f(x) = 0, \lim g(x) = \infty$，则称 $\lim f(x)g(x)$ 为 $0 \cdot \infty$ 型未定式. 处理的方法是将 $f(x)$ 或 $g(x)$ 放到分母中，将 $0 \cdot \infty$ 型未定式转化为 $\frac{0}{0}$ 型或 $\frac{\infty}{\infty}$ 型未定式.

例 10 求极限 $\lim\limits_{x \to 0^+} x^2 \ln x$.

解

$$\lim_{x \to 0^+} x^2 \ln x = \lim_{x \to 0^+} \frac{\ln x}{x^{-2}} = \lim_{x \to 0^+} \frac{\dfrac{1}{x}}{-2x^{-3}} = -\frac{1}{2} \lim_{x \to 0^+} x^2 = 0.$$

注意：适当选择除到分母中的函数. 如果选择为 $\dfrac{1}{\ln x}$，显然求导就会复杂得多.

2. $\infty - \infty$ 型未定式（差的极限）

若 $\lim f(x) = \infty, \lim g(x) = \infty$，则称 $\lim[f(x) - g(x)]$ 为 $\infty - \infty$ 型未定式. 处理的方法是通分，将 $\infty - \infty$ 型未定式转化为 $\frac{0}{0}$ 型或 $\frac{\infty}{\infty}$ 型未定式.

洛必达法则是求解未定式的一种有效方法，但最好与其他求极限的方法结合使用.

例 11 求极限 $\lim\limits_{x \to 0} \left(\dfrac{1}{x} - \dfrac{1}{e^x - 1} \right)$.

解

$$\lim_{x \to 0} \left(\frac{1}{x} - \frac{1}{e^x - 1} \right) = \lim_{x \to 0} \frac{e^x - 1 - x}{x(e^x - 1)} = \lim_{x \to 0} \frac{e^x - 1 - x}{x^2} = \lim_{x \to 0} \frac{e^x - 1}{2x} = \lim_{x \to 0} \frac{e^x}{2} = \frac{1}{2}.$$

3. $0^0, \infty^0, 1^\infty$ 型未定式（幂指函数的极限）

这三种类型都属于幂指函数 $u(x)^{v(x)}$ 的极限，可应用恒等变形

$$\lim_{x \to a} u(x)^{v(x)} = \lim_{x \to a} e^{v(x) \ln u(x)} = e^{\lim\limits_{x \to a} v(x) \ln u(x)},$$

先化成 $0 \cdot \infty$ 型未定式，然后再转化成 $\frac{0}{0}$ 型或 $\frac{\infty}{\infty}$ 型未定式，从而能使用洛必达法则.

例 12 求极限 $\lim\limits_{x\to 0^+} x^{\frac{1}{1+\ln x}}$.

解 这是 0^0 型未定式,$\lim\limits_{x\to 0^+} x^{\frac{1}{1+\ln x}} = \lim\limits_{x\to 0^+} \mathrm{e}^{\frac{1}{1+\ln x}\cdot \ln x} = \mathrm{e}^{\lim\limits_{x\to 0^+}\frac{\ln x}{1+\ln x}}$,而 $\lim\limits_{x\to 0^+}\frac{\ln x}{1+\ln x} = \lim\limits_{x\to 0^+}\frac{\frac{1}{x}}{\frac{1}{x}} = 1$,

所以 $\lim\limits_{x\to 0^+} x^{\frac{1}{1+\ln x}} = \mathrm{e}^1 = \mathrm{e}$.

例 13 求极限 $\lim\limits_{x\to \frac{\pi}{2}^-} (\tan x)^{\cos x}$.

解 这是 ∞^0 型未定式,$\lim\limits_{x\to \frac{\pi}{2}^-} (\tan x)^{\cos x} = \lim\limits_{x\to \frac{\pi}{2}^-} \mathrm{e}^{\cos x \ln\tan x} = \mathrm{e}^{\lim\limits_{x\to \frac{\pi}{2}^-}\cos x \ln\tan x}$,而

$$\lim_{x\to \frac{\pi}{2}^-}\cos x \ln\tan x = \lim_{x\to \frac{\pi}{2}^-}\frac{\ln\tan x}{\sec x} = \lim_{x\to \frac{\pi}{2}^-}\frac{\frac{1}{\tan x}\cdot \sec^2 x}{\sec x \tan x} = \lim_{x\to \frac{\pi}{2}^-}\frac{\cos x}{\sin^2 x} = 0,$$

所以 $\lim\limits_{x\to \frac{\pi}{2}^-} (\tan x)^{\cos x} = \mathrm{e}^0 = 1$.

例 14 求极限 $\lim\limits_{x\to\infty}\left(1-\frac{2}{x}\right)^x$.

解 这是 1^∞ 型未定式,可以利用上面的方法求解. 对于 1^∞ 型未定式,还可以利用重要极限求解. 事实上,有

$$\lim_{x\to\infty}\left(1-\frac{2}{x}\right)^x = \lim_{x\to\infty}\left(1-\frac{2}{x}\right)^{\left(-\frac{x}{2}\right)\cdot(-2)} = \mathrm{e}^{-2}.$$

例 15 求极限 $\lim\limits_{x\to 0}\frac{x-\sin x}{x^2\sin x}$.

解 如果直接用洛必达法则求解,则分母的导数较繁. 如果先利用无穷小替换,则运算就方便很多. 事实上,有

$$\lim_{x\to 0}\frac{x-\sin x}{x^2\sin x} = \lim_{x\to 0}\frac{x-\sin x}{x^3} = \lim_{x\to 0}\frac{1-\cos x}{3x^2} = \lim_{x\to 0}\frac{\sin x}{6x} = \frac{1}{6}.$$

习题 3-2

1. 在下列求极限的过程中都应用了洛必达法则,解法若有错误,请指出出错的位置和原因:

(1) $\lim\limits_{x\to 0}\frac{x^2+1}{x-1} = \lim\limits_{x\to 0}\frac{(x^2+1)'}{(x-1)'} = \lim\limits_{x\to 0}\frac{2x}{1} = 0$;

(2) $\lim\limits_{x\to\infty}\frac{\sin x+x}{x} = \lim\limits_{x\to\infty}\frac{(\sin x+x)'}{x'} = \lim\limits_{x\to\infty}\frac{\cos x+1}{1}$,极限不存在;

(3) 设 f 在 x_0 处二阶可导,则

$$\lim_{h\to 0}\frac{f(x_0+h)-2f(x_0)+f(x_0-h)}{h^2} = \lim_{h\to 0}\frac{f'(x_0+h)-f'(x_0-h)}{2h}$$

$$=\lim_{h \to 0} \frac{f''(x_0+h)+f''(x_0-h)}{2}=f''(x_0).$$

2. 求下列极限：

(1) $\displaystyle\lim_{x \to 1} \frac{\ln x}{x-1}$；

(2) $\displaystyle\lim_{x \to 0} \frac{\ln\cos x}{x}$；

(3) $\displaystyle\lim_{x \to 0} \frac{\sin x - x}{x^3}$；

(4) $\displaystyle\lim_{x \to +\infty} \frac{x^n}{\ln x}, n>0$；

(5) $\displaystyle\lim_{x \to \infty} \frac{\ln(x+1)}{\log_2 x}$；

(6) $\displaystyle\lim_{\theta \to \frac{\pi}{2}} \frac{1-\sin\theta}{1+\cos 2\theta}$；

(7) $\displaystyle\lim_{x \to 1} \frac{x^3-3x+2}{x^2+2x-3}$；

(8) $\displaystyle\lim_{x \to +\infty} \frac{x^2+\ln x}{x\ln x}$；

(9) $\displaystyle\lim_{x \to 0^+} \frac{\ln\tan 3x}{\ln\tan x}$；

(10) $\displaystyle\lim_{x \to 0} \frac{x-\tan x}{x^2\sin x}$；

(11) $\displaystyle\lim_{x \to 0} \frac{\arctan x - x}{x\ln(1+2x^2)}$；

(12) $\displaystyle\lim_{n \to \infty} \frac{\dfrac{\pi}{2}-\arctan n}{\dfrac{1}{n}}$.

3. 求下列极限：

(1) $\displaystyle\lim_{x \to 0} x^2 \mathrm{e}^{\frac{1}{x^2}}$；

(2) $\displaystyle\lim_{x \to 1}(1-x)\tan\frac{\pi x}{2}$；

(3) $\displaystyle\lim_{x \to 1^+}\left(\frac{2}{x^2-1}-\frac{1}{x-1}\right)$；

(4) $\displaystyle\lim_{x \to \frac{\pi}{2}^+}(\sec x - \tan x)$；

(5) $\displaystyle\lim_{x \to 1}\left(\frac{1}{x-1}-\frac{1}{\ln x}\right)$；

(6) $\displaystyle\lim_{x \to 0^+} x^x$；

(7) $\displaystyle\lim_{x \to 0^+}\left(\frac{1}{x}\right)^{\tan x}$；

(8) $\displaystyle\lim_{x \to \infty}\left(\cos\frac{1}{x}\right)^{x^2}$；

(9) $\displaystyle\lim_{x \to 0}(1-\sin x)^{\frac{2}{x}}$.

4. 设函数 $f(x)=\arctan x$，若 $f(x)=xf'(\xi)$，求极限 $\displaystyle\lim_{x \to 0}\frac{\xi^2}{x^2}$.

第三节 泰勒公式及其应用

用简单函数逼近(即近似表示)复杂函数是数学研究与数学应用中常用的一种手段. 由于多项式函数只涉及有限次加法与乘法运算,所以常用多项式函数逼近复杂函数. 泰勒(Taylor)公式给出了将一个函数用多项式近似表示的公式,还给出了由这种近似表示所产生的误差的估计式.

一、泰勒中值定理

第二章第五节讲述微分在近似计算中的应用时,推导出可微函数 $f(x)$ 在点 x_0 处的近似表示式(2.17)：
$$f(x) \approx f(x_0)+f'(x_0)(x-x_0).$$
上式右端是线性函数(一次多项式),其误差为 $o(x-x_0)$,当 $|x-x_0|$ 较大时,误差也较大. 如果加上略去的误差,则上式变为
$$f(x)=f(x_0)+f'(x_0)(x-x_0)+o(x-x_0).$$
从几何的角度来看,就是在 x_0 附近,用点 $(x_0,f(x_0))$ 处的切线 $y=f(x_0)+f'(x_0)(x-x_0)$ 近似代替曲线 $y=f(x)$.

这启发我们思考这样的问题:在点 x_0 附近,能否用一个次数更高的 n 次多项式 $P_n(x)$ 来近似表示 $f(x)$,并且使得误差 $|f(x)-P_n(x)|$ 变得更小? 回答是肯定的,泰勒公式很好地解决了这个问题. 以下分析用来近似表示 $f(x)$ 的 n 次多项式 $P_n(x)$ 该如何确定.

设函数 $f(x)$ 在 x_0 的某个邻域内有直到 n 阶导数,$P_n(x)$ 是一个关于 $(x-x_0)$ 的 n 次多项式:

$$P_n(x) = a_0 + a_1(x-x_0) + a_2(x-x_0)^2 + \cdots + a_n(x-x_0)^n, \qquad (3.1)$$

要想用 $P_n(x)$ 近似表示 $f(x)$,基本的要求就是在点 x_0 处 $f(x)$ 与 $P_n(x)$ 的各阶导数值都相同,即

$$P_n(x_0) = f(x_0), \ P'_n(x_0) = f'(x_0), \ P''_n(x_0) = f''(x_0), \ \cdots, \ P_n^{(n)}(x_0) = f^{(n)}(x_0).$$
$$\qquad (3.2)$$

根据这些条件可以确定多项式(3.1)的系数 $a_0, a_1, a_2, \cdots, a_n$.

对式(3.1)求各阶导数,并分别应用条件(3.2),得

$$a_0 = f(x_0), \quad 1 \cdot a_1 = f'(x_0), \quad 2! \cdot a_2 = f''(x_0), \quad \cdots, \quad n! \cdot a_n = f^{(n)}(x_0),$$

解得

$$a_0 = f(x_0), \quad a_1 = f'(x_0), \quad a_2 = \frac{1}{2!} f''(x_0), \quad \cdots, \quad a_n = \frac{1}{n!} f^{(n)}(x_0).$$

将求得的系数 $a_0, a_1, a_2, \cdots, a_n$ 代入式(3.1),得到 n 次多项式

$$P_n(x) = f(x_0) + f'(x_0)(x-x_0) + \frac{f''(x_0)}{2!}(x-x_0)^2 + \cdots + \frac{f^{(n)}(x_0)}{n!}(x-x_0)^n.$$

定理 3.6(泰勒(Taylor)中值定理 1) 如果函数 $f(x)$ 在点 x_0 的某邻域内有直到 $n+1$ 阶导数,则对该邻域内的任意一点 x 都有

$$f(x) = f(x_0) + f'(x_0)(x-x_0) + \frac{f''(x_0)}{2!}(x-x_0)^2 + \cdots +$$

$$\frac{f^{(n)}(x_0)}{n!}(x-x_0)^n + \frac{f^{(n+1)}(\xi)}{(n+1)!}(x-x_0)^{n+1}, \qquad (3.3)$$

此式称为 $f(x)$ 在点 x_0 的 n 阶泰勒公式,可以简洁地表示为

$$f(x) = P_n(x) + R_n(x).$$

其中 $P_n(x) = f(x_0) + f'(x_0)(x-x_0) + \frac{f''(x_0)}{2!}(x-x_0)^2 + \cdots + \frac{f^{(n)}(x_0)}{n!}(x-x_0)^n$ 称为函数 $f(x)$ 在点 x_0 处的**泰勒多项式**,$R_n(x) = \frac{f^{(n+1)}(\xi)}{(n+1)!}(x-x_0)^{n+1}$ 称为**拉格朗日型余项**,式中 ξ 介于 x_0 和 x 之间.

证 $R_n(x) = f(x) - P_n(x)$,由条件(3.2),得

$$R_n(x_0) = R'_n(x_0) = R''_n(x_0) = \cdots = R_n^{(n)}(x_0) = 0.$$

对函数 $R_n(x)$ 和 $(x-x_0)^{n+1}$ 在以 x_0, x 为端点的区间上运用柯西中值定理,可知存在 ξ_1,使得

$$\frac{R_n(x)}{(x-x_0)^{n+1}} = \frac{R_n(x) - R_n(x_0)}{(x-x_0)^{n+1} - 0} = \frac{R'_n(\xi_1)}{(n+1)(\xi_1-x_0)^n}.$$

这样的过程进行 $n+1$ 次后,可得

$$\frac{R_n(x)}{(x-x_0)^{n+1}} = \frac{R_n^{(n+1)}(\xi)}{(n+1)!} = \frac{f^{(n+1)}(\xi)}{(n+1)!},$$

式中 ξ 介于 x_0 和 x 之间. 移项即得 $R_n(x) = \dfrac{f^{(n+1)}(\xi)}{(n+1)!}(x-x_0)^{n+1}$.

根据泰勒中值定理,用泰勒多项式 $P_n(x)$ 来近似表达函数 $f(x)$ 时,所产生的误差为 $|R_n(x)|$,如果在 (a,b) 内,$|f^{(n+1)}(x)| \leqslant M$,则误差估计式为

$$|R_n(x)| = \left| \frac{f^{(n+1)}(\xi)}{(n+1)!}(x-x_0)^{n+1} \right| \leqslant \frac{M}{(n+1)!} |x-x_0|^{n+1}.$$

且 $\lim\limits_{x \to x_0} \dfrac{R_n(x)}{(x-x_0)^n} = 0$. 由此可见,当 $x \to x_0$ 时误差 $|R_n(x)|$ 是比 $(x-x_0)^n$ 高阶的无穷小,即

$$R_n(x) = o((x-x_0)^n).$$

因此,在不需要余项的精确表达式时,泰勒中值定理也可表述为:

定理 3.7(泰勒中值定理 2) 如果函数 $f(x)$ 在点 x_0 的某邻域内有 n 阶导数,则对该邻域内的任意一点 x 都有

$$f(x) = f(x_0) + f'(x_0)(x-x_0) + \frac{f''(x_0)}{2!}(x-x_0)^2 + \cdots +$$

$$\frac{f^{(n)}(x_0)}{n!}(x-x_0)^n + o((x-x_0)^n) \tag{3.4}$$

其中 $R_n(x) = o((x-x_0)^n)$ 称为**皮亚诺(Peano)余项**.

在式(3.3)与式(3.4)中取 $x_0 = 0$ 时,泰勒公式化为

$$f(x) = f(0) + f'(0)x + \cdots + \frac{f^{(n)}(0)}{n!}x^n + \frac{f^{(n+1)}(\xi)}{(n+1)!}x^{n+1} \quad (\xi \text{ 介于 } 0 \text{ 与 } x \text{ 之间})$$

与

$$f(x) = f(0) + f'(0)x + \cdots + \frac{f^{(n)}(0)}{n!}x^n + o(x^n).$$

称这两个公式为 $f(x)$ 的 **n 阶麦克劳林(Maclaurin)公式**.

由此得近似公式

$$f(x) \approx f(0) + f'(0)x + \cdots + \frac{f^{(n)}(0)}{n!}x^n.$$

如果在 (a,b) 内 $|f^{(n+1)}(x)| \leqslant M$,则误差估计式为

$$R_n(x) = \left| \frac{f^{(n+1)}(\xi)}{(n+1)!}x^{n+1} \right| \leqslant \frac{M}{(n+1)!}x^{n+1}.$$

例 1 将多项式 $f(x) = x^4 - 4x^3 + 2x + 4$ 化为关于 $x-1$ 的多项式.

解 由 $f(x) = x^4 - 4x^3 + 2x + 4$ 可得

$$f'(x) = 4x^3 - 12x^2 + 2, \quad f''(x) = 12x^2 - 24x,$$

$$f'''(x) = 24x - 24, \quad f^{(4)}(x) = 24, \quad f^{(5)}(x) = 0,$$

则

$$f(1) = 3, \quad f'(1) = -6, \quad f''(1) = -12, \quad f'''(1) = 0, \quad f^{(4)}(1) = 24, \quad f^{(5)}(\xi) = 0.$$

所以 $f(x)=x^4-4x^3+2x+4$ 化为关于 $x-1$ 的多项式为

$$f(x)=3-6(x-1)+\frac{-12}{2!}(x-1)^2+\frac{0}{3!}(x-1)^3+\frac{24}{4!}(x-1)^4,$$

化简得

$$f(x)=3-6(x-1)-6(x-1)^2+(x-1)^4.$$

例 2　写出函数 $f(x)=e^x$ 的带有拉格朗日型余项的 n 阶麦克劳林公式.

解　计算各阶导数：$f^{(k)}(x)=e^x,k=0,1,2,\cdots$,则函数 $f(x)=e^x$ 在 $x=0$ 点直到 n 阶导数值为

$$f^{(k)}(0)=e^0=1,\quad k=0,1,2,\cdots,n;\quad f^{(n+1)}(\xi)=e^\xi,\quad \xi\text{ 介于 }0\text{ 和 }x\text{ 之间}.$$

将计算结果代入式

$$f(x)=f(0)+f'(0)x+\cdots+\frac{f^{(n)}(0)}{n!}x^n+\frac{f^{(n+1)}(\xi)}{(n+1)!}x^{n+1},$$

得

$$e^x=1+x+\frac{1}{2!}x^2+\cdots+\frac{1}{n!}x^n+\frac{e^\xi}{(n+1)!}x^{n+1},\quad \xi\text{ 介于 }0\text{ 和 }x\text{ 之间}.$$

例 3　给出函数 $f(x)=\sin x$ 的带皮亚诺型余项的 n 阶麦克劳林公式.

解

$$f'(x)=\cos x,f''(x)=-\sin x,f'''(x)=-\cos x,\cdots,f^{(n)}(x)=\sin\left(x+n\frac{\pi}{2}\right).$$

令 $x=0$ 得 $f(0)=0,f'(0)=1,f''(0)=0,\cdots$,一般地,$f^{(n)}(0)=\sin\frac{n\pi}{2}$,因此

$$f^{(2k-1)}(0)=\sin\left(k\pi-\frac{\pi}{2}\right)=(-1)^{k-1},\quad f^{(2k)}(0)=\sin k\pi=0.$$

将计算结果代入式

$$f(x)=f(0)+f'(0)x+\cdots+\frac{f^{(n)}(0)}{n!}x^n+o(x^n),$$

并令 $n=2m$ 得

$$\sin x=x-\frac{1}{3!}x^3+\cdots+(-1)^{m-1}\frac{1}{(2m-1)!}x^{2m-1}+o(x^{2m}).$$

类似可得

$$\cos x=1-\frac{1}{2!}x^2+\cdots+(-1)^n\frac{1}{(2n)!}x^{2n}+o(x^{2n+1}).$$

利用上述方法,可得常用的几个初等函数的麦克劳林公式,汇总如下：

$$e^x=1+x+\frac{1}{2!}x^2+\cdots+\frac{1}{n!}x^n+o(x^n),$$

$$\sin x=x-\frac{1}{3!}x^3+\cdots+(-1)^{n-1}\frac{1}{(2n-1)!}x^{2n-1}+o(x^{2n}),$$

$$\cos x=1-\frac{1}{2!}x^2+\cdots+(-1)^n\frac{1}{(2n)!}x^{2n}+o(x^{2n+1}),$$

$$\ln(1+x)=x-\frac{1}{2}x^2+\frac{1}{3}x^3-\cdots+(-1)^{n-1}\frac{1}{n}x^n+o(x^n),$$

$$\frac{1}{1-x}=1+x+x^2+x^3+\cdots+x^n+o(x^n),$$

$$(1+x)^{\alpha}=1+\alpha x+\frac{\alpha(\alpha-1)}{2!}x^2+\cdots+\frac{\alpha(\alpha-1)\cdots(\alpha-n+1)}{n!}x^n+o(x^n).$$

经常将这几个麦克劳林展开式作为已知的公式,用于间接展开一些较为复杂的函数.

例 4 求函数 $f(x)=e^{x^2}$ 的带有皮亚诺型余项的 n 阶麦克劳林公式.

解 因为 $e^x=1+x+\frac{1}{2!}x^2+\cdots+\frac{1}{n!}x^n+o(x^n)$,所以

$$e^{x^2}=1+x^2+\frac{1}{2!}x^4+\cdots+\frac{x^{2n}}{n!}+o(x^{2n}).$$

二、泰勒公式应用举例

1. 近似计算

例 5 求无理数 e 的近似值,使误差不超过 10^{-6}.

解 由 e^x 的麦克劳林公式 $e^x=1+x+\frac{1}{2!}x^2+\cdots+\frac{1}{n!}x^n+\frac{e^{\theta x}}{(n+1)!}x^{n+1}$,$0<\theta<1$,取 $x=1$,可得 e 的近似计算公式为

$$e\approx1+1+\frac{1}{2!}+\cdots+\frac{1}{n!},$$

误差估计式为

$$|R_n(1)|=\left|\frac{e^{\theta}}{(n+1)!}\right|<\frac{e}{(n+1)!}<\frac{3}{(n+1)!},$$

令 $\frac{3}{(n+1)!}<10^{-6}$,试算确定 $n=9$,可得

$$e\approx1+1+\frac{1}{2!}+\cdots+\frac{1}{9!}=2.718\ 281.$$

例 6 分析并讨论用麦克劳林多项式逼近函数 $f(x)=\sin x$ 的情形.

解 由

$$\sin x=x-\frac{1}{3!}x^3+\cdots+(-1)^{n-1}\frac{1}{(2n-1)!}x^{2n-1}+\frac{\sin\left(\theta x+\frac{2n+1}{2}\pi\right)}{(2n+1)!}x^{2n+1},$$

得近似式

$$\sin x\approx x-\frac{1}{3!}x^3+\cdots+(-1)^{n-1}\frac{1}{(2n-1)!}x^{2n-1},$$

误差为

$$R_{2n}=\left|\frac{\sin\left(\theta x+\frac{2n+1}{2}\pi\right)}{(2n+1)!}x^{2n+1}\right|\leqslant\frac{|x|^{2n+1}}{(2n+1)!}.$$

如果取 $n=1$,则 $\sin x\approx x$,误差不超过 $\frac{|x|^3}{3!}$;

如果取 $n=2$,则 $\sin x\approx x-\frac{1}{3!}x^3$,误差不超过 $\frac{|x|^5}{5!}$;

如果取 $n=3$，则 $\sin x \approx x - \dfrac{1}{3!}x^3 + \dfrac{1}{5!}x^5$，误差不超过 $\dfrac{|x|^7}{7!}$；

......

可以看到，麦克劳林多项式的次数越高，精确度就越高，误差也就越小. 图 3-4 直观地表明了这一事实.

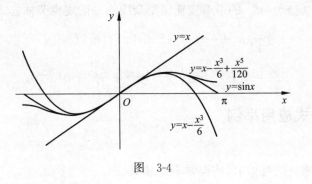

图 3-4

2. 求极限

例7 求极限 $\lim\limits_{x \to +\infty}\left(x^2 - x^3 \sin\dfrac{1}{x}\right)$.

解 因为 $\sin\dfrac{1}{x} = \dfrac{1}{x} - \dfrac{1}{3! \cdot x^3} + o\left(\dfrac{1}{x^4}\right)$，所以

$$\lim_{x \to +\infty}\left(x^2 - x^3 \sin\dfrac{1}{x}\right) = \lim_{x \to +\infty}\left\{x^2 - x^3\left[\dfrac{1}{x} - \dfrac{1}{3! \cdot x^3} + o\left(\dfrac{1}{x^4}\right)\right]\right\}$$

$$= \lim_{x \to +\infty}\left[\dfrac{1}{3!} + o\left(\dfrac{1}{x}\right)\right] = \dfrac{1}{3!} = \dfrac{1}{6}.$$

例8 求极限 $\lim\limits_{x \to 0}\dfrac{e^{x^2} + 2\cos x - 3}{x^4}$.

解 因为 $e^{x^2} = 1 + x^2 + \dfrac{1}{2!}x^4 + o(x^4)$，$\cos x = 1 - \dfrac{x^2}{2!} + \dfrac{x^4}{4!} + o(x^5)$，所以

$$\lim_{x \to 0}\dfrac{e^{x^2} + 2\cos x - 3}{x^4} = \lim_{x \to 0}\dfrac{\left(1 + x^2 + \dfrac{1}{2}x^4 + o(x^4)\right) + 2\left(1 - \dfrac{x^2}{2} + \dfrac{x^4}{24} + o(x^5)\right) - 3}{x^4}$$

$$= \lim_{x \to 0}\dfrac{\dfrac{7}{12}x^4 + o(x^4)}{x^4} = \dfrac{7}{12}.$$

习题 3-3

1. 将多项式函数 $f(x) = x^5 - x^2 + x$ 展开成关于 $x+1$ 的多项式.

2. 将函数 $f(x) = \tan x$ 展开成带皮亚诺型余项的 3 阶麦克劳林公式.

3. 将函数 $f(x) = \ln x$ 按 $x-1$ 的幂展开成带有皮亚诺型余项的 n 阶泰勒公式.

4. 将函数 $f(x) = xe^{-x}$ 展开成带拉格朗日余项的 n 阶麦克劳林公式.

5. 证明泰勒公式：$\sqrt{1+x}=1+\dfrac{x}{2}-\dfrac{x^2}{8}+\dfrac{x^3}{16(1+\theta x)^{\frac{5}{2}}},0<\theta<1.$

6. 计算 $\sin 10°$ 的近似值，要求误差不超过 10^{-4}.

7. 用带皮亚诺余项的麦克劳林公式求下列极限：

(1) $\lim\limits_{x\to 0}\left[\dfrac{1}{x}-\dfrac{\ln(1+x)}{x^2}\right];$

(2) $\lim\limits_{x\to 0}\dfrac{e^{x^2}-1-\sin x^2}{x^4};$

(3) $\lim\limits_{x\to 0}\dfrac{\ln(1+x)-\sin x}{x^2}.$

第四节 函数的单调性与极值

第一章已经介绍了函数在区间上单调的概念，它反映的是函数值增加或者减少的趋势，有着广泛的应用背景. 利用函数单调递增、单调递减的定义来判别函数的单调性通常比较烦琐，本节将运用微分中值定理推导出一个利用导函数的符号判别函数单调性的判别定理，该定理使得函数单调性的判别变得简单.

一、函数的单调性

先通过两个实例分析函数单调性与导函数符号之间的关系.

图 3-5 显示了某客机飞行速度随飞行高度变化的关系曲线. 曲线显示，当飞行高度在 9km 以下逐渐升高时，速度随之增大，当越过 9km 的高度时，速度反而逐渐减小. 可以看到，9km 高度的左方曲线的切线斜率大于零，右方曲线的切线斜率小于零，即左方的导数大于零，右方的导数小于零. 换句话说，当速度函数的一阶导数大于零时，速度函数为增函数；当一阶导数小于零时速度函数为减函数.

图 3-6 给出了某型号汽车在行驶中单位里程油耗与行驶速度之间的关系曲线. 可以看到，油耗曲线先降后升，在速度达到 50km/h 以前，曲线的切线斜率（即导数）是负的，油耗曲线单调减少；而当速度超过 50km/h 后，曲线的切线斜率（即导数）是正的，油耗曲线单调增加. 由图可知汽车在速度 40～70km/h 间耗油量比较小，这个范围的车速称为经济车速.

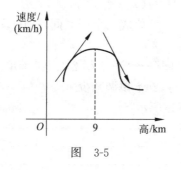

图 3-5

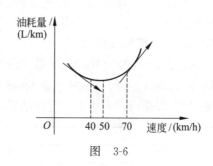

图 3-6

函数的单调性与导函数的符号密切相关. 可见下面的定理：

定理 3.8 设函数 $y=f(x)$ 在 $[a,b]$ 上连续，在 (a,b) 内可导.

(1) 如果在 (a,b) 内 $f'(x)>0$，则函数 $f(x)$ 在 $[a,b]$ 上单调增加；

(2) 如果在 (a,b) 内 $f'(x)<0$,则函数 $f(x)$ 在 $[a,b]$ 上单调减少.

证 (1) 任取 $x_1,x_2\in[a,b]$,且设 $x_2>x_1$,则由拉格朗日中值定理,存在 $\xi\in(x_1,x_2)$,使得

$$f(x_2)-f(x_1)=f'(\xi)(x_2-x_1)>0.$$

所以,$f(x)$ 在 $[a,b]$ 上单调增加.

类似可证结论(2).

函数的单调性是函数在一个区间上的性质.有时会出现导函数在区间内个别点处为零的情形,但这并不影响函数在该区间上的单调性.例如,函数 $y=x^3$ 在其定义域 $(-\infty,+\infty)$ 内是单调增加的,但它的导数 $y'(x)=3x^2$ 在 $x=0$ 处为零(图 3-7).

一般地,有如下结论:

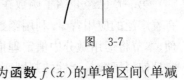

图 3-7

推论 设函数 $f(x)$ 在区间 I 可导,则函数 $f(x)$ 在区间 I 单调递增(单调递减)的充分必要条件为:

(1) 对任意的 $x\in I$,有 $f'(x)\geqslant 0(f'(x)\leqslant 0)$;

(2) 在区间 I 的任何子区间,$f'(x)$ 不恒为 0.

如果函数 $f(x)$ 在区间 I 单调递增(递减),则称区间 I 为**函数 $f(x)$ 的单增区间(单减区间)**.单增区间和单减区间统称为**单调区间**.

例 1 验证函数 $y=e^x$ 在 $(-\infty,+\infty)$ 上单调增加.

证 $y'=e^x>0$,所以 $y=e^x$ 在 $(-\infty,+\infty)$ 上单调增加.

$y=e^x$ 在 $(-\infty,+\infty)$ 上单调增加,也就是在该函数的定义域内单调增加.所以很多时候直接称函数 $y=e^x$ 为单调增函数.又如,$y=\ln x$ 是单调增函数,而 $y=\log_{0.5}x$ 则是单调减函数.

如果函数在整个定义域上不具有单调性,而在部分区间具有单调性,则须指出相应的区间.如函数 $y=\sin x$ 不是单调函数,但在 $\left[-\dfrac{\pi}{2},\dfrac{\pi}{2}\right]$ 上单调增加,在 $\left[\dfrac{\pi}{2},\dfrac{3\pi}{2}\right]$ 上单调减少.

例 2 求函数 $f(x)=\dfrac{x^3}{3}-\dfrac{x^2}{2}-2x$ 的单调区间.

解 函数 $f(x)$ 的定义域为 $(-\infty,+\infty)$,在其上 $f(x)$ 连续,导函数

$$f'(x)=x^2-x-2=(x+1)(x-2),$$

令 $f'(x)=0$,得 $x_1=-1,x_2=2$.将定义域 $(-\infty,+\infty)$ 分成三个子区间,则在每个子区间上 $f'(x)$ 都有确定的符号.以下讨论之.

当 $x<-1$ 或 $x>2$ 时,$f'(x)>0$,故 $f(x)$ 在区间 $(-\infty,-1]$,$[2,+\infty)$ 上单调增加;

当 $-1<x<2$ 时,$f'(x)<0$,故 $f(x)$ 在区间 $[-1,2]$ 上单调减少.

为简便起见,常采用列表法表示上述结果,如下表所示:

x	$(-\infty,-1)$	-1	$(-1,2)$	2	$(2,+\infty)$
$f'(x)$	$+$	0	$-$	0	$+$
$f(x)$	增		减		增

除了导数等于零的点(函数的驻点)可能把定义域划分为几个单调区间以外,导数不存在的点也可能将定义域划分为不同的单调区间,如下例所示.

例 3 求函数 $f(x)=\sqrt[3]{(x-1)^2}$ 的单调区间.

解 函数在定义域 $(-\infty,+\infty)$ 上连续,导函数 $f'(x)=\dfrac{2}{3}\cdot\dfrac{1}{\sqrt[3]{x-1}}$,$x\neq1$. 显然,当 $x=1$ 时函数的导数不存在. 用点 $x=1$ 将定义域 $(-\infty,+\infty)$ 划分为两部分:

当 $x\in(-\infty,1)$ 时,$y'<0$,所以函数在 $(-\infty,1]$ 上单调减少;

当 $x\in(1,+\infty)$ 时,$y'>0$,所以函数在 $[1,+\infty)$ 上单调增加.

由上述两例可见,函数在定义域内可能不单调,但是如果用函数的驻点或导数不存在的点将定义域划分为几个子区间,则在各子区间上函数的单调性是确定的.

归纳一下求函数单调区间的步骤:

第一步:确定函数 $f(x)$ 的定义域及连续性;

第二步:计算 $f'(x)$,求出 $f'(x)=0$ 的点(驻点)和 $f'(x)$ 不存在的点,用这些点将函数的定义域划分成若干个子区间;

第三步:列表讨论 $f'(x)$ 在每个子区间内的符号,判别函数 $f(x)$ 在各子区间上的单调性.

利用函数的单调性,还可以证明不等式和判定方程根的个数.

例 4 证明:当 $x>0$ 时,$1+\dfrac{1}{2}x>\sqrt{1+x}$.

证 令 $f(x)=1+\dfrac{1}{2}x-\sqrt{1+x}$,$x>0$,求导得 $f'(x)=\dfrac{1}{2}-\dfrac{1}{2\sqrt{1+x}}$. 当 $x>0$ 时,$f'(x)>0$,则 $f(x)$ 在 $[0,+\infty)$ 上严格单调递增. 又 $f(0)=0$,故当 $x>0$ 时,$f(x)>0$. 结论得证.

定理 3.9 连续函数 $f(x)$ 在区间 I 上单调,则方程 $f(x)=0$ 在区间 I 上至多有一个实根.

证略.

例 5 证明:方程 $x^5+x-1=0$ 只有一个正实根.

证 设 $f(x)=x^5+x-1$,则 $f(x)$ 在 $[0,1]$ 上连续,且 $f(0)=-1<0$,$f(1)=1>0$,所以由零点定理可知,存在点 $\xi\in(0,1)$,使得 $f(\xi)=0$. 即 $x^5+x-1=0$ 至少有一个正实根.

又因为 $f(x)$ 在 $[0,+\infty)$ 上连续,且 $f'(x)=5x^4+1>0$,所以,$f(x)$ 在 $[0,+\infty)$ 上单调增加,从而方程 $f(x)=0$ 至多有一个正实根.

综上所述,方程 $x^5+x-1=0$ 只有一个正实根.

例 6(轨道列车运行规律、速度、加速度的曲线关系)

图 3-8 中有三条曲线 a,b,c,其中一条是轨道列车的路程函数(运行规律)曲线,另一条是该列车的速度函数曲线,第三条是列车的加速度函数曲线. 试确定三条曲线与三个函数的对应关系,并说明理由.

解 设轨道列车的路程函数为 $y(t)$,则它的速度函数为 $y'(t)$,加速度函数为 $y''(t)$.

我们知道路程函数是单调递增的,而图中仅有曲线 c 是单调增加的,故 c 是轨道列车的路程函数曲线.

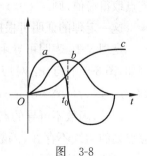

图 3-8

由路程函数单调增加,可知 $y'(t)>0$,即速度函数是正的,因此 b 是速度函数曲线.

曲线 b 在 $0{\leqslant}t{\leqslant}t_0$ 时单调增加,$y''(t)>0$;在 $t{\geqslant}t_0$ 时单调减少,$y''(t)<0$. 故 a 是加速度函数曲线.

二、函数的极值

1. 极值的概念

旅程中汽车的瞬时油耗量的变化,交易市场上股票、石油或黄金的价格变化都可能出现类似图 3-9 所示的曲线形状. 在什么样的车速下油耗量最省或是在什么价格上购入股票才能获得较大收益,这一类问题可归结为求函数的极值或最值问题. 现结合图 3-9 来理一理解决问题的思路.

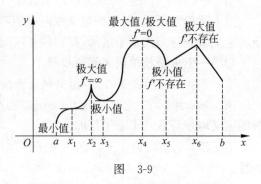

图　3-9

曲线上有的点像山峰的峰顶(例如,与 x_2,x_4,x_6 对应的点),称之为"峰点",显然,

峰点对应的函数值比它邻近点处的其他函数值都大;曲线上有的点像山谷的谷底(例如,与 x_3,x_5 对应的点),称之为"谷点",谷点对应的函数值比它邻近点处的其他函数值都小. 于是,我们将峰点处的函数值称为函数的极大值,谷点处的函数值称为函数的极小值. 具体定义如下:

定义 3.1 设函数 $f(x)$ 在 x_0 的某个邻域内有定义,且对于该邻域内的任意一点 x,总有

$$f(x) < f(x_0) \quad (\text{或 } f(x) > f(x_0)),$$

则称 $f(x_0)$ 为函数的一个**极大(小)值**,称 x_0 为函数的**极大(小)值点**.

极大值和极小值统称为函数的**极值**,极大值点和极小值点统称为函数的**极值点**.

需要注意的是,极值是局部的概念. 极大值不一定是最大值,甚至极大值可能会小于极小值,如图 3-9 中的极大值 $f(x_2)$ 就小于极小值 $f(x_5)$.

2. 极值存在的判别定理

观察图 3-9 可见,如果曲线有切线,那么在出现极值的地方,切线一定是水平的,有如下的定理:

定理 3.10(极值的必要条件——费马引理) 如果函数 $y=f(x)$ 在点 x_0 可导,并且在该点取得极值,则 $f'(x_0)=0$.

这一定理的证明可根据罗尔定理得出,证略.

定理 3.10 表明可导函数的极值点必为驻点. 但反过来,函数的驻点却不一定是极值点. 例如,图 3-9 中与 x_1 对应的点处切线是水平的,即 $f'(x_1)=0$,但 x_1 不是极值点. 又如,$f(x)=x^3,f'(0)=0,x=0$ 是驻点,但显然 $x=0$ 不是极值点.

此外,函数不可导的点也有可能是极值点. 例如,图 3-9 中的 x_6 为极大值点,曲线上对应点处的切线不存在,函数在点 x_6 不可导. 又如,函数 $f(x)=|x|$ 在点 $x=0$ 不可导,但 $x=0$ 是它的极小值点.

综上所述,连续函数的极值一定在驻点或者导数不存在的点处取得.不过这样的点是不是函数的极值点,是极大值点还是极小值点,还需加以检验.下面的定理表明,利用函数的单调性可以确定函数的极值点.

定理 3.11(极值的第一充分条件) 设函数 $f(x)$ 在点 x_0 连续,在 x_0 的某空心邻域 $\overset{\circ}{U}(x_0)$ 内可导,如果在 $x \in \overset{\circ}{U}(x_0)$ 内,

(1) 当 $x < x_0$ 时,$f'(x) > 0$,而当 $x > x_0$ 时,$f'(x) < 0$,则 $f(x_0)$ 是极大值;

(2) 当 $x < x_0$ 时,$f'(x) < 0$,而当 $x > x_0$ 时,$f'(x) > 0$,则 $f(x_0)$ 是极小值;

(3) 在点 x_0 的左右两侧,$f'(x)$ 的符号不变,则 $f(x_0)$ 不是极值.

证 对于情形(1),根据函数的单调性的判别法,函数 $f(x)$ 在 x_0 的左侧邻近是单调递增的,在 x_0 的右侧邻近是单调递减的,因此 $f(x_0)$ 是 $f(x)$ 的一个极大值(图 3-10(a)).

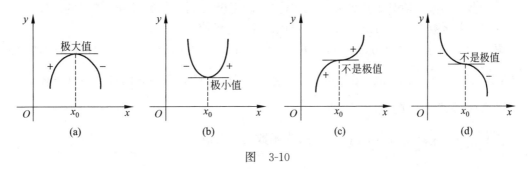

图 3-10

类似地可论证情形(2)(图 3-10(b))及情形(3)(图 3-10(c),(d)).

利用第一充分条件求函数极值的步骤如下:

第一步:确定函数 $f(x)$ 的定义域及连续性.

第二步:求出 $f(x)$ 可能的极值点——驻点和导数不存在的点.

第三步:列表讨论上述点两侧邻近导函数 $f'(x)$ 的符号,判别并求出极值.

例 7 求函数 $f(x) = x - \sqrt[3]{x^2}$ 的极值.

解 函数的定义域为 $(-\infty, +\infty)$,在其上 $f(x)$ 连续,则

$$f'(x) = 1 - \frac{2}{3} x^{-\frac{1}{3}}$$

令 $f'(x) = 0$,得驻点 $x = \dfrac{8}{27}$;另有 $f'(x)$ 不存在的点 $x = 0$.

列表如下:

x	$(-\infty, 0)$	0	$\left(0, \dfrac{8}{27}\right)$	$\dfrac{8}{27}$	$\left(\dfrac{8}{27}, +\infty\right)$
$f'(x)$	$+$	不存在	$-$	0	$+$
$f(x)$	增	极大值	减	极小值	增

所以,极大值为 $f(0) = 0$,极小值为 $f\left(\dfrac{8}{27}\right) = -\dfrac{4}{27}$.

极值的第一充分条件要检验一点两侧导数的符号,有时不甚方便.如果函数在驻点处二阶可导且导数不等于零,则可以用驻点处二阶导数的符号来判定.

定理 3.12（极值的第二充分条件） 设函数 $y=f(x)$ 在 x_0 处二阶可导，且 $f'(x_0)=0$，$f''(x_0)$ 存在且不为零，则：

(1) 当 $f''(x_0)>0$ 时，$f(x_0)$ 是极小值；(2) 当 $f''(x_0)<0$ 时，$f(x_0)$ 是极大值.

如果 $f''(x_0)=0$，则 $f(x_0)$ 可能是极值，也可能不是极值. 此时只能改用第一充分条件来判别. 例如，函数 $y=x^4$，$y'=4x^3$，$y''=12x^2$，在驻点 $x=0$ 处 $y''=0$，改由第一充分条件，可以判别 $x=0$ 为 $y=x^4$ 的极小值点. 对于函数 $y=x^3$，$y'=3x^2$，$y''=6x$，在驻点 $x=0$ 处 $y''=0$，改由第一充分条件，可以判别 $x=0$ 不是 $y=x^3$ 的极值点.

利用第二充分条件求极值的步骤如下：

第一步：确定函数 $f(x)$ 的定义域.

第二步：求出 $f'(x)$ 和 $f''(x)$，解出所有驻点.

第三步：考察二阶导数在各驻点处的符号，确定极大（小）值点，求出 $f(x)$ 的极值.

例 8 求函数 $f(x)=\sin x+\cos x$ 在 $[0,2\pi]$ 上的极值.

解 求导得 $f'(x)=\cos x-\sin x$，$f''(x)=-\sin x-\cos x$，令 $f'(x)=0$，解得 $(0,2\pi)$ 内所有的驻点 $x=\dfrac{\pi}{4},\dfrac{5\pi}{4}$. 显然，若用第一充分条件，考察这些驻点两侧的符号不甚方便，若用第二充分条件就简单了. 事实上，有

$$f''\left(\frac{\pi}{4}\right)=-\sqrt{2}<0，所以 f\left(\frac{\pi}{4}\right)=\sqrt{2} 为函数的极大值；$$

$$f''\left(\frac{5\pi}{4}\right)=\sqrt{2}>0，所以 f\left(\frac{5\pi}{4}\right)=-\sqrt{2} 为函数的极小值.$$

例 9 求函数 $f(x)=\dfrac{x^3}{3}-\dfrac{x^2}{2}-2x$ 的单调区间和极值.

解 函数 $f(x)$ 的定义域为 $(-\infty,+\infty)$，在其上 $f(x)$ 连续，导函数

$$f'(x)=x^2-x-2=(x+1)(x-2)，$$

令 $f'(x)=0$，得 $x_1=-1,x_2=2$. 将定义域 $(-\infty,+\infty)$ 分成三个子区间，则在每个子区间上 $f'(x)$ 都有确定的符号. 以下讨论之.

当 $x<-1$ 或 $x>2$ 时，$f'(x)>0$，故 $f(x)$ 在区间 $(-\infty,-1]$，$[2,+\infty)$ 上单调增加；

当 $-1<x<2$ 时，$f'(x)<0$，故 $f(x)$ 在区间 $[-1,2]$ 上单调减少.

列表如下：

x	$(-\infty,-1)$	-1	$(-1,2)$	2	$(2,+\infty)$
$f'(x)$	$+$	0	$-$	0	$+$
$f(x)$	增	极大值	减	极小值	增

所以，$f(x)$ 的极大值为 $f(-1)=\dfrac{7}{6}$，极小值为 $f(2)=-\dfrac{10}{3}$.

习题 3-4

1. 单项选择题.

(1) 设函数 $f(x)$ 可导，在 $(-\infty,-2)$ 内 $f'(x)>0$，在 $(-2,2)$ 内 $f'(x)<0$，在 $(2,+\infty)$ 内 $f'(x)>0$，则此函数的图形是（　　　　）.

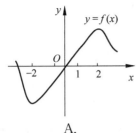

A.

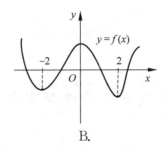

B.

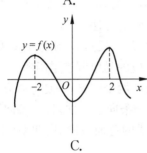

C.

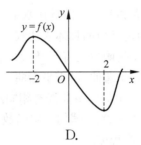

D.

（2）设函数 $f(x)$ 二阶可导且导数在 $x=a$ 连续，又 $\lim\limits_{x \to a} \dfrac{f'(x)}{x-a} = -2023$，则（ ）.

A. $x=a$ 为 $f(x)$ 的极小值点

B. $x=a$ 为 $f(x)$ 的极大值点

C. $(a, f(a))$ 是曲线 $y=f(x)$ 的拐点

D. $x=a$ 不是 $f(x)$ 的极值点，$(a, f(a))$ 也不是曲线 $y=f(x)$ 的拐点

2. 确定下列函数的单调区间：

（1）$f(x)=x+\cos x$；　（2）$f(x)=x^3-3x^2-9x+5$；　（3）$f(x)=x-\ln(1+x)$；

（4）$f(x)=x\mathrm{e}^{-x}$；　　（5）$f(x)=\dfrac{2x}{1+x^2}$；　　　（6）$f(x)=|x+2|$.

3. 求下列函数的极值：

（1）$y=2x^3-3x^2$；　　（2）$y=2x^3-3x^2-12x+1$；　　（3）$y=(x^2-1)^3+1$；

（4）$y=(x-1)x^{\frac{2}{3}}$；　（5）$y=(2x-5)\sqrt[3]{x^2}$；　　　（6）$y=(x-4)\sqrt[3]{(x+1)^2}$.

4. 试问 a 为何值时，函数 $f(x)=a\sin x+\dfrac{1}{2}\sin 2x$ 在 $x=\dfrac{\pi}{3}$ 处取得极值？它是极大值还是极小值？并求此极值.

5. 设曲线 $y=x^3+ax^2+bx+c$ 过点 $(1,0)$，且在该点与直线 $y=-3x+3$ 相切，此外该函数 $y=y(x)$ 在 $x=-2$ 处取得极值，求常数 a,b,c 的值.

6. 试证：当 $a^2-3b<0$ 时，函数 $f(x)=x^3+ax^2+bx+c$ 无极值.

7. 证明下列不等式：

（1）当 $x>1$ 时，$2\sqrt{x}>3-\dfrac{1}{x}$；

（2）当 $x>0$ 时，$\arctan x>x-\dfrac{x^3}{3}$；

（3）当 $0<x<\dfrac{\pi}{2}$ 时，$\sin x+\tan x>2x$.

8. 证明：方程 $\tan x = 1 - x$ 在 $(0,1)$ 内有且仅有一个实根.

9. 求下列函数的单调区间和极值：

(1) $y = x^3 - x^2 - x + 1$; (2) $y = 2x^3 + 3x^2 - 12x + 5$.

第五节 曲线的凹凸性与拐点

曲线的凹凸性刻画的是曲线的弯曲方向,反映的是函数的另外一个重要特性.本节将介绍曲线凹凸的概念和利用二阶导函数的符号判别曲线凹凸性的方法.

一般来说,给定函数的具体表达式,函数的图像便随之确定.反过来,函数的图像又能够从整体上直观地反映函数的特征.例如,单调上升的曲线对应的是单调递增函数.

曲线的本质在于弯曲.对于平面曲线来讲,"弯曲"取决于两个因素,一是弯曲方向,二是弯曲程度.图 3-11 中的两条曲线有相同的起点和终点,但一条向上弯曲,另一条向下弯曲,它们的弯曲方向不一样.数学上,用函数的凹凸性刻画曲线的弯曲方向,用曲率(本章第八节)刻画曲线的弯曲程度.

图 3-12 所示的曲线弧 $y = f(x)$ 是向下凸的.在该曲线上任取两点 $(x_1, f(x_1))$,$(x_2, f(x_2))$,则连接这两点的弦总是位于这两点间的弧段的上方,因此在 x_1, x_2 之间,弦上点的纵坐标总是大于曲线弧上点的纵坐标.特别地,对应于 x_1, x_2 的中点 $\dfrac{x_1 + x_2}{2}$,有

$$f\left(\frac{x_1 + x_2}{2}\right) < \frac{f(x_1) + f(x_2)}{2}.$$

类似地,图 3-13 所示的曲线弧向上凸,在该曲线弧上任取两点 $(x_1, f(x_1))$,$(x_2, f(x_2))$,则对应于 x_1, x_2 的中点 $\dfrac{x_1 + x_2}{2}$,有

$$f\left(\frac{x_1 + x_2}{2}\right) > \frac{f(x_1) + f(x_2)}{2}.$$

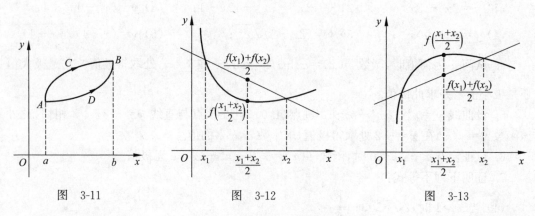

图 3-11 图 3-12 图 3-13

定义 3.2 设函数 $f(x)$ 在区间 I 上连续,如果对于区间 I 上任意两点 x_1, x_2,总有

$$f\left(\frac{x_1 + x_2}{2}\right) < \frac{f(x_1) + f(x_2)}{2},$$

则称曲线 $y = f(x)$ 为区间 I 上的**凹曲线**,也称**凹弧**,并称函数 $y = f(x)$ 为 I 上的**凹函数**,称

区间 I 为**凹区间**；如果恒有

$$f\left(\frac{x_1+x_2}{2}\right)>\frac{f(x_1)+f(x_2)}{2},$$

则称曲线 $y=f(x)$ 为区间 I 上的**凸曲线**，也称**凸弧**，并称 $y=f(x)$ 为 I 上的**凸函数**，称区间 I 为凸区间.

定义 3.3 连续曲线上凹弧和凸弧的分界点称为曲线的**拐点**.

定义 3.2 很难用来判断函数 $f(x)$ 在某区间上的凹凸性. 需要寻找其他方法.

如果函数 $y=f(x)$ 可导，即对应曲线上各点的切线都存在，如图 3-14 所示，在区间 (a,x_0) 内，曲线为凹的，切线总位于曲线之下；在区间 (x_0,b) 内，曲线是凸的，切线总位于曲线之上；在拐点 $(x_0,f(x_0))$ 处，曲线的凹凸性发生变化，切线从曲线的一侧穿越拐点到了另一侧.

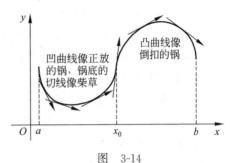

图 3-14

再仔细考察图 3-14 可以发现，在 (a,x_0) 内切线的斜率随 x 增加而增加，在 (x_0,b) 内切线的斜率随 x 增加而减小. 这说明在凹曲线上导函数 $f'(x)$ 单调增加，即二阶导数 $f''(x)>0$；在凸曲线上 $f'(x)$ 单调减少，即 $f''(x)<0$.

综上，得到判别曲线凹凸性的判别法如下：

定理 3.13 设函数 $f(x)$ 在区间 $[a,b]$ 上连续，在 (a,b) 内二阶可导，对于任意的 $x\in(a,b)$，

(1) 如果 $f''(x)>0$，则对应的曲线 $y=f(x)$ 为 $[a,b]$ 上的凹曲线；

(2) 如果 $f''(x)<0$，则对应的曲线 $y=f(x)$ 为 $[a,b]$ 上的凸曲线.

证 在情形(1)中，设 x_1 和 x_2 为 (a,b) 内任意两点，且 $x_1<x_2$，记 $\dfrac{x_1+x_2}{2}=x_0$，并记 $x_2-x_0=x_0-x_1=h$，则由拉格朗日中值公式得

$$f(x_1)-f(x_0)=f'(\xi_1)\cdot(-h),$$
$$f(x_2)-f(x_0)=f'(\xi_2)\cdot h,$$

其中 $\xi_1\in(x_1,x_0),\xi_2\in(x_0,x_2)$. 两式相加，即得

$$f(x_1)+f(x_2)-2f(x_0)=[f'(\xi_2)-f'(\xi_1)]\cdot h.$$

对 $f'(x)$ 在区间 $[\xi_1,\xi_2]$ 上再次利用拉格朗日中值公式，得

$$f(x_1)+f(x_2)-2f(x_0)=[f'(\xi_2)-f'(\xi_1)]h=f''(\xi)(\xi_2-\xi_1)h,$$

其中 $\xi\in(\xi_1,\xi_2)$，由情形(1)的假设，$f''(\xi)>0$，故有

$$f(x_1)+f(x_2)-2f(x_0)>0,$$

即

$$\frac{f(x_1)+f(x_2)}{2}>f(x_0)=f\left(\frac{x_1+x_2}{2}\right).$$

所以 $f(x)$ 在 $[a,b]$ 上的图形是凹的.

类似地，可证明情形(2).

例 1 判别曲线 $y=x^3$ 的凹凸性.

解 因为 $y'=3x^2,y''=6x$，当 $x\in(-\infty,0)$ 时 $y''<0$，所以 $y=x^3$ 在 $(-\infty,0]$ 上为凸

曲线. 当 $x\in(0,+\infty)$ 时 $y''>0$,所以 $y=x^3$ 在 $[0,+\infty)$ 上为凹曲线.

本例中,在 $(0,0)$ 处,函数的凹凸性发生改变,故 $(0,0)$ 是其拐点. 显然,在拐点横坐标 $x=0$ 左右两侧邻近处 $f''(x)$ 异号,而在拐点的横坐标 $x=0$ 处,$f''(x)$ 等于零.

需要强调的是,$f''(x)=0$ 的点不一定是曲线的拐点.

例如,函数 $y=x^4$ 在 $x=0$ 处的二阶导数等于零,但点 $(0,0)$ 并不是曲线的拐点,因为在该点的左右两侧,二阶导数 $y''=12x^2$ 的符号没有发生变化.

另外,除了 $f''(x)$ 等于零的点可能是拐点外,$f''(x)$ 不存在的点也可能是拐点. 如函数 $y=\sqrt[3]{x}$,在 $x=0$ 处,二阶导数不存在,但其左右两边二阶导数符号相反,所以 $(0,0)$ 是拐点.

综上所述,判断曲线的凹凸性及求拐点的主要步骤如下:

第一步:确定函数 $f(x)$ 的定义域.

第二步:计算 $f''(x)$,求出 $f''(x)=0$ 的点以及 $f''(x)$ 不存在的点,用这些点将函数的定义域划分成若干个子区间.

第三步:列表讨论 $f''(x)$ 在每个子区间内的符号,从而判别函数 $f(x)$ 在各子区间上的凹凸性,最后得到拐点.

例 2 求函数 $y=3x^4-4x^3+1$ 的凹凸区间以及曲线的拐点.

解 (1) 函数的定义域为 $(-\infty,+\infty)$.

(2) $y'=12x^3-12x^2$,$y''=36x^2-24x=36x\left(x-\dfrac{2}{3}\right)$. 令 $y''=0$,得 $x_1=0$,$x_2=\dfrac{2}{3}$.

(3) 列表如下:

x	$(-\infty,0)$	0	$\left(0,\dfrac{2}{3}\right)$	$\dfrac{2}{3}$	$\left(\dfrac{2}{3},+\infty\right)$
y''	$+$	0	$-$	0	$+$
y	凹	拐点	凸	拐点	凹

所以函数的凹区间为 $(-\infty,0]$ 与 $\left[\dfrac{2}{3},+\infty\right)$,凸区间为 $\left[0,\dfrac{2}{3}\right]$,曲线的拐点为点 $(0,1)$ 和点 $\left(\dfrac{2}{3},\dfrac{11}{27}\right)$.

例 3 求 $y=xe^{-x}$ 的凹凸区间、拐点.

解 (1) 函数的定义域为 $(-\infty,+\infty)$.

(2) $y'=(1-x)e^{-x}$,$y''=(x-2)e^{-x}$. 令 $y''=0$,得 $x=2$.

(3) 列表如下:

x	$(-\infty,2)$	2	$(2,+\infty)$
y''	$-$	0	$+$
y	凸	拐点	凹

所以函数的凹区间为 $(2,+\infty)$,凸区间为 $(-\infty,2)$,曲线的拐点为点 $(2,e^{-2})$.

例 4 已知 $f''(x)$ 的图形如图 3-15 所示,则 $f(x)$ 的图形最可能是( ).

解 分析二阶导函数的图像:$y=f''(x)$ 的图像在 x 轴下方时,意味着 $f''(x)<0$,曲线

$y=f(x)$ 是凸的；$y=f''(x)$ 的图像在 x 轴上方时,相应的 $f''(x)>0$,曲线 $y=f(x)$ 是凹的.列表如下：

x	$[0,2]$	$[2,+\infty)$
y''	$+$	$-$
y	凹	凸

所以正确答案为图 3-16.

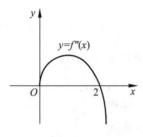

图 3-15

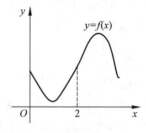

图 3-16

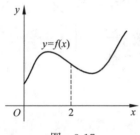

图 3-17

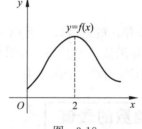

图 3-18

习题 3-5

1. 单项选择题.

(1) 点 $(0,1)$ 是曲线 $y=ax^3+bx^2+c$ 的拐点,则(　　).

    A. $a\neq0,b=0,c=1$ B. a 为任意实数,$b=0,c=1$

    C. $a=0,b=1,c=0$ D. $a=-1,b=2,c=1$

(2) 设函数 $f(x)$ 可导,在 $(-\infty,-2)$ 内 $f'(x)>0$,在 $(-2,2)$ 内 $f'(x)<0$,在 $(2,+\infty)$ 内 $f'(x)>0$,则此函数的图形是(　　).

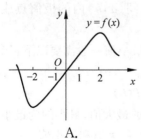

A.

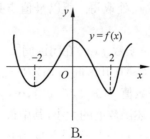

B.

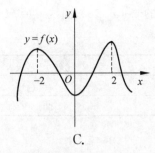

C.

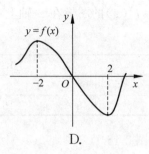

D.

2. 求下列曲线的凹凸区间及拐点:

(1) $f(x) = 3x^4 - 4x^3 + 1$;

(2) $f(x) = 2x^3 + 3x^2 - 12x + 14$;

(3) $f(x) = x + \dfrac{1}{x}$;

(4) $f(x) = x + \sin x$;

(5) $f(x) = \ln(1 + x^2)$;

(6) $f(x) = x^2 \ln x$.

3. 试确定 $y = ax^3 + bx^2 + cx + d$ 中的 a, b, c, d,使得对应曲线过点 $(2,5)$,在该点有水平切线,且 $(0,1)$ 为该曲线的拐点.

4. 试确定 k,使曲线 $y = k(x^2 - 3)^2$ 在拐点处的法线经过原点.

5. 图 3-19 给出的是函数 $y = f(x)$ 的一阶导函数 $y = f'(x)$ 和二阶导函数 $y = f''(x)$ 的图像,请将过定点 P 的 $y = f(x)$ 的略图加到同一个图上去.

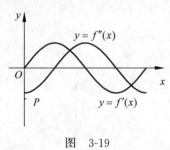

图 3-19

第六节 函数的最值

在科学研究和实际问题中,经常会遇到求最大值和最小值的问题,例如在一定条件下用料最省、时间最短、利润最大、效率最高,等等. 这类问题在数学上统称为最优化问题,它们往往可归结为某一函数(通常称为目标函数)的最大值或最小值问题.

一、函数最值及其求法

由闭区间上连续函数的性质知,如果函数 $f(x)$ 在 $[a,b]$ 上连续,则 $f(x)$ 在 $[a,b]$ 上的最大值和最小值一定存在.

由第四节极值的讨论可知,如果 $f(x)$ 的最值在区间内部取得,则其必为极值,当然最值还可能在区间的端点处取得. 所以最值点只可能是开区间 (a,b) 内的极值点或区间的端点.

综上所述,求连续函数 $f(x)$ 在闭区间 $[a,b]$ 上的最大、最小值一般需要以下三个步骤:

第一步:求出 $f(x)$ 在开区间 (a,b) 内可能的极值点 $x_1, x_2, \cdots, x_k$.

第二步:计算函数值 $f(x_1), f(x_2), \cdots, f(x_k), f(a), f(b)$.

第三步:比较上述函数值的大小,其中最大的即为函数的最大值,最小的为最小值.

例 1 求函数 $f(x) = x^3 - 6x^2 + 9x$ 在闭区间 $[0,4]$ 上的最大值和最小值.

解 函数在指定的闭区间 $[0,4]$ 上连续,求导得

$$f'(x)=3x^2-12x+9=3(x-1)(x-3),$$

令 $f'(x)=0$，得驻点 $x_1=1,x_2=3$；区间端点为 $a=0,b=4$. 计算：

$$f(0)=0,\quad f(1)=4,\quad f(3)=0,\quad f(4)=4.$$

比较得最大值 $M=f(1)=f(4)=4$，最小值 $m=f(0)=f(3)=0$.

特别情形：

(1) 如果 $f(x)$ 在区间 $[a,b]$ 上单调增加，则区间的两个端点处的函数值 $f(a),f(b)$ 分别是 $f(x)$ 的最小值和最大值；单调减少的情形有类似的结果.

(2) 如果 $f(x)$ 在 $[a,b]$ 区间的内部只有一个极值，那么当它是极大(小)值时，它必定也是最大(小)值.

(3) 如果 $f(x)$ 在 $[a,b]$ 区间的内部只有一个驻点，而根据实际问题知最大(小)值必定存在，则此驻点就是最大(小)值点.

二、函数最值的应用

对于实际问题求最大(小)值，首先要把实际问题转化为数学问题，即根据题意建立相应的函数关系，通常称作建立目标函数，然后求目标函数的最大值或最小值.

例 2（最经济的车速） 货车以 $x(\text{km/h})$ 的常速行驶 130km，按交通法规的限制，该路段车速的范围为 $50\leqslant x\leqslant100$. 假设汽油的价格为 7 元/L，汽车耗油的速率为 $\left(2+\dfrac{x^2}{500}\right)\text{L/h}$，司机的工资为 28 元/h. 试问最经济的车速是多少？

解 依题意，这次行车的时间为 $\dfrac{130}{x}$ h，行车的总费用为

$$y=\left[7\left(2+\frac{x^2}{500}\right)+28\right]\cdot\frac{130}{x}=\frac{5460}{x}+\frac{91}{50}x,$$

令 $y'=-\dfrac{5460}{x^2}+\dfrac{91}{50}=0$，解得 $x=\sqrt{3000}\approx55$. 驻点唯一，且最经济速度存在，所以最经济的速度为 55km/h.

例 3（储油罐设计） 某油脂公司要制作一个容积为 $16\pi\text{kL}$ 的圆柱形储油罐，问应当如何确定油罐的底圆半径 r 和高 h，才能使得造价最省？（体积单位与容积单位的换算公式为 $1\text{m}^3=1\text{kL}$）

解 造价最省可归结为用料最少，即油罐的表面积最小的问题. 表面积为

$$S=2\pi r^2+2\pi rh.$$

容积 $V=\pi r^2h=16\pi$ 已定，解得 $h=\dfrac{16}{r^2}$，代入上式，得

$$S=2\pi r^2+\frac{32\pi}{r},\quad r>0.$$

令 $\dfrac{\mathrm{d}S}{\mathrm{d}r}=4\pi r-\dfrac{32\pi}{r^2}=0$，解得唯一驻点 $r=2$，在驻点处，$\dfrac{\mathrm{d}^2S}{\mathrm{d}r^2}=4\pi+\dfrac{64\pi}{r^3}>0$，所以驻点就是最小值点. 因此，当圆柱形油罐的底圆半径 $r=2\text{m}$，高 $h=\dfrac{16}{r^2}=4\text{m}$ 时造价最省.

例 4（观光旅游票价的定价问题） 上海某公交公司举办市内观光旅游活动，若票价定

为每人 40 元,则一周游客约 1000 人;若票价定为 30 元,则一周游客约 1400 人. 假设游客人数 x 与票价 p 之间是线性关系. 若举办此项观光旅游的一周成本为 $C(x)=(20\ 000+10x)$ 元,问为使一周的利润最大,票价应定为多少?

解 由直线的两点式方程,得

$$\frac{p-40}{30-40}=\frac{x-1000}{1400-1000}.$$

解得 $p=-\dfrac{1}{40}x+65$. 则利润为

$$L(x)=xp-C(x)=-\frac{1}{40}x^2+55x-20\ 000.$$

令 $L'(x)=-\dfrac{x}{20}+55=0$,解得唯一驻点 $x=1100$,此时 $p=37.5$. 因为驻点唯一,且最大利润存在,所以当票价定为 37.5 元时,一周的利润最大.

例 5(降压药用药剂量分析) 根据临床数据分析可知,在给病人注射一种降压药时,用药剂量 $x(\text{mg})\ (0\leqslant x\leqslant 30)$ 导致的血压下降量为 $D(x)=0.025x^2(30-x)$. 试问,注射药物剂量为多少时,血压下降幅度达到最大?

解 由题意可得 $D'(x)=0.05x(30-x)-0.025x^2$,令 $D'(x)=0$,解得驻点 $x_1=0$,$x_2=20$,有

$$D(0)=D(30)=0,\quad D(20)=100,$$

比较可知,注射药物剂量为 20mg 时,血压下降幅度最大. 即:少于或者多于 20mg 均不能达到这一幅度.

例 6(地铁线路设计) 设要在 A,B 两点之间铺设地铁线路,B 点在 A 点往南 12km 再往东 20km 的地方,其位置如图 3-20 所示.已知东西方向上可以建设地面轻轨,其他的只能建地下地铁. 如果地下地铁的铺设成本为每千米 5 亿元,而地面轻轨的铺设成本为每千米 2 亿元.问地下地铁和地面轻轨各为多长时铺设成本最小?

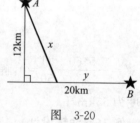

图 3-20

解 如图 3-20 所示,设地下地铁长度为 x,地面轻轨长度为 y,则

$$x=\sqrt{144+(20-y)^2}.$$

建造成本为

$$C=5x+2y=5\sqrt{144+(20-y)^2}+2y,\quad 0\leqslant y\leqslant 20.$$

令

$$C'(y)=5\times\frac{2(20-y)\cdot(-1)}{2\sqrt{144+(20-y)^2}}+2=-\frac{5(20-y)}{\sqrt{144+(20-y)^2}}+2=0,$$

解得 $y_1=25.2$(舍),$y_2=14.8$,此时 $x=13.1$. 因为符合条件的驻点唯一,且铺设成本最小值一定存在,所以地下地铁长度为 13.1km、地面轻轨长度为 14.8km 时,铺设成本最小.

例 7(转运站问题) 设海岛 A_1 与陆上城市 A_2 到海岸线(假设为直线)的垂直距离分别为 $b_1(\text{km})$ 和 $b_2(\text{km})$,它们之间的水平距离为 $a(\text{km})$(图 3-21),如何建立起它们之间的运输线?如果轮船的航速为 $v_1(\text{km/h})$,陆上的速度为 $v_2(\text{km/h})\ (v_2>v_1)$.问转运站 P 设

在海岸线何处才能使得运输时间最短?

解 先建立目标函数,设 $MP = x$,则海上运输时间为

$$T_1 = \frac{1}{v_1}\sqrt{b_1^2 + x^2},$$

陆上运输时间为

$$T_2 = \frac{1}{v_2}\sqrt{b_2^2 + (a-x)^2},$$

因此,目标函数为

$$T(x) = \frac{1}{v_1}\sqrt{b_1^2 + x^2} + \frac{1}{v_2}\sqrt{b_2^2 + (a-x)^2}, \quad 0 \leqslant x \leqslant a.$$

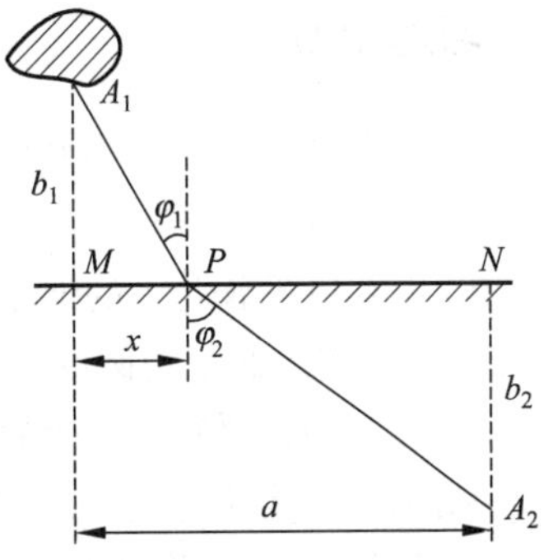

图 3-21

下面求 $T(x)$ 的最小值. 由于

$$\frac{\mathrm{d}T}{\mathrm{d}x} = \frac{1}{v_1} \cdot \frac{x}{\sqrt{b_1^2 + x^2}} - \frac{1}{v_2} \cdot \frac{a-x}{\sqrt{b_2^2 + (a-x)^2}},$$

$$\frac{\mathrm{d}^2 T}{\mathrm{d}x^2} = \frac{1}{v_1} \cdot \frac{b_1^2}{(b_1^2 + x^2)^{\frac{3}{2}}} + \frac{1}{v_2} \cdot \frac{b_2^2}{(b_2^2 + (a-x)^2)^{\frac{3}{2}}},$$

显然,在 $[0, a]$ 上,$\dfrac{\mathrm{d}^2 T}{\mathrm{d}x^2} > 0$,所以 $\dfrac{\mathrm{d}T}{\mathrm{d}x}$ 在 $[0, a]$ 上严格单调增,并且

$$\frac{\mathrm{d}T}{\mathrm{d}x}\Big|_{x=0} = -\frac{a}{v_2\sqrt{b_2^2 + a^2}} < 0, \quad \frac{\mathrm{d}T}{\mathrm{d}x}\Big|_{x=a} = \frac{a}{v_1\sqrt{b_1^2 + a^2}} > 0,$$

所以结合零点定理可知,必有唯一的 $\xi \in (0, a)$,使得 $\dfrac{\mathrm{d}T}{\mathrm{d}x}\Big|_{x=\xi} = 0$. 由于 $x = \xi$ 是唯一的驻点,且最小值必定存在,所以它就是 $T(x)$ 的最小值点. 怎样才能求出这个最小值点 ξ?

显然,直接由方程 $\dfrac{\mathrm{d}T}{\mathrm{d}x} = 0$ 求解 ξ 比较困难. 因此引入两个辅助角 φ_1, φ_2,见图 3-21,易知

$$\sin\varphi_1 = \frac{x}{\sqrt{b_1^2 + x^2}}, \quad \sin\varphi_2 = \frac{a-x}{\sqrt{b_2^2 + (a-x)^2}}.$$

代入方程 $\dfrac{\mathrm{d}T}{\mathrm{d}x} = 0$,得

$$\frac{1}{v_1}\sin\varphi_1 - \frac{1}{v_2}\sin\varphi_2 = 0, \quad \text{即} \quad \frac{\sin\varphi_1}{\sin\varphi_2} = \frac{v_1}{v_2}.$$

这就是说,当转运站 P 取在使上式成立的地方时,从 A_1 到 A_2 的运输时间最短.

该结果与光学中的折射定律有着相同的结论. 物理学家通过实验发现:光线在两种不同的介质中传播必定满足折射定律 $\dfrac{\sin\varphi_1}{\sin\varphi_2} = \dfrac{v_1}{v_2}$,其中 v_1, v_2 分别为光线在两种介质中的传播速度,它们是常数. 实际上,光的折射定律反映了光线在两点间沿时间最短的路线传播的原理.

在本例中,由于海上和陆上两种不同的运输速度相当于光线在两种不同传播媒质中的速度,因而所得结论也与光的折射定律相同. 这说明,有很多属于不同学科领域的问题,虽然它们的具体含义不同,但在数量关系上却可以用同一数学模型来描述.

习题 3-6

1. 求下列函数在给定区间上的最大值和最小值:

(1) $f(x)=2x^3-3x^2+5$，$[-1,2]$;　　　　(2) $y=x+\sqrt{1-x}$，$[-5,1]$.

2. 设有一条长为 l 的绳子，将其剪为两段，分别围成一个正方形和一个圆，采用何种剪法可以使正方形面积与圆面积之和最小？

3. 某加油站要制造一个容积为 V 的圆柱形储油罐，问应当如何选择圆柱形体的底圆半径 r 和高 h，才能使得造价最省？

4. 某公司有 50 台电脑出租，当租金定为每周 180 元时，所有电脑将会全部租出去。当租金每增加 10 元时，将有一台电脑租不出去，而租出去的电脑每周需花费 20 元的维护费。试问租金定为多少可获得最大收入？

5. 某风景区欲制定门票价格。据估计，若门票每人 8 元，平均每天将有 1200 人游览；并且门票单价每降低 1 元，游览者将增加 240 人。试确定适当的门票价格，以使得门票总收入达到最大。

6. 某工厂生产某种产品，总成本为 C 元，其中固定成本为 100 元，每多生产一单位产品，成本增加 5 元。该商品的需求函数为 $Q=50-2P$，问 Q 为多少时工厂的总利润 L 最大？

7. 由直线 $y=0$，$x=8$ 及抛物线 $y=x^2$ 围成一个曲边三角形(图 3-22)，在曲边 $y=x^2$ 上求一点，使曲线在该点处的切线与直线 $y=0$ 及 $x=8$ 所围成的三角形面积最大。

8. 如图 3-23 所示，用半径为 R 的圆形铁皮制作一个漏斗，问圆心角 φ 取何值时，做成的漏斗容积最大？

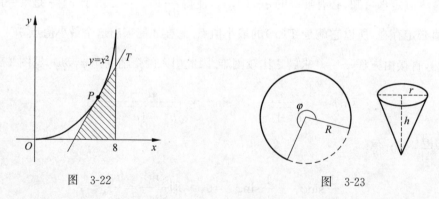

图　3-22　　　　　　　　　　　　图　3-23

9. (两辆汽车之间的最近距离问题)某处立交桥上、下是两条相互垂直的公路，一条是东西走向，一条是南北走向。现在有一辆汽车在桥下南方 100m 处，以 20m/s 的速度向北行驶；而另一辆汽车在桥上西方 150m 处，以 20m/s 的速度向东行驶。已知桥高为 10m，问经过多长时间两辆汽车之间的距离最小？并求它们之间的最小距离。

10. (高速公路的升级)为连接 A 村和 B 村要造一条高速公路，往南 50km 处有一条老路可以升级为高速公路(再修一段新的高速公路)，也可以直接连接两个村镇(图 3-24)。把现有道路升级为高速公路的成本为每千米 3000 万元，而新修高速公路的成本为 5000 万元。求升级和新建的组合以使连接两个村镇的高速公路成本最低。

11. (铁路隧道截面的建造问题)某铁路隧道的截面拟建成矩形加半圆的形状，如图 3-25

所示,截面面积为 $a(\mathrm{m}^2)$,问底宽 x 为多少时,才能使建造时所用的材料最省?

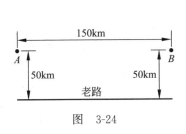

图 3-24

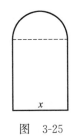

图 3-25

第七节 **函数图形的描绘**

一元函数的图形表现为一条在二维平面上的曲线,它可以直观地显示出函数值的增长或下降、峰值与谷值等信息,有助于人们对函数背后的实际问题作出正确的解释、判断与决策.本节介绍函数图形的描绘,借助函数的一阶导数和二阶导数,确定函数的单调区间、凹凸区间以及可能的极值点和拐点位置,依据这些数学特性绘制出函数图形.这一过程不仅可以深化对函数动态行为的认识,也可以为我们从定量角度解决实际问题奠定基础.

一、曲线的渐近线

曲线的渐近线是对曲线的走向有某种影响的直线.

定义 3.4 如果当曲线 $y=f(x)$ 上的动点 $P(x,y)$ 沿曲线趋于无穷远时,点 P 与定直线 l 无限接近(即动点 P 到定直线 l 的距离趋于零),则称直线 l 为曲线 $y=f(x)$ 的**渐近线**.

曲线的渐近线有三种形式:水平渐近线、铅直(垂直)渐近线和斜渐近线.

结合图 3-26,考察曲线 $y=\dfrac{1}{x}$.首先注意到 $\lim\limits_{x\to 0}\dfrac{1}{x}=\infty$,这意味着当 $x\to 0$ 时,曲线上动点 (x,y) 沿曲线趋于无穷远,同时又在无限逼近直线 $x=0$,因此直线 $x=0$ 为曲线 $y=\dfrac{1}{x}$ 的一条渐近线.

其次,$\lim\limits_{x\to\infty}\dfrac{1}{x}=0$,这表明曲线上动点 (x,y) 沿曲线趋于无穷远时,无限逼近水平直线 $y=0$,所以直线 $y=0$ 为曲线 $y=\dfrac{1}{x}$ 的渐近线.

一般地,如果 $\lim\limits_{x\to a}f(x)=\infty$,则称直线 $x=a$ 为曲线 $y=f(x)$ 的**铅直渐近线**;如果 $\lim\limits_{x\to\infty}f(x)=b$,则称直线 $y=b$ 为曲线 $y=f(x)$ 的**水平渐近线**.

对于曲线 $y=1+\dfrac{\sin x}{x}$,因为 $\lim\limits_{x\to\infty}\left(1+\dfrac{\sin x}{x}\right)=1$,所以,曲线有水平渐近线 $y=1$.如图 3-27 所示,曲线上动点 (x,y) 沿曲线趋于无穷远时,曲线无限次地穿越并无限逼近渐近线 $y=1$.

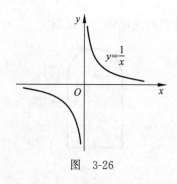

图 3-26

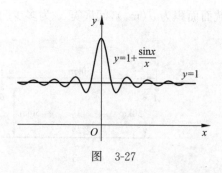

图 3-27

如果曲线存在渐近线,且既不是水平渐近线,又不是垂直渐近线,则称之为**斜渐近线**.

下面介绍斜渐近线的求法:

设直线 $y=ax+b(a\neq0)$ 是曲线 $y=f(x)$ 的渐近线,则

$$\lim_{x\to\infty(\pm\infty)}[f(x)-ax-b]=0.$$

于是,有

$$\lim_{x\to\infty(\pm\infty)}\frac{f(x)}{x}=\lim_{x\to\infty(\pm\infty)}\left[\frac{f(x)-ax-b}{x}+a+\frac{b}{x}\right]=a.$$

进一步,可得

$$\lim_{x\to\infty(\pm\infty)}[f(x)-ax]=b.$$

从而,可得斜渐近线.

例1 求曲线 $y=\arctan x$ 的渐近线.

解 因为 $\lim\limits_{x\to-\infty}\arctan x=-\dfrac{\pi}{2}$,$\lim\limits_{x\to+\infty}\arctan x=\dfrac{\pi}{2}$,所以曲线 $y=\arctan x$ 有两条水平渐近线 $y=-\dfrac{\pi}{2}$ 与 $y=\dfrac{\pi}{2}$.

例2 求曲线 $y=\dfrac{4(x+1)}{x^2}-2$ 的渐近线.

解 因为 $\lim\limits_{x\to\infty}y=\lim\limits_{x\to\infty}\left[\dfrac{4(x+1)}{x^2}-2\right]=-2$,所以曲线有水平渐近线 $y=-2$;观察函数的表达式,$x=0$ 是无穷间断点,即 $\lim\limits_{x\to0}y=\lim\limits_{x\to0}\left[\dfrac{4(x+1)}{x^2}-2\right]=\infty$,所以曲线有铅直渐近线 $x=0$.

例3 求曲线 $y=\dfrac{x^2}{x+1}$ 的渐近线.

解 因为 $\lim\limits_{x\to\infty}y=\lim\limits_{x\to\infty}\dfrac{x^2}{x+1}=\infty$,所以曲线无水平渐近线;观察函数的表达式,$x=-1$ 是无穷间断点,即 $\lim\limits_{x\to-1}y=\lim\limits_{x\to-1}\dfrac{x^2}{x+1}=\infty$,所以曲线有铅直渐近线 $x=-1$;又

$$a=\lim_{x\to\infty}\frac{f(x)}{x}=\lim_{x\to\infty}\frac{x^2}{x(x+1)}=1,$$

$$b=\lim_{x\to\infty}[f(x)-ax]=\lim_{x\to\infty}\left[\frac{x^2}{x+1}-x\right]=\lim_{x\to\infty}\frac{-x}{x+1}=-1,$$

所以曲线有斜渐近线 $y=x-1$.

二、函数图形的描绘方法

将数据表、数学公式、代数方程等不同形式的函数 $y=f(x)$ 表示为一条曲线是一项非常有意义的工作. 因为曲线的起伏能够直观表现函数的整体属性和动态效果,通过图形,很多重要的结果,例如,周期性、对称性、单调性、凹凸性、有界性、非负性、交点个数等都可以一目了然.

绘制函数的图形可以采用两种方法:描点作图法与分析作图法. 描点作图法首先确定一系列曲线上的样点(通常等距离采样),然后光滑的连接它们. 当样点较多时,得到的图形比较可靠,因此该方法较适于用计算机软件实现,如 Mathematica、MATLAB 和 Python 等. 分析作图法主要通过对函数关系的分析来得到曲线的对称性、单调性、凹凸性、连续性、极值、无穷远的趋势等信息,再辅以少量的样点便可以一段段地绘制,这样得到的曲线在结构上非常可靠. 本节介绍分析作图法.

描绘函数 $y=f(x)$ 图形的一般步骤如下:

第一步:确定函数的定义域,考察周期性、奇偶性.

第二步:通过一阶导数确定函数的单调区间、驻点、极值点.

第三步:通过二阶导数确定函数的凹凸区间与拐点.

第四步:确定并绘制曲线的渐近线.

第五步:根据上述性态描绘图形,必要时再找几个帮助定位的辅助点.

例4 作出函数 $y=x^3-x^2-x+1$ 的图形.

解 (1) 函数的定义域为 $(-\infty,+\infty)$.

(2) 确定单调区间与极值. 先求导得 $y'=3x^2-2x-1=(3x+1)(x-1)$,令 $y'=0$,得 $x_1=-\dfrac{1}{3}$,$x_2=1$.列表如下:

x	$\left(-\infty,-\dfrac{1}{3}\right)$	$-\dfrac{1}{3}$	$\left(-\dfrac{1}{3},1\right)$	1	$(1,+\infty)$
y'	+	0	-	0	+
y	增	极大值 $\dfrac{32}{27}$	减	极小值 0	增

(3) 确定凹凸区间与拐点. 求导得 $y''=6x-2=2(3x-1)$,令 $y''=0$,解得 $x=\dfrac{1}{3}$.列表如下:

x	$\left(-\infty,\dfrac{1}{3}\right)$	$\dfrac{1}{3}$	$\left(\dfrac{1}{3},+\infty\right)$
y'	-	0	+
y	凸	拐点 $\left(\dfrac{1}{3},\dfrac{16}{27}\right)$	凹

(4) 考察渐近线. 此函数无渐近线.

(5) 描图. 取辅助点 $(1,0)$,$(0,1)$,$\left(\dfrac{3}{2},\dfrac{5}{8}\right)$,根据以上讨论结果描绘出函数图像,如图 3-28 所示.

例5 作出函数 $y=\dfrac{2x^2}{(1-x)^2}$ 的图形.

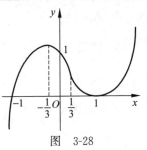

图 3-28

解 （1）函数的定义域为$(-\infty,1)\bigcup(1,+\infty)$.

（2）确定单调区间与极值. 求导得 $y'=\dfrac{4x}{(1-x)^3}$，令 $y'=0$，得驻点 $x=0$，另有 y' 不存在的点 $x=1$. 列表如下：

x	$(-\infty,0)$	0	$(0,1)$	1	$(1,+\infty)$
y'	$-$	0	$+$	不存在	$-$
y	减	极小值 0	增	无定义	减

（3）确定凹凸区间与拐点. 求导得 $y''=\dfrac{8x+4}{(1-x)^4}$，令 $y''=0$，解得 $x=-\dfrac{1}{2}$. 另有 y'' 不存在的点 $x=1$. 列表如下：

x	$\left(-\infty,-\dfrac{1}{2}\right)$	$-\dfrac{1}{2}$	$\left(-\dfrac{1}{2},1\right)$	1	$(1,+\infty)$
y''	$-$	0	$+$	不存在	$+$
y	凸	拐点 $\left(-\dfrac{1}{2},\dfrac{2}{9}\right)$	凹	无定义	凹

（4）考察渐近线. 因 $\lim\limits_{x\to\infty}y=\lim\limits_{x\to\infty}\dfrac{2x^2}{(1-x)^2}=2$，故 $y=2$ 是水平渐近线；因 $\lim\limits_{x\to1}y=\lim\limits_{x\to1}\dfrac{2x^2}{(1-x)^2}=+\infty$，故 $x=1$ 是铅直渐近线.

（5）描图. 取辅助点 $\left(-2,\dfrac{8}{9}\right)$，$\left(\dfrac{1}{2},2\right)$，$\left(3,\dfrac{9}{2}\right)$，$\left(5,\dfrac{25}{8}\right)$，根据以上讨论结果描绘出函数的图形，如图 3-29 所示.

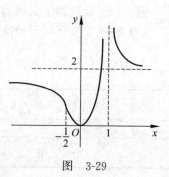

图 3-29

习题 3-7

1. 单项选择题.

（1）曲线 $y=\dfrac{\sin x}{x-5}$ 的铅直渐近线为（　　）.

　　A. $x=0$ 　　　　B. $y=0$ 　　　　C. $x=5$ 　　　　D. $y=5$

（2）曲线 $y=e^{-\frac{1}{x-1}}$ 的水平渐近线为（　　）.

　　A. $x=0$ 　　　　B. $x=1$ 　　　　C. $y=0$ 　　　　D. $y=1$

（3）曲线 $y=\dfrac{x^2+1}{x^2-1}$ 的渐近线的条数为（　　）.

　　A. 3 　　　　　　B. 2 　　　　　　C. 1 　　　　　　D. 0

2. 求曲线 $y=\dfrac{x^3}{x^2-x-2}$ 的渐近线.

3. 确定下列函数的单调性、极值、凹凸性、拐点和渐近线,并作出它们的图像:

(1) $y=x^4-2x^3$；　　　　　(2) $y=1+\dfrac{1-2x}{x^2}$；　　　　(3) $y=\ln(1+x^2)$；

(4) $y=x^2\mathrm{e}^{-x}$；　　　　　(5) $y=\dfrac{1}{\sqrt{2\pi}}\mathrm{e}^{-\frac{x^2}{2}}$；　　　　(6) $y=\dfrac{\cos x}{\cos 2x}$.

第八节　平面曲线的曲率

在解决实际工程与物理问题时,准确理解和量化曲线的弯曲性质至关重要. 例如,在交通基础设施设计中,对于道路特别是铁路和高速公路的设计,工程师们必须考虑车辆在行驶过程中的安全性与舒适度. 当设计弯道时,其弯曲程度直接关系到车辆通过时所需的向心力大小以及驾驶员视线的变化速率,进而影响行车速度上限. 另外,在结构力学领域,比如设计桥梁或建筑结构中的弹性梁时,材料受外加载荷作用会发生弯曲变形. 在处理这些问题时都需要用到刻画曲线弯曲程度的量,即曲率,它是衡量空间曲线或平面曲线弯曲程度的关键参数,能帮助工程师精准评估并控制各类工程项目中的关键性能指标. 在具体计算时,通常会利用微分几何中的曲率公式来量化描述这些实际问题中的曲线弯曲性质.

一、弧微分

为了得到曲率的计算公式,我们先介绍弧微分的概念.

设函数 $y=f(x)$ 在开区间 (a,b) 内有连续的导数. 在曲线 $y=f(x)$ 上取固定点 $A(x_0,y_0)$ 作为量度曲线弧长度(简称为**弧长**)的基点(图 3-30),并规定以 x 增大的方向作为**曲线的正向**. 在曲线上任取一点 $M(x,y)$,规定:有向弧段 $\overset{\frown}{AM}$ 的方向与曲线正向一致时,该弧段的弧长 $s>0$；反向时弧长 $s<0$. 显然,弧长 s 是 x 的函数,即 $s=s(x)$,且 $s=s(x)$ 是 x 的单调递增函数.

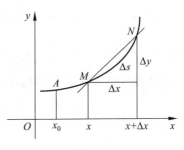

图　3-30

下面求 $s(x)$ 的微分(简称**弧微分**)$\mathrm{d}s$. 为此,在曲线上另取一点 $N(x+\Delta x,y+\Delta y)$,设对应于 x 的增量为 Δx,弧长 s 的增量为 Δs,则有

$$\Delta s=|\overset{\frown}{AN}|-|\overset{\frown}{AM}|=|\overset{\frown}{MN}|,$$

即

$$\left(\frac{\Delta s}{\Delta x}\right)^2=\left(\frac{|\overset{\frown}{MN}|}{\Delta x}\right)^2=\left(\frac{|\overset{\frown}{MN}|}{|MN|}\right)^2\cdot\frac{|MN|^2}{(\Delta x)^2}$$

$$=\left(\frac{|\overset{\frown}{MN}|}{|MN|}\right)^2\cdot\frac{(\Delta x)^2+(\Delta y)^2}{(\Delta x)^2}=\left(\frac{|\overset{\frown}{MN}|}{|MN|}\right)^2\cdot\left[1+\left(\frac{\Delta y}{\Delta x}\right)^2\right].$$

解之得

$$\frac{\Delta s}{\Delta x}=\pm\sqrt{\left(\frac{|\overset{\frown}{MN}|}{|MN|}\right)^2\cdot\left[1+\left(\frac{\Delta y}{\Delta x}\right)^2\right]}.$$

令 $\Delta x\to0$ 取极限,由于 $\Delta x\to0$ 时 $N\to M$,此时弧的长度与弦的长度之比的极限等于 1,

即 $\lim\limits_{\Delta x \to 0} \dfrac{|\widehat{MN}|}{|MN|} = 1$，且 $\lim\limits_{\Delta x \to 0} \dfrac{\Delta y}{\Delta x} = y'$，故得

$$\frac{\mathrm{d}s}{\mathrm{d}x} = \pm\sqrt{1 + y'^2}.$$

又由于 $s = s(x)$ 是单调递增函数，从而根号前取正号，所以

$$\mathrm{d}s = \sqrt{1 + y'^2}\,\mathrm{d}x, \tag{3.5}$$

这就是弧微分的表达式.

二、曲率及其计算公式

1. 曲率的概念

直观上，同一个圆上的各部分弯曲的程度一样，但若圆的半径不同，显然半径小的圆的弯曲程度比半径大的圆弯曲程度要大些，这些感性的知识仅仅让我们对曲线弯曲程度有"定性"的了解. 而在力学及许多工程技术问题中，仅有定性的判断是不够的，还必须"定量"地确定曲线的弯曲程度. 曲率就是用来定量地刻画曲线弯曲程度的量，该如何定义曲率这一概念？为回答这一问题，先直观分析曲线的弯曲取决于哪些要素.

例如，图 3-31 中两条曲线弧的长度相同，切线转角(指动点从弧的一端沿曲线移动到另一端时对应切线所转过的角度)较大的曲线弧弯曲程度较大；图 3-32 中两条曲线弧的切线转角相同，弧短的弯曲程度更大. 可见，曲线弧的弯曲程度取决于曲线弧的长度与切线的转角两个因素.

设质点沿曲线弧从点 M 运动到点 N 所走过的路程为 Δs，在曲线弧 $\widehat{MN}$ 上切线的转角为 $\Delta\alpha$(如图 3-33 所示)，用 $\left|\dfrac{\Delta\alpha}{\Delta s}\right|$，即单位弧长上切线转角的大小来表达弧段的平均弯曲程度，称为曲线弧 $\widehat{MN}$ 的**平均曲率**，记为 $\bar{K}$，即

$$\bar{K} = \left|\frac{\Delta\alpha}{\Delta s}\right|.$$

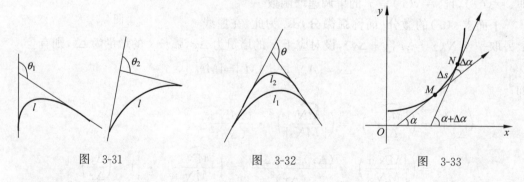

图 3-31　　　　　　　图 3-32　　　　　　　图 3-33

类似于由平均速度求瞬时速度的方法，可通过取极限来定义曲线在一点的曲率.

定义 3.5 设 M 是平面曲线 C 上一点，从 M 到动点 N 的曲线弧的长度为 Δs，从 M 到 N 的切线转角为 $\Delta\alpha$. 如果当点 N 沿曲线 C 趋于点 M(即 $\Delta s \to 0$)时，极限 $\lim\limits_{\Delta s \to 0} \left|\dfrac{\Delta\alpha}{\Delta s}\right|$ 存在，则称此极限值为曲线 C 在点 M 处的**曲率**，记作

$$K = \lim_{\Delta s \to 0} \left| \frac{\Delta \alpha}{\Delta s} \right|. \tag{3.6}$$

例 1 求直线和半径为 R 的圆周的曲率.

解 由于直线上任意点处的切线与该直线重合,动点沿直线从点 M 运动到点 N 时切线转过的角度为 $\Delta \alpha = 0$,所以直线在点 M 处的曲率

$$K = \lim_{\Delta s \to 0} \left| \frac{\Delta \alpha}{\Delta s} \right| = \lim_{\Delta s \to 0} \left| \frac{0}{\Delta s} \right| = 0,$$

表明直线上任意点处的曲率为零,即直线不弯曲.

如图 3-34 所示,在圆周上任取两点 M, M',圆弧 $\widehat{MM'}$ 的长度为 Δs,对应切线的转角为 $\Delta \alpha$,由于该转角就是圆弧所对的圆心角,所以

$$\Delta s = R \Delta \alpha,$$

因此圆周在点 M 处的曲率

$$K = \lim_{\Delta s \to 0} \left| \frac{\Delta \alpha}{\Delta s} \right| = \lim_{\Delta s \to 0} \left| \frac{\Delta \alpha}{R \Delta \alpha} \right| = \frac{1}{R}.$$

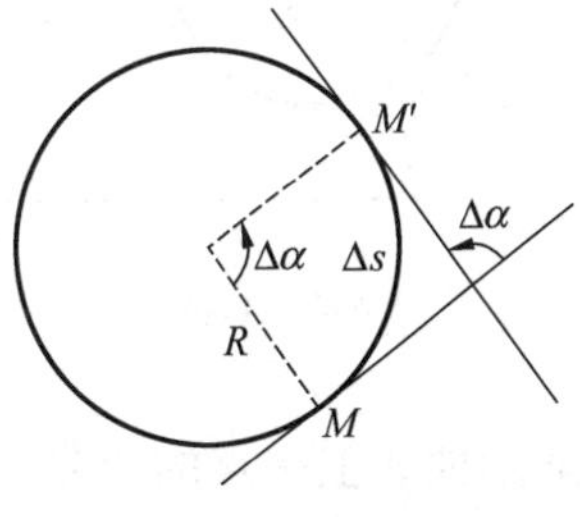

图 3-34

上述结论表明圆上各点处的曲率都等于圆半径 R 的倒数 $\frac{1}{R}$,即圆的弯曲程度处处相同,且半径越小曲率越大,即半径越小的圆弯曲得越厉害. 这和人们的直观感觉是一样的.

2. 曲率的计算

根据曲率的定义式(3.6),结合导数的定义,可得曲线 C 在点 M 处的曲率为

$$K = \left| \frac{d \alpha}{d s} \right|.$$

因为 $\tan \alpha = y'$,等式两边对 x 求导得 $\sec^2 \alpha \cdot \dfrac{d \alpha}{d x} = y''$,解得

$$d \alpha = \frac{y''}{1 + \tan^2 \alpha} d x = \frac{y''}{1 + y'^2} d x,$$

又由式(3.5)可知,$d s = \sqrt{1 + y'^2} \, d x$,所以曲率

$$K = \left| \frac{d \alpha}{d s} \right| = \left| \frac{\dfrac{y''}{1 + y'^2} d x}{\sqrt{1 + y'^2} \, d x} \right| = \frac{|y''|}{(1 + y'^2)^{3/2}}.$$

定理 3.14 设函数 $y = f(x)$ 二阶可导,则曲线 $y = f(x)$ 在点 $M(x, y)$ 处的曲率计算公式为

$$K = \frac{|y''|}{(1 + y'^2)^{3/2}}.$$

例 2 验证抛物线 $y = 2x^2 + 4x + 3$ 在顶点 $(-1, 1)$ 处的曲率最大.

证 因为 $y' = 4x + 4$,$y'' = 4$,所以其上任一点 $M(x, y)$ 处的曲率为

$$K = \frac{|y''|}{(1 + y'^2)^{3/2}} = \frac{4}{[1 + (4x + 4)^2]^{3/2}},$$

当 $4x + 4 = 0$,即 $x = -1$ 时,分母的值最小,从而曲率的值最大,这表明抛物线顶点处的曲率最大.

三、曲率半径与曲率圆

为了形象地表示曲线上一点处曲率的大小,下面引入曲率圆的概念.

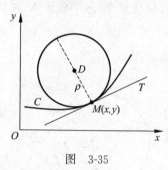

图 3-35

定义 3.6 设 M 为曲线 C 上一点,点 M 处的曲率 $K \neq 0$,过点 M 作曲线的切线和法线,在法线上曲线凹的一侧截取一点 D 使得 $|DM| = \rho = \dfrac{1}{K}$. 称以 D 为圆心、ρ 为半径的圆(图 3-35)为曲线 C 在点 M 处的**曲率圆**,ρ 称为**曲率半径**,D 称为**曲率中心**.

在点 M 处,曲线 C 与它的曲率圆有下列关系:①有相同的切线;②凹向一致;③曲率相同.

因为圆弧上的曲率处处相等,所以可借助曲率圆直观地表示曲线上一点的弯曲程度. 也正因为如此,在实际问题中,人们常用曲率圆在点 M 邻近的一段圆弧来近似代替该点邻近的曲线弧,以使问题简化.

设曲线 $y = f(x)$,且 $y'' \neq 0$,则曲线在点 $M(x, y)$ 处的曲率圆心 $D(x_0, y_0)$ 的坐标为(推导过程从略)

$$\begin{cases} x_0 = x - \dfrac{y'(1 + y'^2)}{y''}, \\ y_0 = y + \dfrac{1 + y'^2}{y''}. \end{cases}$$

曲率圆及曲率圆心的概念在某些工件设计中有着重要的应用价值.

例 3 设一工件内表面的截痕为抛物线 $y = 0.4x^2$(图 3-36),现要用砂轮磨削其内表面,问选择多大的砂轮比较合适?

解 为了在磨削时不使砂轮与工件接触处附近的那部分工件磨去太多,砂轮的半径应小于等于抛物线上各点处曲率半径的最小值.已知抛物线在其顶点处的曲率半径最小,故先求出抛物线顶点处的曲率.因为

$$y' = 0.8x, \quad y'' = 0.8,$$

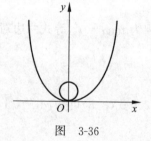

图 3-36

所以抛物线顶点处的曲率 $K|_{x=0} = \dfrac{0.8}{[1 + (0.8x)^2]^{3/2}}\Big|_{x=0} = 0.8$.

由此求得抛物线顶点处的曲率半径为 $R = \dfrac{1}{K} = 1.25$. 所以选用半径不超过 1.25 单位长的砂轮,才不会产生过量磨损或有的地方磨不到的问题.

例 4(轨道缓冲段的设计问题) 设一段铁路线需要由直道转入半径为 R 的圆弧弯道.如果将直道直接与圆弧弯道对接,接头处的曲率会突然由 0 改变为 $\dfrac{1}{R}$,这将引起向心力的突变,导致列车产生剧烈的震动或发生事故.为了保证列车安全地平缓过渡,要求设计人员在直道和弯道之间接入一段缓冲段使该段铁路线的曲率连续地由零过渡到 $\dfrac{1}{R}$. 我国常用立方

抛物线 $y=\dfrac{1}{6Rl}x^3$ 来作缓冲段,式中 l 为缓冲段的曲线弧长,且 l 比 R 小很多(记作 $l \ll R$). 求此缓冲曲线段的曲率,并说明这样的缓冲曲线段能够较好地衔接直道与圆弧弯道.

解 建立坐标系如图 3-37 所示,图中 $\overset{\frown}{OA}$ 弧为缓冲曲线

段. 式 $y=\dfrac{1}{6Rl}x^3$ 求导得

$$y'=\frac{1}{2Rl}x^2, \quad y''=\frac{1}{Rl}x,$$

得缓冲曲线段的曲率

$$K=\frac{\left|\dfrac{1}{Rl}x\right|}{\left[1+\left(\dfrac{1}{2Rl}x^2\right)^2\right]^{3/2}}.$$

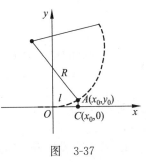

图 3-37

缓冲曲线段的两个端点分别为原点 O 和 $A(x_0, y_0)$. 在端点 O 处,$x=0$,对应的曲率为 $K|_{x=0}=0$;在端点 $A(x_0, y_0)$ 处,因该点的横坐标 $x_0 \approx l$,且 $l \ll R$,所以 $\dfrac{l}{R} \ll 1$,因此点 $A(x_0, y_0)$ 处的曲率

$$K|_{x=x_0} \approx \frac{\dfrac{1}{R}}{\left(1+\dfrac{l^2}{4R^2}\right)^{3/2}} \approx \frac{1}{R}.$$

根据缓冲段两个端点处的曲率可见,缓冲曲线 $y=\dfrac{1}{6Rl}x^3$ 使得该段铁路线的曲率几乎连续地从直道的曲率 0 过渡到圆弧弯道的曲率 $\dfrac{1}{R}$,很好地衔接了直道与圆弧弯道.

例 5 一飞机沿抛物线路径 $y=\dfrac{x^2}{10\,000}$(y 轴铅直向上,距离单位为 m)作俯冲飞行. 在坐标原点 O 处飞机的速度为 $v=200\mathrm{m/s}$,飞行员体重 $G=70\mathrm{kg}$. 求飞机俯冲至最低点即原点 O 处时座椅对飞行员的作用力.

分析 座椅对飞行员的作用力是飞行员对座椅的作用力的反作用力;而飞行员对座椅的作用力包括两部分,一部分是飞行员本身的重力,另一部分是运动所产生的离心力(图 3-38). 离心力的大小与飞行速度和飞行半径有关,而飞行半径可通过曲率半径的计算得到.

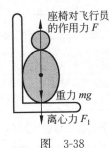

图 3-38

解 根据物理学知识,做匀速圆周运动的物体所受的向心力为

$$F_1=\frac{mv^2}{R},$$

其中 m 为物体的质量,v 为它的速度,R 为圆的半径. 因为

$$y'=\frac{x}{5000}, \quad y''=\frac{1}{5000},$$

抛物线在坐标原点处的曲率半径为

141

$$R = \frac{1}{K}\bigg|_{x=0} = \frac{(1+y'^2)^{\frac{3}{2}}}{|y''|}\bigg|_{x=0} = 5000\text{m}.$$

所以向心力为

$$F_1 = \frac{mv^2}{R} = \frac{70 \times 200^2}{5000}\text{N} = 560\text{N}.$$

座椅对飞行员的作用力 F 等于飞行员的离心力及飞行员的重量对座椅的压力之和,即

$$F = mg + F_1 = (70 \times 9.8 + 560)\text{N} = 1246\text{N}.$$

习题 3-8

1. 求曲线 $y = \sin x$ 在点 $\left(\dfrac{\pi}{2}, 1\right)$ 处的曲率及曲率半径.

2. 求曲线 $y = \ln x$ 在点 $(1, 0)$ 处的曲率及曲率半径.

3. 求抛物线 $y = x^2 - 4x + 3$ 在顶点处的曲率及曲率半径.

4. 求摆线 $x = a(t - \sin t), y = a(1 - \cos t)$ 在 $t = \pi$ 处的曲率及曲率半径.

5. 求曲线 $y = \dfrac{6}{x^2 - 2x + 4}$ 在极值点处的曲率及曲率半径.

6. 求 $y = e^x$ 在点 $(0, 1)$ 处的曲率圆方程.

7. (**汽车对桥顶的压力问题**)汽车连同载重共重 5t,在抛物线拱桥上行驶,速度为 21.6km/h. 桥的跨度为 10m,拱的矢高为 0.25m (图 3-39). 求汽车越过桥顶时对桥的压力.

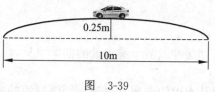

图 3-39

(提示:汽车对桥顶的压力为汽车的重力与汽车离心力之差,离心力的计算公式为 $F = \dfrac{mv^2}{R}$,注意:桥拱的曲线方程应由图 3-39 自行写出.)

附录 基于 Python 的函数性质与图形描绘

众所周知,函数值的计算、函数图形的绘制对理解函数的性质有很大的帮助,而绘图正是 Python 最擅长的项目. 常用的绘制一元函数图形命令的调用格式和功能说明见表 3-1.

表 3-1 绘制一元函数图形命令的调用格式和功能说明

调用格式	功能说明	Python 中的实现方式
plot(x, f)	在定义的 x 区间上绘制函数 f 的图形	plt. plot(x, f(x))
fplot(f, lims)	在 lims 声明的绘图区间上作函数 f 的图形	x=np. linspace(lims[0], lims[1], 400) < br > plt. plot(x, f(x))
ezplot(f, [xmin, xmax, ymin, ymax])	作隐函数 f 在区域 [xmin, xmax, ymin, ymax] 内的图形	使用 plt. contour 来绘制隐函数的图形
ezplot(x, y, [tmin, tmax])	在闭区间 [tmin, tmax] 上作二维参数方程的图形	t=np. linspace(tmin, tmax, 400) < br > plt. plot(x(t), y(t))
polar(t, r)	作极坐标方程的图形	plt. polar(t, r)

例 1 已知函数 $y=\arcsin(\ln x)$，求该函数在自变量 x 等于 $\dfrac{1}{e}$，1，e 处的函数值.

```python
import numpy as np
from sympy import asin, log
# 定义 x 的取值
x_values = np.array([1/np.exp(1), 1, np.exp(1)])
# 计算 y 的取值
y_values = [asin(log(x)) for x in x_values]
# 打印结果
print("x_values = ", x_values)
print("y_values = ", y_values)
```

结果为：

```
x_values = [0.36787944 1.          2.71828183]
y_values = [-1.57079632679490, 0, 1.57079632679490]
```

例 2 绘制函数 $y=\sqrt{x}+\sin x$ 在 $[1,16]$ 区间上的图形.

```python
import numpy as np
import matplotlib.pyplot as plt
# 定义 x 的取值范围和步长
x = np.arange(1, 16, 0.01)
# 计算 y 的值
y = np.sqrt(x) + np.sin(x)
# 绘制图形
plt.plot(x, y)
plt.xlabel('x')
plt.ylabel('y')
plt.title('y = sqrt(x) + sin(x)')
plt.show()
```

所绘图形如图 3-40 所示.

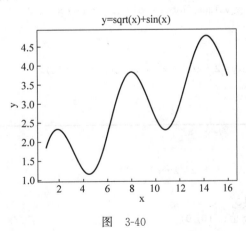

图 3-40

143

例3 求函数 $y = \dfrac{x^2}{1+x^2}$ 的单调区间和极值.

```python
import numpy as np
import matplotlib.pyplot as plt
from sympy import symbols, simplify, diff, solve
# 清除变量
x, y, d1y = symbols('x y d1y')
# 定义函数 y
y = x**2 / (1 + x**2)
# 计算 y 的一阶导数并化简
d1y = simplify(diff(y, x))
print("y 的一阶导数:", d1y)
# 解方程 d1y = 0,找到临界点
x0 = solve(d1y, x)
print("临界点 x0:", x0)
# 计算临界点对应的 y 值
y0 = [y.subs(x, xi) for xi in x0]
print("临界点对应的 y0 值:", y0)
# 组合临界点和对应的 y 值
x0_y0 = list(zip(x0, y0))
print("组合临界点和对应的 y 值:", x0_y0)
# 绘制图形
lims = (-5, 5)
x_values = np.linspace(lims[0], lims[1], 400)
y_values = x_values**2 / (1 + x_values**2)
d1y_values = 2 * x_values / (1 + x_values**2)**2
plt.figure(figsize=(8, 6))
# 绘制 y = x^2/(1+x^2) 的图像
plt.subplot(2, 1, 1)
plt.plot(x_values, y_values, label='y = x^2/(1 + x^2)')
plt.legend()
plt.grid(True)
# 在图中添加文字
plt.text(-4, 0.5, 'y = x^2/(1 + x^2)', fontsize=12)
# 绘制导数函数的图像
plt.subplot(2, 1, 2)
plt.plot(x_values, d1y_values, label='d1y = 2 * x/(1 + x^2)^2')
plt.legend()
plt.grid(True)
# 在图中添加文字
plt.text(-4, 0.1, 'd1y = 2 * x/(1 + x^2)^2', fontsize=12)
# 显示图形
plt.tight_layout()
plt.show()
```

结果为:

y 的一阶导数: 2 * x/(x**4 + 2 * x**2 + 1)
临界点 x0: [0]
临界点对应的 y0 值: [0]
组合临界点和对应的 y 值: [(0, 0)]

所绘图形如图 3-41 所示.

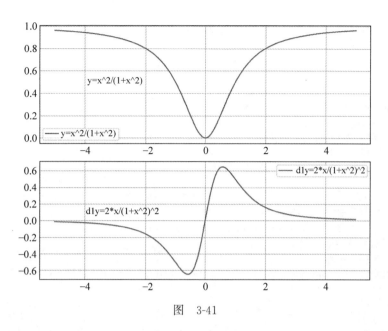

图　3-41

分析：由函数 $y=\dfrac{x^2}{1+x^2}$ 的一阶导数 $y'=\dfrac{2x}{(1+x^2)^2}$ 的图形可知：

（1）因为在 $(-\infty,0)$ 内 $y'=\dfrac{2x}{(1+x^2)^2}<0$，则 $y=\dfrac{x^2}{1+x^2}$ 在 $(-\infty,0]$ 内单调递减；

（2）因为在 $(0,+\infty)$ 内 $y'=\dfrac{2x}{(1+x^2)^2}>0$，则 $y=\dfrac{x^2}{1+x^2}$ 在 $[0,+\infty)$ 内单调递增；

（3）一阶导数等于 0 的点是 $x=0$，且左侧单调递减，右侧单调递增，因而 $x=0$ 是极小值点，极小值为 0.

例 4　求函数 $y=\dfrac{x^2}{1+x^2}$ 的凹凸区间和拐点.

```python
import numpy as np
import matplotlib.pyplot as plt
from sympy import symbols, simplify, diff, solve
# 清除变量
x, y, d2y = symbols('x y d2y')
# 定义函数 y
y = x**2 / (1 + x**2)
# 计算 y 的二阶导数并化简
d2y = simplify(diff(y, x, 2))
print("y 的二阶导数: ", d2y)
# 解方程 d2y = 0,找到临界点
x0 = solve(d2y, x)
print("临界点 x0: ", x0)
# 计算临界点对应的 y 值
y0 = [y.subs(x, xi) for xi in x0]
print("临界点对应的 y0 值: ", y0)
# 组合临界点和对应的 y 值
x0_y0 = list(zip(x0, y0))
```

```
print("组合临界点和对应的 y 值: ", x0_y0)
# 绘制图形
lims = (-5, 5)
x_values = np.linspace(lims[0], lims[1], 400)
y_values = x_values ** 2 / (1 + x_values ** 2)
d2y_values = -2 * (-1 + 3 * x_values ** 2) / (1 + x_values ** 2) ** 3
plt.figure(figsize=(8, 6))
# 绘制 y 和 x^2/(1+x^2) 的图像
plt.subplot(2, 1, 1)
plt.plot(x_values, y_values, label='y=x^2/(1+x^2)')
plt.legend()
plt.grid(True)
# 在图中添加文字
plt.text(-4, 0.5, 'y=x^2/(1+x^2)', fontsize=12)
# 绘制二阶导数函数的图像
plt.subplot(2, 1, 2)
plt.plot(x_values, d2y_values, label='d2y=-2*(-1+3*x^2)/(1+x^2)^3')
plt.legend()
plt.grid(True)
# 在图中添加文字
plt.text(-4, 0.1, 'd2y=-2*(-1+3*x^2)/(1+x^2)^3', fontsize=12)
# 显示图形
plt.tight_layout()
plt.show()
```

结果为:

```
# 结果
y 的二阶导数: (2 - 6*x**2)/(x**6 + 3*x**4 + 3*x**2 + 1)
临界点 x0: [-sqrt(3)/3, sqrt(3)/3]
临界点对应的 y0 值: [1/4, 1/4]
组合临界点和对应的 y 值: [(-sqrt(3)/3, 1/4), (sqrt(3)/3, 1/4)]
```

所绘图形如图 3-42 所示.

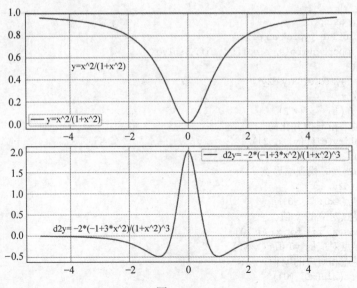

图　3-42

分析：由函数 $y=\dfrac{x^2}{1+x^2}$ 的二阶导数 $y''=\dfrac{6x^2-2}{(1+x^2)^3}$ 的图形可知，

（1）因为在 $\left(-\infty,-\dfrac{\sqrt{3}}{3}\right)$ 和 $\left(\dfrac{\sqrt{3}}{3},+\infty\right)$ 内 $y''=\dfrac{6x^2-2}{(1+x^2)^3}<0$，则 $\left(-\infty,-\dfrac{\sqrt{3}}{3}\right]$ 和

$\left[\dfrac{\sqrt{3}}{3},+\infty\right)$ 为 $y=\dfrac{x^2}{1+x^2}$ 的凸区间；

（2）因为在 $\left(-\dfrac{\sqrt{3}}{3},\dfrac{\sqrt{3}}{3}\right)$ 内 $y''=\dfrac{6x^2-2}{(1+x^2)^3}>0$，则 $\left[-\dfrac{\sqrt{3}}{3},\dfrac{\sqrt{3}}{3}\right]$ 为 $y=\dfrac{x^2}{1+x^2}$ 的凹区间；

（3）二阶导数等于 0 的点为 $x=\pm\dfrac{\sqrt{3}}{3}$，且左右两侧的二阶导数异号，故 $\left(-\dfrac{\sqrt{3}}{3},\dfrac{1}{4}\right)$ 和

$\left(\dfrac{\sqrt{3}}{3},\dfrac{1}{4}\right)$ 是 $y=\dfrac{x^2}{1+x^2}$ 的拐点.

第二篇综合练习

一、填空题

1. 曲线 $y = x\ln x$ 上与直线 $x - y = 3$ 平行的切线方程是_____.

2. 已知 $y = \ln f(\tan x)(f(\cdot)$ 可导$)$,则 $y' = $_____.

3. 已知物体的运动规律为 $s = e^{3t}$ m,则物体在 $t = 2$s 时的速度为_____ m/s.

4. 设函数 $f(x)$ 具有连续的导数,且 $f(0) = 0, f'(0) = \dfrac{1}{2}$,则极限 $\lim\limits_{x \to 0} \dfrac{f(x) + \sin x}{x} = $_____.

5. 设 $f(x) = \lim\limits_{t \to \infty} x\left(1 + \dfrac{1}{t}\right)^{3xt}$,求 $f'(x) = $_____.

6. 设 $f(x)$ 为可导的奇函数,且 $f'(x_0) = 3$,则 $f'(-x_0) = $_____.

7. 设函数 $f(x) = (x-1)(x-2)(x-3)(x-4)(x-5)$,则方程 $f'(x) = 0$ 正好有_____个实根.

8. 函数 $y = 2xe^x + 3$ 的驻点是 $x = $_____.

9. 曲线 $y = x^3$ 的拐点为_____.

10. 抛物线 $y = x^2 - 4x + 3$ 在顶点处的曲率为_____.

二、单项选择题

1. 设函数 $f(x)$ 可导,$f'(x_0) \neq 0$,$\Delta y = f(x_0 + \Delta x) - f(x_0)$,$dy = f'(x_0)\Delta x$,则当 $\Delta x \to 0$ 时,结论(   )是错误的.

    A. dy 是 Δy 的线性主部
    B. $\Delta y - dy$ 是比 Δx 高阶的无穷小

    C. $\Delta y \approx dy$
    D. $\Delta y - dy$ 是与 Δx 等价的无穷小

2. 在区间 $[-1,1]$ 上满足罗尔定理条件的函数是(   ).

    A. $f(x) = e^x$
    B. $f(x) = |x|$

    C. $f(x) = \ln(1 + x^2)$
    D. $f(x) = \dfrac{1}{x}$

3. 设函数 $f(x)$ 在 $[a,b]$ 上可导,且方程 $f(x) = 0$ 在 (a,b) 内有两个不同的根 x_1, x_2,那么在 (a,b) 内方程 $f'(x) = 0$(   ).

    A. 只有一个根
    B. 至少有一个根

    C. 有两个根
    D. 没有根

4. 下列结论中正确的是(   )

    A. 函数 $f(x)$ 在点 x_0 连续,则 $f(x)$ 在点 x_0 可导

    B. 若 x_0 是 $f(x)$ 的驻点,则 $f(x)$ 在 x_0 点必有极值

    C. 若 x_0 是 $f(x)$ 的极值点,则 x_0 必是 $f(x)$ 驻点

    D. 函数 $f(x)$ 在点 x_0 可导,则 $f(x)$ 在点 x_0 可微

5. 设函数 $f(x)$ 二阶可导,$f'(0) = 0$ 且 $\lim\limits_{x \to 0} f''(x) = 1$,则 $f(0)$(   ).

    A. 是 $f(x)$ 的极小值
    B. 是 $f(x)$ 的极大值

    C. 不是 $f(x)$ 的极值
    D. 不一定是 $f(x)$ 的极值

6. 设函数 $f(x)$ 可导,且 $\lim\limits_{x \to 0} f'(x) = 1$,则 $x = 0$ 是函数 $f(x)$ 的( ).

    A. 零点   B. 驻点   C. 极值点   D. 以上都不是

7. 设函数 $f(x)$ 二阶可导,$f'(0) = 0$ 且 $\lim\limits_{x \to 0} f''(x) = 1$,则 $f(0)$( ).

    A. 是 $f(x)$ 的极小值   B. 是 $f(x)$ 的极大值

    C. 不是 $f(x)$ 的极值   D. 不一定是 $f(x)$ 的极值

8. 设函数 $f(x)$ 二阶可导且导数在 $x = a$ 处连续,又 $\lim\limits_{x \to a} \dfrac{f'(x)}{x - a} = -1$,则( ).

    A. $x = a$ 为 $f(x)$ 的极小值点   B. $x = a$ 为 $f(x)$ 的极大值点

    C. $(a, f(a))$ 是曲线 $y = f(x)$ 的拐点

    D. $x = a$ 不是 $f(x)$ 的极值点,$(a, f(a))$ 也不是曲线 $y = f(x)$ 的拐点

9. 如果在区间 (a, b) 内,$f(x)$ 的一阶导数 $f'(x) > 0$,且二阶导数 $f''(x) < 0$,则函数 $y = f(x)$ 的图形是( ).

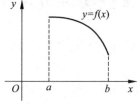 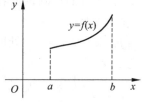

         A.   B.

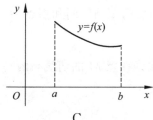 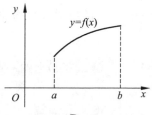

         C.   D.

10. 抛物线 $y = 2x^2 + 4x + 3$ 在点 $(-1, 1)$ 处的曲率半径为( ).

    A. $\dfrac{\sqrt{2}}{4}$ B. $2\sqrt{2}$ C. $\dfrac{1}{4}$ D. 4

三、计算题

1. 设 $y = \sin^a x + a^{\sin x} + x^{\sin x}$,$a$ 为正常数,求 y'.

2. 已知函数 $y = \sqrt{1 - x^2}\,\arcsin x + e^{2x} - \ln 2$,求 $\mathrm{d}y$.

3. 设 $f(x) = \dfrac{1 - x}{1 + x}$,求 $f^{(n)}(x)$.

4. 若函数 $y = y(x)$ 由方程 $e^y - x^2 y = 1$ 所确定,求 $y'(0)$,$y''(0)$.

5. 设 $\begin{cases} x = 1 + \ln(t + 1), \\ y = t^2 + 2t \end{cases}$ 确定了函数 $y = y(x)$,求 $\dfrac{\mathrm{d}^2 y}{\mathrm{d} x^2}$.

6. 求下列极限:

(1) $\lim\limits_{x \to 0} \dfrac{x - \sin x}{x^2 \ln(1 + x)}$;   (2) $\lim\limits_{x \to 1}\left(\dfrac{1}{x - 1} - \dfrac{1}{\ln x}\right)$;

(3) $\lim\limits_{x\to 0}\dfrac{\sqrt{1+x^3}-1}{\arcsin x\cdot \ln(1+x^2)}$;　　(4) $\lim\limits_{x\to +\infty}\dfrac{\ln x}{x^n}$, $n>0$;

(5) $\lim\limits_{x\to +\infty}\dfrac{x^n}{e^{\lambda x}}$, n 为正整数, $\lambda>0$;　　(6) $\lim\limits_{x\to 0^+}x^n\ln x$, $n>0$.

四、综合题

1. 当 a,b 为何值时, 函数 $f(x)=\begin{cases}e^{-x}, & x\leqslant 0, \\ b+\sin ax, & x>0\end{cases}$ 在 $x=0$ 处可导? 求出 a,b 的值, 并求导函数 $f'(x)$.

2. 设函数 $f(x)$ 的一阶导数连续, $f''(0)$ 存在, 且 $\lim\limits_{x\to 0}\dfrac{f(x)-x}{x^2}=1$, 试求 $f(0)$, $f'(0)$ 和 $f''(0)$.

3. 在深 10m、上顶直径 10m 的正圆锥形容器中注水, 注水速率为 $3m^3/\min$. 当水深为 6m 时, 其表面上升的速率是多少?

4. 设 $y=x^3+ax^2+bx+c$ 在 $x=-1$ 处取得极值, 且在 $(1,0)$ 处与直线 $y=2(1-x)$ 相切, 问常数 a,b,c 的值是多少?

5. 在曲线 $y=1+x^2$ $(x>0)$ 上求一点, 使得曲线在该点的切线与两坐标轴所围三角形的面积最小.

6. 确定函数 $y=\dfrac{x^3}{(x-1)^2}$ 的单调区间、极值点、函数图形的凹凸区间和拐点(要求列表讨论并写出结论).

7. 求抛物线 $y=1-x^2$ $(0<x<1)$ 上的一点 M, 使得曲线在点 M 的切线与两坐标轴围成的三角形面积最小.

8. 作出函数 $y=1+\dfrac{36}{(x+3)^2}$ 的图形.

五、证明题

1. 证明: 当 $x>1$ 时, $e^x>ex$.

2. 证明: 若 $f(x)$ 是可导的周期为 l 的函数, 则 $f'(x)$ 也是以 l 为周期的周期函数.

3. 设函数 $f(x)$ 在 $[a,b]$ 上可导, 在 (a,b) 内有二阶导数, 且
$$f(a)=f(b)=0, \quad f'(a)f'(b)>0,$$
证明: 在 (a,b) 内至少有两个点 ξ,η, 使得 $f(\xi)=0$, $f''(\eta)=0$.

4. 设函数 $f(x)$ 在闭区间 $[0,c]$ 上连续, 导数 $f'(x)$ 在开区间 $(0,c)$ 内存在且单调减小, $f(0)=0$, 应用拉格朗日中值定理证明不等式 $f(a+b)\leqslant f(a)+f(b)$, 式中 $0\leqslant a\leqslant b\leqslant a+b\leqslant c$.

5. 设函数 $f(x)$ 在 $[0,1]$ 上可导, 且 $0<f(x)<1$, 对于任何 $x\in(0,1)$ 都有 $f'(x)\neq 1$, 证明: 在 $(0,1)$ 内, 有且仅有一个数 x, 使 $f(x)=x$.

6. 设 $f(x)$ 为可微函数, 证明: 在任意两个零点之间必有点 x 使 $f'(x)=\lambda f(x)$.

一元函数积分学

在实际应用中,一方面要通过求导数 $f'(x)$ 来求解函数 $f(x)$ 的变化率问题;另一方面则需要通过已知的变化率 $f'(x)$ 去求"原来的"函数 $f(x)$,即求 $f(x)$ 的不定积分. 所以,求一个函数的不定积分也可以称为求这个函数的反导数. 由此可知,求导数与求不定积分互为逆运算.

不定积分和定积分共同构成一元函数积分学,本篇分两章分别介绍这两方面的内容.

第四章 不定积分

本章主要内容：不定积分的概念与性质，换元积分法，分部积分法.

第一节 不定积分的概念与性质

本节主要介绍原函数与不定积分的概念，不定积分的性质，基本积分表，直接积分法. 其中，原函数与不定积分是本章乃至整个积分学中两个最基本、最重要的概念.

一、原函数与不定积分的概念

1. 原函数的概念

我们先看以下实例：设一物体从静止状态开始做自由落体运动，已知其在时刻 t 的速度为 $v(t)=gt$，且运动开始时物体在原点，求物体下落的运动规律 $s=s(t)$. 求解此问题，其实就是由 $s'(t)=v(t)$，即 $s'(t)=gt$ 求 $s(t)$.

我们可以看出以上问题是已知函数的导数 $f'(x)$，求"原来的"函数 $f(x)$，是求导的反问题.

定义 4.1   如果在区间 I 上，可导函数 $F(x)$ 的导函数为 $f(x)$，即对任一 $x\in I$，都有
$$F'(x)=f(x),$$
则 $F(x)$ 称为 $f(x)$ 在区间 I 上的一个**原函数**.

导函数和原函数的关系可以如下表示：

$$A \text{ 是 } B \text{ 的导函数} \Leftrightarrow B \text{ 是 } A \text{ 的一个原函数.}$$

例如：$f(x)=x$ 是 $F(x)=\dfrac{1}{2}x^2$ 的导函数，故 $F(x)=\dfrac{1}{2}x^2$ 是 $f(x)=x$ 的一个原函数. 因为 $\left(\dfrac{1}{2}x^2+C\right)'=x$，所以 $\dfrac{1}{2}x^2+C$ 也是 $f(x)$ 的原函数，其中 C 为任意常数.

求 $f(x)$ 的一个原函数，实质上就是找一个函数，使得已知的 $f(x)$ 就是这个要找的函数的导数.

一般地，如果 $F(x)$ 是 $f(x)$ 在区间 I 上的原函数，即 $F'(x)=f(x)$，则
$$[F(x)+C]'=f(x), \quad C \text{ 为任意常数},$$
即 $F(x)+C$ 也是 $f(x)$ 在区间 I 上的原函数.

可见,一个函数的原函数有无穷多个,并且**任意两个原函数之间相差一个常数**,即如果 $\phi(x)$ 和 $F(x)$ 都是 $f(x)$ 的原函数,则 $\phi(x)-F(x)=C,C$ 为某个常数.

定理 4.1 如果 $F(x)$ 为 $f(x)$ 在区间 I 上的一个原函数,则 $f(x)$ 的任何原函数都可以表示为 $F(x)+C$,其中 C 为任意常数.

由上可知,只要求出 $f(x)$ 的一个原函数 $F(x)$,即可求出 $f(x)$ 的所有原函数 $F(x)+C$.

对于给定的 $f(x)$,它的原函数是否存在? 下面的原函数存在定理回答了这个问题:

定理 4.2 如果函数 $f(x)$ 在区间 I 上连续,则一定存在函数 $F(x)$,使得 $F'(x)=f(x)$, $x\in I$,即连续函数一定有原函数.

其证明将在下一章中给出.

例 1 验证 $\sin x,\sin x+1$ 都是 $\cos x$ 的原函数.

证 因为
$$(\sin x)'=\cos x,$$
$$(\sin x+1)'=\cos x,$$

所以 $\sin x,\sin x+1$ 都是 $\cos x$ 的原函数.

例 2 设 $\mathrm{e}^x+\sin x$ 是 $f(x)$ 的一个原函数,求 $\mathrm{d}f(x)$.

解 由题意得
$$f(x)=(\mathrm{e}^x+\sin x)'=\mathrm{e}^x+\cos x,$$

所以
$$f'(x)=(\mathrm{e}^x+\cos x)'=\mathrm{e}^x-\sin x,$$

故
$$\mathrm{d}f(x)=(\mathrm{e}^x-\sin x)\mathrm{d}x.$$

2. 不定积分的定义

定义 4.2 在区间 I 上,$f(x)$ 的带有任意常数项的原函数称为 $f(x)$ 的**不定积分**,记作
$$\int f(x)\mathrm{d}x,$$

其中记号 $\int$ 称为**积分号**,$f(x)$ 称为**被积函数**,$f(x)\mathrm{d}x$ 称为**被积表达式**,x 称为**积分变量**.

所以,如果 $F(x)$ 是 $f(x)$ 在区间 I 上的原函数,即 $F'(x)=f(x)$,则
$$\int f(x)\mathrm{d}x=F(x)+C.$$

可见,求不定积分的关键就是求 $f(x)$ 的一个原函数 $F(x)$.

考虑一下,当我们求出不定积分以后,如何检验计算结果的正确性呢? 由不定积分的定义可知不定积分是 $f(x)$ 的带有任意常数项的原函数,所以只需要对积分的结果求导数即可检验. 如果求导的结果是被积函数,则积分结果正确;否则不正确.

我们称原函数 $y=F(x)$ 的图像为 $f(x)$ 的**积分曲线**. 对每个常数 C,曲线 $y=F(x)+C$ 是 $f(x)$ 的一条确定的积分曲线,它是 $y=F(x)$ 的图像沿 y 轴方向平移 C 个单位所得到的,在横坐标为 x 的点处,它们的切线相互平行,斜率都是 $f(x)$(见图 4-1).

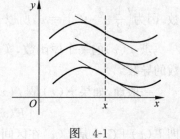

图 4-1

例 3 已知一曲线经过点 $(0,0)$,且其上任意一点 (x,y) 处的切线斜率为 $2x$,求此曲线的方程.

解 设所求曲线方程为 $y=f(x)$,由题意可知曲线上任一点 (x,y) 处的切线斜率为 $y'=2x$,则有

$$y=\int 2x\mathrm{d}x=x^2+C,$$

又该曲线经过点 $(0,0)$,将点 $(0,0)$ 代入方程 $y=x^2+C$,得 $0=0+C$,求得 $C=0$,因此所求曲线方程为 $y=x^2$.

例 4 求 $\int \dfrac{1}{x}\mathrm{d}x$.

解 当 $x\in(0,+\infty)$ 时,由 $(\ln x)'=\dfrac{1}{x}$ 可知,$\ln x$ 是 $\dfrac{1}{x}$ 在 $(0,+\infty)$ 内的一个原函数;当 $x\in(-\infty,0)$ 时,由 $[\ln(-x)]'=\dfrac{1}{-x}\cdot(-1)=\dfrac{1}{x}$ 可知,$\ln(-x)$ 是 $\dfrac{1}{x}$ 在 $(-\infty,0)$ 内的一个原函数.

综上可得,当 $x\in(0,+\infty)\bigcup(-\infty,0)$ 时,

$$\int \frac{1}{x}\mathrm{d}x=\ln|x|+C.$$

二、不定积分的性质

性质 1

$$\left[\int f(x)\mathrm{d}x\right]'=f(x),\quad \text{或 } \mathrm{d}\int f(x)\mathrm{d}x=f(x)\mathrm{d}x.$$

性质 2

$$\int F'(x)\mathrm{d}x=F(x)+C,\quad \text{或 } \int \mathrm{d}F(x)=F(x)+C.$$

这两个性质表明,积分与微分互为逆运算.特别注意性质 2,先求导后积分须多加一个任意常数 C.例如,

$$\left[\int \arctan 2x\mathrm{d}x\right]'=\arctan 2x,\quad \mathrm{d}\left[\int \ln x^2\mathrm{d}x\right]=\ln x^2\mathrm{d}x;$$

$$\int f''(x)\mathrm{d}x=\int \mathrm{d}f'(x)=f'(x)+C,\quad \int 3\mathrm{e}^{3x}\mathrm{d}x=\int \mathrm{d}(\mathrm{e}^{3x})=\mathrm{e}^{3x}+C.$$

性质 3 被积函数中不为零的常数因子可提到积分号外,即

$$\int kf(x)\mathrm{d}x=k\int f(x)\mathrm{d}x,\quad k \text{ 为常数,且 } k\neq 0.$$

性质 4 两个函数的和(差)的不定积分等于各函数的不定积分的和(差),即

$$\int[f(x)\pm g(x)]\mathrm{d}x=\int f(x)\mathrm{d}x\pm \int g(x)\mathrm{d}x.$$

性质 3 和性质 4 表明积分运算是一种线性运算,即对于任意的实数 α,β 有

$$\int[\alpha f(x)+\beta g(x)]\mathrm{d}x=\alpha\int f(x)\mathrm{d}x+\beta\int g(x)\mathrm{d}x.$$

此线性性质对有限多个函数也成立,即对于任意的实数 $k_1,k_2,\cdots,k_n$,有

$$\int \left(\sum_{i=1}^{n} k_i f_i(x) \right) \mathrm{d}x = \sum_{i=1}^{n} k_i \int f_i(x) \mathrm{d}x.$$

三、基本积分表

由于积分运算是微分运算的逆运算,因此根据基本初等函数的导数公式,可得到如下**基本积分表**:

1. $\int k \, \mathrm{d}x = kx + C$,$k$ 为常数,特别地,$\int \mathrm{d}x = x + C$;

2. $\int x^{\mu} \mathrm{d}x = \dfrac{1}{\mu+1} x^{\mu+1} + C$,$\mu$ 为常数,且 $\mu \neq -1$;

3. $\int \dfrac{\mathrm{d}x}{x} = \ln|x| + C$;

4. $\int a^x \mathrm{d}x = \dfrac{1}{\ln a} a^x + C$,其中 $a > 0$ 且 $a \neq 1$;

5. $\int \mathrm{e}^x \mathrm{d}x = \mathrm{e}^x + C$;

6. $\int \sin x \, \mathrm{d}x = -\cos x + C$;

7. $\int \cos x \, \mathrm{d}x = \sin x + C$;

8. $\int \dfrac{\mathrm{d}x}{\cos^2 x} = \int \sec^2 x \, \mathrm{d}x = \tan x + C$;

9. $\int \dfrac{\mathrm{d}x}{\sin^2 x} = \int \csc^2 x \, \mathrm{d}x = -\cot x + C$;

10. $\int \sec x \tan x \, \mathrm{d}x = \sec x + C$;

11. $\int \csc x \cot x \, \mathrm{d}x = -\csc x + C$;

12. $\int \dfrac{\mathrm{d}x}{\sqrt{1-x^2}} = \arcsin x + C = -\arccos x + C$;

13. $\int \dfrac{\mathrm{d}x}{1+x^2} = \arctan x + C = -\operatorname{arccot} x + C$;

14. $\int \sinh x \, \mathrm{d}x = \cosh x + C$;

15. $\int \cosh x \, \mathrm{d}x = \sinh x + C$.

这些基本积分公式是计算不定积分和定积分的基础,必须熟记,并且能够熟练运用.

四、直接积分法

有些不定积分可以先将被积函数进行变形或拆项,然后再利用积分的性质和基本积分表中的公式直接计算出来,这种求不定积分的方法称为**直接积分法**.

例 5 求 $\int (3x^2 + \cos x)\mathrm{d}x$.

解

$$\int (3x^2 + \cos x)\mathrm{d}x = 3\int x^2 \mathrm{d}x + \int \cos x\, \mathrm{d}x = x^3 + \sin x + C.$$

由于有限多个任意常数的代数和仍然是一个任意常数,所以上述积分的最后结果只写一个任意常数就可以了.

例 6 求 $\int 3^x \mathrm{e}^x \mathrm{d}x$.

解 利用指数函数的积分公式得

$$\int 3^x \mathrm{e}^x \mathrm{d}x = \int (3\mathrm{e})^x \mathrm{d}x = \frac{(3\mathrm{e})^x}{\ln(3\mathrm{e})} + C = \frac{3^x \mathrm{e}^x}{1 + \ln 3} + C.$$

例 7 求 $\int \left(\sqrt{x\sqrt{x\sqrt{x}}} - \frac{1}{\sqrt{x}} \right)\mathrm{d}x$.

解

$$\int \left(\sqrt{x\sqrt{x\sqrt{x}}} - \frac{1}{\sqrt{x}} \right)\mathrm{d}x = \int (x^{\frac{7}{8}} - x^{-\frac{1}{2}})\mathrm{d}x = \int x^{\frac{7}{8}}\mathrm{d}x - \int x^{-\frac{1}{2}}\mathrm{d}x = \frac{8}{15}x^{\frac{15}{8}} - 2x^{\frac{1}{2}} + C.$$

例 8 求 $\int \left(\frac{2}{1+x^2} - \frac{3}{\sqrt{1-x^2}} \right)\mathrm{d}x$.

解

$$\int \left(\frac{2}{1+x^2} - \frac{3}{\sqrt{1-x^2}} \right)\mathrm{d}x = 2\int \frac{1}{1+x^2}\mathrm{d}x - 3\int \frac{1}{\sqrt{1-x^2}}\mathrm{d}x$$

$$= 2\arctan x - 3\arcsin x + C.$$

例 9 求 $\int \frac{3x^4 + 3x^2 + 1}{x^2 + 1}\mathrm{d}x$.

解

$$\int \frac{3x^4 + 3x^2 + 1}{x^2 + 1}\mathrm{d}x = \int \frac{3x^2(x^2 + 1) + 1}{x^2 + 1}\mathrm{d}x = \int 3x^2 \mathrm{d}x + \int \frac{1}{x^2 + 1}\mathrm{d}x$$

$$= x^3 + \arctan x + C.$$

对于不定积分的计算,合理地进行一些恒等变形,有时是必要的.

例 10 求 $\int \frac{1 + \cos^2 x}{1 + \cos 2x}\mathrm{d}x$.

解

$$\int \frac{1 + \cos^2 x}{1 + \cos 2x}\mathrm{d}x = \int \frac{1 + \cos^2 x}{2\cos^2 x}\mathrm{d}x = \frac{1}{2}\int \frac{1 + \cos^2 x}{\cos^2 x}\mathrm{d}x = \frac{1}{2}\int (\sec^2 x + 1)\mathrm{d}x$$

$$= \frac{1}{2}\tan x + \frac{x}{2} + C.$$

例 11 求 $\int \frac{x^4 + 3x^2}{1 + x^2}\mathrm{d}x$.

解

$$\int \frac{x^4+3x^2}{1+x^2}\mathrm{d}x=\int\left(x^2+2-\frac{2}{1+x^2}\right)\mathrm{d}x=\frac{x^3}{3}+2x-2\arctan x+C.$$

例 12 已知函数 $f(x)=\begin{cases} a+\sin x, & x\leqslant 0, \\ \dfrac{1}{1+x^2}, & x>0, \end{cases}$ 连续,问:(1)a 取何值?(2)$f(x)$是否存

在原函数?若存在,求其原函数.

解 (1) 由于 $f(x)$连续,即 $f(0)=\lim\limits_{x\to 0^-}f(x)=\lim\limits_{x\to 0^+}f(x)$,可得 $f(0)=a=1$,故 $a=1$.

(2) 由于 $f(x)$连续,因此根据定理 4.2 知,它一定有原函数.

当 $x<0$ 时,$F(x)=\int f(x)\mathrm{d}x=\int(1+\sin x)\mathrm{d}x=x-\cos x+C_1$;

当 $x>0$ 时,$F(x)=\int f(x)\mathrm{d}x=\arctan x+C_2$.

由于 $F(x)$是 $f(x)$的原函数,即 $F(x)$在 $x=0$ 处可导,因此 $F(x)$在 $x=0$ 处连续,即

$$F(0)=\lim\limits_{x\to 0^-}F(x)=\lim\limits_{x\to 0^+}F(x),$$

得

$$F(0)=-1+C_1=C_2,$$

记 $C_1=C$,则有

$$\int f(x)\mathrm{d}x=\begin{cases} x-\cos x+C, & x\leqslant 0, \\ \arctan x-1+C, & x>0. \end{cases}$$

例 13 已知 $f'(\sin x)=\cos 2x$,求 $f(x)$.

解 因为

$$f'(\sin x)=\cos 2x=1-2\sin^2 x$$

所以

$$f'(x)=1-2x^2$$

因此

$$f(x)=\int f'(x)\mathrm{d}x=\int(1-2x^2)\mathrm{d}x=x-\frac{2}{3}x^3+C.$$

例 14 一架波音 727 客机起飞时的速度为 $320\mathrm{km/h}$,假定加速度为常数,从起跑到起飞用时 $30\mathrm{s}$,跑道应有多长?

解 根据题意,可设 $v'(t)=a$,则 $v(t)=at+C_1$,由 $v(0)=0$,得 $C_1=0$,所以 $v(t)=at$;又由 $v(30)=30a=320\times\dfrac{1000}{3600}\mathrm{m/s}=\dfrac{800}{9}\mathrm{m/s}$,得 $a=\dfrac{80}{27}\mathrm{m/s^2}$,故 $v(t)=\dfrac{80}{27}t$,即 $s'(t)=\dfrac{80}{27}t$,积分得

$$s(t)=\frac{40}{27}t^2+C_2,$$

又 $s(0)=0$,所以 $C_2=0$,因此 $s(t)=\dfrac{40}{27}t^2$,计算得

$$s(30)=\frac{40}{27}\times 30^2\mathrm{m}=\frac{4000}{3}\mathrm{m},$$

所以跑道长应为 $\dfrac{4}{3}$ km.

例 15 设火车在刹车时产生的恒定负加速度为 $-a$（m/s²），(1)若速度为 120km/h 的火车的刹车距离控制在 800m，则 a 取何值？(2)从火车开始刹车到停止需要多少时间？

解 (1) 设 $v(t)$，$s(t)$ 分别表示刹车 t s 后火车的速度和行驶的距离，由已知条件知 $v'(t) = -a$，故

$$v(t) = \int (-a)\mathrm{d}t = -at + C_1,$$

又因为 $v(0) = v_0$，所以得 $C_1 = v_0$，从而速度 $v(t) = -at + v_0$，即 $s'(t) = -at + v_0$，积分可得

$$s(t) = \int (-at + v_0)\mathrm{d}t = -\frac{a}{2}t^2 + v_0 t + C_2,$$

由 $s(0) = 0$，得 $C_2 = 0$，所以 $s(t) = -\dfrac{a}{2}t^2 + v_0 t$，令 $v(t) = 0$，计算得火车从刹车到停下所用的时间为 $t = \dfrac{v_0}{a}$，因此刹车距离为 $s = \dfrac{v_0^2}{2a}$. 将 $v_0 = 120\text{km/h} = \dfrac{120}{3.6}\text{m/s}$，$s = 800\text{m}$ 代入，可得

$$a = \frac{v_0^2}{2s} = \frac{\left(\frac{120}{3.6}\right)^2}{2 \times 800}\text{m/s}^2 = 0.69\text{m/s}^2.$$

(2) 令 $v(t) = 0$，则有 $t = \dfrac{v_0}{a} = \dfrac{\frac{120}{3.6}}{0.69}\text{s} = 48.31\text{s}$，所以从火车开始刹车到停止需要 48.31s.

习题 4-1

1. 若 $f(x) \leqslant g(x)$，则一定有 $\displaystyle\int f(x)\mathrm{d}x \leqslant \int g(x)\mathrm{d}x$ 吗？

2. 填空题：

(1) 已知 $\displaystyle\int x f(x)\mathrm{d}x = \arctan x + C$，则 $f(x) = $ _____；

(2) $\displaystyle\int (\arctan x^2)' \mathrm{d}x = $ _____ ；

(3) 若 e^{-x} 是 $f(x)$ 的原函数，则 $\displaystyle\int x^2 f(\ln x)\mathrm{d}x = $ _____.

3. 计算下列不定积分：

(1) $\displaystyle\int (2\cos x + 5\sec^2 x)\mathrm{d}x$；

(2) $\displaystyle\int (\mathrm{e}^x + 3^x)\mathrm{d}x$；

(3) $\displaystyle\int (1 + \sqrt[3]{x})^2 \mathrm{d}x$；

(4) $\displaystyle\int \sqrt{x}(x^2 - 5)\mathrm{d}x$；

(5) $\displaystyle\int 2\sin^2 \frac{x}{2}\mathrm{d}x$；

(6) $\displaystyle\int \sqrt{x\sqrt{x}}\left(1 - \frac{1}{\sqrt{x}}\right)\mathrm{d}x$；

(7) $\displaystyle\int \left(\sqrt{\frac{1+x}{1-x}} + \sqrt{\frac{1-x}{1+x}}\right)\mathrm{d}x$；

(8) $\displaystyle\int \frac{(x-1)^3}{x^2}\mathrm{d}x$；

$(9) \int \dfrac{(1+x)^2}{x(1+x^2)} \mathrm{d}x$; $\qquad\qquad (10) \int (5^x + \tan^2 x) \mathrm{d}x$;

$(11) \int \dfrac{\mathrm{d}x}{\sin^2 \dfrac{x}{2} \cos^2 \dfrac{x}{2}}$; $\qquad\qquad (12) \int \dfrac{\mathrm{d}x}{\cos^2 x \sin^2 x}$.

4. 一曲线通过点 $(\mathrm{e}^2, 1)$, 且曲线上任一点处的切线斜率等于该点横坐标的倒数, 求此曲线方程.

5. 一个静止的物体, 其质量为 m, 在力 $F = A\sin t$ 的作用下沿直线运动, 求该物体的运动速度.

第二节　第一类换元积分法

能利用直接积分法计算的不定积分是十分有限的, 对于那些复杂函数尤其是复合函数的不定积分应该怎么求呢? 换元积分法(简称换元法)就是求复合函数不定积分的重要方法, 这种方法是将复合函数的求导法则反过来用于不定积分, 通过适当的变量替换(换元), 将某些不定积分化为可利用直接积分法计算的不定积分. 换元积分法通常分为两大类: 第一类换元积分法(凑微分法)和第二类换元积分法. 本节主要介绍第一类换元积分法(凑微分法), 下节介绍第二类换元积分法.

试问: 如何求 $\int \cos 3x \,\mathrm{d}x$ 呢? 由于这个不定积分的被积函数 $\cos 3x$ 是复合函数, 所以不能直接利用公式 $\int \cos x \,\mathrm{d}x = \sin x + C$ 求解. 但若令 $u = 3x$, 则可将复合函数 $y = \sin 3x$ 分解为 $y = \sin u$ 和 $u = 3x$. 由复合函数的求导法则可得

$$\frac{\mathrm{d}y}{\mathrm{d}x} = \frac{\mathrm{d}y}{\mathrm{d}u} \cdot \frac{\mathrm{d}u}{\mathrm{d}x} = \cos u \cdot 3 = 3\cos 3x,$$

写成微分的形式即为

$$\mathrm{d}(\sin 3x) = \cos 3x \,\mathrm{d}(3x) = 3\cos 3x \,\mathrm{d}x,$$

由以上分析易得

$$\cos 3x \,\mathrm{d}x = \frac{1}{3}\cos 3x \,\mathrm{d}(3x),$$

按如下方式求解 $\int \cos 3x \,\mathrm{d}x$:

$$\int \cos 3x \,\mathrm{d}x = \frac{1}{3}\int \cos 3x \,\mathrm{d}(3x)$$

$$\xrightarrow{\text{令 } 3x = u} \frac{1}{3}\int \cos u \,\mathrm{d}u$$

$$= \frac{1}{3}\sin u + C$$

$$\xrightarrow{\text{回代 } u = 3x} \frac{1}{3}\sin 3x + C.$$

以上求解结果是否正确呢? 进行验证可得 $\left(\dfrac{1}{3}\sin 3x + C\right)' = \cos 3x$, 所以以上求解结果是正

确的. 以上求解方法称为**第一类换元积分法**,也称为**凑微分法**.

定理 4.3(第一类换元积分法——凑微分法) 设 $F(u)$ 是 $f(u)$ 的一个原函数, $u=\varphi(x)$ 可导,则

$$\int f[\varphi(x)]\varphi'(x)\mathrm{d}x = F[\varphi(x)] + C. \tag{4.1}$$

证 因为 $F(u)$ 是 $f(u)$ 的一个原函数,且 $u=\varphi(x)$ 可导,根据复合函数的求导法则可得

$$[F(\varphi(x))]' = F'(u)\varphi'(x) = f(u)\varphi'(x) = f[\varphi(x)]\varphi'(x),$$

根据不定积分的定义,有

$$\int f[\varphi(x)]\varphi'(x)\mathrm{d}x = F[\varphi(x)] + C.$$

这个定理表明不论积分变量是自变量,还是该自变量的任一可微函数,基本积分公式总是成立的.

利用第一类换元积分法计算积分 $\int g(x)\mathrm{d}x$. 第一步:将 $g(x)$ 分解成 $\varphi(x)$ 的函数 $f[\varphi(x)]$ 和 $\varphi(x)$ 的导数 $\varphi'(x)$ 的乘积,即 $g(x)=f[\varphi(x)]\cdot\varphi'(x)$. 第二步:利用 $u=\varphi(x)$,将原积分化为 $\int f(u)\mathrm{d}u$. 第三步:利用直接积分法求出此积分. 第四步:将计算结果中的 u 回代 $u=\varphi(x)$. 此法的关键是选取 $\varphi(x)$,同时将 $\varphi'(x)\mathrm{d}x$ 凑成 $\mathrm{d}\varphi(x)$ 的形式,其实质是凑微分,因此第一类换元积分法又叫**凑微分法**.

为帮助读者掌握第一类换元积分法,现将一些常用的凑微分形式列举如下:

$a\,\mathrm{d}x = \mathrm{d}(ax+b)$;　　　　　　　　　$\mathrm{e}^x\,\mathrm{d}x = \mathrm{d}\mathrm{e}^x$;

$\dfrac{1}{x}\mathrm{d}x = \mathrm{d}\ln|x|$;　　　　　　　　　$\dfrac{a}{ax+b}\mathrm{d}x = \mathrm{d}\ln|ax+b|$, $a\neq 0$;

$-\dfrac{1}{x^2}\mathrm{d}x = \mathrm{d}\dfrac{1}{x}$;　　　　　　　　$\dfrac{1}{2\sqrt{x}}\mathrm{d}x = \mathrm{d}\sqrt{x}$;

$\dfrac{1}{\sqrt{1-x^2}}\mathrm{d}x = \mathrm{d}\arcsin x$;　　　　$\dfrac{-x}{\sqrt{1-x^2}}\mathrm{d}x = \mathrm{d}\sqrt{1-x^2}$;

$\dfrac{x}{\sqrt{1+x^2}}\mathrm{d}x = \mathrm{d}\sqrt{1+x^2}$;　　　$\cos x\,\mathrm{d}x = \mathrm{d}\sin x$;

$-\sin x\,\mathrm{d}x = \mathrm{d}\cos x$;　　　　　　　$\sin 2x\,\mathrm{d}x = \mathrm{d}\sin^2 x$;

$-\sin 2x\,\mathrm{d}x = \mathrm{d}\cos^2 x$;　　　　　　$\sec^2 x\,\mathrm{d}x = \mathrm{d}\tan x$.

例 1 求 $\int 2\sin 2x\,\mathrm{d}x$.

解 方法一 $\displaystyle\int 2\sin 2x\,\mathrm{d}x = \int \sin 2x\cdot(2x)'\mathrm{d}x = \int \sin 2x\,\mathrm{d}(2x) \xlongequal{u=2x} \int \sin u\,\mathrm{d}u$

$$= -\cos u + C = -\cos 2x + C.$$

方法二 $\displaystyle\int 2\sin 2x\,\mathrm{d}x = 4\int \sin x\cos x\,\mathrm{d}x = 4\int \sin x\,\mathrm{d}(\sin x) \xlongequal{u=\sin x} 4\int u\,\mathrm{d}u$

$$= 2u^2 + C = 2\sin^2 x + C.$$

方法三 $\displaystyle\int 2\sin 2x\,\mathrm{d}x = 4\int \sin x\cos x\,\mathrm{d}x = -4\int \cos x\,\mathrm{d}(\cos x) \xlongequal{u=\cos x} -4\int u\,\mathrm{d}u$

$$= -2u^2 + C = -2\cos^2 x + C.$$

上述结果表明：$-\cos 2x, 2\sin^2 x, -2\cos^2 x$ 均为 $2\sin 2x$ 的原函数.

例 2 求 $\int 3x^2 e^{x^3} dx$.

解

$$\int 3x^2 e^{x^3} dx = \int e^{x^3} (x^3)' dx = \int e^{x^3} d(x^3) \xrightarrow{\text{令} u = x^3} \int e^u du$$

$$= e^u + C = e^{x^3} + C.$$

通过求解上面的例题可知，在求不定积分的过程中，中间变量 u 只起过渡作用，最后仍要换为原来的积分变量 x，所以对第一类换元积分法的过程熟练以后，可以不必写出中间变量 u.

例 3 求 $\int (1-3x)^8 dx$.

解

$$\int (1-3x)^8 dx = -\frac{1}{3} \int (1-3x)^8 d(1-3x)$$

$$= -\frac{1}{3} \cdot \frac{1}{8+1} (1-3x)^{8+1} + C = -\frac{1}{27} (1-3x)^9 + C.$$

例 4 求 $\int \frac{1}{x(1+2\ln x)} dx$.

解

$$\int \frac{1}{x(1+2\ln x)} dx = \int \frac{1}{1+2\ln x} d(\ln x) = \frac{1}{2} \int \frac{1}{1+2\ln x} d(1+2\ln x)$$

$$= \frac{1}{2} \ln |1+2\ln x| + C.$$

例 5 求 $\int x\sqrt{1+x^2} dx$.

解

$$\int x\sqrt{1+x^2} dx = \frac{1}{2} \int \sqrt{1+x^2} d(1+x^2)$$

$$= \frac{1}{2} \cdot \frac{1}{\frac{3}{2}} (1+x^2)^{\frac{3}{2}} + C = \frac{1}{3} (1+x^2)^{\frac{3}{2}} + C.$$

例 6 求 $\int \frac{1}{(2-x)\sqrt{1-x}} dx$.

解

$$\int \frac{1}{(2-x)\sqrt{1-x}} dx = -2 \int \frac{d\sqrt{1-x}}{1+(\sqrt{1-x})^2} = -2\arctan\sqrt{1-x} + C.$$

例 7 求 $\int \frac{x}{\sqrt{1-x^2}} dx$.

解

$$\int \frac{x}{\sqrt{1-x^2}} dx = -\frac{1}{2} \int (1-x^2)^{-\frac{1}{2}} d(1-x^2)$$

$$= -\frac{1}{2} \cdot \frac{1}{-\frac{1}{2}+1} (1-x^2)^{-\frac{1}{2}+1} + C = -\sqrt{1-x^2} + C.$$

例 8 求 $\displaystyle\int\frac{\mathrm{d}x}{a^2+x^2}$.

解

$$\int\frac{\mathrm{d}x}{a^2+x^2}=\frac{1}{a^2}\int\frac{\mathrm{d}x}{1+\left(\dfrac{x}{a}\right)^2}=\frac{1}{a}\int\frac{\mathrm{d}\left(\dfrac{x}{a}\right)}{1+\left(\dfrac{x}{a}\right)^2}=\frac{1}{a}\arctan\frac{x}{a}+C,$$

即

$$\int\frac{\mathrm{d}x}{a^2+x^2}=\frac{1}{a}\arctan\frac{x}{a}+C.\quad\text{（添加到基本积分表中）}$$

例 9 求 $\displaystyle\int\frac{\mathrm{d}x}{x^2-a^2}$.

解

$$\int\frac{\mathrm{d}x}{x^2-a^2}=\frac{1}{2a}\int\left(\frac{1}{x-a}-\frac{1}{x+a}\right)\mathrm{d}x=\frac{1}{2a}\int\frac{\mathrm{d}x}{x-a}-\frac{1}{2a}\int\frac{\mathrm{d}x}{x+a}$$

$$=\frac{1}{2a}\ln\mid x-a\mid-\frac{1}{2a}\ln\mid x+a\mid+C$$

$$=\frac{1}{2a}\ln\left|\frac{x-a}{x+a}\right|+C,$$

即

$$\int\frac{\mathrm{d}x}{x^2-a^2}=\frac{1}{2a}\ln\left|\frac{x-a}{x+a}\right|+C.\quad\text{（添加到基本积分表中）}$$

例 10 求 $\displaystyle\int\frac{\mathrm{d}x}{\sqrt{a^2-x^2}}$，$a>0$.

解

$$\int\frac{\mathrm{d}x}{\sqrt{a^2-x^2}}=\frac{1}{a}\int\frac{\mathrm{d}x}{\sqrt{1-\left(\dfrac{x}{a}\right)^2}}=\int\frac{\mathrm{d}\left(\dfrac{x}{a}\right)}{\sqrt{1-\left(\dfrac{x}{a}\right)^2}}=\arcsin\frac{x}{a}+C,a>0,$$

即

$$\int\frac{\mathrm{d}x}{\sqrt{a^2-x^2}}=\arcsin\frac{x}{a}+C,a>0.\quad\text{（添加到基本积分表中）}$$

例 11 求 $\displaystyle\int\tan x\,\mathrm{d}x$.

解

$$\int\tan x\,\mathrm{d}x=\int\frac{\sin x}{\cos x}\mathrm{d}x=-\int\frac{1}{\cos x}\mathrm{d}(\cos x)=-\ln\mid\cos x\mid+C,$$

即

$$\int\tan x\,\mathrm{d}x=-\ln\mid\cos x\mid+C.\quad\text{（添加到基本积分表中）}$$

同理

$$\int \cot x \, dx = \int \frac{\cos x}{\sin x} \, dx = \int \frac{1}{\sin x} d(\sin x) = \ln |\sin x| + C,$$

即

$$\int \cot x \, dx = \ln |\sin x| + C. \quad \text{(添加到基本积分表中)}$$

例 12 求 $\int \cos^2 x \, dx$.

解

$$\int \cos^2 x \, dx = \int \frac{1 + \cos 2x}{2} \, dx$$
$$= \frac{1}{2} \int dx + \frac{1}{4} \int \cos 2x \, d(2x) = \frac{x}{2} + \frac{\sin 2x}{4} + C.$$

在求不定积分的过程中,利用三角函数公式,可以将某些看似难以计算的不定积分化为能用直接积分法或第一类换元积分法计算的不定积分.

例 13 求 $\int \sin^2 x \cos^3 x \, dx$.

解

$$\int \sin^2 x \cos^3 x \, dx = \int \sin^2 x \cos^2 x \, d\sin x$$
$$= \int \sin^2 x (1 - \sin^2 x) \, d\sin x$$
$$= \int (\sin^2 x - \sin^4 x) \, d\sin x$$
$$= \frac{1}{3} \sin^3 x - \frac{1}{5} \sin^5 x + C.$$

例 14 求 $\int \frac{1}{1 - \sin x} \, dx$.

解

$$\int \frac{1}{1 - \sin x} \, dx = \int \frac{1 + \sin x}{1 - \sin^2 x} \, dx = \int \frac{1 + \sin x}{\cos^2 x} \, dx$$
$$= \int \sec^2 x \, dx + \int \frac{\sin x}{\cos^2 x} \, dx = \tan x - \int \frac{d\cos x}{\cos^2 x} = \tan x + \frac{1}{\cos x} + C,$$

上式结果可以进一步写为 $\int \frac{1}{1 - \sin x} \, dx = \tan x + \sec x + C$.

例 15 求:(1) $\int \csc x \, dx$;(2) $\int \sec x \, dx$.

解 (1) 方法一: $\int \csc x \, dx = \int \frac{1}{\sin x} \, dx = \int \frac{1}{2 \sin \frac{x}{2} \cos \frac{x}{2}} \, dx = \int \frac{d\left(\frac{x}{2}\right)}{\tan \frac{x}{2} \cos^2 \frac{x}{2}}$

$$= \int \frac{d\tan \frac{x}{2}}{\tan \frac{x}{2}} = \ln \left| \tan \frac{x}{2} \right| + C = \ln |\csc x - \cot x| + C.$$

即

$$\int \csc x \, dx = \ln |\csc x - \cot x| + C. \quad （添加到基本积分表中）$$

方法二：$\displaystyle\int \csc x \, dx = \int \frac{\csc x (\csc x - \cot x)}{\csc x - \cot x} dx = \int \frac{\csc^2 x - \csc x \cot x}{\csc x - \cot x} dx$

$$= \int \frac{1}{\csc x - \cot x} d(\csc x - \cot x) = \ln |\csc x - \cot x| + C.$$

$(2)\ \displaystyle\int \sec x \, dx = \int \csc\left(x + \frac{\pi}{2}\right) dx = \ln\left|\csc\left(x + \frac{\pi}{2}\right) - \cot\left(x + \frac{\pi}{2}\right)\right| + C$

$$= \ln|\sec x + \tan x| + C.$$

即

$$\int \sec x \, dx = \ln |\sec x + \tan x| + C. \quad （添加到基本积分表中）$$

上例中(2)也可以利用与(1)中方法二的类似方法证明.

计算中经常用到例 11、例 15、例 8～例 10 的积分结果,将其添加到基本积分表中:

16. $\displaystyle\int \tan x \, dx = -\ln |\cos x| + C;$

17. $\displaystyle\int \cot x \, dx = \ln |\sin x| + C;$

18. $\displaystyle\int \sec x \, dx = \ln |\sec x + \tan x| + C;$

19. $\displaystyle\int \csc x \, dx = \ln |\csc x - \cot x| + C;$

20. $\displaystyle\int \frac{dx}{a^2 + x^2} = \frac{1}{a} \arctan \frac{x}{a} + C;$

21. $\displaystyle\int \frac{dx}{x^2 - a^2} = \frac{1}{2a} \ln \left| \frac{x-a}{x+a} \right| + C;$

22. $\displaystyle\int \frac{dx}{\sqrt{a^2 - x^2}} = \arcsin \frac{x}{a} + C, a > 0.$

读者要熟记以上公式.

例 16 求 $\displaystyle\int \frac{1}{e^{-x} + e^x} dx.$

解

$$\int \frac{1}{e^{-x} + e^x} dx = \int \frac{e^x}{1 + (e^x)^2} dx = \int \frac{d(e^x)}{1 + (e^x)^2} = \arctan e^x + C.$$

下面简单介绍有理分式函数的不定积分. 由两个多项式的商所表示的函数称为**有理分式函数**,其一般形式如下:

$$\frac{P(x)}{Q(x)} = \frac{a_0 x^n + a_1 x^{n-1} + \cdots + a_{n-1} x + a_n}{b_0 x^m + b_1 x^{m-1} + \cdots + b_{m-1} x + b_m},$$

其中 m 和 n 都是非负整数;$a_0, b_0 \neq 0$. 当 $n < m$ 时,称这个有理分式函数为**真分式**;当 $n \geqslant m$ 时,称这个有理分式函数为**假分式**.

对于假分式总可以利用多项式的除法将其化为一个多项式与一个真分式的和. 例如

$$\frac{x^3+x+1}{x^2+1}=\frac{x(x^2+1)+1}{x^2+1}=x+\frac{1}{x^2+1}.$$

例 17 求：(1) $\int \frac{x^2}{1+x^2}\mathrm{d}x$ ；(2) $\int \frac{2x}{4x^2+4x+5}\mathrm{d}x$.

解 (1) $\int \frac{x^2}{1+x^2}\mathrm{d}x = \int \frac{(1+x^2)-1}{1+x^2}\mathrm{d}x = \int \mathrm{d}x - \int \frac{1}{1+x^2}\mathrm{d}x = x - \arctan x + C$ ；

(2) $\int \frac{2x}{4x^2+4x+5}\mathrm{d}x = \int \left(\frac{2x+1}{4x^2+4x+5}-\frac{1}{4x^2+4x+5}\right)\mathrm{d}x$

$$=\frac{1}{4}\int \frac{\mathrm{d}(4x^2+4x+5)}{4x^2+4x+5}-\int \frac{\mathrm{d}\left(x+\frac{1}{2}\right)}{4\left[\left(x+\frac{1}{2}\right)^2+1\right]}$$

$$=\frac{1}{4}\ln|4x^2+4x+5|-\frac{1}{4}\arctan\left(x+\frac{1}{2}\right)+C$$

$$=\frac{1}{4}\ln(4x^2+4x+5)-\frac{1}{4}\arctan\left(x+\frac{1}{2}\right)+C.$$

"加一减一"技巧是计算不定积分的常用技巧.

例 18 求 $\int \frac{x+3}{x^2-5x+6}\mathrm{d}x$.

提示：本例中不定积分的被积函数是真分式，而且其分母可以进行因式分解，所以先将分母进行因式分解，然后再积分.

解

$$\frac{x+3}{(x-2)(x-3)}=\frac{A}{x-3}+\frac{B}{x-2}=\frac{(A+B)x+(-2A-3B)}{(x-2)(x-3)},$$

比较分子的系数可得 $A+B=1,-2A-3B=3$，解得 $A=6,B=-5$，所以

$$\int \frac{x+3}{x^2-5x+6}\mathrm{d}x = \int \frac{x+3}{(x-2)(x-3)}\mathrm{d}x = \int \left(\frac{6}{x-3}-\frac{5}{x-2}\right)\mathrm{d}x$$

$$=\int \frac{6}{x-3}\mathrm{d}x - \int \frac{5}{x-2}\mathrm{d}x = 6\ln|x-3|-5\ln|x-2|+C.$$

由上面例题的求解过程可以看出，计算不定积分没有固定的方法和途径可以遵循，只有多练、多算，仔细体会，才能够熟练运用各种技巧计算变化万千的不定积分.

习题 4-2

1. 求下列不定积分：

(1) $\int \mathrm{e}^x \cdot \sin \mathrm{e}^x \mathrm{d}x$ ；

(2) $\int \frac{1}{2+3x}\mathrm{d}x$ ；

(3) $\int \sin^2 x \, \mathrm{d}x$ ；

(4) $\int \frac{\ln^2 x}{x}\mathrm{d}x$ ；

(5) $\int \frac{1}{x^2-4}\mathrm{d}x$ ；

(6) $\int x\sqrt{x^2-3}\,\mathrm{d}x$ ；

(7) $\int \frac{\cos\sqrt{x}\,\mathrm{d}x}{\sqrt{x}}$ ；

(8) $\int \frac{\mathrm{d}x}{2+x^2}$ ；

(9) $\int \frac{2}{x^2}\mathrm{e}^{\frac{1}{x}}\mathrm{d}x$ ；

(10) $\displaystyle\int \frac{\mathrm{d}x}{x\ln x\ln\ln x}$；　(11) $\displaystyle\int \frac{\mathrm{d}x}{x(1+2\ln x)}$；　(12) $\displaystyle\int \frac{\arctan\dfrac{1}{x}}{1+x^2}\mathrm{d}x$；

(13) $\displaystyle\int x\sin(1-x^2)\mathrm{d}x$；　(14) $\displaystyle\int \frac{x\,\mathrm{d}x}{\sqrt{3-2x^2}}$；　(15) $\displaystyle\int \frac{\mathrm{d}x}{\sin x\cos x}$；

(16) $\displaystyle\int \sin^3 x\,\mathrm{d}x$；　(17) $\displaystyle\int \frac{\mathrm{d}x}{\sqrt{x(1-x)}}$；　(18) $\displaystyle\int \frac{1-x}{\sqrt{4-9x^2}}\mathrm{d}x$；

(19) $\displaystyle\int x(x+1)^{50}\mathrm{d}x$；　(20) $\displaystyle\int \frac{\mathrm{d}x}{x^2+2x+4}$；　(21) $\displaystyle\int \frac{\cos 2x}{(\sin x+\cos x)^3}\mathrm{d}x$；

(22) $\displaystyle\int \frac{1}{1+\sin x}\mathrm{d}x$；　(23) $\displaystyle\int \frac{\mathrm{d}x}{x(1+x^8)}$；　(24) $\displaystyle\int \frac{x^3\,\mathrm{d}x}{4+x^2}$；

(25) $\displaystyle\int \sin 3x\cos 2x\,\mathrm{d}x$；　(26) $\displaystyle\int \sin^2 x\cos^2 x\,\mathrm{d}x$；　(27) $\displaystyle\int \sec^6 x\,\mathrm{d}x$；

(28) $\displaystyle\int \sin^2 x\cos^5 x\,\mathrm{d}x$；　(29) $\displaystyle\int \tan^5 x\sec^3 x\,\mathrm{d}x$；　(30) $\displaystyle\int \frac{\ln\tan x}{\sin x\cos x}\mathrm{d}x$.

2. 已知 $\displaystyle\int x f(x)\mathrm{d}x=\arcsin x+C$，求 $\displaystyle\int \frac{1}{f(x)}\mathrm{d}x$.

第三节 第二类换元积分法

采用第一类换元积分法可以求解很多的被积函数为复合函数的不定积分问题，但有些不定积分，形式上看似简单却很难求解，如带有根式的不定积分 $\displaystyle\int \frac{\sqrt{x-1}}{x}\mathrm{d}x$. 下面介绍的第二类换元积分法可以求解此类问题.

定理 4.4（第二类换元积分法） 设 $x=\varphi(t)$ 是单调、可导的函数，并且 $\varphi'(t)\neq 0$，$f[\varphi(t)]\varphi'(t)$ 具有一个原函数 $F(t)$，则

$$\int f(x)\mathrm{d}x=\int f[\varphi(t)]\varphi'(t)\mathrm{d}t=F(t)+C=F[\varphi^{-1}(x)]+C, \qquad (4.2)$$

其中 $t=\varphi^{-1}(x)$ 为 $x=\varphi(t)$ 的反函数.

证略.

由式(4.2)可得

$$\{F[\varphi^{-1}(x)]+C\}' \xlongequal{t=\varphi^{-1}(x)} F'(t)\frac{\mathrm{d}t}{\mathrm{d}x}=f[\varphi(t)]\varphi'(t)\frac{1}{\dfrac{\mathrm{d}x}{\mathrm{d}t}}=f[\varphi(t)]=f(x).$$

通过以上定理和上一节的学习可知，第一类换元积分法和第二类换元积分法的主要区别在于：第一类换元积分法解决的是不定积分 $\displaystyle\int f[\varphi(x)]\varphi'(x)\mathrm{d}x$ 不好求的问题，通过中间变量 $u=\varphi(x)$，将原积分化为容易求的积分 $\displaystyle\int f(u)\mathrm{d}u$；而第二类换元积分法则是作相反的换元 $x=\varphi(t)$，把难求的积分 $\displaystyle\int f(x)\mathrm{d}x$ 化为容易求的积分 $\displaystyle\int f[\varphi(t)]\varphi'(t)\mathrm{d}t$. 运用第二

类换元积分法时一定要注意 $x=\varphi(t)$ 不但要可导,而且是单调的,且 $\varphi'(t)\neq 0$.

下面通过例题介绍三种常用的代换:根式代换,三角代换,倒代换.

例1 求 $\displaystyle\int\frac{\sqrt{x-1}}{x}\mathrm{d}x$.

解 计算这个不定积分的难点在于被积函数中含有根式,如果把根式消去,计算会变得简单一些. 如令 $t=\sqrt{x-1}$,即可消去根号.

令 $t=\sqrt{x-1}$,即 $x=t^2+1,t\geqslant 0$,则 $\mathrm{d}x=2t\mathrm{d}t$,所以

$$\int\frac{\sqrt{x-1}}{x}\mathrm{d}x=\int\frac{t}{t^2+1}\cdot 2t\mathrm{d}t=2\int\frac{t^2}{t^2+1}\mathrm{d}t=2\int\left(1-\frac{1}{t^2+1}\right)\mathrm{d}t$$

$$=2(t-\arctan t)+C=2\sqrt{x-1}-2\arctan\sqrt{x-1}+C.$$

例2 求 $\displaystyle\int\frac{\mathrm{d}x}{\sqrt{x}-\sqrt[3]{x}}$.

解 同上例,这个积分的被积函数中也含有根式,而且含有两个根式,通过合适的变换可以把两个根号都去掉,简化计算.

令 $x=t^6,t\geqslant 0$,则 $\mathrm{d}x=6t^5\mathrm{d}t$,所以

$$\int\frac{1}{\sqrt{x}-\sqrt[3]{x}}\mathrm{d}x=\int\frac{6t^5}{t^3-t^2}\mathrm{d}t=6\int\frac{t^3}{t-1}\mathrm{d}t$$

$$=6\int\frac{t^3-1+1}{t-1}\mathrm{d}t$$

$$=6\int\left(t^2+t+1+\frac{1}{t-1}\right)\mathrm{d}t$$

$$=6\left(\frac{t^3}{3}+\frac{t^2}{2}+t+\ln|t-1|\right)+C$$

$$=2\sqrt{x}+3\sqrt[3]{x}+6\sqrt[6]{x}+6\ln|\sqrt[6]{x}-1|)+C.$$

求上述两例中的不定积分,困难在于被积函数中含有根式. 通过以上求解过程,可总结如下:

(1) 若积分的被积函数中含有根式 $\sqrt[n]{ax+b}$,可令 $t=\sqrt[n]{ax+b}$,即 $x=\dfrac{1}{a}(t^n-b),a\neq 0$,则

$$\mathrm{d}x=\frac{n}{a}t^{n-1}\mathrm{d}t;$$

(2) 若积分的被积函数中含有根式 $\sqrt[n_1]{x}$,$\sqrt[n_2]{x}$,$\cdots$,$\sqrt[n_k]{x}$,可设 n 为 $n_i(1\leqslant i\leqslant k)$ 的最小公倍数,令 $t=\sqrt[n]{x}$,即 $x=t^n$,则 $\mathrm{d}x=nt^{n-1}\mathrm{d}t$.

这两种代换都是为了消去被积函数中的根式,这种代换称为**根式代换**,亦称**无理代换**.

例3 求 $\displaystyle\int\frac{\sqrt{1-x^2}}{x^2}\mathrm{d}x$.

解 这个积分之所以难求,是因为被积函数中含有根式 $\sqrt{1-x^2}$,利用公式 $\cos^2 t=1-\sin^2 t$ 就可以把根式去掉.

令 $x=\sin t$，$0<t<\dfrac{\pi}{2}$，则 $\mathrm{d}x=\cos t\,\mathrm{d}t$，所以

$$\int \dfrac{\sqrt{1-x^2}}{x^2}\mathrm{d}x=\int \dfrac{\cos t}{\sin^2 t}\cdot \cos t\,\mathrm{d}t=\int \cot^2 t\,\mathrm{d}t=\int(\csc^2 t-1)\mathrm{d}t=-\cot t-t+C.$$

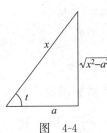

图 4-2

由 $x=\sin t$ 得 $t=\arcsin x$，又根据图 4-2 可得 $\cot t=\dfrac{\sqrt{1-x^2}}{x}$，故

$$\int \dfrac{\sqrt{1-x^2}}{x^2}\mathrm{d}x=-\dfrac{\sqrt{1-x^2}}{x}-\arcsin x+C.$$

例 4 求 $\displaystyle\int \dfrac{1}{\sqrt{x^2+a^2}}\mathrm{d}x$，$a>0$.

解 要消去被积函数中的根式 $\sqrt{x^2+a^2}$，可利用公式 $\sec^2 t=1+\tan^2 t$.

令 $x=a\tan t$，$0<t<\dfrac{\pi}{2}$，则 $\mathrm{d}x=a\sec^2 t\,\mathrm{d}t$，所以

$$\int \dfrac{1}{\sqrt{x^2+a^2}}\mathrm{d}x=\int \dfrac{1}{a\sec t}a\sec^2 t\,\mathrm{d}t=\int \sec t\,\mathrm{d}t=\ln|\sec t+\tan t|+C'.$$

由 $x=a\tan t$ 得 $\tan t=\dfrac{x}{a}$，又根据图 4-3 可得 $\sec t=\dfrac{\sqrt{x^2+a^2}}{a}$，故

$$\int \dfrac{1}{\sqrt{x^2+a^2}}\mathrm{d}x=\ln\left|\dfrac{\sqrt{x^2+a^2}}{a}+\dfrac{x}{a}\right|+C'=\ln(x+\sqrt{x^2+a^2})+C,$$

其中 $C=C'-\ln a$. 即

$$\int \dfrac{1}{\sqrt{x^2+a^2}}\mathrm{d}x=\ln(x+\sqrt{x^2+a^2})+C. \quad\text{（添加到基本积分表中）}$$

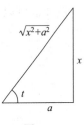

图 4-3

例 5 求不定积分 $\displaystyle\int \dfrac{1}{\sqrt{x^2-a^2}}\mathrm{d}x$，$a>0$.

解 利用公式 $\tan^2 t=\sec^2 t-1$ 即可消去被积函数中的根式 $\sqrt{x^2-a^2}$.

令 $x=a\sec t$，$0<t<\dfrac{\pi}{2}$，则 $\mathrm{d}x=a\sec t\tan t\,\mathrm{d}t$，所以

$$\int \dfrac{1}{\sqrt{x^2-a^2}}\mathrm{d}x=\int \dfrac{1}{a\tan t}a\sec t\tan t\,\mathrm{d}t=\int a\sec t\,\mathrm{d}t=\ln|\sec t+\tan t|+C'.$$

图 4-4

由 $x=a\sec t$ 得 $\sec t=\dfrac{x}{a}$，又根据图 4-4 可得 $\tan t=\dfrac{\sqrt{x^2-a^2}}{a}$，故

$$\int \dfrac{1}{\sqrt{x^2-a^2}}\mathrm{d}x=\ln\left|\dfrac{x}{a}+\dfrac{\sqrt{x^2-a^2}}{a}\right|+C'$$

$$=\ln|x+\sqrt{x^2-a^2}|+C, \quad C=C'-\ln a,$$

即

$$\int \dfrac{1}{\sqrt{x^2-a^2}}\mathrm{d}x=\ln|x+\sqrt{x^2-a^2}|+C. \quad\text{（添加到基本积分表中）}$$

通过以上不定积分的求解可知,为了消去被积函数中的根式,可作相应的代换:
①$\sqrt{a^2-x^2}$,可令 $x=a\sin t$;②$\sqrt{x^2+a^2}$,可令 $x=a\tan t$;③$\sqrt{x^2-a^2}$,可令 $x=a\sec t$. 这三种代换都采用了三角函数,因此称为**三角代换**. 在用三角代换求不定积分的过程中,为了最后回代变量 x,可以借助于直角三角形.

例 6 求 $\displaystyle\int\frac{\mathrm{d}x}{x(x^5+1)}$.

解 令 $x=\dfrac{1}{t}$,则 $\mathrm{d}x=-\dfrac{\mathrm{d}t}{t^2}$,

$$\int\frac{\mathrm{d}x}{x(x^5+1)}=\int\frac{1}{\frac{1}{t}\left[\left(\frac{1}{t}\right)^5+1\right]}\left(-\frac{1}{t^2}\right)\mathrm{d}t=-\int\frac{t^4}{t^5+1}\mathrm{d}t$$

$$=-\frac{1}{5}\ln|t^5+1|+C=-\frac{1}{5}\ln|x^5+1|+\ln|x|+C.$$

当被积函数分母中 x 的最高次幂大于分子中 x 的最高次幂时,可以作倒代换 $x=\dfrac{1}{t}$ 来消去分母中的变量因子 x.

例 6 也可以不作倒代换,采用如下解法:

$$\int\frac{\mathrm{d}x}{x(x^5+1)}=\int\frac{x^4\,\mathrm{d}x}{x^5(x^5+1)}=\frac{1}{5}\int\frac{\mathrm{d}(x^5)}{x^5(x^5+1)}$$

$$=\frac{1}{5}\left(\int\frac{\mathrm{d}(x^5)}{x^5}-\int\frac{\mathrm{d}(x^5)}{x^5+1}\right)$$

$$=\ln|x|-\frac{1}{5}\ln|x^5+1|+C.$$

例 7 求 $\displaystyle\int\frac{\mathrm{d}x}{(x^2+2x)^{\frac{3}{2}}}$.

解 令 $x+1=\dfrac{1}{t}$,则 $\mathrm{d}x=-\dfrac{\mathrm{d}t}{t^2}$,

$$\int\frac{\mathrm{d}x}{(x^2+2x)^{\frac{3}{2}}}=\int\frac{\mathrm{d}x}{[(x+1)^2-1]^{\frac{3}{2}}}=\int\frac{1}{(t^{-2}-1)^{\frac{3}{2}}}\left(-\frac{1}{t^2}\right)\mathrm{d}t$$

$$=-\int\frac{t}{(1-t^2)^{\frac{3}{2}}}\mathrm{d}t=\frac{1}{2}\int\frac{\mathrm{d}(1-t^2)}{(1-t^2)^{\frac{3}{2}}}=-\frac{1}{\sqrt{1-t^2}}+C$$

$$=-\frac{x+1}{\sqrt{x^2+2x}}+C.$$

除了上面介绍的三种代换以外,万能代换也是一种重要的换元法. 若被积函数是关于 x 的三角函数有理式,可令 $t=\tan\dfrac{x}{2}$,$-\pi<x<\pi$,则 $x=2\arctan t$,$\mathrm{d}x=\dfrac{2\mathrm{d}t}{1+t^2}$,并有 $\sin x=\dfrac{2t}{1+t^2}$,$\cos x=\dfrac{1-t^2}{1+t^2}$,$\tan x=\dfrac{2t}{1-t^2}$,从而将被积函数化为关于 t 的有理函数. 有兴趣的读者

请自行查阅相关资料.

本节介绍了几种第二类换元法,对于具体积分很难说哪种代换更简单,具体怎样选择,需要读者多练习,多积累经验.

计算中经常用到例 4、例 5 的积分结果,将其添加到基本积分表中:

23. $\displaystyle\int \frac{1}{\sqrt{x^2+a^2}}\mathrm{d}x = \ln|x+\sqrt{x^2+a^2}|+C$;

24. $\displaystyle\int \frac{1}{\sqrt{x^2-a^2}}\mathrm{d}x = \ln|x+\sqrt{x^2-a^2}|+C$.

至此,基本积分表中的公式增加到 24 个,读者要熟记这 24 个公式.

例 8 求 $\displaystyle\int \frac{\mathrm{d}x}{\sqrt{4x^2-9}}$.

解

$$\int \frac{\mathrm{d}x}{\sqrt{4x^2-9}} = \int \frac{\mathrm{d}x}{\sqrt{(2x)^2-3^2}} = \frac{1}{2}\int \frac{\mathrm{d}(2x)}{\sqrt{(2x)^2-3^2}},$$

利用公式 24,得

$$\int \frac{\mathrm{d}x}{\sqrt{4x^2-9}} = \frac{1}{2}\ln|2x+\sqrt{4x^2-9}|+C.$$

习题 4-3

求下列不定积分:

(1) $\displaystyle\int \frac{\sqrt{x}}{1+x}\mathrm{d}x$;

(2) $\displaystyle\int \frac{1}{1+\sqrt{x}}\mathrm{d}x$;

(3) $\displaystyle\int \frac{x+1}{x\sqrt{x-2}}\mathrm{d}x$;

(4) $\displaystyle\int \frac{\mathrm{d}x}{\sqrt{x}-\sqrt[3]{x^2}}$;

(5) $\displaystyle\int \frac{\sqrt[3]{x}}{x(\sqrt{x}+\sqrt[3]{x})}\mathrm{d}x$;

(6) $\displaystyle\int \sqrt[3]{x+\frac{1}{3}}\,\mathrm{d}x$;

(7) $\displaystyle\int \sqrt{a^2-x^2}\,\mathrm{d}x,a>0$;

(8) $\displaystyle\int \frac{\mathrm{d}x}{\sqrt{2+x^2}}$;

(9) $\displaystyle\int \frac{1}{\sqrt{(9+x^2)^3}}\mathrm{d}x$;

(10) $\displaystyle\int \frac{1}{x\sqrt{x^2-1}}\mathrm{d}x$;

(11) $\displaystyle\int \frac{\sqrt{1-x^2}}{x^4}\mathrm{d}x$;

(12) $\displaystyle\int \sqrt{2+2x-x^2}\,\mathrm{d}x$;

(13) $\displaystyle\int \frac{\mathrm{d}x}{x(x^7+2)}$;

(14) $\displaystyle\int \frac{\sqrt{a^2-x^2}}{x^4}\mathrm{d}x$.

第四节 分部积分法

利用前面介绍的直接积分法和换元积分法可以计算很多函数的积分,但这两种方法对 $\int x^2\sin 2x\,\mathrm{d}x$,$\int \mathrm{e}^x\cos x\,\mathrm{d}x$,$\int x^2\ln x\,\mathrm{d}x$ 这样的积分却无能为力.本节介绍的分部积分法可以求解上述类型的积分,它也是一种非常重要的基本积分方法.

分部积分法是利用两个函数乘积的求导法则推出来的. 设函数 $u=u(x)$ 和 $v=v(x)$ 都可导,由乘积的求导法则可得

$$(uv)'=u'v+uv',$$

移项,得

$$uv'=(uv)'-u'v,$$

两端同时积分,得

$$\int uv'\mathrm{d}x=uv-\int u'v\mathrm{d}x,$$

即

$$\int u(x)v'(x)\mathrm{d}x=u(x)v(x)-\int v(x)u'(x)\mathrm{d}x.$$

由此得以下定理:

定理 4.5（分部积分法） 设函数 $u(x)$ 和 $v(x)$ 都可导,且函数 $v(x)u'(x)$ 存在原函数,则

$$\int u(x)v'(x)\mathrm{d}x=u(x)v(x)-\int v(x)u'(x)\mathrm{d}x$$

此式称为**分部积分公式**. 也可以写为

$$\int u(x)\mathrm{d}v(x)=u(x)v(x)-\int v(x)\mathrm{d}u(x).$$

一般地,当不定积分的被积函数是两个不同类型初等函数的乘积时,可以尝试用分部积分法计算. 利用这种方法计算积分的关键是,如何正确选择函数 $u(x)$ 和 $v(x)$,把较难计算的积分 $\int u(x)v'(x)\mathrm{d}x$ 转化为较易求的积分 $\int v(x)u'(x)\mathrm{d}x$,从而化难为易. 下面举例说明.

例1 求 $\int x\cos x\mathrm{d}x$.

解 令 $u(x)=x$,$\cos x\mathrm{d}x=\mathrm{d}(\sin x)=\mathrm{d}v(x)$,则有

$$\int x\cos x\mathrm{d}x=\int x\mathrm{d}(\sin x)=x\sin x-\int \sin x\mathrm{d}x=x\sin x+\cos x+C.$$

若令 $u(x)=\cos x$,$x\mathrm{d}x=\mathrm{d}\left(\dfrac{1}{2}x^2\right)=\mathrm{d}v(x)$,则有

$$\int x\cos x\mathrm{d}x=\int \cos x\mathrm{d}\left(\frac{x^2}{2}\right)=\frac{x^2}{2}\cos x+\int \frac{x^2}{2}\sin x\mathrm{d}x.$$

可知得到的积分比原来的积分更难求.

例2 求 $\int x\mathrm{e}^{-x}\mathrm{d}x$.

解 设 $u(x)=x$,$\mathrm{e}^{-x}\mathrm{d}x=\mathrm{d}(-\mathrm{e}^{-x})=\mathrm{d}v(x)$,则

$$\int x\mathrm{e}^{-x}\mathrm{d}x=\int x\mathrm{d}(-\mathrm{e}^{-x})=-x\mathrm{e}^{-x}+\int \mathrm{e}^{-x}\mathrm{d}x=-x\mathrm{e}^{-x}-\mathrm{e}^{-x}+C.$$

以上两个例题说明当被积函数是幂函数与指数函数或正(余)弦函数的乘积时,可令幂函数为函数 $u(x)$,从而化难为易.

读者熟悉了分部积分法以后,可以不必具体写出 $u(x)$ 与 $\mathrm{d}v(x)$.

例 3 求 $\int x^2 \ln x \, \mathrm{d}x$.

解

$$\int x^2 \ln x \, \mathrm{d}x = \int \ln x \, \mathrm{d}\left(\frac{1}{3}x^3\right) = \frac{x^3}{3}\ln x - \frac{1}{3}\int x^3 \, \mathrm{d}\ln x$$

$$= \frac{x^3}{3}\ln x - \frac{1}{3}\int x^2 \, \mathrm{d}x = \frac{x^3}{3}\ln x - \frac{1}{9}x^3 + C.$$

例 4 求 $\int x \arctan x \, \mathrm{d}x$.

解

$$\int x \arctan x \, \mathrm{d}x = \int \arctan x \, \mathrm{d}\left(\frac{1}{2}x^2\right) = \frac{1}{2}x^2 \arctan x - \int \frac{1}{2}x^2 \, \mathrm{d}\arctan x$$

$$= \frac{1}{2}x^2 \arctan x - \int \frac{1}{2}\frac{x^2}{1+x^2}\mathrm{d}x$$

$$= \frac{1}{2}x^2 \arctan x - \frac{1}{2}x + \arctan x + C.$$

通过以上两例可知,当被积函数是幂函数与对数函数或反三角函数的乘积时,可令对数函数或反三角函数为函数 $u(x)$,利用分部积分法可将较难求的积分化为较易求的积分.

利用分部积分法求不定积分时,当被积函数是反三角函数、对数函数、幂函数、指数函数、三角函数中两种类型函数的乘积时,按照"反对幂指三"的顺序,将排在左边的函数选为函数 $u(x)$,排在右边的函数选为 $v'(x)$,将其"凑微分"得到函数 $v(x)$.

例 5 求 $\int \ln x \, \mathrm{d}x$.

解 这个积分的被积函数只有一个函数 $\ln x$. 用分部积分法来求,如何选择函数 u,v' 呢? 可以取 $u(x) = \ln x$, $v'(x) = 1$,由分部积分公式得

$$\int \ln x \, \mathrm{d}x = x \ln x - \int x \, \mathrm{d}\ln x = x \ln x - \int \mathrm{d}x = x(\ln x - 1) + C.$$

例 6 求 $\int \arcsin x \, \mathrm{d}x$.

解 同上例,本题可以取 $u(x) = \arcsin x$, $v'(x) = 1$,得

$$\int \arcsin x \, \mathrm{d}x = x \arcsin x - \int x \, \mathrm{d}\arcsin x = x \arcsin x - \int \frac{x}{\sqrt{1-x^2}}\mathrm{d}x$$

$$= x \arcsin x + \int \frac{1}{2} \cdot \frac{1}{\sqrt{1-x^2}}\mathrm{d}(1-x^2)$$

$$= x \arcsin x + \sqrt{1-x^2} + C.$$

类似地,可计算不定积分 $\int \arccos x \, \mathrm{d}x$,$\int \arctan x \, \mathrm{d}x$,$\int \mathrm{arccot} x \, \mathrm{d}x$.

例 7 求 $\int x \tan^2 x \, \mathrm{d}x$.

解

$$\int x \tan^2 x \, \mathrm{d}x = \int x(\sec^2 x - 1)\mathrm{d}x = \int x \sec^2 x \, \mathrm{d}x - \int x \, \mathrm{d}x$$

$$= \int x \mathrm{d}(\tan x) - \frac{1}{2}x^2 = x\tan x - \int \tan x \mathrm{d}x - \frac{1}{2}x^2$$

$$= x\tan x + \ln|\cos x| - \frac{1}{2}x^2 + C.$$

例 8　求 $\int x^2 \cos x \mathrm{d}x$.

解

$$\int x^2 \cos x \mathrm{d}x = \int x^2 \mathrm{d}(\sin x) = x^2 \sin x - 2\int x\sin x \mathrm{d}x = x^2 \sin x - 2\int x\mathrm{d}(-\cos x)$$

$$= x^2 \sin x + 2\left(x\cos x - \int \cos x \mathrm{d}x\right)$$

$$= x^2 \sin x + 2x\cos x - 2\sin x + C.$$

例 9　求 $\int \mathrm{e}^x \sin x \mathrm{d}x$.

解

$$\int \mathrm{e}^x \sin x \mathrm{d}x = \int \sin x \mathrm{d}(\mathrm{e}^x) = \mathrm{e}^x \sin x - \int \mathrm{e}^x \mathrm{d}(\sin x)$$

$$= \mathrm{e}^x \sin x - \int \mathrm{e}^x \cos x \mathrm{d}x = \mathrm{e}^x \sin x - \int \cos x \mathrm{d}(\mathrm{e}^x)$$

$$= \mathrm{e}^x \sin x - \left(\mathrm{e}^x \cos x + \int \mathrm{e}^x \sin x \mathrm{d}x\right)$$

$$= \mathrm{e}^x \sin x - \mathrm{e}^x \cos x - \int \mathrm{e}^x \sin x \mathrm{d}x.$$

可以看到,等式两边同时出现了积分式 $\int \mathrm{e}^x \sin x \mathrm{d}x$,移项得

$$2\int \mathrm{e}^x \sin x \mathrm{d}x = \mathrm{e}^x \sin x - \mathrm{e}^x \cos x + C_1$$

解此方程,可得

$$\int \mathrm{e}^x \sin x \mathrm{d}x = \frac{\mathrm{e}^x}{2}(\sin x - \cos x) + C, \quad C = \frac{C_1}{2}.$$

　　本例表明,可以运用分部积分法通过解方程求不定积分,但要注意虽然等式左右两边的不定积分形式相同,但它们之间相差一个常数,解完方程后,一定要加上一个任意常数. 这是分部积分法的一个重要特点;另一个重要特点就是利用分部积分法可以导出某些积分的递推公式.

例 10　求 $I_n = \int \sin^n x \mathrm{d}x, n \in \mathbf{N}$.

解　当 $n=0$ 时, $I_0 = \int 1\mathrm{d}x = x + C$;

当 $n=1$ 时, $I_1 = \int \sin x \mathrm{d}x = -\cos x + C$;

当 $n \geqslant 2$ 时, $I_n = \int \sin^n x \mathrm{d}x = \int -\sin^{n-1} x \mathrm{d}\cos x$

$$= -\sin^{n-1} x \cos x + \int (n-1)\cos^2 x \sin^{n-2} x \mathrm{d}x$$

$$=-\sin^{n-1}x\cos x+(n-1)\int\sin^{n-2}x(1-\sin^2 x)\mathrm{d}x$$

$$=-\sin^{n-1}x\cos x+(n-1)I_{n-2}+(n-1)I_n,$$

解方程得

$$I_n=-\frac{1}{n}\sin^{n-1}x\cos x+\frac{n-1}{n}I_{n-2},\quad n\geqslant 2.$$

由此公式可以求 $I_2,I_3,\cdots$. 所以把它称为求 I_n 的**递推公式**.

例 11 已知 $x^2\ln x$ 是 $f(x)$ 的一个原函数，求 $\int xf'(x)\mathrm{d}x$.

解 由于 $x^2\ln x$ 是 $f(x)$ 的一个原函数，所以

$$f(x)=(x^2\ln x)'=2x\ln x+x,$$

$$\int xf'(x)\mathrm{d}x=\int x\mathrm{d}f(x)=xf(x)-\int f(x)\mathrm{d}x$$

$$=2x^2\ln x+x^2-x^2\ln x+C$$

$$=x^2\ln x+x^2+C.$$

直接积分法、换元积分法与分部积分法是求不定积分的三种重要方法. 实际应用中，经常要几种方法兼用. 下面举例说明.

例 12 求 $\displaystyle\int\frac{x\mathrm{e}^x}{\sqrt{\mathrm{e}^x-1}}\mathrm{d}x$.

解 令 $\sqrt{\mathrm{e}^x-1}=t$，则有 $\mathrm{e}^x=1+t^2,t\geqslant 0,x=\ln(1+t^2),\mathrm{d}x=\dfrac{2t}{1+t^2}\mathrm{d}t$，因此

$$\int\frac{x\mathrm{e}^x}{\sqrt{\mathrm{e}^x-1}}\mathrm{d}x=\int\frac{(1+t^2)\ln(1+t^2)}{t}\cdot\frac{2t}{1+t^2}\mathrm{d}t=2\int\ln(1+t^2)\mathrm{d}t$$

$$=2\left[t\ln(1+t^2)-\int\frac{2t^2}{1+t^2}\mathrm{d}t\right]$$

$$=2t\ln(1+t^2)-4t+4\arctan t+C$$

$$=2\sqrt{\mathrm{e}^x-1}\ln\mathrm{e}^x-4\sqrt{\mathrm{e}^x-1}+4\arctan\sqrt{\mathrm{e}^x-1}+C$$

$$=2x\sqrt{\mathrm{e}^x-1}-4\sqrt{\mathrm{e}^x-1}+4\arctan\sqrt{\mathrm{e}^x-1}+C.$$

例 13 求 $\int[\ln(x+\sqrt{1+x^2})]^2\mathrm{d}x$.

解

$$\int[\ln(x+\sqrt{1+x^2})]^2\mathrm{d}x$$

$$=x[\ln(x+\sqrt{1+x^2})]^2-2\int x\ln(x+\sqrt{1+x^2})\frac{1}{\sqrt{1+x^2}}\mathrm{d}x$$

$$=x[\ln(x+\sqrt{1+x^2})]^2-\int\ln(x+\sqrt{1+x^2})\frac{1}{\sqrt{1+x^2}}\mathrm{d}(1+x^2)$$

$$=x[\ln(x+\sqrt{1+x^2})]^2-2\int\ln(x+\sqrt{1+x^2})\mathrm{d}(\sqrt{1+x^2})$$

$$= x \left[\ln(x + \sqrt{1+x^2}) \right]^2 - 2\sqrt{1+x^2} \ln(x + \sqrt{1+x^2}) + 2 \int \sqrt{1+x^2} \, \frac{1}{\sqrt{1+x^2}} \mathrm{d}x$$

$$= x \left[\ln(x + \sqrt{1+x^2}) \right]^2 - 2\sqrt{1+x^2} \ln(x + \sqrt{1+x^2}) + 2x + C.$$

通过本章的学习,我们知道积分运算与求导运算是互为逆运算的. 三种基本的积分方法均是由相关的导数公式推导出来的. 实际计算中,求积分往往比求导数难很多. 要求解更多的不定积分,不仅要掌握基本的积分方法,还要提高综合运用各种积分方法的能力和解题技巧,这就要求读者多练、多总结. 除此以外,还可以利用积分表和计算机软件来求不定积分,这两种方法不再详述. 当然,我们也清楚地知道有些不定积分无法用本章介绍的积分方法求解,例如不定积分 $\int \mathrm{e}^{-x^2} \mathrm{d}x$, $\int \dfrac{\sin x}{x} \mathrm{d}x$, $\int \dfrac{\cos x}{x} \mathrm{d}x$, $\int \ln(\sin x) \mathrm{d}x$, $\int \ln(\cos x) \mathrm{d}x$, $\int \sin x^2 \mathrm{d}x$, $\int \cos x^2 \mathrm{d}x$, $\int \dfrac{1}{\sqrt{1+x^4}} \mathrm{d}x$, $\int \dfrac{1}{\ln x} \mathrm{d}x$ 等,其被积函数虽然存在原函数,但原函数都不能用初等函数表达,因此以上不定积分"积不出来".

习题 4-4

1. 求下列不定积分:

(1) $\displaystyle\int x \sin x \, \mathrm{d}x$;

(2) $\displaystyle\int \arccos x \, \mathrm{d}x$;

(3) $\displaystyle\int x \, \mathrm{e}^x \, \mathrm{d}x$;

(4) $\displaystyle\int x \sec^2 x \, \mathrm{d}x$;

(5) $\displaystyle\int x \ln(x-1) \mathrm{d}x$;

(6) $\displaystyle\int x^3 \ln x \, \mathrm{d}x$;

(7) $\displaystyle\int x \sin \dfrac{x}{3} \mathrm{d}x$;

(8) $\displaystyle\int \mathrm{e}^{2x} \cos x \, \mathrm{d}x$;

(9) $\displaystyle\int x^2 \arctan \dfrac{1}{x} \mathrm{d}x$;

(10) $\displaystyle\int x^2 \cos 2x \, \mathrm{d}x$;

(11) $\displaystyle\int 2x \sin^2 \dfrac{x}{2} \mathrm{d}x$;

(12) $\displaystyle\int x \sin x \cos x \, \mathrm{d}x$;

(13) $\displaystyle\int \dfrac{(\ln x)^3}{x^2} \mathrm{d}x$;

(14) $\displaystyle\int \dfrac{x \cos^4 \dfrac{x}{2}}{\sin^3 x} \mathrm{d}x$;

(15) $\displaystyle\int \sec^3 x \, \mathrm{d}x$;

(16) $\displaystyle\int \cos(\ln x) \mathrm{d}x$;

(17) $\displaystyle\int \mathrm{e}^{-x} \cos^2 x \, \mathrm{d}x$;

(18) $\displaystyle\int \mathrm{e}^{\alpha x} \cos \beta x \, \mathrm{d}x$.

2. 求下列不定积分:

(1) $\displaystyle\int \sin \sqrt{x} \, \mathrm{d}x$;

(2) $\displaystyle\int (\arcsin x)^2 \mathrm{d}x$;

(3) $\displaystyle\int \ln(1+x^2) \mathrm{d}x$;

(4) $\displaystyle\int \dfrac{\arctan \mathrm{e}^x}{\mathrm{e}^x} \mathrm{d}x$;

(5) $\displaystyle\int \dfrac{x \arctan x}{\sqrt{1+x^2}} \mathrm{d}x$.

3. 已知 $f(x)$ 的一个原函数是 e^{-x^2},求 $\displaystyle\int x f'(x) \mathrm{d}x$.

4. 设有单调连续函数 $f(x)$,且其反函数是 $f^{-1}(x)$,$\displaystyle\int f(x) \mathrm{d}x = F(x) + C$,求 $\displaystyle\int f^{-1}(x) \mathrm{d}x$.

附录 基于 Python 的不定积分计算

在 Python 中,进行数学计算,尤其是符号计算,通常会使用 SymPy 库. 在 Python 中求解不定积分使用 SymPy 中的 integrate() 函数,其调用格式和功能见表 4-1.

表 4-1 求函数的不定积分命令的调用格式和功能说明

调 用 格 式	功 能 说 明
integrate(f)	求函数 f 关于其变量的不定积分. f 是一个 SymPy 表达式,变量为 f 中的符号变量
integrate(f, x)	求函数 f 关于变量 x 的不定积分. f 是一个 SymPy 表达式,x 是 SymPy 的符号变量

例 1 求 $\displaystyle\int \frac{1}{x\ln x}\mathrm{d}x$.

```
import sympy as sp
# 定义符号变量
x = sp.symbols('x')
# 定义被积函数
f = 1 / (x * sp.log(x))
# 计算不定积分
indefinite_integral = sp.integrate(f, x)
# 打印结果
print("不定积分结果:")
print(indefinite_integral)
```

结果为:

```
log(log(x))
```

例 2 求 $\displaystyle\int \sin\sqrt{x}\,\mathrm{d}x$.

```
import sympy as sp
# 定义符号变量
x = sp.symbols('x')
# 定义被积函数
f = sp.sin(sp.sqrt(x))
# 计算不定积分
indefinite_integral = sp.integrate(f, x)
# 打印结果
print("不定积分结果:")
print(indefinite_integral)
```

结果为:

```
-2 * sqrt(x) * cos(sqrt(x)) + 2 * sin(sqrt(x))
```

例 3 求 $\displaystyle\int \mathrm{e}^x\sqrt{\mathrm{e}^x+x}\,\mathrm{d}x$.

```
import sympy as sp
# 定义符号变量
x = sp.symbols('x')
# 定义被积函数
f = sp.exp(x) * sp.sqrt(sp.exp(x) + x)
# 计算不定积分
indefinite_integral = sp.integrate(f, x)
# 打印结果
print("不定积分结果:")
print(indefinite_integral)
```

结果为：

```
Integral(sqrt(x + exp(x)) * exp(x), x)
```

注意：不是所有函数的不定积分都可以得到明确的形式，对于得不到标准函数形式的，Python 给出的结果仍为不定积分的形式.

第五章　定积分及其应用

在上一章中，我们学习了不定积分的概念、性质及不定积分的求解方法，这些内容为本章定积分的学习奠定了基础. 而定积分与现实生活中的应用场景具有更为密切的联系. 本章先介绍定积分的概念及性质；接着利用积分上限函数建立起不定积分与定积分之间的联系，导出微积分基本公式；然后介绍定积分的几种计算方法及反常积分；最后介绍利用定积分求解几何或物理问题的一般方法——微元法，并应用定积分理论来分析和解决一些几何、物理中的问题.

第一节　定积分的概念与性质

定积分的概念源于对平面图形面积的计算以及解决其他实际问题的需求. 在古代数学中，就已经出现了定积分思想的萌芽. 例如，古希腊时期的数学家阿基米德(公元前 240 年前后)就曾使用求和的方法来计算抛物线弓形以及其他图形的面积. 在中国，刘徽(公元 263 年)提出的割圆术也是定积分思想的早期体现. 本节从两个实际问题入手引入定积分的概念，然后介绍定积分的性质，定积分的定义隐含了重要的数学思想和数学方法，这样的思想方法往往可用于实际问题的处理，需要读者在学习和应用中逐步体会、理解.

一、引例

1. 曲边梯形的面积

如图 5-1 所示，由连续(或分段连续)曲线 $y=f(x)$，直线 $x=a$，$x=b$ 及 x 轴所围成的图形称为**曲边梯形**.

下面讨论该曲边梯形的面积.

(1) 分割：如图 5-2 所示，在区间 $[a,b]$ 内部**任意**插入 $n-1$ 个分点：$a=x_0<x_1<x_2<\cdots<x_{n-1}<x_n=b$，将区间 $[a,b]$ 分割为 n 个小区间，记 $\Delta x_i=x_i-x_{i-1}$，$i=1,2,\cdots,n$；为了方便，这里的 Δx_i 既表示第 i 个小区间的名称，也表示第 i 个小区间的长度. 在本节的其余部分，Δx_i 也表示这两种含义，再次用到时将不再额外说明. 曲边梯形被分割为 n 个小曲边梯形.

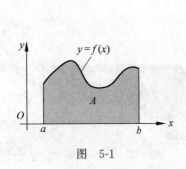

图 5-1

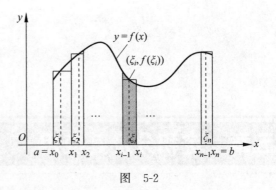

图 5-2

（2）近似求和：设 ΔA_i 表示第 i 个小曲边梯形的面积，则 $A = \sum\limits_{i=1}^{n} \Delta A_i$；**任取** $\xi_i \in [x_{i-1}, x_i], i = 1, 2, \cdots, n$，用图 5-2 中第 i 个小矩形的面积 $f(\xi_i)\Delta x_i$ 近似代替 ΔA_i，则

$$A = \sum_{i=1}^{n} \Delta A_i \approx \sum_{i=1}^{n} f(\xi_i)\Delta x_i.$$

（3）取极限：记 $\lambda = \max\{\Delta x_1, \Delta x_2, \cdots, \Delta x_n\}$，若极限 $\lim\limits_{\lambda \to 0} \sum\limits_{i=1}^{n} f(\xi_i)\Delta x_i$ 存在，则曲边梯形的面积

$$A = \lim_{\lambda \to 0} \sum_{i=1}^{n} \Delta A_i = \lim_{\lambda \to 0} \sum_{i=1}^{n} f(\xi_i)\Delta x_i.$$

在上面"近似求和"的步骤中，用小矩形的面积 $f(\xi_i)\Delta x_i$ 近似代替了 ΔA_i，下面看一下这种近似代替的误差。

记 $M_i = \max\{f(x) \mid x \in [x_{i-1}, x_i]\}$，$m_i = \min\{f(x) \mid x \in [x_{i-1}, x_i]\}$，则误差 $E_i \leqslant (M_i - m_i)\Delta x_i$. 若 $f(x)$ 连续且 $\Delta x_i \to 0$，则 $M_i - m_i \to 0$，所以 E_i 是 Δx_i 的高阶无穷小。

2. 变速直线运动的路程

设质点的速度函数为 $v = v(t)$，考虑质点从时刻 α 到时刻 β 所走过的路程. 设 $v(t)$ 在 $[\alpha, \beta]$ 上连续，$v(t) \geqslant 0$，下面将采用与求曲边梯形面积类似的方法进行处理。

（1）分割：在区间 $[\alpha, \beta]$ 中**任意**插入 $n-1$ 个分点，$\alpha = t_0 < t_1 < t_2 < \cdots < t_{n-1} < t_n = \beta$.

（2）近似求和：**任取** $\tau_i \in [t_{i-1}, t_i], i = 1, 2, \cdots, n$，则质点在第 i 个时间间隔 $[t_{i-1}, t_i]$ 内的路程 $\Delta s_i \approx v(\tau_i)\Delta t_i$，其中 $\Delta t_i = t_i - t_{i-1}$. 总路程

$$s = \sum_{i=1}^{n} \Delta s_i \approx \sum_{i=1}^{n} v(\tau_i)\Delta t_i.$$

（3）取极限：记 $\lambda = \max\{\Delta t_1, \Delta t_2, \cdots, \Delta t_n\}$，当 $\lambda \to 0$ 时，和式 $\sum\limits_{i=1}^{n} v(\tau_i)\Delta t_i$ 的极限就是质点从时刻 α 到时刻 β 的路程，即

$$s = \lim_{\lambda \to 0} \sum_{i=1}^{n} v(\tau_i)\Delta t_i.$$

以上两个引例分别讨论了几何量面积和物理量路程，尽管其实际背景不同，但是处理问题的方法是相同的，均采用了"大化小、常代变、近似和、取极限"等几个步骤. 下面忽略其实

际背景,仅从数学思想出发给出以下定积分的定义.

二、定积分的定义

1. 定义

定义 5.1 设函数 $f(x)$ 在区间 $[a,b]$ 上有界,在 $[a,b]$ 内**任意**插入 $n-1$ 个分点:$a=x_0<x_1<x_2<\cdots<x_{n-1}<x_n=b$,将 $[a,b]$ 分割为 n 个子区间:$[x_0,x_1]$,$[x_1,x_2]$,$\cdots$,$[x_{i-1},x_i]$,$\cdots$,$[x_{n-1},x_n]$,记第 i 个子区间的长度 $\Delta x_i=x_i-x_{i-1}$;**任取** $\xi_i\in[x_{i-1},x_i]$,$i=1,2,\cdots,n$,作和式 $\sum\limits_{i=1}^{n}f(\xi_i)\Delta x_i$;记 $\lambda=\max\{\Delta x_1,\Delta x_2,\cdots,\Delta x_n\}$. 如果极限 $\lim\limits_{\lambda\to0}\sum\limits_{i=1}^{n}f(\xi_i)\Delta x_i$ 总是存在,则称该极限值为函数 $f(x)$ 在区间 $[a,b]$ 上的**定积分**,记作

$$\int_a^b f(x)\mathrm{d}x=\lim_{\lambda\to0}\sum_{i=1}^{n}f(\xi_i)\Delta x_i.$$

此种情况下,也称函数 $f(x)$ 在区间 $[a,b]$ 上**可积**. 其中 $[a,b]$ 称为**积分区间**,a 称为**积分下限**,b 称为**积分上限**,$f(x)$ 称为**被积函数**,x 称为**积分变量**,$\sum\limits_{i=1}^{n}f(\xi_i)\Delta x_i$ 称为**积分和**.

根据定积分的定义,引例 1 中曲边梯形的面积显然可以表示为

$$A=\int_a^b f(x)\mathrm{d}x;$$

而引例 2 中变速直线运动的质点的路程可以表示为

$$s=\int_\alpha^\beta v(t)\mathrm{d}t.$$

注:

(1) 在定积分的定义中有两个任意性,即区间 $[a,b]$ 分割成 n 个小区间 Δx_i 时可以任意分割,ξ_i 可以在小区间 Δx_i 内任意取点;

(2) 定积分的积分值只与被积函数、积分区间有关,与积分变量的符号无关,即

$$\int_a^b f(x)\mathrm{d}x=\int_a^b f(t)\mathrm{d}t=\int_a^b f(u)\mathrm{d}u.$$

2. 定积分存在的条件

下面不加证明地给出如下定积分存在的两个充分条件.

(1) 闭区间上的连续函数一定可积;

(2) 在闭区间上只有有限个第一类间断点的函数一定可积.

3. 定积分的几何意义

若 $f(x)\geqslant0$,由引例 1 可知,$\int_a^b f(x)\mathrm{d}x$ 表示由曲线 $y=f(x)$,直线 $x=a$,$x=b$ 及 x 轴所围成的曲边梯形的面积;若 $f(x)\leqslant0$,则 $\int_a^b f(x)\mathrm{d}x$ 表示由曲线 $y=f(x)$,直线 $x=a$,$x=b$ 及 x 轴所围成的曲边梯形的面积的相反数.

一般地,$\int_a^b f(x)\mathrm{d}x$ 的几何意义为由曲线 $y=f(x)$,直线 $x=a$,$x=b$ 及 x 轴所围成的

曲边梯形的面积的代数和,如图 5-3 所示,有

$$\int_a^b f(x)\mathrm{d}x = A_1 - A_2 + A_3 - A_4 + A_5.$$

例1 根据定积分的几何意义,计算下列定积分的值.

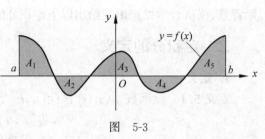

图 5-3

(1) $\int_a^b 2\mathrm{d}x$;(2) $\int_{-a}^a \sqrt{a^2 - x^2}\,\mathrm{d}x$, $a > 0$.

解 (1) 由定积分的几何意义, $\int_a^b 2\mathrm{d}x$ 表示由直线 $x = a$, $x = b$, $y = 2$ 及 x 轴所围成的矩形的面积,故

$$\int_a^b 2\mathrm{d}x = 2(b - a).$$

(2) 由定积分的几何意义, $\int_{-a}^a \sqrt{a^2 - x^2}\,\mathrm{d}x$ 表示由直线 $x = -a$, $x = a$, 曲线 $y = \sqrt{a^2 - x^2}$ 及 x 轴所围成的半圆的面积,故

$$\int_{-a}^a \sqrt{a^2 - x^2}\,\mathrm{d}x = \frac{1}{2}\pi a^2.$$

例2 用定积分表示极限 $\displaystyle\lim_{n \to \infty} \frac{1}{n}\sum_{i=1}^n \sqrt{1 + \frac{i}{n}}$.

解 先给出定积分 $\int_a^b f(x)\mathrm{d}x$ 的定义:

$$\int_a^b f(x)\mathrm{d}x = \lim_{\lambda \to 0}\sum_{i=1}^n f(\xi_i)\Delta x_i,$$

当定积分存在时, Δx_i 的分割方式可以是任意分割,所以可以将区间 $[a,b]$ 进行 n 等分;此时, $\Delta x_i = \dfrac{b-a}{n}$, $i = 1,2,\cdots,n$. 又由于 ξ_i 可以在小区间 Δx_i 内任意取值,所以 ξ_i 可以取为小区间 Δx_i 的右端点,即 $\xi_i = \dfrac{i}{n}(b-a)$. 此时

$$\int_a^b f(x)\mathrm{d}x = \lim_{\lambda \to 0}\sum_{i=1}^n f\left[\frac{i}{n}(b-a)\right] \cdot \frac{b-a}{n} = \lim_{\lambda \to 0}\frac{b-a}{n}\sum_{i=1}^n f\left[\frac{i}{n}(b-a)\right].$$

若区间 $[a,b]$ 换成 $[0,1]$,则

$$\int_0^1 f(x)\mathrm{d}x = \lim_{\lambda \to 0}\frac{1}{n}\sum_{i=1}^n f\left(\frac{i}{n}\right).$$

对比上式和题目中所给极限可得 $f(x) = \sqrt{1+x}$,因此

$$\lim_{n \to \infty}\frac{1}{n}\sum_{i=1}^n \sqrt{1 + \frac{i}{n}} = \int_0^1 \sqrt{1+x}\,\mathrm{d}x.$$

上面的例题给我们提供了一种新的求极限的方法,当碰到此类求极限问题时,可以先将极限转化为定积分,然后通过求解定积分得出最终的极限值.

例3 设函数 $f(x)$ 在区间 $[a,b]$ 上连续,求 $f(x)$ 在区间 $[a,b]$ 上的平均值.

解 将区间 $[a,b]$ 等分为 n 个小区间,第 i 个小区间的长度

$$\Delta x_i = \frac{b-a}{n}, \quad i = 1,2,\cdots,n,$$

当 n 足够大时，Δx_i 足够小；由于 $f(x)$ 连续，所以取 $f(x)$ 在 Δx_i 上的均值的近似值为 $f(\xi_i)$，其中 $\xi_i \in \Delta x_i$ 为 Δx_i 中的任意一点.由此得 $f(x)$ 在区间 $[a,b]$ 上的平均值的近似值为 $\dfrac{1}{n}\sum\limits_{i=1}^{n} f(\xi_i)$.当 $n \to \infty$ 时，极限 $\lim\limits_{n\to\infty} \dfrac{1}{n}\sum\limits_{i=1}^{n} f(\xi_i)$ 即为 $f(x)$ 在区间 $[a,b]$ 上的平均值.

由于 $f(x)$ 在区间 $[a,b]$ 上连续，所以 $\int_a^b f(x)\mathrm{d}x$ 存在.由例 2 中关于定积分定义的讨论，该积分可表示为

$$\int_a^b f(x)\mathrm{d}x = \lim_{n\to\infty} \frac{b-a}{n} \sum_{i=1}^{n} f(\xi_i).$$

因此，$f(x)$ 在区间 $[a,b]$ 上的平均值

$$\lim_{n\to\infty} \frac{1}{n} \sum_{i=1}^{n} f(\xi_i) = \frac{1}{b-a} \int_a^b f(x)\mathrm{d}x.$$

三、定积分的性质

为了以后计算和应用方便，对定积分作如下两个规定：

(1) $\int_a^a f(x)\mathrm{d}x = 0$；

(2) $\int_a^b f(x)\mathrm{d}x = -\int_b^a f(x)\mathrm{d}x$.

据此规定，如果交换定积分的上下限，则定积分的值改变符号.今后，对定积分上下限的大小均不加限制.

假设以下涉及的定积分都是存在的，则定积分有如下性质：

性质 1 $\int_a^b \mathrm{d}x = b - a$.

性质 2（线性性质）

(1) $\int_a^b k\mathrm{d}x = k\int_a^b \mathrm{d}x$；

(2) $\int_a^b [f(x) \pm g(x)]\mathrm{d}x = \int_a^b f(x)\mathrm{d}x \pm \int_a^b g(x)\mathrm{d}x$.

由前面两条线性性质不难得到如下更为一般的线性性质：对任意的 m,n，

$$\int_a^b [mf(x) + ng(x)]\mathrm{d}x = m\int_a^b f(x)\mathrm{d}x + n\int_a^b g(x)\mathrm{d}x.$$

性质 3（区间可加性） 若 $a < c < b$，则

$$\int_a^b f(x)\mathrm{d}x = \int_a^c f(x)\mathrm{d}x + \int_c^b f(x)\mathrm{d}x.$$

注：如果 c 是区间 $[a,b]$ 的外分点，不妨设 $b < c$，则由上式知

$$\int_a^b f(x)\mathrm{d}x + \int_b^c f(x)\mathrm{d}x = \int_a^c f(x)\mathrm{d}x,$$

即

$$\int_a^b f(x)\mathrm{d}x = \int_a^c f(x)\mathrm{d}x - \int_b^c f(x)\mathrm{d}x = \int_a^c f(x)\mathrm{d}x + \int_c^b f(x)\mathrm{d}x.$$

也就是说，不论 c 是否位于 a,b 之间，只要上式中的定积分都存在，区间可加性恒成立.

性质 4(比较定理) 若 $f(x) \geqslant g(x)$ 当 $x \in [a,b]$ 时恒成立,则

$$\int_a^b f(x)\mathrm{d}x \geqslant \int_a^b g(x)\mathrm{d}x.$$

特别地,当 $f(x) \geqslant 0$ 时, $\int_a^b f(x)\mathrm{d}x \geqslant 0$.

注:若 $f(x) \geqslant g(x)$ 当 $x \in [a,b]$ 时恒成立,并且 $f(x)$ 和 $g(x)$ 相等的点至多可数个,则

$$\int_a^b f(x)\mathrm{d}x > \int_a^b g(x)\mathrm{d}x.$$

由比较定理可以推出如下结论:

推论 $\left| \int_a^b f(x)\mathrm{d}x \right| \leqslant \int_a^b |f(x)|\,\mathrm{d}x.$

性质 5(估值定理) 若函数 $f(x)$ 在区间 $[a,b]$ 上可积,且 $m \leqslant f(x) \leqslant M$,则

$$m(b-a) \leqslant \int_a^b f(x)\mathrm{d}x \leqslant M(b-a).$$

性质 6(积分中值定理) 设 $f(x)$ 在区间 $[a,b]$ 上连续,则存在 $\xi \in [a,b]$,使得

$$\int_a^b f(x)\mathrm{d}x = f(\xi)(b-a).$$

证 由定积分的定义, $\int_a^b f(x)\mathrm{d}x = \lim\limits_{\lambda \to 0} \sum\limits_{i=1}^n f(\xi_i)\Delta x_i$;因为 $f(x)$ 在区间 $[a,b]$ 上连续,故可以在 $[a,b]$ 上取得最大值 M 和最小值 m. 由于

$$m(b-a) \leqslant \sum_{i=1}^n f(\xi_i)\Delta x_i \leqslant M(b-a), \quad \text{即} \quad m \leqslant \frac{1}{b-a}\sum_{i=1}^n f(\xi_i)\Delta x_i \leqslant M,$$

取极限可得 $m \leqslant \dfrac{1}{b-a}\int_a^b f(x)\mathrm{d}x \leqslant M$,即 $\dfrac{1}{b-a}\int_a^b f(x)\mathrm{d}x$ 是介于 $f(x)$ 在 $[a,b]$ 上最大值 M、最小值 m 之间的一个数. 由闭区间上连续函数的介值定理可知,存在 $\xi \in [a,b]$,使得

$$f(\xi) = \frac{1}{b-a}\int_a^b f(x)\mathrm{d}x,$$

即

$$\int_a^b f(x)\mathrm{d}x = f(\xi)(b-a).$$

注:在积分中值定理中,"$\xi \in [a,b]$"可以变为"$\xi \in (a,b)$",感兴趣的读者可以在学习完本章第二节后自行证明.

积分中值定理的几何意义是:在区间 $[a,b]$ 上有一点 ξ,使得以区间 $[a,b]$ 为底边、$f(\xi)$ 为高的矩形面积恰好等于以区间 $[a,b]$ 为底边、曲线 $y=f(x)$ 为曲边的曲边梯形的面积(见图 5-4).

例 4 设函数 $y=f(x)$ 在区间 $[-a,a]$ 上连续,(1)利用定积分的几何意义说明下列结论的正确性:

① 若 $f(x)$ 为偶函数,则 $\int_{-a}^a f(x)\mathrm{d}x = 2\int_0^a f(x)\mathrm{d}x$;

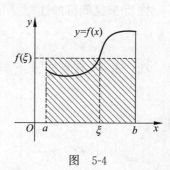

图 5-4

② 若 $f(x)$ 为奇函数,则 $\int_{-a}^{a} f(x)\mathrm{d}x = 0$.

(2) 利用上面的结论求定积分 $\int_{-2}^{2} (\sin x + 2)\sqrt{4-x^2}\,\mathrm{d}x$ 的值.

证 (1) 由定积分的性质 3,得

$$\int_{-a}^{a} f(x)\mathrm{d}x = \int_{-a}^{0} f(x)\mathrm{d}x + \int_{0}^{a} f(x)\mathrm{d}x.$$

① 若 $f(x)$ 为偶函数,则该函数 $y=f(x)$ 的图像关于 y 轴对称,结合定积分的几何意义(见图 5-5),有

$$\int_{-a}^{0} f(x)\mathrm{d}x = \int_{0}^{a} f(x)\mathrm{d}x,$$

所以

$$\int_{-a}^{a} f(x)\mathrm{d}x = 2\int_{0}^{a} f(x)\mathrm{d}x;$$

② 若 $f(x)$ 为奇函数,则函数 $y=f(x)$ 的图像关于原点对称,结合定积分的几何意义(见图 5-6),有

$$\int_{-a}^{0} -f(x)\mathrm{d}x = \int_{0}^{a} f(x)\mathrm{d}x,$$

所以

$$\int_{-a}^{a} f(x)\mathrm{d}x = 0.$$

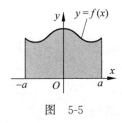

图 5-5

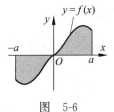

图 5-6

(2) 由定积分的线性性质,得

$$\int_{-2}^{2} (\sin x + 2)\sqrt{4-x^2}\,\mathrm{d}x = \int_{-2}^{2} \sin x \sqrt{4-x^2}\,\mathrm{d}x + 2\int_{-2}^{2} \sqrt{4-x^2}\,\mathrm{d}x;$$

由于 $\sin x \sqrt{4-x^2}$ 为奇函数,故

$$\int_{-2}^{2} \sin x \sqrt{4-x^2}\,\mathrm{d}x = 0;$$

又由定积分的几何意义知,$\int_{-2}^{2} \sqrt{4-x^2}\,\mathrm{d}x$ 表示半径为 2 的上半圆的面积,故

$$2\int_{-2}^{2} \sqrt{4-x^2}\,\mathrm{d}x = 4\pi,$$

因此

$$\int_{-2}^{2} (\sin x + 2)\sqrt{4-x^2}\,\mathrm{d}x = 4\pi.$$

例 4 的结论通常被称为定积分的**"偶倍奇零"**性质,利用该性质可以简化定积分的计算,在第三节中我们将给出更加严格的证明.

例 5 比较定积分的大小：$\int_0^1 (e^x - 1) dx$，$\int_0^1 x dx$.

解 设 $f(x) = e^x - 1 - x$，则 $f(x)$ 在闭区间 $[0,1]$ 上可导，且

$$f'(x) = e^x - 1 > 0, \quad x \in (0,1),$$

所以 $f(x)$ 在 $[0,1]$ 上单调增加，从而当 $x > 0$ 时，

$$f(x) > f(0) = 0, \quad \text{即 } e^x - 1 > x,$$

由定积分的比较定理知

$$\int_0^1 (e^x - 1) dx > \int_0^1 x dx.$$

例 6 利用估值定理估计定积分 $\int_{\frac{\pi}{4}}^{\frac{5\pi}{4}} (1 + \cos^2 x) dx$ 的范围.

解 函数 $f(x) = 1 + \cos^2 x$ 在区间 $\left[\frac{\pi}{4}, \frac{5\pi}{4}\right]$ 上可导，令

$$f'(x) = 2\cos x \cdot (-\sin x) = 0,$$

解得 $f(x)$ 在区间 $\left[\frac{\pi}{4}, \frac{5\pi}{4}\right]$ 上的驻点 $x = \frac{\pi}{2}$ 和 $x = \pi$.

计算得 $f\left(\frac{\pi}{4}\right) = \frac{3}{2}, f\left(\frac{\pi}{2}\right) = 1, f(\pi) = 2, f\left(\frac{5\pi}{4}\right) = \frac{3}{2}$，所以

$$1 \leqslant 1 + \cos^2 x \leqslant 2, \quad \frac{\pi}{4} \leqslant x \leqslant \frac{5\pi}{4},$$

故由定积分估值定理知

$$1 \times \left(\frac{5\pi}{4} - \frac{\pi}{4}\right) \leqslant \int_{\frac{\pi}{4}}^{\frac{5\pi}{4}} (1 + \cos^2 x) dx \leqslant 2 \times \left(\frac{5\pi}{4} - \frac{\pi}{4}\right),$$

即

$$\pi \leqslant \int_{\frac{\pi}{4}}^{\frac{5\pi}{4}} (1 + \cos^2 x) dx \leqslant 2\pi.$$

例 7 求极限 $\lim\limits_{b \to a} \frac{1}{n} \int_a^b \sin^n x dx$.

解 因为 $f(x) = \sin^n x$ 连续，所以由积分中值定理知，在 $[a,b]$ 之间存在一点 ξ，使得

$$\int_a^b \sin^n x dx = (b - a) \sin^n \xi,$$

故

$$\lim_{b \to a} \frac{1}{n} \int_a^b \sin^n x dx = \lim_{b \to a} \frac{(b - a) \sin^n \xi}{n} = 0.$$

例 8 设函数 $f(x)$ 在 $[1,2]$ 上连续，在 $(1,2)$ 内可导，且 $2\int_{\frac{3}{2}}^2 t^2 f(t) dt = f(1)$. 证明至少存在一点 $\xi \in (1,2)$，使得 $\xi f'(\xi) + 2f(\xi) = 0$.

证 因为 $f(x)$ 在闭区间 $[1,2]$ 上连续，且 $2\int_{\frac{3}{2}}^2 t^2 f(t) dt = f(1)$，所以由积分中值定理知，存在一点 $\eta \in \left[\frac{3}{2}, 2\right]$，使得

$$2 \times \left(2 - \frac{3}{2}\right) \times \eta^2 f(\eta) = f(1),$$

即

$$\eta^2 f(\eta) = f(1). \tag{5.1}$$

令 $F(x) = x^2 f(x)$，则 $F(x)$ 在 $[1,2]$ 上连续，在 $(1,2)$ 内可导，且由式 (5.1) 知 $F(\eta) = F(1)$，从而由罗尔定理知，存在一点 $\xi \in (1, \eta) \subset (1,2)$，使得 $F'(\xi) = 0$，即

$$\xi f'(\xi) + 2f(\xi) = 0.$$

习题 5-1

1. 利用定积分的几何意义，判断下列等式的正确性：

(1) $\displaystyle\int_0^2 (2-x)\,\mathrm{d}x = 2$； (2) $\displaystyle\int_0^1 \sqrt{2x - x^2}\,\mathrm{d}x = \frac{\pi}{4}$；

(3) $\displaystyle\int_{-\pi}^{\pi} \sin x\,\mathrm{d}x = 0$； (4) $\displaystyle\int_{-\frac{\pi}{2}}^{\frac{\pi}{2}} \cos x\,\mathrm{d}x = 2\int_0^{\frac{\pi}{2}} \cos x\,\mathrm{d}x$；

(5) $\displaystyle\int_0^{\frac{\pi}{2}} \cos x\,\mathrm{d}x = \int_0^{\frac{\pi}{2}} \sin x\,\mathrm{d}x$.

2. 估计下列定积分的值：

(1) $\displaystyle\int_0^1 \sqrt{1 + x^3}\,\mathrm{d}x$； (2) $\displaystyle\int_{\frac{1}{2}}^1 \cos x^2\,\mathrm{d}x$；

(3) $\displaystyle\int_0^{\frac{\pi}{2}} \mathrm{e}^{\sin x}\,\mathrm{d}x$； (4) $\displaystyle\int_1^2 \sqrt{x}\,\mathrm{e}^x\,\mathrm{d}x$.

3. 设 $f(x)$ 及 $g(x)$ 在区间 $[a,b]$ 上连续，证明：

(1) 若在区间 $[a,b]$ 上，$f(x) \geqslant 0$ 且 $f(x)$ 不恒为零，则 $\displaystyle\int_a^b f(x)\,\mathrm{d}x > 0$；

(2) 若在区间 $[a,b]$ 上，$f(x) \geqslant g(x)$ 且 $f(x)$ 不恒等于 $g(x)$，则 $\displaystyle\int_a^b f(x)\,\mathrm{d}x > \int_a^b g(x)\,\mathrm{d}x$；

(3) 若在区间 $[a,b]$ 上，$f(x) \geqslant 0$，且 $\displaystyle\int_a^b f(x)\,\mathrm{d}x = 0$，则在区间 $[a,b]$ 上，$f(x) \equiv 0$；

(4) 若在区间 $[a,b]$ 上，$f(x) \geqslant g(x)$，且 $\displaystyle\int_a^b f(x)\,\mathrm{d}x = \int_a^b g(x)\,\mathrm{d}x$，则在区间 $[a,b]$ 上，$f(x) \equiv g(x)$.

4. 利用第 3 题 (2) 的结论，比较下列每组定积分的大小：

(1) $\displaystyle\int_0^1 x^2\,\mathrm{d}x$，$\displaystyle\int_0^1 x^3\,\mathrm{d}x$； (2) $\displaystyle\int_e^{2e} \ln^2 x\,\mathrm{d}x$，$\displaystyle\int_e^{2e} \ln^3 x\,\mathrm{d}x$；

(3) $\displaystyle\int_0^1 \mathrm{e}^x\,\mathrm{d}x$，$\displaystyle\int_0^1 (1+x)\,\mathrm{d}x$； (4) $\displaystyle\int_0^1 x\,\mathrm{d}x$，$\displaystyle\int_0^1 \frac{x}{1+x}\,\mathrm{d}x$，$\displaystyle\int_0^1 \ln(1+x)\,\mathrm{d}x$.

5. 设函数 $f(x)$ 在闭区间 $[0,1]$ 上连续，在开区间 $(0,1)$ 内可导，且 $6\displaystyle\int_{\frac{1}{3}}^{\frac{1}{2}} f(x)\,\mathrm{d}x = f(0)$，证明在开区间 $(0,1)$ 内至少存在一点 ξ，使得 $f'(\xi) = 0$.

第二节 微积分基本公式

对于定积分的计算,如果从定义入手,用积分和的极限来求解,计算量会很大甚至无法计算.那么如何让定积分的计算变得简单、容易呢? 这是接下来要解决的一个关键问题.

牛顿和莱布尼茨不仅发现了定积分与不定积分两个概念之间的联系,即所谓的"微积分基本定理",而且由此推导出计算定积分的简便公式,即牛顿-莱布尼茨公式,从而使得定积分的计算变得简便易行.本节主要内容为积分上限函数和微积分基本定理.

一、引例:变速直线运动中速度与路程的关系

设物体做变速直线运动,在时刻 t 离开出发点的位移为 $s(t)$,则物体的速度为 $v(t)=\dfrac{\mathrm{d}s(t)}{\mathrm{d}t}$.如果记起始时刻为 t_0,那么物体在时间段 $[t_0,t]$ 上的位移 $s(t)=\displaystyle\int_{t_0}^{t}v(t)\mathrm{d}t$ 随着积分上限 t 的变化而变化,这里积分上限和积分变量都使用了符号 t,为了加以区分,将积分变量写为 τ,即 $s(t)=\displaystyle\int_{t_0}^{t}v(\tau)\mathrm{d}\tau$.(在后面的讨论中,都将采用这种方式,即当积分上限与积分变量使用了相同的符号时,积分变量换一个符号以示区分.)物体在时间段 $[t_1,t_2]$ 上的位移为

$$\int_{t_1}^{t_2}v(t)\mathrm{d}t=\int_{t_0}^{t_2}v(t)\mathrm{d}t-\int_{t_0}^{t_1}v(t)\mathrm{d}t=s(t_2)-s(t_1).$$

根据上面的讨论可以得出如下两个结论:

(1) $s'(t)=v(t)$,即 $\dfrac{\mathrm{d}}{\mathrm{d}t}\displaystyle\int_{t_0}^{t}v(\tau)\mathrm{d}\tau=v(t)$.该式表明,关于积分 $\displaystyle\int_{t_0}^{t}v(\tau)\mathrm{d}\tau$ 的上限 t 求导数,结果是将 t 代入被积函数 $v(\tau)$,得到的是 $v(t)$,即被积函数 $v(\tau)$ 在积分上限 t 处的值.

(2) 定积分 $\displaystyle\int_{t_1}^{t_2}v(t)\mathrm{d}t$ 的值等于被积函数 $v(t)$ 的原函数 $s(t)$ 在积分区间 $[t_1,t_2]$ 上的增量 $s(t_2)-s(t_1)$.

以上两个结论具有一般性,也就是我们本节将要介绍的积分上限函数的导数以及牛顿-莱布尼茨公式.下面先介绍积分上限函数的相关内容.

二、积分上限函数及其导数

设函数 $f(x)$ 在区间 $[a,b]$ 上连续,$x\in[a,b]$,称 $\Phi(x)=\displaystyle\int_{a}^{x}f(t)\mathrm{d}t$ 为函数 $f(x)$ 的**积分上限函数**(或变上限积分).

我们知道,定积分 $\displaystyle\int_{a}^{b}f(t)\mathrm{d}t$ 的值仅与被积函数 $f(t)$ 和积分区间 $[a,b]$ 有关,与积分变量 t 用哪个符号无关.当积分下限固定时,定积分 $\displaystyle\int_{a}^{x}f(t)\mathrm{d}t$ 的值随着积分上限 x 而变,所以 $\Phi(x)=\displaystyle\int_{a}^{x}f(t)\mathrm{d}t$ 为积分上限 x 的函数.积分上限函数是表示函数的一种方法.

由定积分的几何意义可知,积分上限函数 $\Phi(x)=\displaystyle\int_{a}^{x}f(t)\mathrm{d}t$ 表示的是图 5-7 中阴影部

分的面积,面积 $\Phi(x)$ 的值随着 x 的变化而变化,是积分上限 x 的函数.

积分上限函数 $\Phi(x)=\int_a^x f(t)\mathrm{d}t\,(x\in[a,b])$ 具有下述重要性质.

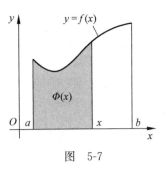

图 5-7

定理 5.1 若函数 $f(x)$ 在区间 $[a,b]$ 上连续,则积分上限的函数 $\Phi(x)=\int_a^x f(t)\mathrm{d}t$ 在区间 $[a,b]$ 上可导,且 $\dfrac{\mathrm{d}\Phi(x)}{\mathrm{d}x}=f(x)$.

证 设 $x\in(a,b)$,$\Delta x\neq 0$,且 $x+\Delta x\in(a,b)$,则

$$\Delta\Phi=\Phi(x+\Delta x)-\Phi(x)=\int_a^{x+\Delta x}f(t)\mathrm{d}t-\int_a^x f(t)\mathrm{d}t=\int_x^{x+\Delta x}f(t)\mathrm{d}t=f(\xi)\Delta x,$$

其中 $\xi\in[x,x+\Delta x]$. 当 $\Delta x\rightarrow 0$ 时,$\xi\rightarrow x$. 由于函数 $f(x)$ 在点 x 处连续,所以

$$\Phi'(x)=\lim_{\Delta x\rightarrow 0}\frac{\Delta\Phi}{\Delta x}=\lim_{\xi\rightarrow x}f(\xi)=f(x).$$

如果 $x=a$,$\Delta x>0$,且 $a+\Delta x\in(a,b)$,类似可得

$$\Phi'_+(a)=\lim_{\Delta x\rightarrow 0^+}\frac{\Delta\Phi}{\Delta x}=\lim_{\xi\rightarrow a^+}f(\xi)=f(a).$$

同理可证 $\Phi'_-(b)=f(b)$.

综上所述,当 $a\leqslant x\leqslant b$ 时,总有 $\dfrac{\mathrm{d}\Phi(x)}{\mathrm{d}x}=f(x)$.

定理 5.1 揭示了微分(或导数)与积分这两个概念之间的内在联系,称为**微积分基本定理**.

类似地,若函数 $f(x)$ 在区间 $[a,b]$ 上连续,$x\in[a,b]$,则称 $\Psi(x)=\int_x^b f(t)\mathrm{d}t$ 为函数 $f(x)$ 的**积分下限函数**(或变下限积分).

由定理 5.1 容易得到下面的推论:

推论 1 若函数 $f(x)$ 在区间 $[a,b]$ 上连续,则积分下限函数 $\int_x^b f(t)\mathrm{d}t$ 在区间 $[a,b]$ 上可导,且 $\dfrac{\mathrm{d}\Phi(x)}{\mathrm{d}x}=-f(x)$.

事实上,因为 $\int_x^b f(t)\mathrm{d}t=-\int_b^x f(t)\mathrm{d}t$,因此根据定理 5.1 立刻可以得出上述推论.

推论 2 若函数 $f(x)$ 在区间 $[a,b]$ 上连续,且可导函数 $h_1(x)$ 和 $h_2(x)$ 的值域包含于区间 $[a,b]$,则

$$\frac{\mathrm{d}}{\mathrm{d}x}\int_{h_1(x)}^{h_2(x)}f(t)\mathrm{d}t=f[h_2(x)]h'_2(x)-f[h_1(x)]h'_1(x).$$

证 设 $c\in[a,b]$,根据定积分的区间可加性得

$$\int_{h_1(x)}^{h_2(x)}f(t)\mathrm{d}t=\int_{h_1(x)}^c f(t)\mathrm{d}t+\int_c^{h_2(x)}f(t)\mathrm{d}t,$$

记 $H(x)=\int_c^{h_2(x)}f(t)\mathrm{d}t$,则 $H(x)$ 由函数 $\Phi(u)=\int_c^u f(t)\mathrm{d}t$ 和 $u=h_2(x)$ 复合而成. 所以

$$\frac{\mathrm{d}H(x)}{\mathrm{d}x} = \frac{\mathrm{d}\varPhi(u)}{\mathrm{d}u} \cdot \frac{\mathrm{d}u}{\mathrm{d}x} = f(u)h'_2(x) = f[h_2(x)]h'_2(x);$$

类似可得

$$\frac{\mathrm{d}}{\mathrm{d}x}\int_{h_1(x)}^{c} f(t)\mathrm{d}t = -f[h_1(x)]h'_1(x),$$

故

$$\frac{\mathrm{d}}{\mathrm{d}x}\int_{h_1(x)}^{h_2(x)} f(t)\mathrm{d}t = f[h_2(x)]h'_2(x) - f[h_1(x)]h'_1(x).$$

例 1 求 $\dfrac{\mathrm{d}}{\mathrm{d}x}\left(\displaystyle\int_{2x}^{x^2} \sin t^2 \mathrm{d}t\right)$.

解 由推论 2 得

$$\frac{\mathrm{d}}{\mathrm{d}x}\left(\int_{2x}^{x^2} \sin t^2 \mathrm{d}t\right) = \sin(x^2)^2 \cdot (x^2)' - \sin(2x)^2 \cdot (2x)' = 2x\sin x^4 - 2\sin(4x^2).$$

例 2 求极限 $\displaystyle\lim_{x \to 0} \frac{\displaystyle\int_0^x \ln(\cos t)\mathrm{d}t}{x^3}$.

解 当 $x \to 0$ 时,由于 $\displaystyle\int_0^x \ln(\cos t)\mathrm{d}t$ 连续,所以有

$$\lim_{x \to 0}\int_0^x \ln(\cos t)\mathrm{d}t = \int_0^0 \ln(\cos t)\mathrm{d}t = 0,$$

因此 $x \to 0$ 时,$\displaystyle\lim_{x \to 0} \frac{\displaystyle\int_0^x \ln(\cos t)\mathrm{d}t}{x^3}$ 是 $\dfrac{0}{0}$ 型的未定式,由洛必达法则,得

$$\lim_{x \to 0} \frac{\displaystyle\int_0^x \ln(\cos t)\mathrm{d}t}{x^3} = \lim_{x \to 0} \frac{\ln(\cos x)}{3x^2} = \lim_{x \to 0} \frac{\dfrac{-\sin x}{\cos x}}{6x} = -\frac{1}{6}.$$

例 3 设函数 $y = y(x)$ 由方程 $\displaystyle\int_0^{y^2} \sqrt{1+t^3}\,\mathrm{d}t + \int_{x^3}^1 \sqrt[3]{1+t^2}\,\mathrm{d}t = 1$ 所确定,求 $\dfrac{\mathrm{d}y}{\mathrm{d}x}$.

解 方程两边同时对 x 求导,得

$$\sqrt{1+(y^2)^3} \cdot \frac{\mathrm{d}(y^2)}{\mathrm{d}x} - \sqrt[3]{1+(x^3)^2} \cdot \frac{\mathrm{d}(x^3)}{\mathrm{d}x} = 0,$$

即

$$2y\sqrt{1+y^6} \cdot \frac{\mathrm{d}y}{\mathrm{d}x} - 3x^2\sqrt[3]{1+x^6} = 0,$$

解得

$$\frac{\mathrm{d}y}{\mathrm{d}x} = \frac{3x^2\sqrt[3]{1+x^6}}{2y\sqrt{1+y^6}}.$$

例 4 设 $f(x)$ 在 $[0, +\infty)$ 上连续且 $f(x) > 0$,证明函数

$$F(x) = \frac{\displaystyle\int_0^x tf(t)\mathrm{d}t}{\displaystyle\int_0^x f(t)\mathrm{d}t}$$

在$(0,+\infty)$上单调增加.

证 因为$f(x)$在$[0,+\infty)$上连续,结合积分上限函数的性质可知,$F(x)$在$(0,+\infty)$上可导,且

$$F'(x)=\frac{xf(x)\int_0^x f(t)\mathrm{d}t-f(x)\int_0^x tf(t)\mathrm{d}t}{\left[\int_0^x f(t)\mathrm{d}t\right]^2}=\frac{f(x)\int_0^x (x-t)f(t)\mathrm{d}t}{\left[\int_0^x f(t)\mathrm{d}t\right]^2},$$

当$0<t<x$时,$f(t)>0,(x-t)f(t)>0$,故

$$\int_0^x f(t)\mathrm{d}t>0,\quad \int_0^x (x-x)f(t)\mathrm{d}t>0,$$

故$F'(x)>0$,所以$F(x)$在$(0,+\infty)$上单调增加.

例5 若函数$f(x)$在区间$[a,b]$上连续,且$f(x)>0$,试证明曲线$y=\int_a^x (x-t)f(t)\mathrm{d}t$在区间$[a,b]$上是凹的.

证 由于

$$y=\int_a^x (x-t)f(t)\mathrm{d}t=x\int_a^x f(t)\mathrm{d}t-\int_a^x tf(t)\mathrm{d}t,$$

由$f(x)$的连续性知,y在$[a,b]$上可导,且

$$y'=\int_a^x f(t)\mathrm{d}t+xf(x)-xf(x)=\int_a^x f(t)\mathrm{d}t,$$

易知,y'在$[a,b]$上可导,且

$$y''=f(x)>0,$$

因此曲线$y=\int_a^x (x-t)f(t)\mathrm{d}t$在区间$[a,b]$上是凹的.

三、牛顿-莱布尼茨公式

定理5.2 若函数$F(x)$是连续函数$f(x)$在区间$[a,b]$上的一个原函数,则

$$\int_a^b f(x)\mathrm{d}x=F(b)-F(a).$$

上式称为**牛顿-莱布尼茨公式**.

证 由定理5.1知,$\varPhi(x)=\int_a^x f(t)\mathrm{d}t$是$f(x)$的一个原函数,又由于$F(x)$也是$f(x)$的一个原函数,故

$$\varPhi(x)-F(x)=C,$$

即

$$\varPhi(x)=F(x)+C,\quad x\in[a,b],$$

注意到$\varPhi(a)=0$,所以$C=-F(a)$,于是有

$$\int_a^b f(x)\mathrm{d}x=\varPhi(b)=F(b)+C=F(b)-F(a).$$

为方便起见,又将$F(b)-F(a)$记作$F(x)|_a^b$或$[F(x)]_a^b$,因此牛顿-莱布尼茨公式常写成

$$\int_a^b f(x)\mathrm{d}x=F(x)|_a^b=F(b)-F(a).$$

事实上,定理5.2中,条件"连续函数$f(x)$"可弱化为"可积函数$f(x)$",感兴趣的同学

可自行证明,该结论在后面定积分的计算中将直接使用.

牛顿-莱布尼茨公式揭示了定积分与被积函数的原函数之间的联系.它表明:一个连续函数在区间$[a,b]$上的定积分等于它的**任意一个原函数**在区间$[a,b]$上的增量.这使得我们可以用不定积分来求定积分.从此,计算定积分就有了一种有效且简便的方法,它避免了用定义计算定积分所需的复杂运算.我们知道,求不定积分与求微分是互逆运算,因此牛顿-莱布尼茨公式又将积分(包括不定积分和定积分)与微分联系在了一起,所以牛顿-莱布尼茨公式又称作**微积分基本公式**,可见它在微积分这门学科中的地位有多么重要.

例6 求定积分$\int_0^1 \dfrac{1}{1+x^2}\mathrm{d}x$.

解 $f(x)=\dfrac{1}{1+x^2}$在区间$[0,1]$上连续,且$\arctan x$是$\dfrac{1}{1+x^2}$的一个原函数,所以由牛顿-莱布尼茨公式,得

$$\int_0^1 \frac{1}{1+x^2}\mathrm{d}x = \arctan x \Big|_0^1 = \arctan 1 - \arctan 0 = \frac{\pi}{4}.$$

例7 设汽车刹车时的行驶速度为v_0,加速度为$-a$,$a>0$,试求刹车所用的时间T与刹车距离s.如果汽车的行驶速度为72km/h(即20m/s),要使刹车距离控制在40m以内,那么汽车刹车时的加速度至少应该取多大?

解 由于刹车时的加速度为$-a$,$a>0$,汽车刹车时的初速度为v_0,末速度为0,因此,刹车所用的时间为$T=\dfrac{v_0}{a}$;在汽车开始刹车到停下的这段时间内,汽车做匀减速运动,瞬时速度为$v(t)=v_0-at$,$0\leqslant t\leqslant T$,$v_0 t-\dfrac{1}{2}at^2$是$v(t)$的一个原函数,因此刹车距离为

$$s = \int_0^T v(t)\mathrm{d}t = \int_0^T (v_0-at)\mathrm{d}t = \left[v_0 t - \frac{1}{2}at^2\right]_0^T = v_0 T - \frac{1}{2}aT^2 = \frac{v_0^2}{2a}.$$

当$v_0=72$km/h$=20$m/s时,欲使$s\leqslant 40$m,则由上式解得$a=\dfrac{v_0^2}{2s}\geqslant 5$m/s^2,即刹车时的加速度至少为5m/s^2.

例8 通常,交流电器上标明的功率为平均功率,即功率$P(t)$在一个周期T内的平均值$\overline{P}=\dfrac{1}{T}\int_0^T P(t)\mathrm{d}t$,而标明的电流值为有效值$I=\sqrt{\dfrac{1}{T}\int_0^T i^2(t)\mathrm{d}t}$.在电阻为$R$的纯电阻电路中,正弦交流电的电流为$i(t)=I_{\mathrm{m}}\sin\omega t$,其中$I_{\mathrm{m}}$为电流峰值,求在一个周期$0\leqslant t\leqslant \dfrac{2\pi}{\omega}$内的平均功率$\overline{P}$和电流的有效值$I$.

解 电路中的电压为$u(t)=i(t)R=I_{\mathrm{m}}R\sin\omega t$,其中$I_{\mathrm{m}}R=U_{\mathrm{m}}$为电压峰值,功率为在一个周期$0\leqslant t\leqslant \dfrac{2\pi}{\omega}$内的平均功率:

$$\overline{P} = \frac{1}{T}\int_0^T P(t)\mathrm{d}t = \frac{1}{T}\int_0^T i^2(t)R\,\mathrm{d}t = \frac{\omega}{2\pi}\int_0^{\frac{2\pi}{\omega}} I_{\mathrm{m}}^2 R\sin^2\omega t\,\mathrm{d}t$$

$$= \frac{\omega I_{\mathrm{m}}^2 R}{4\pi}\int_0^{\frac{2\pi}{\omega}} (1-\cos 2\omega t)\mathrm{d}t,$$

可以验证，$t-\dfrac{\sin 2\omega t}{2\omega}$ 是 $1-\cos 2\omega t$ 的一个原函数，所以有

$$\overline{P}=\frac{\omega I_{\mathrm{m}}^{2}R}{4\pi}\left[t-\frac{\sin 2\omega t}{2\omega}\right]_{0}^{\frac{2\pi}{\omega}}=\frac{I_{\mathrm{m}}^{2}R}{2}=\frac{I_{\mathrm{m}}U_{\mathrm{m}}}{2}.$$

电流的有效值

$$I=\sqrt{\frac{1}{T}\int_{0}^{T}i^{2}(t)\mathrm{d}t}=\sqrt{\frac{\omega}{2\pi}\int_{0}^{\frac{2\pi}{\omega}}I_{\mathrm{m}}^{2}\sin^{2}\omega t\,\mathrm{d}t}=\sqrt{\frac{I_{\mathrm{m}}^{2}}{2}}=\frac{I_{\mathrm{m}}}{\sqrt{2}}.$$

该结果表明，纯电阻电路中正弦交流电的平均功率为电流峰值和电压峰值乘积的一半，而电流的有效值为电流峰值的 $\dfrac{1}{\sqrt{2}}$.

例 9 设 $f(x)=\begin{cases}x^{2}, & x\leqslant 0,\\ 2x+1, & x>0,\end{cases}$ 求定积分 $\displaystyle\int_{-1}^{1}f(x)\mathrm{d}x$.

解 由于 $x=0$ 是函数 $f(x)$ 的分段点，所以将所求定积分也从 $x=0$ 按照定积分的区间可加性分为两个定积分之和，即

$$\int_{-1}^{1}f(x)\mathrm{d}x=\int_{-1}^{0}f(x)\mathrm{d}x+\int_{0}^{1}f(x)\mathrm{d}x.$$

当 $x\in[-1,0]$ 时，$f(x)=x^{2}$ 的一个原函数为 $\dfrac{x^{3}}{3}$；当 $x\in(0,1]$ 时，$f(x)=2x+1$ 的一个原函数为 $x^{2}+x$. 因此

$$\int_{-1}^{0}f(x)\mathrm{d}x=\int_{-1}^{0}x^{2}\mathrm{d}x=\frac{x^{3}}{3}\Big|_{-1}^{0}=\frac{1}{3},$$

$$\int_{0}^{1}f(x)\mathrm{d}x=\int_{0}^{1}(2x+1)\mathrm{d}x=(x^{2}+x)\Big|_{0}^{1}=2,$$

所以

$$\int_{-1}^{1}f(x)\mathrm{d}x=\frac{1}{3}+2=\frac{7}{3}.$$

例 9 中，$f(x)$ 在闭区间 $[0,1]$ 上并不连续，但由于 $x=0$ 是 $f(x)$ 的第一类间断点，$(0,1]$ 是 $f(x)$ 的连续区间，所以 $f(x)$ 在闭区间 $[0,1]$ 上可积，求解 $\displaystyle\int_{0}^{1}f(x)\mathrm{d}x$ 时仍然可以用牛顿-莱布尼茨公式.

例 10 求定积分 $\displaystyle\int_{-1}^{2}|x(1-x)|\mathrm{d}x$.

解 被积函数含有绝对值，不易直接求解其原函数，但绝对值函数可以转化为分段函数，易知

$$|x(1-x)|=\begin{cases}-x(1-x), & x\leqslant 0,\\ x(1-x), & 0<x\leqslant 1,\\ x(x-1), & x>1,\end{cases}$$

所以由定积分的区间可加性，得

$$\int_{-1}^{2}|x(1-x)|\mathrm{d}x=\int_{-1}^{0}-x(1-x)\mathrm{d}x+\int_{0}^{1}x(1-x)\mathrm{d}x+\int_{1}^{2}x(x-1)\mathrm{d}x$$

$$= \int_{-1}^{0} (x^2 - x) \mathrm{d}x + \int_{0}^{1} (x - x^2) \mathrm{d}x + \int_{1}^{2} (x^2 - x) \mathrm{d}x$$

$$= \left[\frac{x^3}{3} - \frac{x^2}{2} \right]_{-1}^{0} + \left[\frac{x^2}{2} - \frac{x^3}{3} \right]_{0}^{1} + \left[\frac{x^3}{3} - \frac{x^2}{2} \right]_{1}^{2} = \frac{11}{6}.$$

例 11　求定积分 $\int_{0}^{\pi} \sqrt{1 + \cos 2x} \, \mathrm{d}x$.

解　因为 $\sqrt{1 + \cos 2x} = \sqrt{1 + (2\cos^2 x - 1)} = \sqrt{2} \, |\cos x|$，而当 $x \in \left[0, \dfrac{\pi}{2}\right]$ 时，$\cos x \geqslant 0$，

当 $x \in \left[\dfrac{\pi}{2}, \pi\right]$ 时，$\cos x \leqslant 0$，所以

$$\int_{0}^{\pi} \sqrt{1 + \cos 2x} \, \mathrm{d}x = \int_{0}^{\pi} \sqrt{2} \, |\cos x| \, \mathrm{d}x = \int_{0}^{\frac{\pi}{2}} \sqrt{2} \cos x \, \mathrm{d}x + \int_{\frac{\pi}{2}}^{\pi} -\sqrt{2} \cos x \, \mathrm{d}x$$

$$= \left[\sqrt{2} \sin x \right]_{0}^{\frac{\pi}{2}} - \left[\sqrt{2} \sin x \right]_{\frac{\pi}{2}}^{\pi} = 2\sqrt{2}.$$

可见，若定积分的被积函数带有绝对值，一般先去掉绝对值. 为此往往需要把积分区间分成几个小区间，这时定积分关于积分区间具有可加性这一性质就显得尤其重要.

例 12　设函数 $f(x)$ 在闭区间 $[a, b]$ 上连续，证明：在开区间 (a, b) 内至少存在一个 ξ，使得

$$\int_{a}^{b} f(x) \mathrm{d}x = f(\xi)(b - a), \quad a < \xi < b.$$

证　因为 $f(x)$ 在闭区间 $[a, b]$ 上连续，所以根据定理 5.1，$f(x)$ 在区间 $[a, b]$ 上一定存在一个原函数 $F(x)$. 由牛顿-莱布尼茨公式得

$$\int_{a}^{b} f(x) \mathrm{d}x = F(b) - F(a).$$

显然，函数 $F(x)$ 在区间 $[a, b]$ 上满足拉格朗日中值定理的条件，因此，在开区间 (a, b) 内至少存在一个 ξ，使得

$$F(b) - F(a) = F'(\xi)(b - a),$$

即

$$\int_{a}^{b} f(x) \mathrm{d}x = f(\xi)(b - a), \quad a < \xi < b.$$

例 12 中所得的结论是对积分中值定理的改进，将 ξ 所属的区间由闭区间 $[a, b]$ 改为了开区间 (a, b)，这在许多相关证明题中都显得尤为重要.

例 13　甲、乙两位车手在某个 F1 比赛中成绩相同，那么（　　）.

A. 这两位车手在途中每一时刻的瞬时速度必定相同

B. 这两位车手在途中每一时刻的瞬时速度必定不相同

C. 这两位车手至少在途中某个时刻的瞬时速度相同

D. 这两位车手到达终点时的瞬时速度必定相同

解　设甲、乙两位车手的瞬时速度分别为 $v_1(t)$ 和 $v_2(t)$，到达终点所用的时间都是 T，则

$$\int_{0}^{T} v_1(t) \mathrm{d}t = \int_{0}^{T} v_2(t) \mathrm{d}t,$$

即

$$\int_0^T [v_1(t) - v_2(t)]dt = 0,$$

由改进的积分中值定理可得

$$\int_0^T [v_1(t) - v_2(t)]dt = [v_1(\xi) - v_2(\xi)]T = 0, \quad \xi \in (0, T),$$

可见

$$v_1(\xi) - v_2(\xi) = 0, \quad 即 \ v_1(\xi) = v_2(\xi).$$

这就是说,这两位车手至少在途中某个时刻的瞬时速度相同. 故正确选项为 C.

习题 5-2

1. 设 $y = \int_0^x \cos t^2 dt$,求 $y'(0)$,$y'\left(\sqrt{\dfrac{\pi}{2}}\right)$.

2. 计算下列导数:

(1) $\dfrac{d}{dx}\displaystyle\int_1^{x^2} \dfrac{\sin t}{t} dt$;

(2) $\dfrac{d}{dx}\displaystyle\int_{2x}^1 \cos(e^t) dt$;

(3) $\dfrac{d}{dx}\displaystyle\int_x^{x^2} \dfrac{dt}{\sqrt{1+t^4}}$.

3. 设函数 $y = f(x)$ 由方程 $\displaystyle\int_0^y \dfrac{1}{\ln t} dt + \int_1^{x^2} \dfrac{\cos t}{t} dt = 1$ 所确定,求 $\dfrac{dy}{dx}$.

4. 设 $x = \displaystyle\int_0^t e^{u^2} du$,$y = \int_0^t \sin u^2 du$,求 $\dfrac{dy}{dx}$.

5. 求下列极限:

(1) $\displaystyle\lim_{x \to 0} \dfrac{\displaystyle\int_{\cos x}^1 e^{-t^2} dt}{x^2}$;

(2) $\displaystyle\lim_{x \to 0} \dfrac{\displaystyle\int_0^x (\sqrt{1+t^3} - 1)dt}{x^4}$.

6. 计算下列定积分:

(1) $\displaystyle\int_1^2 \left(1 - \dfrac{1}{x}\right)^2 dx$;

(2) $\displaystyle\int_0^1 \dfrac{x^2}{1+x^2} dx$;

(3) $\displaystyle\int_0^{\frac{\pi}{2}} \sin x \, dx$;

(4) $\displaystyle\int_{-\frac{1}{2}}^{\frac{1}{2}} \dfrac{dx}{\sqrt{1-x^2}}$;

(5) $\displaystyle\int_{-1}^1 |x(1+x)| \, dx$;

(6) $\displaystyle\int_0^{\frac{\pi}{2}} \sqrt{1 - \sin 2x} \, dx$;

(7) $\displaystyle\int_{-1}^1 f(x) dx$,其中 $f(x) = \begin{cases} 1-x, & x \leqslant 0, \\ 1+x, & x > 0. \end{cases}$

7. 设 $f(x) = \begin{cases} 2x, & 0 \leqslant x \leqslant 1, \\ 0, & x < 0 \ 或 \ x > 1, \end{cases}$ 求 $\Phi(x) = \displaystyle\int_0^x f(t) dt$ 在 $(-\infty, +\infty)$ 内的表达式.

8. 设 $f(x)$ 在区间 $[a, b]$ 上连续且单调减少,$F(x) = \dfrac{1}{x-a}\displaystyle\int_a^x f(t) dt$,证明 $F(x)$ 在 (a, b) 内单调减少.

9. 设 $f(x)$ 在区间 $(-\infty,+\infty)$ 上连续,且 $f(x)>0$,证明 $F(x)=\int_0^x (x^2-t^2)f(t)\mathrm{d}t$ 在 $(-\infty,+\infty)$ 上单调增加.

10. 某高速公路出口处在 t 时刻的车辆平均行驶速度为 $v(t)=(2t^3-21t^2+60t+40)\mathrm{km/h}$,试计算 13:00—18:00 内车辆平均行驶速度的平均值.

第三节　定积分的换元积分法和分部积分法

微积分基本公式为我们提供了计算定积分的一种有效而简便的方法,依据这一方法,定积分 $\int_a^b f(x)\mathrm{d}x$ 的计算被转化为求被积函数 $f(x)$ 的原函数 $F(x)$ 在积分区间上的增量 $F(b)-F(a)$. 由此看来,只要求出相应的不定积分就可以计算定积分了.

上一章中介绍的求解不定积分的换元积分法、分部积分法等,在定积分中仍然可以使用. 但是定积分的计算涉及积分上限与积分下限的问题,所以在用这些方法求解不定积分与定积分时有所区别. 下面给出定积分的换元积分法和分部积分法.

一、定积分的换元积分法

定理 5.3　设函数 $f(x)$ 在闭区间 $[a,b]$ 上连续,函数 $x=\varphi(t)$ 满足条件:

(1) $\varphi(\alpha)=a,\varphi(\beta)=b$,且 $a\leqslant\varphi(t)\leqslant b$;

(2) $\varphi'(t)$ 在 $[\alpha,\beta]$(或 $[\beta,\alpha]$)上连续,

则

$$\int_a^b f(x)\mathrm{d}x=\int_\alpha^\beta f[\varphi(t)]\varphi'(t)\mathrm{d}t.$$

上式称为定积分的**换元积分公式**.

证　设 $F(x)$ 是闭区间 $[a,b]$ 上的连续函数 $f(x)$ 的一个原函数,则 $\int_a^b f(x)\mathrm{d}x=F(b)-F(a)$. 记 $\Phi(t)=F[\varphi(t)]$,则

$$\Phi'(t)=F'[\varphi(t)]\varphi'(t)=f[\varphi(t)]\varphi'(t).$$

这表明 $\Phi(t)$ 是 $f[\varphi(t)]\varphi'(t)$ 的一个原函数,因而

$$\int_\alpha^\beta f[\varphi(t)]\varphi'(t)\mathrm{d}t=\Phi(\beta)-\Phi(\alpha)=F[\varphi(\beta)]-F[\varphi(\alpha)]=F(b)-F(a),$$

所以

$$\int_a^b f(x)\mathrm{d}x=\int_\alpha^\beta f[\varphi(t)]\varphi'(t)\mathrm{d}t.$$

在使用定积分的换元积分公式时,应注意以下两点:

(1) 在变换 $\varphi(t)$ 下,积分变量由 x 换成 t,同时 x 的变化范围 $a\to b$ 相应换成 t 的变化范围 $\alpha\to\beta$,其中 $\varphi(\alpha)=a,\varphi(\beta)=b$. 即定积分换元时必须同时换限,新的上下限的函数值分别对应于原来的上下限.

(2) 积分变量由 x 换成 t 以后求得一个原函数 $\Phi(t)$,只需将 t 的上下限 α,β 分别代入 $\Phi(t)$,求出增量 $\Phi(\beta)-\Phi(\alpha)$ 即可,而不必像不定积分换元法那样把 $\Phi(t)$ 化成 x 的函数,因为定积分的计算只需要增量,因此减少了回代的环节.

例 1 求定积分 $\int_0^{\frac{\pi}{2}} e^{\cos x} \sin x \, dx$.

解一 由于 $\sin x \, dx = -d\cos x$，故作代换 $u = \cos x$. 其中 x 的变化范围为 $0 \to \dfrac{\pi}{2}$，而 $\cos 0 = 1$，$\cos \dfrac{\pi}{2} = 0$，根据对应关系，u 的变化范围应为 $1 \to 0$，所以

$$\int_0^{\frac{\pi}{2}} e^{\cos x} \sin x \, dx = -\int_1^0 e^u \, du = -e^u \Big|_1^0 = e - 1.$$

解二 由于 $\sin x \, dx = -d\cos x$，所以

$$\int_0^{\frac{\pi}{2}} e^{\cos x} \sin x \, dx = -\int_0^{\frac{\pi}{2}} e^{\cos x} \, d(\cos x) = -e^{\cos x} \Big|_0^{\frac{\pi}{2}} = e - 1.$$

在上面的两种解法中，"解一"明确给出了换元 $u = \cos x$ 的步骤，因此积分限随之改变；而在"解二"中，只用了"凑微分"，没有对 $\cos x$ 进行换元，所以积分限仍然是 x 的积分范围，这一点读者务必要记牢. 简单来说，定积分换元时"换元必换限，不换元则不换限"，并且遵循"上限对应上限，下限对应下限"的法则.

例 2 求定积分 $\int_0^a \dfrac{1}{\sqrt{a^2 + x^2}} dx$，$a > 0$.

解 被积函数为 $\dfrac{1}{\sqrt{a^2 + x^2}}$，在上一章不定积分的计算中，碰到这类题目应该用"三角函数代换"来计算，求解定积分时这类规律仍然适用.

令 $x = a\tan t$，则 $dx = a\sec^2 t \, dt$，$x = 0$ 时取 $t = 0$，$x = a$ 时取 $t = \dfrac{\pi}{4}$，所以

$$\int_0^a \frac{1}{\sqrt{a^2 + x^2}} dx = \int_0^{\frac{\pi}{4}} \frac{a\sec^2 t}{\sqrt{a^2 + a^2\tan^2 t}} dt = \int_0^{\frac{\pi}{4}} \sec t \, dt = \left[\ln |\sec t + \tan t| \right]_0^{\frac{\pi}{4}} = \ln(\sqrt{2} + 1).$$

例 3 计算定积分 $\int_0^1 \dfrac{x}{(x+1)^3} dx$.

解 令 $t = x + 1$，则 $x = t - 1$，$dx = dt$；当 $x = 0$ 时 $t = 1$；当 $x = 1$ 时 $t = 2$. 所以

$$\int_0^1 \frac{x}{(x+1)^3} dx = \int_1^2 \frac{t-1}{t^3} dt = \int_1^2 \left(\frac{1}{t^2} - \frac{1}{t^3} \right) dt = \left[-\frac{1}{t} + \frac{1}{2t^2} \right]_1^2 = \frac{1}{8}.$$

遇到例 3 这类有理分式的积分问题，如果分母形如 $(ax + b)^n$，则作代换 $t = ax + b$ 较易求解.

例 4 求定积分 $\int_0^7 \dfrac{x}{\sqrt[3]{1+x} - 1} dx$.

解 令 $t = \sqrt[3]{1+x}$，则 $x = t^3 - 1$，$dx = 3t^2 dt$；当 $x = 0$ 时 $t = 1$；当 $x = 7$ 时 $t = 2$. 所以

$$\int_0^7 \frac{x}{\sqrt[3]{1+x} - 1} dx = \int_1^2 \frac{t^3 - 1}{t - 1} \cdot 3t^2 dt = 3\int_1^2 (t^4 + t^3 + t^2) dt = 3\left[\frac{t^5}{5} + \frac{t^4}{4} + \frac{t^3}{3} \right]_1^2 = \frac{737}{20}.$$

在例 4 中，因为被积函数含有 $\sqrt[3]{1+x}$，让我们联想到计算不定积分时用到的"无理代换"，因此作了如上代换. 该题中，分母除了 $\sqrt[3]{1+x}$ 以外其余部分均为常数，为此还可以作代换 $u = \sqrt[3]{1+x} - 1$ 来计算，请读者自行练习.

例5 证明"定积分偶倍奇零"性质：设函数 $f(x)$ 在区间 $[-a,a]$ 上连续，

(1) 若 $f(x)$ 为偶函数，则 $\int_{-a}^{a} f(x)\mathrm{d}x = 2\int_{0}^{a} f(x)\mathrm{d}x$ ；

(2) 若 $f(x)$ 为奇函数，则 $\int_{-a}^{a} f(x)\mathrm{d}x = 0$.

证 由定积分的区间可加性可得

$$\int_{-a}^{a} f(x)\mathrm{d}x = \int_{-a}^{0} f(x)\mathrm{d}x + \int_{0}^{a} f(x)\mathrm{d}x ;$$

在定积分 $\int_{-a}^{0} f(x)\mathrm{d}x$ 中，令 $x = -u$，则

$$\int_{-a}^{0} f(x)\mathrm{d}x = \int_{a}^{0} f(-u)\mathrm{d}(-u) = \int_{0}^{a} f(-u)\mathrm{d}u,$$

通过本章第一节的学习知道，定积分的值与积分变量无关，即在定积分中，将积分变量由一个变量换为其他任意变量不影响定积分的值，所以

$$\int_{0}^{a} f(-u)\mathrm{d}u = \int_{0}^{a} f(-x)\mathrm{d}x,$$

故

$$\int_{-a}^{a} f(x)\mathrm{d}x = \int_{0}^{a} f(x)\mathrm{d}x + \int_{0}^{a} f(-x)\mathrm{d}x = \int_{0}^{a} [f(x)+f(-x)]\mathrm{d}x.$$

(1) 若 $f(x)$ 为偶函数，则 $f(-x) = f(x)$，所以

$$\int_{-a}^{a} f(x)\mathrm{d}x = \int_{0}^{a} [f(x)+f(-x)]\mathrm{d}x = 2\int_{0}^{a} f(x)\mathrm{d}x.$$

(2) 若 $f(x)$ 为奇函数，则 $f(-x) = -f(x)$，所以

$$\int_{-a}^{a} f(x)\mathrm{d}x = \int_{0}^{a} [f(x)-f(x)]\mathrm{d}x = 0.$$

例6 计算下列定积分：(1) $\int_{-1}^{1} \frac{|x|+\sin x}{1+x^2}\mathrm{d}x$ ；(2) $\int_{-1}^{1} \frac{x^{100}}{1+\mathrm{e}^x}\mathrm{d}x$.

解 (1) 由定积分的线性性质，得

$$\int_{-1}^{1} \frac{|x|+\sin x}{1+x^2}\mathrm{d}x = \int_{-1}^{1} \frac{|x|}{1+x^2}\mathrm{d}x + \int_{-1}^{1} \frac{\sin x}{1+x^2}\mathrm{d}x,$$

由于 $\frac{\sin x}{1+x^2}$ 是关于 x 的奇函数，故 $\int_{-1}^{1} \frac{\sin x}{1+x^2}\mathrm{d}x = 0$；又因为 $\frac{|x|}{1+x^2}$ 是关于 x 的偶函数，故

$$\int_{-1}^{1} \frac{|x|}{1+x^2}\mathrm{d}x = 2\int_{0}^{1} \frac{|x|}{1+x^2}\mathrm{d}x = 2\int_{0}^{1} \frac{x}{1+x^2}\mathrm{d}x$$

$$= \int_{0}^{1} \frac{1}{1+x^2}\mathrm{d}(1+x^2) = \ln(1+x^2)\Big|_{0}^{1} = \ln 2;$$

所以

$$\int_{-1}^{1} \frac{|x|+\sin x}{1+x^2}\mathrm{d}x = \ln 2.$$

(2) 函数 $f(x) = \frac{x^{100}}{1+\mathrm{e}^x}$ 是非奇非偶的函数，而该题中积分区间关于原点对称，利用例5中得到的

$$\int_{-a}^{a} f(x)\,\mathrm{d}x = \int_{0}^{a}[f(x)-f(-x)]\,\mathrm{d}x$$

得

$$\int_{-1}^{1}\frac{x^{100}}{1+\mathrm{e}^{x}}\,\mathrm{d}x = \int_{0}^{1}\left[\frac{x^{100}}{1+\mathrm{e}^{x}}+\frac{(-x)^{100}}{1+\mathrm{e}^{-x}}\right]\mathrm{d}x$$

$$=\int_{0}^{1}\left(\frac{x^{100}}{1+\mathrm{e}^{x}}+\frac{x^{100}\mathrm{e}^{x}}{1+\mathrm{e}^{x}}\right)\mathrm{d}x = \int_{0}^{1}x^{100}\,\mathrm{d}x = \frac{x^{101}}{101}\bigg|_{0}^{1}=\frac{1}{101}.$$

例 7 证明：(1)若 $f(x)$ 为连续的奇函数,则 $\int_{0}^{x}f(t)\,\mathrm{d}t$ 是偶函数；(2)若 $f(x)$ 为连续的偶函数,则 $\int_{0}^{x}f(t)\,\mathrm{d}t$ 是奇函数.

证 (1) 记 $\varphi(x)=\int_{0}^{x}f(t)\,\mathrm{d}t$,则

$$\varphi(-x)=\int_{0}^{-x}f(t)\,\mathrm{d}t \xlongequal{\text{令}u=-t}\int_{0}^{x}f(-u)\,\mathrm{d}(-u)=-\int_{0}^{x}f(-u)\,\mathrm{d}u,$$

由于 $f(x)$ 为奇函数,故

$$\int_{0}^{x}f(-u)\,\mathrm{d}u=-\int_{0}^{x}f(u)\,\mathrm{d}u,$$

所以

$$\varphi(-x)=\int_{0}^{x}f(u)\,\mathrm{d}u=\varphi(x),$$

即 $\int_{0}^{x}f(t)\,\mathrm{d}t$ 是 x 的偶函数.

(2) 类似于第(1)问的证明过程可得出结论,请读者自行练习.

由例 7 知,连续奇函数 $f(x)$ 的所有原函数 $\int_{0}^{x}f(t)\,\mathrm{d}t+C$ 都是偶函数；而连续偶函数 $f(x)$ 的原函数中只有 $\int_{0}^{x}f(t)\,\mathrm{d}t$ 是奇函数.

例 8 设函数 $f(x)$ 在区间 $[0,1]$ 上连续,证明：

(1) $\displaystyle\int_{0}^{\frac{\pi}{2}}f(\sin x)\,\mathrm{d}x = \int_{0}^{\frac{\pi}{2}}f(\cos x)\,\mathrm{d}x$;

(2) $\displaystyle\int_{0}^{\pi}f(\sin x)\,\mathrm{d}x = 2\int_{0}^{\frac{\pi}{2}}f(\sin x)\,\mathrm{d}x$;

(3) $\displaystyle\int_{0}^{\pi}xf(\sin x)\,\mathrm{d}x = \frac{\pi}{2}\int_{0}^{\pi}f(\sin x)\,\mathrm{d}x = \pi\int_{0}^{\frac{\pi}{2}}f(\sin x)\,\mathrm{d}x$,并由此计算 $\displaystyle\int_{0}^{\pi}\frac{x\sin x}{2-\sin^{2}x}\,\mathrm{d}x$.

证 (1) $\displaystyle\int_{0}^{\frac{\pi}{2}}f(\sin x)\,\mathrm{d}x \xlongequal{\text{令}t=\frac{\pi}{2}-x}\int_{\frac{\pi}{2}}^{0}f\left[\sin\left(\frac{\pi}{2}-t\right)\right]\mathrm{d}\left(\frac{\pi}{2}-t\right)$

$$=\int_{0}^{\frac{\pi}{2}}f(\cos t)\,\mathrm{d}t = \int_{0}^{\frac{\pi}{2}}f(\cos x)\,\mathrm{d}x.$$

(2) $\displaystyle\int_{0}^{\pi}f(\sin x)\,\mathrm{d}x \xlongequal{\text{令}t=x-\frac{\pi}{2}}\int_{-\frac{\pi}{2}}^{\frac{\pi}{2}}f\left[\sin\left(t+\frac{\pi}{2}\right)\right]\mathrm{d}\left(t+\frac{\pi}{2}\right)=\int_{-\frac{\pi}{2}}^{\frac{\pi}{2}}f(\cos t)\,\mathrm{d}t,$

由定积分的"偶倍奇零"性质得

$$\int_{-\frac{\pi}{2}}^{\frac{\pi}{2}} f(\cos t)\mathrm{d}t = 2\int_0^{\frac{\pi}{2}} f(\cos t)\mathrm{d}t = 2\int_0^{\frac{\pi}{2}} f(\cos x)\mathrm{d}x = 2\int_0^{\frac{\pi}{2}} f(\sin x)\mathrm{d}x.$$

(3) $\displaystyle\int_0^{\pi} x f(\sin x)\mathrm{d}x \xrightarrow{\text{令}\, t = \pi - x} \int_{\pi}^0 (\pi - t) f[\sin(\pi - t)]\mathrm{d}(\pi - t)$

$$= \int_0^{\pi} \pi f(\sin t)\mathrm{d}t - \int_0^{\pi} t f(\sin t)\mathrm{d}t = \pi \int_0^{\pi} f(\sin t)\mathrm{d}t - \int_0^{\pi} t f(\sin t)\mathrm{d}t$$

$$= \pi \int_0^{\pi} f(\sin x)\mathrm{d}x - \int_0^{\pi} x f(\sin x)\mathrm{d}x,$$

移项并整理得

$$\int_0^{\pi} x f(\sin x)\mathrm{d}x = \frac{\pi}{2}\int_0^{\pi} f(\sin x)\mathrm{d}x;$$

结合(2)得

$$\int_0^{\pi} x f(\sin x)\mathrm{d}x = \frac{\pi}{2}\int_0^{\pi} f(\sin x)\mathrm{d}x = \pi\int_0^{\frac{\pi}{2}} f(\sin x)\mathrm{d}x.$$

由(3)得

$$\int_0^{\pi} \frac{x\sin x}{2 - \sin^2 x}\mathrm{d}x = \pi\int_0^{\frac{\pi}{2}} \frac{\sin x}{2 - \sin^2 x}\mathrm{d}x$$

$$= -\pi\int_0^{\frac{\pi}{2}} \frac{1}{2 - (1 - \cos^2 x)}\mathrm{d}\cos x = -\pi\int_0^{\frac{\pi}{2}} \frac{1}{1 + \cos^2 x}\mathrm{d}\cos x$$

$$= -\pi\arctan(\cos x)\Big|_0^{\frac{\pi}{2}} = \frac{\pi^2}{4}.$$

例 9 设函数 $f(x)$ 是以 l 为周期的连续函数,证明 $\displaystyle\int_a^{a+l} f(x)\mathrm{d}x = \int_0^l f(x)\mathrm{d}x$,即 $\displaystyle\int_a^{a+l} f(x)\mathrm{d}x$ 的值与 a 无关.

证一

$$\int_a^{a+l} f(x)\mathrm{d}x = \int_a^0 f(x)\mathrm{d}x + \int_0^l f(x)\mathrm{d}x + \int_l^{a+l} f(x)\mathrm{d}x, \qquad (5.2)$$

而

$$\int_l^{a+l} f(x)\mathrm{d}x \xrightarrow{\text{令}\, t = x - l} \int_0^a f(t+l)\mathrm{d}(t+l),$$

因为 $f(x)$ 是以 l 为周期的函数,所以

$$\int_0^a f(t+l)\mathrm{d}(t+l) = \int_0^a f(t)\mathrm{d}t = -\int_a^0 f(x)\mathrm{d}x,$$

结合式(5.2)得

$$\int_a^{a+l} f(x)\mathrm{d}x = \int_0^l f(x)\mathrm{d}x,$$

即 $\displaystyle\int_a^{a+l} f(x)\mathrm{d}x$ 的值与 a 无关.

证二 令 $F(a) = \displaystyle\int_a^{a+l} f(x)\mathrm{d}x$,因为 $f(x)$ 连续且周期为 l,所以 $F(a)$ 关于 a 可导,且

$$F'(a) = f(a+l) - f(a) = 0,$$

这说明对于任意的 a，$F(a)$ 恒为常数，所以

$$F(a) = F(0) = \int_0^l f(x)\mathrm{d}x,$$

即 $\int_a^{a+l} f(x)\mathrm{d}x$ 的值与 a 无关.

例 10 如果机场跑道长度不足，飞机在降落时常常使用减速伞，借助空气对减速伞的阻力缩短飞机的滑跑距离，保障飞机在短跑道上安全着陆. 一架重 4.5t 的歼击机以 600km/h 的速度开始着陆，在减速伞的作用下滑跑 500m 后速度减为 100km/h. 减速伞的阻力与飞机速度成正比，不计飞机所受的其他外力，试计算减速伞的阻力系数；如果将这种减速伞装备在重 9t 的轰炸机上，当着陆速度为 700km/h 时，问轰炸机能否在跑道长度为 1500m 的机场安全着陆？

解 设飞机的质量为 m，着陆速度为 v_0，飞机接触跑道时开始计时，在 t 时刻飞机的滑跑距离为 $x(t)$，则飞机的速度 $v(t) = x'(t)$，减速伞的阻力为 $-kv(t)$，其中 k 为减速伞的阻力系数. 根据牛顿第二定律知

$$mv'(t) = -kv(t), \quad 即 \frac{v'(t)}{v(t)} = -\frac{k}{m},$$

等式两边分别在区间 $[0, t]$ 上求定积分，得

$$\int_0^t \frac{v'(t)}{v(t)}\mathrm{d}t = \int_0^t -\frac{k}{m}\mathrm{d}t, \quad 即 \int_0^t \frac{\mathrm{d}v(t)}{v(t)} = \int_0^t -\frac{k}{m}\mathrm{d}t,$$

积分结果为

$$\ln v(t) - \ln v_0 = -\frac{k}{m}t,$$

整理得

$$v(t) = v_0 \mathrm{e}^{-\frac{k}{m}t}. \tag{5.3}$$

由于 $v(t) = x'(t)$，故

$$x'(t) = v_0 \mathrm{e}^{-\frac{k}{m}t},$$

等式两边在区间 $[0, t]$ 上求定积分，得

$$\int_0^t x'(t)\mathrm{d}t = \int_0^t v_0 \mathrm{e}^{-\frac{k}{m}t}\mathrm{d}t,$$

求解得

$$x(t) = \frac{mv_0}{k}\left(1 - \mathrm{e}^{-\frac{k}{m}t}\right), \tag{5.4}$$

结合式 (5.3) 和式 (5.4)，求得减速伞阻力系数的计算公式为

$$k = \frac{m[v_0 - v(t)]}{x(t)}. \tag{5.5}$$

将 $m = 4500\mathrm{kg}$，$v_0 = 600\mathrm{km/h}$，$v(t) = 100\mathrm{km/h}$，$x(t) = 0.5\mathrm{km}$ 代入式 (5.5)，求得减速伞的阻力系数为 $k = 4.5 \times 10^6 \mathrm{kg/h}$.

由式 (5.4)，飞机的滑跑距离应满足 $x(t) \leqslant \frac{mv_0}{k}$，将 $m = 9000\mathrm{kg}$，$v_0 = 700\mathrm{km/h}$，$k = 4.5 \times$

10^6kg/h 代入不等式右端，求得 $\dfrac{mv_0}{k}=1.4\text{km}=1400\text{m}<1500\text{m}$，可见，重 9t 的轰炸机装备了这种减速伞后，可以在跑道长度为 1500m 的机场安全着陆.

二、定积分的分部积分法

通过不定积分的学习知道，求解形如 $x\mathrm{e}^x$，$x^2\sin x$，$\ln x$，$\dfrac{\arctan x}{x^2}$ 之类函数的原函数时，用到了不定积分的"分部积分法". 根据牛顿-莱布尼茨公式，求这类函数的定积分时，也需要先解出这些函数的原函数. 下面将介绍定积分的分部积分法，以求解这类函数的定积分.

设函数 $u(x)$ 及 $v(x)$ 在区间 $[a,b]$ 上具有连续的导数，由两个函数乘积的导数公式得
$$[u(x)v(x)]'=u'(x)v(x)+u(x)v'(x),$$
移项得
$$u(x)v'(x)=[u(x)v(x)]'-u'(x)v(x),$$
等式两端分别关于 x 在区间 $[a,b]$ 上求定积分，得
$$\int_a^b u(x)v'(x)\mathrm{d}x=u(x)v(x)\Big|_a^b-\int_a^b u'(x)v(x)\mathrm{d}x,$$
或者写成
$$\int_a^b u(x)\mathrm{d}v(x)=u(x)v(x)\Big|_a^b-\int_a^b v(x)\mathrm{d}u(x),$$
这就是定积分的**分部积分公式**.

为了便于记忆，常将函数 $u(x)$ 及 $v(x)$ 简写为 u，v，定积分的分部积分公式可简写为
$$\int_a^b uv'\mathrm{d}x=uv\Big|_a^b-\int_a^b u'v\mathrm{d}x \quad \text{或} \quad \int_a^b u\mathrm{d}v=uv\Big|_a^b-\int_a^b v\mathrm{d}u.$$

不难看出，定积分的分部积分公式是在不定积分分部积分公式的基础上，加入了求解原函数增量的过程. 因此，用分部积分法求解不定积分的解题规律也适用于定积分的求解. 例如当被积函数是反三角函数、对数函数、指数函数、三角函数等与幂函数的乘积时，一般可用分部积分法求解.

例 11 求定积分 $\displaystyle\int_0^1 x\arctan x\,\mathrm{d}x$.

解
$$\int_0^1 x\arctan x\,\mathrm{d}x=\frac{1}{2}\int_0^1 \arctan x\,\mathrm{d}(x^2)=\frac{1}{2}x^2\arctan x\Big|_0^1-\frac{1}{2}\int_0^1 x^2\,\mathrm{d}\arctan x$$
$$=\frac{\pi}{8}-\frac{1}{2}\int_0^1 \frac{x^2}{1+x^2}\mathrm{d}x=\frac{\pi}{8}-\frac{1}{2}\int_0^1 \frac{(1+x^2)-1}{1+x^2}\mathrm{d}x$$
$$=\frac{\pi}{8}-\frac{1}{2}\int_0^1 \left(1-\frac{1}{1+x^2}\right)\mathrm{d}x=\frac{\pi}{8}-\frac{1}{2}\big[x-\arctan x\big]_0^1$$
$$=\frac{\pi}{4}-\frac{1}{2}.$$

由例 11 可以看出，当被积函数形如"反三角函数×幂函数"的类型时，使用分部积分公式应对幂函数进行公式中的"凑微分"操作. 若凑微分的函数选取不当，则会使积分变得更难以求解. 类似的还有"对数函数×幂函数"的类型，也是用幂函数凑微分后再套用分部积分公式.

例 12 求定积分 $\int_0^9 e^{2\sqrt{x}} dx$.

解 令 $x=t^2$,则 $dx=2t\,dt$,当 x 的变化范围为 $0\to9$ 时,t 的变化范围为 $0\to3$,所以

$$\int_0^9 e^{2\sqrt{x}} dx = \int_0^3 e^{2t} \cdot 2t\,dt = \int_0^3 t\,de^{2t} = t\,e^{2t}\Big|_0^3 - \int_0^3 e^{2t}\,dt$$

$$= 3e^6 - \frac{1}{2}\int_0^3 e^{2t}\,d(2t) = 3e^6 - \frac{1}{2}e^{2t}\Big|_0^3 = \frac{1}{2}(1+5e^6).$$

由例 12 可以看出,当被积函数形如"幂函数×指数函数"的类型时,使用分部积分公式应对指数函数进行公式中的"凑微分"操作. 类似的还有"幂函数×三角函数"的类型,需用三角函数凑微分后再套用分部积分公式.

例 13 已知 $f(x)=\begin{cases}\dfrac{1}{1+e^x}, & 0\leqslant x<1, \\ \ln x, & 1\leqslant x\leqslant2,\end{cases}$ 求定积分 $\int_{-1}^1 f(x+1)dx$.

解

$$\int_{-1}^1 f(x+1)dx \xRightarrow{\text{令}u=x+1} \int_0^2 f(u)d(u-1) = \int_0^2 f(u)du = \int_0^2 f(x)dx$$

$$= \int_0^1 f(x)dx + \int_1^2 f(x)dx,$$

$$\int_0^1 f(x)dx = \int_0^1 \frac{1}{1+e^x}dx = \int_0^1 \frac{e^{-x}}{e^{-x}+1}dx = -\int_0^1 \frac{d(e^{-x}+1)}{e^{-x}+1}$$

$$= \big[-\ln|e^{-x}+1|\big]_0^1 = \ln2 - \ln(e^{-1}+1) = \ln\frac{2e}{1+e},$$

$$\int_1^2 f(x)dx = \int_1^2 \ln x\,dx = x\ln x\Big|_1^2 - \int_1^2 x\,d\ln x = 2\ln2 - \int_1^2 x\cdot\frac{1}{x}dx = 2\ln2 - 1,$$

所以

$$\int_{-1}^1 f(x+1)dx = \ln\frac{2e}{1+e} + 2\ln2 - 1 = \ln\frac{8}{1+e}.$$

求解这类分段复合函数的定积分时,如果不先将定积分 $\int_{-1}^1 f(x+1)dx$ 进行换元,而是先求解复合函数 $f(x+1)$ 的解析式再进行积分运算,求解过程就会复杂很多. 这一点需要牢记!

例 14 已知函数 $f(x)$ 在区间 $[0,\pi]$ 上具有连续的二阶导数,且 $f(0)+f(\pi)=1$,求定积分

$$\int_0^\pi [f(x)+f''(x)]\sin x\,dx.$$

解 由分部积分公式得

$$\int_0^\pi f''(x)\sin x\,dx = \int_0^\pi \sin x\,d[f'(x)] = \big[f'(x)\sin x\big]_0^\pi - \int_0^\pi f'(x)d\sin x$$

$$= -\int_0^\pi \cos x f'(x)dx = -\int_0^\pi \cos x\,d[f(x)] = -\cos x f(x)\Big|_0^\pi + \int_0^\pi f(x)d\cos x$$

$$= [f(\pi)+f(0)] - \int_0^\pi \sin x f(x)dx,$$

结合 $f(0)+f(\pi)=1$,得

$$\int_0^\pi f''(x)\sin x \, dx = 1 - \int_0^\pi \sin x \, f(x) \, dx,$$

所以

$$\int_0^\pi [f(x)+f''(x)]\sin x \, dx = \int_0^\pi f(x)\sin x \, dx + \int_0^\pi f''(x)\sin x \, dx = 1.$$

例 15 计算定积分 $I_n = \int_0^{\frac{\pi}{2}} \sin^n x \, dx \left(= \int_0^{\frac{\pi}{2}} \cos^n x \, dx \right)$,其中 n 为非负整数.

解 当 $n=0$ 时,

$$I_0 = \int_0^{\frac{\pi}{2}} dx = \frac{\pi}{2}.$$

当 $n=1$ 时,

$$I_1 = \int_0^{\frac{\pi}{2}} \sin x \, dx = -\cos x \Big|_0^{\frac{\pi}{2}} = 1.$$

当 $n \geqslant 2$ 时,

$$I_n = \int_0^{\frac{\pi}{2}} \sin^{n-1} x \sin x \, dx = -\int_0^{\frac{\pi}{2}} \sin^{n-1} x \, d(\cos x)$$

$$= -\cos x \sin^{n-1} x \Big|_0^{\frac{\pi}{2}} + \int_0^{\frac{\pi}{2}} \cos x \, d(\sin^{n-1} x)$$

$$= (n-1)\int_0^{\frac{\pi}{2}} \cos^2 x \sin^{n-2} x \, dx = (n-1)\int_0^{\frac{\pi}{2}} (1-\sin^2 x)\sin^{n-2} x \, dx$$

$$= (n-1)\left(\int_0^{\frac{\pi}{2}} \sin^{n-2} x \, dx - \int_0^{\frac{\pi}{2}} \sin^n x \, dx \right)$$

$$= (n-1)(I_{n-2} - I_n),$$

移项后得递推公式

$$I_n = \frac{n-1}{n} I_{n-2};$$

当 n 为偶数时,

$$I_n = \frac{n-1}{n} I_{n-2} = \frac{n-1}{n} \cdot \frac{n-3}{n-2} I_{n-4} = \cdots = \frac{(n-1)!!}{n!!} \cdot I_0 = \frac{(n-1)!!}{n!!} \cdot \frac{\pi}{2},$$

当 n 为奇数时,

$$I_n = \frac{n-1}{n} I_{n-2} = \frac{n-1}{n} \cdot \frac{n-3}{n-2} I_{n-4} = \cdots = \frac{(n-1)!!}{n!!} \cdot I_1 = \frac{(n-1)!!}{n!!},$$

其中

$$n!! = \begin{cases} n \times (n-2) \times (n-4) \times \cdots \times 2, & n \text{ 为偶数}, \\ n \times (n-2) \times (n-4) \times \cdots \times 1, & n \text{ 为奇数}. \end{cases}$$

一般读作 n 的双阶乘.

例 16 求定积分 $\int_0^1 x^2 \sqrt{(1-x^2)^3} \, dx$.

解 令 $x = \sin u$,则 $dx = \cos u \, du$,且 x 的变化范围为 $0 \rightarrow 1$ 时,u 的变化范围为 $0 \rightarrow \frac{\pi}{2}$,

所以

$$\int_0^1 x^2 \sqrt{(1-x^2)^3}\,\mathrm{d}x = \int_0^{\frac{\pi}{2}} \sin^2 u \cos^4 u\,\mathrm{d}u$$

$$= \int_0^{\frac{\pi}{2}} (1-\cos^2 x) \cos^4 u\,\mathrm{d}u = \int_0^{\frac{\pi}{2}} \cos^4 u\,\mathrm{d}u - \int_0^{\frac{\pi}{2}} \cos^6 x\,\mathrm{d}u$$

$$= \frac{3 \times 1}{4 \times 2} \cdot \frac{\pi}{2} - \frac{5 \times 3 \times 1}{6 \times 4 \times 2} \cdot \frac{\pi}{2} = \frac{\pi}{32}.$$

习题 5-3

1. 用定积分换元法计算下列定积分：

(1) $\displaystyle\int_{\frac{\pi}{4}}^{\frac{3\pi}{4}} \cos\left(x+\frac{\pi}{4}\right)\mathrm{d}x$;

(2) $\displaystyle\int_{\frac{\pi}{6}}^{\frac{\pi}{2}} \sin^2 t\,\mathrm{d}t$;

(3) $\displaystyle\int_0^{\frac{\pi}{2}} \cos\varphi \sin^3\varphi\,\mathrm{d}\varphi$;

(4) $\displaystyle\int_2^3 \frac{\mathrm{d}x}{(7-2x)^2}$;

(5) $\displaystyle\int_1^{\mathrm{e}^2} \frac{\mathrm{d}x}{x\sqrt{1+\ln x}}$;

(6) $\displaystyle\int_1^{\sqrt{3}} \frac{\mathrm{d}x}{x^2\sqrt{1+x^2}}$;

(7) $\displaystyle\int_1^4 \frac{\mathrm{d}x}{1+\sqrt{x}}$;

(8) $\displaystyle\int_{\frac{3}{4}}^1 \frac{\mathrm{d}x}{\sqrt{1-x}-1}$;

(9) $\displaystyle\int_0^{\frac{\sqrt{3}}{2}} \frac{x\,\mathrm{e}^{\sqrt{1-x^2}}}{\sqrt{1-x^2}}\,\mathrm{d}x$;

(10) $\displaystyle\int_{-\frac{\pi}{2}}^{\frac{\pi}{2}} \sqrt{\cos x - \cos^3 x}\,\mathrm{d}x$.

2. 利用函数的奇偶性计算下列定积分：

(1) $\displaystyle\int_{-1}^1 x^3\mid \sin x\mid\mathrm{d}x$;

(2) $\displaystyle\int_{-\frac{\pi}{2}}^{\frac{\pi}{2}} \cos^5\theta\,\mathrm{d}\theta$;

(3) $\displaystyle\int_{-1}^1 \frac{x^3+\mid x\mid}{1+x^2}\,\mathrm{d}x$;

(4) $\displaystyle\int_{-1}^1 (x+\sqrt{1+x^2})^2\,\mathrm{d}x$.

3. 证明：$\displaystyle\int_0^1 x^m(1-x)^n\,\mathrm{d}x = \int_0^1 x^n(1-x)^m\,\mathrm{d}x$.

4. 设 $f(x)$ 连续，且满足 $\displaystyle\int_0^1 f(xt)\,\mathrm{d}t = f(x) + x\mathrm{e}^x$ ，求 $f(x)$.

5. 已知 $f(x)$ 是连续函数，

(1) 证明 $\displaystyle\int_0^a f(x)\,\mathrm{d}x = \frac{1}{2}\int_0^a [f(x)+f(a-x)]\,\mathrm{d}x$;

(2) 求定积分 $\displaystyle\int_0^{\frac{\pi}{2}} \frac{\sin x}{\sin x + \cos x}\,\mathrm{d}x$.

6. 用定积分的分部积分法计算下列定积分：

(1) $\displaystyle\int_0^1 x\mathrm{e}^{2x}\,\mathrm{d}x$;

(2) $\displaystyle\int_0^{\frac{\pi}{6}} x\cos 3x\,\mathrm{d}x$;

(3) $\displaystyle\int_0^1 x\ln(x+1)\,\mathrm{d}x$;

(4) $\displaystyle\int_0^1 \arctan x\,\mathrm{d}x$;

(5) $\displaystyle\int_0^{\frac{\pi}{4}} \frac{x}{\cos^2 x}\,\mathrm{d}x$;

(6) $\displaystyle\int_0^{\frac{\pi}{2}} \mathrm{e}^x \sin x\,\mathrm{d}x$;

$(7) \int_1^e \cos(\ln x) \, dx$;　　　　　　　　　　$(8) \int_0^1 e^{\sqrt{x}} \, dx$.

7. 计算定积分 $J_m = \int_0^\pi x \sin^m x \, dx$, m 为自然数.

8. 设函数 $f(x)$ 是以 l 为周期的连续函数, 且 $f(x)$ 为奇函数, 证明 $\int_a^{a+2l} f(x) \, dx = 0$.

9. 设函数 $f(x)$ 在区间 $[0,1]$ 上连续, 且 $g(x) = \int_0^x f(t) \, dt$, 证明:

$$\int_0^1 g(x) \, dx = \int_0^1 (1-x) f(x) \, dx.$$

第四节　广义积分

通过本章第一节的学习知道, 求解定积分须具备两个条件: 一是积分区间为有界闭区间, 二是被积函数在积分区间上有界. 然而在有些应用中, 有时遇到的积分范围是无穷区间, 或者被积函数在所给积分区间内无界. 事实上, 这样的问题已超出了定积分的范围, 解决这些问题需要借助于本节介绍的广义积分.

一、无穷限的广义积分

1. 引例

如图 5-8 所示, 考虑由曲线 $y = \dfrac{1}{x^2}$、直线 $x = 1$ 及 x 轴所围成的开口曲边梯形的面积 A.

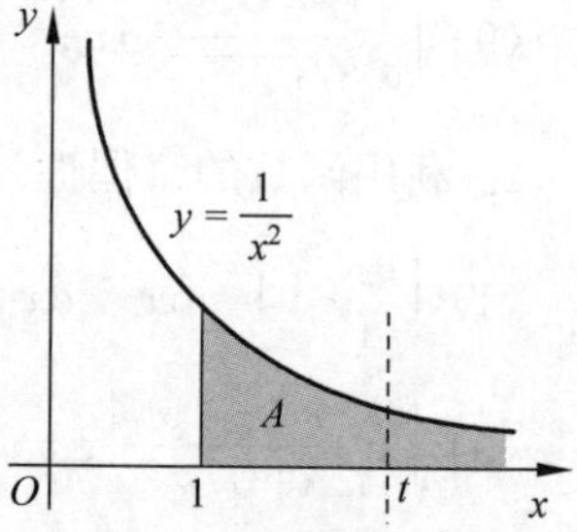

为了求出上述开口曲边梯形的面积, 先考虑由曲线 $y = \dfrac{1}{x^2}$, 直线 $x = 1$, $x = t (t > 1)$ 及 x 轴所围成的曲边梯形的面积 $A(t)$. 由定积分的几何意义易知

图　5-8

$$A(t) = \int_1^t \frac{1}{x^2} \, dx = -\frac{1}{x} \Big|_1^t = 1 - \frac{1}{t};$$

令 $t \to +\infty$, 则 $A(t) \to A$, 所以

$$A = \lim_{t \to +\infty} A(t) = \lim_{t \to +\infty} \left(1 - \frac{1}{t}\right) = 1.$$

上面这种利用极限来处理无穷积分区间的方法即采用了求解无穷限广义积分的思想. 下面给出无穷限广义积分的定义.

2. 无穷限广义积分的定义

定义 5.2　设函数 $f(x)$ 在区间 $[a, +\infty)$ 上连续, 如果积分上限函数 $\Phi(t) = \int_a^t f(x) \, dx \, (t \geqslant a)$ 当 $t \to +\infty$ 时的极限存在, 则称此极限值为函数 $f(x)$ 在区间 $[a, +\infty)$ 上的**广义积分**(或反常积分), 记为 $\int_a^{+\infty} f(x) \, dx$.

由定义易知,

$$\int_a^{+\infty} f(x) \, dx = \lim_{t \to +\infty} \int_a^t f(x) \, dx.$$

这种情况下也称广义积分 $\displaystyle\int_a^{+\infty} f(x)\mathrm{d}x$ 收敛；否则称广义积分 $\displaystyle\int_a^{+\infty} f(x)\mathrm{d}x$ 发散.

同理，设函数 $f(x)$ 在区间 $(-\infty,b]$ 上连续，如果积分下限函数 $\Psi(t)=\displaystyle\int_t^b f(x)\mathrm{d}x\,(t\leqslant b)$ 当 $t\to-\infty$ 时的极限存在，则称此极限值为函数 $f(x)$ 在区间 $(-\infty,b]$ 上的广义积分（或反常积分），记为 $\displaystyle\int_{-\infty}^b f(x)\mathrm{d}x$.

由定义易知，

$$\int_{-\infty}^b f(x)\mathrm{d}x=\lim_{t\to-\infty}\int_t^b f(x)\mathrm{d}x.$$

这种情况下也称广义积分 $\displaystyle\int_{-\infty}^b f(x)\mathrm{d}x$ 收敛；否则称广义积分 $\displaystyle\int_{-\infty}^b f(x)\mathrm{d}x$ 发散.

设函数 $f(x)$ 在区间 $(-\infty,+\infty)$ 上连续，c 为任意实数，如果广义积分 $\displaystyle\int_c^{+\infty} f(x)\mathrm{d}x$ 和 $\displaystyle\int_{-\infty}^c f(x)\mathrm{d}x$ 都收敛，则称广义积分 $\displaystyle\int_{-\infty}^{+\infty} f(x)\mathrm{d}x$ 收敛，并规定

$$\int_{-\infty}^{+\infty} f(x)\mathrm{d}x=\int_{-\infty}^c f(x)\mathrm{d}x+\int_c^{+\infty} f(x)\mathrm{d}x.$$

如果广义积分 $\displaystyle\int_c^{+\infty} f(x)\mathrm{d}x$ 或 $\displaystyle\int_{-\infty}^c f(x)\mathrm{d}x$ 发散，则称广义积分 $\displaystyle\int_{-\infty}^{+\infty} f(x)\mathrm{d}x$ 发散. 这种情况下切忌用定积分的"偶倍奇零"性质.

上述广义积分统称为**无穷限的广义积分**.

3. 无穷限广义积分的计算

设 $F(x)$ 为 $f(x)$ 在 $[a,+\infty)$ 上的一个原函数，则

$$\int_a^{+\infty} f(x)\mathrm{d}x=\lim_{t\to+\infty}\int_a^t f(x)\mathrm{d}x=\lim_{t\to+\infty}F(x)\Big|_a^t=F(+\infty)-F(a),$$

其中，$F(+\infty)=\lim\limits_{t\to+\infty}F(t)$；如果 $F(+\infty)$ 不存在，则广义积分 $\displaystyle\int_a^{+\infty} f(x)\mathrm{d}x$ 发散.

为了书写方便，求解上述广义积分时一般简写为

$$\int_a^{+\infty} f(x)\mathrm{d}x=F(x)\Big|_a^{+\infty}=\lim_{x\to+\infty}F(x)-F(a).$$

同理，

$$\int_{-\infty}^b f(x)\mathrm{d}x=\lim_{t\to-\infty}\int_t^b f(x)\mathrm{d}x=\lim_{t\to-\infty}F(x)\Big|_t^b=F(b)-F(-\infty),$$

其中，$F(-\infty)=\lim\limits_{t\to-\infty}F(t)$. 如果 $F(-\infty)$ 不存在，则广义积分 $\displaystyle\int_{-\infty}^a f(x)\mathrm{d}x$ 发散.

同样地，上述计算过程往往简写为

$$\int_{-\infty}^b f(x)\mathrm{d}x=F(x)\Big|_{-\infty}^b=F(b)-\lim_{x\to-\infty}F(x).$$

计算广义积分 $\displaystyle\int_{-\infty}^{+\infty} f(x)\mathrm{d}x$ 时，先任意取 $c\in(-\infty,+\infty)$，然后分别计算 $\displaystyle\int_c^{+\infty} f(x)\mathrm{d}x$ 和 $\displaystyle\int_{-\infty}^c f(x)\mathrm{d}x$ 后相加即可. 两者只要有一个极限不存在，则广义积分 $\displaystyle\int_{-\infty}^{+\infty} f(x)\mathrm{d}x$ 发散.

例 1 计算广义积分 $\displaystyle\int_0^{+\infty} \mathrm{e}^{-x}\mathrm{d}x$.

解

$$\int_0^{+\infty} \mathrm{e}^{-x} \mathrm{d}x = \left[-\mathrm{e}^{-x}\right]_0^{+\infty} = \lim_{x \to +\infty} (-\mathrm{e}^{-x}) - (-1) = 1.$$

例 2 计算广义积分 $\int_{-\infty}^{+\infty} \dfrac{x}{1+x^2} \mathrm{d}x$.

解 因为

$$\int_0^{+\infty} \frac{x}{1+x^2} \mathrm{d}x = \frac{1}{2} \int_0^{+\infty} \frac{1}{1+x^2} \mathrm{d}(1+x^2) = \frac{1}{2} \ln(1+x^2) \Big|_0^{+\infty} = \frac{1}{2} \lim_{x \to +\infty} \ln(1+x^2),$$

而该极限不存在,所以所给广义积分发散.

此时,不管广义积分 $\int_{-\infty}^0 \dfrac{x}{1+x^2} \mathrm{d}x$ 收敛还是发散,$\int_{-\infty}^{+\infty} \dfrac{x}{1+x^2} \mathrm{d}x$ 均发散,因此不再计算 $\int_{-\infty}^0 \dfrac{x}{1+x^2} \mathrm{d}x$.

在这个例题中,如果利用定积分的偶倍奇零性质,可得 $\int_{-\infty}^{+\infty} \dfrac{x}{1+x^2} \mathrm{d}x = 0$,而这显然与 $\int_{-\infty}^{+\infty} f(x) \mathrm{d}x$ 收敛的定义相违背. 所以,在求解这类广义积分时,一定要确保极限 $\lim\limits_{x \to -\infty} F(x)$ 和 $\lim\limits_{x \to +\infty} F(x)$ 都存在,$\int_{-\infty}^{+\infty} f(x) \mathrm{d}x$ 才会收敛.

例 3 计算广义积分 $\int_2^{+\infty} \dfrac{1}{x(x-1)} \mathrm{d}x$.

解

$$\int_2^{+\infty} \frac{1}{x(x-1)} \mathrm{d}x = \int_2^{+\infty} \left(\frac{1}{x-1} - \frac{1}{x}\right) \mathrm{d}x = \left[\ln|x-1| - \ln|x|\right]_2^{+\infty}$$

$$= \left[\ln\left|\frac{x-1}{x}\right|\right]_2^{+\infty} = \lim_{x \to +\infty} \ln\left|\frac{x-1}{x}\right| - \ln\frac{1}{2} = \ln 2.$$

这里必须指出,该题的求解过程写成 $\int_2^{+\infty} \dfrac{1}{x(x-1)} \mathrm{d}x = \int_2^{+\infty} \dfrac{1}{x-1} \mathrm{d}x - \int_2^{+\infty} \dfrac{1}{x} \mathrm{d}x$ 是不正确的,因为等式右侧两个反常积分都是发散的. 读者在解题过程中应避免这种错误写法.

例 4 证明 p-积分 $\int_a^{+\infty} \dfrac{1}{x^p} \mathrm{d}x \, (a > 0)$ 当 $p > 1$ 时收敛,当 $p \leqslant 1$ 是发散.

证明 当 $p = 1$ 时,

$$\int_a^{+\infty} \frac{1}{x} \mathrm{d}x = \left[\ln|x|\right]_a^{+\infty} = \lim_{x \to +\infty} \ln|x| - \ln a = +\infty;$$

当 $p \neq 1$ 时,

$$\int_a^{+\infty} \frac{1}{x^p} \mathrm{d}x = \frac{1}{1-p} x^{1-p} \Big|_a^{+\infty} = \lim_{x \to +\infty} \frac{1}{1-p} x^{1-p} - \frac{1}{1-p} a^{1-p} = \begin{cases} +\infty, & p < 1, \\ \dfrac{a^{1-p}}{p-1}, & p > 1. \end{cases}$$

因此,当 $p > 1$ 时,p-积分 $\int_a^{+\infty} \dfrac{1}{x^p} \mathrm{d}x$ 收敛;当 $p \leqslant 1$ 时,p-积分 $\int_a^{+\infty} \dfrac{1}{x^p} \mathrm{d}x$ 发散.

例 5 判断下列广义积分的敛散性：

(1) $\int_1^{+\infty} \frac{1}{\sqrt{x}} dx$；   (2) $\int_e^{+\infty} \frac{1}{x \ln^3 x} dx$.

解 (1) $\int_1^{+\infty} \frac{1}{\sqrt{x}} dx$ 是 p-积分，由于 $p = \frac{1}{2} < 1$，所以该广义积分发散；

(2) $\int_e^{+\infty} \frac{1}{x \ln^3 x} dx = \int_e^{+\infty} \frac{1}{\ln^3 x} d\ln x \xrightarrow{\text{令 } u = \ln x} \int_1^{+\infty} \frac{1}{u^3} du$，等号右侧的反常积分是 p-积分，由于 $p = 3 > 1$，所以该广义积分收敛.

例 6 某飞机制造公司在生产了一批超音速运输机之后停产了，但该公司承诺将为客户终身提供一种用于该机型的特殊润滑油. 该批飞机的润滑油消耗速度为 $r(t) = 300t^{-\frac{3}{2}}$（单位：升/年），其中 t 表示飞机服役的年数（$t \geq 1$，第 1 年不需要润滑油）. 为了节约成本，该公司要一次性生产这批飞机一年以后所需的所有润滑油并在需要时分发出去，试问需要生产这种润滑油多少升？

解 设从第 1 年到第 t 年润滑油总消耗量为 $V(t)$，由于 $V'(t) = r(t)$，所以

$$V(x) = \int_1^x r(t) dt,$$

因而 $\int_1^{+\infty} r(t) dt$ 表示该批飞机终身所需的润滑油总数，有

$$\int_1^{+\infty} r(t) dt = \int_1^{+\infty} 300t^{-\frac{3}{2}} dt = -600t^{-\frac{1}{2}} \Big|_1^{+\infty} = -\lim_{x \to +\infty} 600t^{-\frac{1}{2}} + 600 = 600.$$

因此，该公司一次性生产这种润滑油 600 升，就可以确保该批飞机润滑油的终身供应.

二、无界函数的广义积分

1. 引例

如图 5-9 所示，考虑由曲线 $y = \frac{1}{\sqrt{x}}$、直线 $x = 1$ 及 y 轴所围成的开口曲边梯形的面积 A.

为了求出上述开口曲边梯形的面积，先考虑由曲线 $y = \frac{1}{\sqrt{x}}$，直线 $x = 1, x = t (0 < t < 1)$ 及 x 轴所围成的曲边梯形的面积 $A(t)$，由定积分的几何意义易知

$$A(t) = \int_t^1 \frac{1}{\sqrt{x}} dx = 2\sqrt{x} \Big|_t^1 = 2(1 - \sqrt{t})；$$

令 $t \to 0^+$，则 $A(t) \to A$，所以

$$A = \lim_{t \to 0^+} A(t) = \lim_{t \to 0^+} 2(1 - \sqrt{t}) = 2.$$

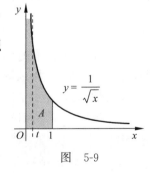

图 5-9

上面这种处理方法即采用了求解无界函数广义积分的思想. 下面给出无界函数广义积分的定义.

2. 无界函数广义积分的定义

设函数 $f(x)$ 在区间 $(a, b]$ 上有定义，且在任意的 $U^+(a) (U^+(a) \subset (a, b])$ 内无界，则称 a 为 $f(x)$ 的瑕点；类似地，若函数 $f(x)$ 在区间 $[a, b)$ 上有定义，且在任意的 $U^-(b) (U^-(b) \subset$

$[a,b)$)内无界,则称 b 为 $f(x)$ 的瑕点.

定义 5.3 设函数 $f(x)$ 在区间 $(a,b]$ 上连续,而 a 为 $f(x)$ 的瑕点. 如果积分下限函数 $\Psi(t) = \int_t^b f(x)\mathrm{d}x(a < t \leqslant b)$ 当 $t \to a^+$ 时的极限存在,则称此极限值为函数 $f(x)$ 在区间 $(a,b]$ 上的**广义积分**(或反常积分),记为 $\int_a^b f(x)\mathrm{d}x$. 由定义易知 $\int_a^b f(x)\mathrm{d}x = \lim\limits_{t \to a^+} \int_t^b f(x)\mathrm{d}x$. 这种情况下也称广义积分 $\int_a^b f(x)\mathrm{d}x$ 收敛;否则称广义积分 $\int_a^b f(x)\mathrm{d}x$ 发散.

类似地,设函数 $f(x)$ 在区间 $[a,b)$ 上连续,而 b 为 $f(x)$ 的瑕点. 如果积分上限函数 $\Phi(t) = \int_a^t f(x)\mathrm{d}x(a \leqslant t < b)$ 当 $t \to b^-$ 时的极限存在,则称此极限值为函数 $f(x)$ 在区间 $[a,b)$ 上的**广义积分**(或反常积分),记为 $\int_a^b f(x)\mathrm{d}x$. 由定义易知 $\int_a^b f(x)\mathrm{d}x = \lim\limits_{t \to b^-} \int_a^t f(x)\mathrm{d}x$. 这种情况下也称广义积分 $\int_a^b f(x)\mathrm{d}x$ 收敛;否则称广义积分 $\int_a^b f(x)\mathrm{d}x$ 发散.

下面一种情况是瑕点出现在积分区间的内部. 设函数 $f(x)$ 在区间 $[a,b]$ 上除点 $c(a < c < b)$ 外连续,而点 c 为 $f(x)$ 的瑕点,如果广义积分 $\int_a^c f(x)\mathrm{d}x$ 和 $\int_c^b f(x)\mathrm{d}x$ 都收敛,则称 $f(x)$ 在区间 $[a,b]$ 上的广义积分 $\int_a^b f(x)\mathrm{d}x$ 收敛,并规定 $\int_a^b f(x)\mathrm{d}x = \int_a^c f(x)\mathrm{d}x + \int_c^b f(x)\mathrm{d}x$. 如果广义积分 $\int_a^c f(x)\mathrm{d}x$ 或 $\int_c^b f(x)\mathrm{d}x$ 至少一个发散,则称广义积分 $\int_a^b f(x)\mathrm{d}x$ 发散.

以上广义积分统称为**无界函数的广义积分**,又称为**瑕积分**.

3. 无界函数广义积分的计算

设点 a 为 $f(x)$ 的瑕点,$F(x)$ 为 $f(x)$ 在 $(a,b]$ 上的一个原函数,记 $F(a^+) = \lim\limits_{t \to a^+} F(t)$,则

$$\int_a^b f(x)\mathrm{d}x = \lim_{t \to a^+} F(x)\Big|_t^b = \lim_{t \to a^+}\big[F(b) - F(t)\big] = F(b) - F(a^+),$$

为了书写方便,往往将上面的计算过程写成

$$\int_a^b f(x)\mathrm{d}x = F(x)\Big|_a^b = F(b) - \lim_{x \to a^+} F(x).$$

这里需要注意,有时候 $F(x)$ 在 $x = a$ 处有定义,此时,上式右端不用写成极限形式,而是像定积分一样,直接求解 $F(b) - F(a)$ 即可.

类似地,设点 b 为 $f(x)$ 的瑕点,则

$$\int_a^b f(x)\mathrm{d}x = F(x)\Big|_a^b = \lim_{x \to b^-} F(x) - F(a).$$

若点 $c(c \in (a,b))$ 为 $f(x)$ 的瑕点,只需将 $\int_a^b f(x)\mathrm{d}x$ 拆分为 $\int_a^c f(x)\mathrm{d}x$ 和 $\int_c^b f(x)\mathrm{d}x$ 分别计算,若都收敛将积分结果相加即可.

在计算瑕积分时一定要注意,求解被积函数原函数在瑕点的极限时,所有极限均为单侧极限. 这一点须记牢.

例 7 计算广义积分 $\int_0^a \dfrac{1}{\sqrt{a^2 - x^2}}\mathrm{d}x, a > 0.$

解 因为 $\lim\limits_{x \to a^-} \dfrac{1}{\sqrt{a^2-x^2}} = +\infty$，所以点 $x=a$ 为被积函数的瑕点，

$$\int_0^a \frac{1}{\sqrt{a^2-x^2}}\mathrm{d}x = \arcsin\frac{x}{a} \Big|_0^a = \arcsin 1 - \arcsin 0 = \frac{\pi}{2}.$$

在上面的求解过程中，由于被积函数的原函数 $\arcsin\dfrac{x}{a}$ 在 $x=a$ 处有定义，所以求解其增量时没有写成极限形式.

例8 讨论广义积分 $\displaystyle\int_{-1}^1 \frac{1}{x^3}\mathrm{d}x$ 的敛散性.

解 $\dfrac{1}{x^3}$ 在区间 $[-1,1]$ 上除点 $x=0$ 外连续，且 $\lim\limits_{x \to 0}\dfrac{1}{x^3}=\infty$，即 $x=0$ 为被积函数的瑕点. 有

$$\int_0^1 \frac{1}{x^3}\mathrm{d}x = -\frac{1}{2x^2}\Big|_0^1 = -\frac{1}{2} + \lim_{x \to 0^+}\frac{1}{2x^2} = +\infty,$$

根据定义，$\displaystyle\int_{-1}^1 \frac{1}{x^3}\mathrm{d}x$ 发散，此时不需要继续求解 $\displaystyle\int_{-1}^0 \frac{1}{x^3}\mathrm{d}x$.

如果没有注意到 $x=0$ 是被积函数的瑕点，就会把 $\displaystyle\int_{-1}^1 \frac{1}{x^3}\mathrm{d}x$ 当作定积分，从而得到如下错误的结果：

$$\int_{-1}^1 \frac{1}{x^3} = -\frac{1}{2x^2}\Big|_{-1}^1 = -\frac{1}{2} + \frac{1}{2} = 0.$$

因为瑕积分的记号和定积分的记号完全一样，很容易把它误当作定积分来处理，所以在求解积分 $\displaystyle\int_a^b f(x)\mathrm{d}x$ 时，要先弄清楚被积函数在积分区间上是否有瑕点，然后确定是按瑕积分还是按定积分来求解.

例9 讨论 q-积分 $\displaystyle\int_a^b \frac{1}{(x-a)^q}\mathrm{d}x\,(q>0,b>a)$ 的敛散性.

解 当 $q=1$ 时，

$$\int_a^b \frac{1}{(x-a)^q}\mathrm{d}x = \int_a^b \frac{1}{x-a}\mathrm{d}x = \big[\ln|x-a|\big]_a^b = \ln(b-a) - \lim_{x \to a^+}\ln(x-a) = +\infty;$$

当 $q \neq 1$ 时，

$$\int_a^b \frac{1}{(x-a)^q}\mathrm{d}x = \frac{(x-a)^{1-q}}{1-q}\Big|_a^b = \frac{(b-a)^{1-q}}{1-q} - \lim_{x \to a^+}\frac{(x-a)^{1-q}}{1-q} = \begin{cases} \dfrac{(b-a)^{1-q}}{1-q}, & 0<q<1, \\ +\infty, & q>1. \end{cases}$$

因此，当 $0<q<1$ 时，q-积分 $\displaystyle\int_a^b \frac{1}{(x-a)^q}\mathrm{d}x$ 收敛；当 $q \geq 1$ 时，q-积分 $\displaystyle\int_a^b \frac{1}{(x-a)^q}\mathrm{d}x$ 发散.

类似地，可以考察另一个常用的 q-积分 $\displaystyle\int_a^b \frac{1}{(b-x)^q}\mathrm{d}x$ 的敛散性，结论同样是当 $0<q<1$ 时收敛；当 $q \geq 1$ 时发散.

需要注意的是,对于 $\int_a^b \dfrac{1}{(x-a)^q}\mathrm{d}x\left(\text{或}\int_a^b\dfrac{1}{(b-x)^q}\mathrm{d}x\right)$,若 $q\leqslant0$,则该积分是定积分,而不是瑕积分.

例 10 判断下列广义积分的敛散性:

(1) $\displaystyle\int_0^1 \dfrac{1}{\sqrt{(x-1)^3}}\mathrm{d}x$; (2) $\displaystyle\int_0^{\frac{1}{2}} \dfrac{1}{\sqrt{(1-x^2)\arcsin x}}\mathrm{d}x$.

解 (1) 因为 $\displaystyle\int_0^1 \dfrac{1}{\sqrt{(x-1)^3}}\mathrm{d}x$ 是 q-积分,且 $q=\dfrac{3}{2}>1$,所以该广义积分发散;

(2) $\displaystyle\int_0^{\frac{1}{2}} \dfrac{1}{\sqrt{(1-x^2)\arcsin x}}\mathrm{d}x=\int_0^{\frac{1}{2}}\dfrac{1}{\sqrt{\arcsin x}}\mathrm{d}(\arcsin x)\xlongequal{\text{令}\,u=\arcsin x}\int_0^{\frac{\pi}{6}}\dfrac{1}{\sqrt{u}}\mathrm{d}u$,

等式右端是 q-积分,且 $q=\dfrac{1}{2}<1$,所以该广义积分收敛.

三、广义积分的审敛法

根据定义判断广义积分的敛散性时,需先求出被积函数的原函数,而有些原函数难以用常规方法求解. 利用广义积分的审敛法可以不求解被积函数的原函数而得出广义积分的敛散性. 下面分别介绍无穷限广义积分与瑕积分的审敛法.

1. 无穷限广义积分的审敛法

定理 5.4 设函数 $f(x)$ 在区间 $[a,+\infty)$ 上连续,且满足 $f(x)\geqslant0$,则广义积分 $\displaystyle\int_a^{+\infty}f(x)\mathrm{d}x$ 收敛的充分必要条件是 $f(x)$ 的积分上限函数

$$\Phi(x)=\int_a^x f(t)\mathrm{d}t$$

在 $[a,+\infty)$ 上有界.

证 (充分性) 由于 $f(x)\geqslant0$,因此 $\Phi(x)$ 为单调增加的函数. 若 $\Phi(x)$ 有界,根据单调有界原理可知,极限 $\lim\limits_{x\to+\infty}\Phi(x)$ 存在. 也就是说广义积分 $\displaystyle\int_a^{+\infty}f(x)\mathrm{d}x$ 收敛.

(必要性) 若广义积分 $\displaystyle\int_a^{+\infty}f(x)\mathrm{d}x$ 收敛,即极限 $\lim\limits_{x\to+\infty}\Phi(x)$ 存在. 根据函数极限的局部有界性可知,存在充分大的 X,使得 $\Phi(x)$ 在区间 $(X,+\infty)$ 上有界;由函数 $f(x)$ 在区间 $[a,+\infty)$ 上连续可知,$\Phi(x)$ 在区间 $[a,+\infty)$ 上可导,因此连续. 由闭区间上连续函数的性质知,$\Phi(x)$ 在区间 $[a,X]$ 上有界. 综上可知,$\Phi(x)$ 在区间 $[a,+\infty)$ 上有界.

由定理 5.4 容易得出下面的定理:

定理 5.5(无穷限广义积分的比较审敛法) 设函数 $f(x),g(x)$ 在区间 $[a,+\infty)$ 上连续,且满足 $0\leqslant f(x)\leqslant g(x),a\leqslant x<+\infty$,

(1) 若广义积分 $\displaystyle\int_a^{+\infty}g(x)\mathrm{d}x$ 收敛,则 $\displaystyle\int_a^{+\infty}f(x)\mathrm{d}x$ 必收敛;

(2) 若广义积分 $\displaystyle\int_a^{+\infty}f(x)\mathrm{d}x$ 发散,则 $\displaystyle\int_a^{+\infty}g(x)\mathrm{d}x$ 必发散.

感兴趣的读者可以根据定理 5.4 自行证明.

在使用定理 5.5 判断广义积分的敛散性时,需要有一个已知敛散性的广义积分作"标尺",而 p-积分的敛散性较易判断. 为了便于使用,我们将这种情况叙述为下面的定理:

定理 5.6(无穷限广义积分的极限审敛法) 设函数 $f(x)$ 在区间 $[a,+\infty)$ 上连续,且满足 $f(x) \geqslant 0, a \leqslant x < +\infty$,有

$$\lim_{x \to +\infty} x^p f(x) = \lambda.$$

(1) 若 $p > 1, 0 \leqslant \lambda < +\infty$,则 $\int_a^{+\infty} f(x) \mathrm{d}x$ 收敛;

(2) 若 $p \leqslant 1, 0 < \lambda \leqslant +\infty$,则 $\int_a^{+\infty} f(x) \mathrm{d}x$ 发散.

例 11 判断广义积分 $\int_1^{+\infty} \dfrac{x^2}{\sqrt{1+x^5}} \mathrm{d}x$ 的敛散性.

解 当 $x \geqslant 1$ 时,$\dfrac{x^2}{\sqrt{1+x^5}} > 0$ 且连续;又经计算得

$$\lim_{x \to +\infty} x^{\frac{1}{2}} \cdot \frac{x^2}{\sqrt{1+x^5}} = \lim_{x \to +\infty} \sqrt{\frac{1}{x^{-5}+1}} = 1,$$

由于 $p = \dfrac{1}{2}, \lambda = 1$,根据定理 5.6(2)知,广义积分 $\int_1^{+\infty} \dfrac{x^2}{\sqrt{1+x^5}} \mathrm{d}x$ 发散.

2. 瑕积分的审敛法

定理 5.7(瑕积分的比较审敛法) 设函数 $f(x), g(x)$ 在区间 $(a,b]$(或 $[a,b)$)上连续,且满足 $0 \leqslant f(x) \leqslant g(x), a < x \leqslant b$(或 $a \leqslant x < b$),其中 a(或 b)是它们的瑕点,则:

(1) 若广义积分 $\int_a^b g(x) \mathrm{d}x$ 收敛,则 $\int_a^b f(x) \mathrm{d}x$ 必收敛;

(2) 若广义积分 $\int_a^b f(x) \mathrm{d}x$ 发散,则 $\int_a^b g(x) \mathrm{d}x$ 必发散.

类似于无穷限广义积分的极限审敛法,由比较审敛法可得出瑕积分的极限审敛法.

定理 5.8(瑕积分的极限审敛法) 设函数 $f(x)$ 在区间 $(a,b]$(或 $[a,b)$)上连续,且

$$\lim_{x \to a^+} (x-a)^q f(x) = \lambda \quad (\text{或} \lim_{x \to b^-} (b-x)^q f(x) = \lambda),$$

(1) 若 $0 < q < 1, 0 \leqslant \lambda < +\infty$,则瑕积分 $\int_a^b f(x) \mathrm{d}x$ 收敛;

(2) 若 $q \geqslant 1, 0 < \lambda \leqslant +\infty$,则瑕积分 $\int_a^b f(x) \mathrm{d}x$ 发散.

例 12 判断瑕积分 $\int_1^2 \dfrac{\sqrt{x}}{\ln x} \mathrm{d}x$ 的敛散性.

解 当 $1 < x \leqslant 2$ 时,$\dfrac{\sqrt{x}}{\ln x} > 0$ 且连续;又经计算得

$$\lim_{x \to 1^+} (x-1) \cdot \frac{\sqrt{x}}{\ln x} = \lim_{x \to 1^+} \sqrt{x} \cdot \lim_{x \to 1^+} \frac{x-1}{\ln x} = \lim_{x \to 1^+} \frac{x-1}{\ln[1+(x-1)]} = \lim_{x \to 1^+} \frac{x-1}{x-1} = 1,$$

由于 $q = 1, \lambda = 1$,根据定理 5.8(2)知,瑕积分 $\int_1^2 \dfrac{\sqrt{x}}{\ln x} \mathrm{d}x$ 发散.

3. Γ 函数

在经济学中有个常用的反常积分称为 **Γ 函数**,其定义为

$$\Gamma(s) = \int_0^{+\infty} e^{-x} x^{s-1} dx, \quad s > 0.$$

其收敛性的讨论需要用到上述反常积分的审敛法. 由上式得

$$\Gamma(1) = \int_0^{+\infty} e^{-x} dx = -e^{-x} \Big|_0^{+\infty} = 1,$$

利用分部积分法可以得出递推公式

$$\Gamma(s+1) = s\Gamma(s),$$

所以,当 n 为正整数时,

$$\Gamma(n+1) = n \cdot \Gamma(n) = n \cdot (n-1)\Gamma(n-1) = \cdots = n!\Gamma(1) = n!.$$

上述 $\Gamma(s)$ 的敛散性及递推公式 $\Gamma(s+1) = s\Gamma(s)$ 的推导过程,感兴趣的读者可以自行练习.

习题 5-4

1. 判断下列广义积分的敛散性,若收敛,计算广义积分的值:

(1) $\displaystyle\int_0^{+\infty} \frac{1}{\sqrt{x+1}} dx$;

(2) $\displaystyle\int_1^{+\infty} \frac{1}{x\sqrt{x}} dx$;

(3) $\displaystyle\int_0^{+\infty} e^{ax} dx, a \neq 0$;

(4) $\displaystyle\int_e^{+\infty} \frac{\ln x}{x} dx$;

(5) $\displaystyle\int_1^{+\infty} \frac{1}{x(x^2+1)} dx$;

(6) $\displaystyle\int_{-\infty}^{+\infty} \frac{1}{x^2+2x+2} dx$;

(7) $\displaystyle\int_0^1 \frac{x}{\sqrt{1-x}} dx$;

(8) $\displaystyle\int_{-1}^0 \frac{x}{\sqrt{1-x^2}} dx$;

(9) $\displaystyle\int_0^2 \frac{1}{(1-x)^2} dx$.

2. 当 k 为何值时,广义积分 $\displaystyle\int_e^{+\infty} \frac{dx}{x\ln^k x}$ 收敛? 当 k 为何值时,该广义积分发散?

3. 证明 Γ 函数 $\Gamma(s) = \displaystyle\int_0^{+\infty} e^{-x} x^{s-1} dx$ 对任意的 $s>0$ 均收敛.

第五节 定积分的几何应用

在科学研究、经济管理以及工程技术等各个领域,定积分都有着广泛的应用. 本节介绍定积分在几何中的应用. 在定积分的应用中,微元法是将实际问题转化为定积分的重要分析方法,本节先介绍这一方法,然后介绍如何利用微元法计算平面图形的面积、特殊空间立体的体积及平面曲线弧长等.

一、定积分的微元法

利用定积分解决实际问题最关键的步骤是如何将实际问题转化为定积分,而这一转化

过程经常用的方法称为**微元法**(或称**元素法**).该方法的思想是将一个大的量分割成许多小的所谓微元,然后进行累加,这是从定积分的定义中凝练出来的.为了说明这种方法,我们先回顾一下本章第一节中讨论过的求解曲边梯形面积的问题.

问题 求由连续曲线 $y=f(x)$,直线 $x=a$,$x=b$ 及 x 轴所围成的曲边梯形面积 A(见图 5-2).

把这个面积 A 表示成定积分

$$A = \int_a^b f(x)\mathrm{d}x$$

的步骤如下:

(1) 分割.在区间 $[a,b]$ 内部任意插入 $n-1$ 个分点:$a=x_0<x_1<x_2<\cdots<x_{n-1}<x_n=b$,从而区间 $[a,b]$ 被分割为 n 个小区间 $[x_{i-1},x_i]$,$i=1,2,\cdots,n$,曲边梯形相应地被分割为 n 个小窄曲边梯形(见图 5-2),用 ΔA_i 表示第 i 个小曲边梯形的面积,于是有

$$A = \sum_{i=1}^n \Delta A_i.$$

(2) 近似.计算 ΔA_i 的近似值:

$$\Delta A_i \approx f(\xi_i)\Delta x_i, \quad x_{i-1} \leqslant \xi_i \leqslant x_i.$$

其中 $\Delta x_i = x_i - x_{i-1}$.

(3) 求和.求和得 A 的近似值为

$$A \approx \sum_{i=1}^n f(\xi_i)\Delta x_i.$$

(4) 取极限.记 $\lambda = \max\{\Delta x_i \mid i=1,2,\cdots,n\}$,则得

$$A = \lim_{\lambda \to 0} \sum_{i=1}^n f(\xi_i)\Delta x_i = \int_a^b f(x)\mathrm{d}x.$$

上述问题所求的量(即曲边梯形面积 A)与区间 $[a,b]$ 和函数 $y=f(x)$ 有关.如果把区间 $[a,b]$ 分割成许多个小区间,那么对应的量(面积 A)相应地也被分成许多部分量(即 ΔA_i),而所求量等于所有部分量之和(即 $A = \sum_{i=1}^n \Delta A_i$).此外,用 $f(\xi_i)\Delta x_i$ 近似代替部分量 ΔA_i 时,要求两者之间相差一个比 Δx_i 高阶的无穷小量,这样能使和式 $\sum_{i=1}^n f(\xi_i)\Delta x_i$ 的极限恰好是 A 的精确值,从而可以使 A 表示成定积分

$$A = \int_a^b f(x)\mathrm{d}x.$$

以上将 A 表示为定积分的过程中,最关键的一步是第二步 $\Delta A_i \approx f(\xi_i)\Delta x_i$,有了这个近似,从而得以最后使得

$$A = \lim_{\lambda \to 0} \sum_{i=1}^n f(\xi_i)\Delta x_i = \int_a^b f(x)\mathrm{d}x.$$

在实际应用中,为了简化书写过程,可以对上述过程作如下简化:

如图 5-10 所示,$\forall x \in (a,b)$,给 x 一个增量 $\mathrm{d}x$,使得 $[x,x+\mathrm{d}x] \subset [a,b]$,可得到图中小曲边梯形,其面积记为 ΔA.因为在上面的面积推导过程中,ξ_i 可以在小区间 Δx_i 中任意

取点，所以小区间$[x,x+\mathrm{d}x]$上的函数值均用左端点x处的函数值$f(x)$近似，即用图5-10中的小矩形面积近似代替小曲边梯形面积，即

$$\Delta A \approx f(x)\mathrm{d}x,$$

其中$f(x)\mathrm{d}x$称为**面积微元**（或**面积元素**），记为$\mathrm{d}A$，即

$$\mathrm{d}A = f(x)\mathrm{d}x.$$

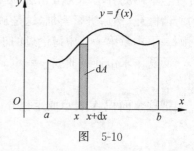

图 5-10

由$A=\int_a^b f(x)\mathrm{d}x$可知，求出面积微元后，只需在区间$[a,b]$上对面积微元求定积分即可得出曲边梯形的面积.

在科学研究、工程技术、经济管理等问题中，有许多量的计算可归结为定积分，这些量的求解与以上求面积问题类似，具有如下共同特点：

第一，量I跟变量x的某个区间$[a,b]$以及定义在该区间上的一个函数$f(x)$有关，当$f(x)$为常数时，量I容易求解. 例如求曲边梯形面积时，如果$f(x)$为常数，则曲边梯形变成矩形，面积容易求解.

第二，若把区间$[a,b]$分成n个子区间，量I相应地被分为n个部分量$\Delta I_i,i=1,2,\cdots,n$，量$I$等于所有部分量之和，即$I=\sum_{i=1}^{n}\Delta I_i$. 也就是说，每个部分量就是一个小型化的量$I$，求解部分量与求解量$I$完全是同类型的问题，这时称**量$I$关于区间$[a,b]$具有可加性**.

第三，求解部分量ΔI_i时，可以用小区间Δx_i上任意一点ξ_i的函数值$f(\xi_i)$近似代替$f(x)$，此时计算出的部分量ΔI_i与ΔI_i的真实值相差一个Δx_i的高阶无穷小量.

这样的量I经过"分割、求近似和、取极限"，就可化为定积分

$$\lim_{\lambda\to 0}\sum_{i=1}^{n}f(\xi_i)\Delta x_i = \int_a^b f(x)\mathrm{d}x.$$

可以这样来看上式从左端到右端的转化：微元（即积分表达式）$f(x)\mathrm{d}x$由$f(\xi_i)\Delta x_i$演变而来；而积分号$\int_a^b$由$\lim_{\lambda\to 0}\sum_{i=1}^{n}$演变而来.

显然，积分$\int_a^b f(x)\mathrm{d}x$是"无限个微元累加"的结果.

小结　将一个满足上述三个特征的量I转化为定积分的步骤如下：

第一步：根据所求的量I选取合理的变量x及区间$[a,b]$，在区间$[a,b]$内取一个小区间，并记为$[x,x+\mathrm{d}x]$.

这里需要注意，量I关于区间$[a,b]$应该具有可加性.

第二步：根据问题的背景，计算量I在小区间$[x,x+\mathrm{d}x]$上的部分量ΔI的近似值.

此时，ΔI的值依赖于某一个函数$f(t)$，若$f(t)$为常数则ΔI易于求解. 例如求解小曲边梯形面积，对于$t\in[x,x+\mathrm{d}x]$，$f(t)$表示的是曲边的高，$f(t)$变化导致无法直接用几何公式求解小曲边梯形的面积，但是将高近似为小区间左端点处的高$f(x)$，小曲边梯形被小矩形近似代替，面积近似为$f(x)\mathrm{d}x$.

类似地，近似计算ΔI时，小区间$[x,x+\mathrm{d}x]$上的函数值均用区间左端点的函数值$f(x)$近似，这时，ΔI可以用$f(x)\mathrm{d}x$近似表示，即

$$\Delta I \approx f(x)\mathrm{d}x,$$

称 $f(x)\mathrm{d}x$ 为**量 I 的微元**,或**量 I 的元素**,记为 $\mathrm{d}I$,即

$$\mathrm{d}I = f(x)\mathrm{d}x.$$

第三步:对微元在区间 $[a,b]$ 上求定积分即可得出量 I 的精确值,即

$$I = \int_a^b f(x)\mathrm{d}x.$$

这一分析方法为**定积分的微元法**,又称为**定积分的元素法**.

需要指出的是,当 $f(x)$ 为连续函数时,积分上限函数 $I(x) = \int_a^x f(x)\mathrm{d}x$ 可微,量 I 的微元 $\mathrm{d}I = f(x)\mathrm{d}x$ 是函数 $I(x)$ 的微分. 在小区间 $[x, x+\mathrm{d}x]$ 上,函数 $I(x)$ 的改变量

$$\Delta I = \mathrm{d}I(x) + o(\mathrm{d}x) = f(x)\mathrm{d}x + o(\mathrm{d}x)$$

因为 $\mathrm{d}x = \Delta x \to 0$,因而 $\Delta I \approx f(x)\mathrm{d}x$,即在小区间 $[x, x+\mathrm{d}x]$ 上,用简单的 $\mathrm{d}I(x) = f(x)\mathrm{d}x$($\mathrm{d}x$ 的线性函数)替代复杂的部分量 ΔI 时,误差是 $o(\mathrm{d}x)$.

回到具体问题,当量 I 表示曲边梯形的面积时,$\Delta I \approx f(x)\mathrm{d}x$ 是用窄矩形的面积替代窄曲边梯形的面积,正因为有了这一步的近似替代,才使得微元法得以成立.

二、平面图形的面积

在工程设计和车辆设计等应用场景中,出于经济方面的考虑或为减少运动中的阻力,经常需要计算不规则平面图形的面积.

1. 直角坐标系情形

假设平面图形由曲线 $y=f(x)$,$y=g(x)$ 与直线 $x=a$,$x=b$ 所围成,如图 5-11 所示,在区间 $[a,b]$ 上取一个小区间 $[x, x+\mathrm{d}x]$,小区间对应小窄条的面积近似于高为 $|f(x)-g(x)|$、底为 $\mathrm{d}x$ 的小矩形的面积,由此得到面积微元

$$\mathrm{d}A = |f(x) - g(x)|\mathrm{d}x,$$

因此由曲线 $y=f(x)$,$y=g(x)$ 与直线 $x=a$,$x=b$ 所围成的图形的面积为

$$A = \int_a^b |f(x) - g(x)|\mathrm{d}x.$$

特别地,由曲线 $y=f(x)$ 与直线 $y=0$,$x=a$,$x=b$ 所围成的曲边梯形的面积为

$$A = \int_a^b |f(x)|\mathrm{d}x.$$

同理,求解由曲线 $x=f(y)$,$x=g(y)$ 及直线 $y=c$,$y=d$ 所围成的平面图形(如图 5-12 所示)的面积时,积分变量取为 y 更为方便,此时面积元素 $\mathrm{d}A = |f(y) - g(y)|\mathrm{d}y$,面积为

$$A = \int_c^d |f(y) - g(y)|\mathrm{d}y.$$

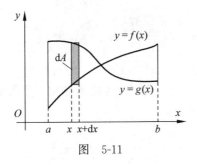

图 5-11

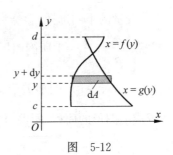

图 5-12

例1 求曲线 $y=-x^3+x$ 和 x 轴所围成的图形的面积.

解 令 $-x^3+x=0$,解得 $x=-1,x=0,x=1$,由此得到曲线 $y=-x^3+x$ 和 x 轴的三个交点 $(-1,0),(0,0)$ 和 $(1,0)$,所求面积的图形如图 5-13 所示.选 x 为积分变量,则 x 的变化范围为区间 $[-1,1]$,所求面积为

$$A=\int_{-1}^{1}|x^3-x|\,\mathrm{d}x=2\int_{0}^{1}(-x^3+x)\mathrm{d}x=2\left(-\frac{1}{4}x^4+\frac{1}{2}x^2\right)\Big|_0^1=\frac{1}{2}.$$

例2 求由抛物线 $y^2=x-1$ 和直线 $y=x-3$ 所围成的图形的面积.

解 抛物线 $y^2=x-1$ 和直线 $y=x-3$ 如图 5-14 所示.解方程组

$$\begin{cases} y^2=x-1, \\ y=x-3, \end{cases}$$

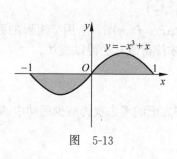

图 5-13

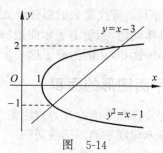

图 5-14

得到两曲线的交点为 $(2,-1)$ 和 $(5,2)$.由于曲线方程用 y 作自变量较为方便,因此选 y 为积分变量.y 的变化范围为区间 $[-1,2]$.在区间 $[-1,2]$ 上取一个小区间 $[y,y+\mathrm{d}y]$,该小区间上所对应的小窄条的面积近似于高为 $\mathrm{d}y$、底为 $(y+3)-(y^2+1)$ 的小矩形,由此得到面积微元

$$\mathrm{d}A=[(y+3)-(y^2+1)]\mathrm{d}y=(y+2-y^2)\mathrm{d}y,$$

所求面积为

$$A=\int_{-1}^{2}(y+2-y^2)\mathrm{d}y=\left(\frac{1}{2}y^2+2y-\frac{1}{3}y^3\right)\Big|_{-1}^{2}=\frac{9}{2}.$$

如果选 x 为积分变量,则 x 的变化范围为区间 $[1,5]$.当 $1\leqslant x\leqslant 2$ 时,面积微元为 $\mathrm{d}A=[\sqrt{x-1}-(-\sqrt{x-1})]\mathrm{d}x$,而当 $2\leqslant x\leqslant 5$ 时,面积微元为 $\mathrm{d}A=[\sqrt{x-1}-(x-3)]\mathrm{d}x$,所求面积为

$$A=\int_{1}^{2}2\sqrt{x-1}\,\mathrm{d}x+\int_{2}^{5}(\sqrt{x-1}-x+3)\mathrm{d}x$$

$$=\frac{4}{3}(x-1)^{\frac{3}{2}}\Big|_1^2+\left[\frac{2}{3}(x-1)^{\frac{3}{2}}-\frac{1}{2}x^2+3x\right]\Big|_2^5=\frac{9}{2}.$$

可见,积分变量的不同选择,影响到定积分计算的繁简程度.

例3 求椭圆 $\dfrac{x^2}{a^2}+\dfrac{y^2}{b^2}=1$ 所围图形的面积.

解 椭圆 $\dfrac{x^2}{a^2}+\dfrac{y^2}{b^2}=1$ 的图形关于 x 轴和 y 轴对称,设 A_1 为椭圆在第一象限部分与两个坐标轴所围成的图形的面积,所求面积为

$$A=4A_1=4\int_{0}^{a}\sqrt{b^2\left(1-\frac{x^2}{a^2}\right)}\,\mathrm{d}x=\frac{4b}{a}\int_{0}^{a}\sqrt{a^2-x^2}\,\mathrm{d}x=\frac{4b}{a}\cdot\frac{\pi a^2}{4}=\pi ab.$$

2. 参数方程情形

求如图 5-15 所示曲边梯形的面积. 如果是直角坐标情形,则曲边梯形面积

$$A = \int_a^b f(x)\mathrm{d}x;$$

由于 $y = f(x)$,故上式还可写为 $\int_a^b y\mathrm{d}x$. 如果曲边的方程由参数方程 $\begin{cases} x = \varphi(t), \\ y = \psi(t) \end{cases}$ 所确定时,

则只需将 $\int_a^b y\mathrm{d}x$ 进行换元即可. 其中 $x : a \to b$ 对应于 $t : \alpha \to \beta$,将 y 换成 $\psi(t)$,$\mathrm{d}x = \mathrm{d}\varphi(t) = \varphi'(t)\mathrm{d}t$,所以曲边梯形的面积

$$A = \int_\alpha^\beta \psi(t)\varphi'(t)\mathrm{d}t.$$

例 4 求如图 5-16 所示摆线 $\begin{cases} x = a(t - \sin t), \\ y = a(1 - \cos t) \end{cases}$ 之一拱 $(0 \leqslant t \leqslant 2\pi)$ 与 x 轴所围图形的面积.

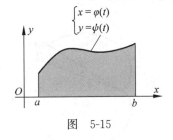

图 5-15

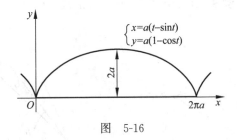

图 5-16

解 图形关于直线 $x = \pi a$ 对称,记 A_1 为图形左半部分的面积,则所求面积为

$$A = 2A_1 = 2\int_0^{\pi a} y\mathrm{d}x$$

$$= 2\int_0^\pi a(1 - \cos t) \cdot a(1 - \cos t)\mathrm{d}t = 2a^2\int_0^\pi (1 - \cos t)^2\mathrm{d}t$$

$$\underline{\underline{t = 2u}}\, 2a^2\int_0^{\frac{\pi}{2}} (2\sin^2 u)^2 \times 2\mathrm{d}u$$

$$= 16a^2\int_0^{\frac{\pi}{2}} \sin^4 u\,\mathrm{d}u = 16a^2 \cdot \frac{3}{4} \cdot \frac{1}{2} \cdot \frac{\pi}{2} = 3\pi a^2.$$

3. 极坐标情形

在军事和航海领域常用距离 r 和方位角 θ 确定平面上点的位置,在数学中称为极坐标. 极坐标系由极点 O 和极轴 Ox 构成,图 5-17 所示为极坐标系与平面直角坐标系的关系. 用 r 表示点 P 到极点 O 的距离,θ 表示 Ox 轴与线段 OP 的夹角,(θ 取正值时表示 Ox 轴沿逆时针与 OP 的夹角,θ 取负值时表示 Ox 轴沿顺时针与 OP 的夹角),有序实数对 (r, θ) 称为 P 点的极坐标. 在极坐标中,极径 $r \geqslant 0$,如果限定 $\theta \in [0, 2\pi]$ 或 $\theta \in [-\pi, \pi]$,则同一点的直角坐标与极坐标构成一一对应关系. 同一点的直角坐标 (x, y) 与极坐标 (r, θ) 的转换公式如下:

$$\begin{cases} x = r\cos\theta, \\ y = r\sin\theta. \end{cases}$$

极坐标方程 $r=a$(a 为正数)表示的是圆心在极点、半径为 a 的圆. $r=\theta$(θ 为常数)表示的是从极点 O 发出且与极轴夹角为 θ 的射线.

设曲线的极坐标方程为 $r=r(\theta)$,由图 5-18 所示曲线 $r=r(\theta)$ 与射线 $\theta=\alpha$,$\theta=\beta$($\alpha\leqslant\beta$)所围平面图形称为**曲边扇形**.

选 θ 为积分变量,θ 的变化范围为 $[\alpha,\beta]$. 在区间 $[\alpha,\beta]$ 上取一个小区间 $[\theta,\theta+\mathrm{d}\theta]$,该小区间所对应的小曲边扇形的面积近似于半径为 $r(\theta)$、圆心角为 $\mathrm{d}\theta$ 的小扇形的面积,由此得到面积微元

$$\mathrm{d}A=\frac{1}{2}\left[r(\theta)\right]^2\mathrm{d}\theta,$$

因此,所求曲边扇形的面积为

$$A=\int_\alpha^\beta\frac{1}{2}\left[r(\theta)\right]^2\mathrm{d}\theta.$$

遇到极坐标系下平面图形求面积的题目,可以直接使用上面的公式进行求解. 在下面的例题中,为了让读者更进一步熟悉微元法,仍采用推导面积微元的方法求解.

例 5 求如图 5-19 所示心形线 $r=a(1+\cos\theta)$($a>0$)所围图形的面积.

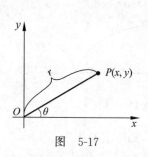

图 5-17

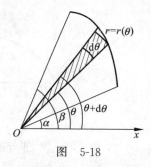

图 5-18

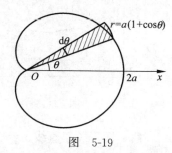

图 5-19

解 心形线 $r=a(1+\cos\theta)$ 的图形关于极轴对称,只需计算上半部分的面积再乘以 2 即可. 取 θ 的变化范围为 $[0,\pi]$,在区间 $[0,\pi]$ 上取一个小区间 $[\theta,\theta+\mathrm{d}\theta]$,面积微元为

$$\mathrm{d}A=\frac{1}{2}a^2(1+\cos\theta)^2\mathrm{d}\theta,$$

所求面积为

$$A=2\int_0^\pi\frac{1}{2}a^2(1+\cos\theta)^2\mathrm{d}\theta\xrightarrow{\ \ \diamondsuit\ \theta=2t\ \ }2\int_0^{\frac{\pi}{2}}a^2(1+\cos2t)^2\mathrm{d}t$$

$$=8a^2\int_0^{\frac{\pi}{2}}\cos^4t\,\mathrm{d}t=8a^2\cdot\frac{3}{4}\cdot\frac{1}{2}\cdot\frac{\pi}{2}=\frac{3}{2}\pi a^2.$$

例 6 求如图 5-20 所示双纽线 $r^2=a^2\cos2\theta$ 所围图形的面积.

解 由方程知 $\cos2\theta\geqslant0$,所以 θ 的变化范围为

$$\left[-\frac{\pi}{4},\frac{\pi}{4}\right]\quad\text{和}\quad\left[\frac{3\pi}{4},\frac{5\pi}{4}\right],$$

由于双纽线 $r^2=a^2\cos2\theta$ 的图形上下且左右对称,因此只需计算出它在 $\theta\in\left[0,\frac{\pi}{4}\right]$ 部分的面积再乘以 4 即可.

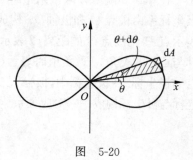

图 5-20

在区间 $\left[0,\dfrac{\pi}{4}\right]$ 上任取一个小区间 $[\theta,\theta+\mathrm{d}\theta]$，面积微元为

$$\mathrm{d}A = \frac{1}{2}a^2\cos2\theta\,\mathrm{d}\theta,$$

所求面积为

$$A = 4\int_0^{\frac{\pi}{4}}\frac{1}{2}a^2\cos2\theta\,\mathrm{d}\theta = a^2\sin2\theta\,\Big|_0^{\frac{\pi}{4}} = a^2.$$

小结 求平面图形面积的步骤：

（1）画出围成平面图形的曲线，并求出边界曲线的交点；

（2）选择适当的积分变量，确定积分变量的变化范围，写出面积微元；

（3）用定积分表示所求平面图形的面积，计算定积分的值.

三、特殊立体的体积

1. 平行截面面积为已知函数的立体的体积

问题：如图 5-21 所示为某战斗机的一个油箱，已知在 x 处 $(x\in[a,b])$ 垂直于 x 轴的截面面积为 $A(x)$，如何计算它的容量？

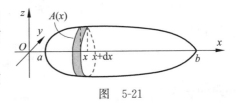

图 5-21

显然，该问题可转化为计算油箱所占有的空间立体的体积.

先引入一个概念：假设有一条数轴 Ox 穿过立体，用一系列垂直于该轴的平行平面来切片，将得到一串平行截面，如果我们能知道 x 处截面的面积 $A(x)$，则称此立体为**平行截面面积为已知函数的立体**. 图 5-21 所示的立体属于这类立体.

这类立体的体积 V 可以用定积分来表示. 以下结合图 5-21，应用定积分的元素法来推导体积 V 的计算公式.

在图 5-21 中，数轴为 Ox 轴，立体位于 $x=a$ 和 $x=b$ 之间. 沿 x 轴作垂直切片，用 $A(x)$ 表示过点 x 的截面面积，设 $A(x)$ 为区间 $[a,b]$ 上的连续函数.

注意到，如果将区间 $[a,b]$ 分成若干小区间，相应地，该立体被分割成若干有一定厚度的小薄片，这些小薄片的体积 ΔV 之和就是所求体积 V，即 $V = \sum\Delta V$.

取 x 为积分变量，则 x 的变化范围为区间 $[a,b]$. 采用微元法思想，在区间 $[a,b]$ 上取一个小区间 $[x,x+\mathrm{d}x]$，该小区间对应的薄片的体积近似于底面积为 $A(x)$、厚度为 $\mathrm{d}x$ 的小薄片的体积，由此得体积微元

$$\mathrm{d}V = A(x)\,\mathrm{d}x,$$

则该立体的体积为

$$V = \int_a^b A(x)\,\mathrm{d}x.$$

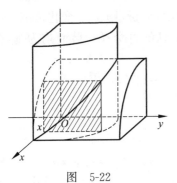

图 5-22

例 7 两个半径为 R 的圆柱面中轴线垂直相交，图 5-22 所示为这两个圆柱面所围立体位于 xOy 坐标面第一象限上方的部分，试求这两个圆柱面所围立体的体积.

解 如图 5-22 建立坐标系，选 x 为积分变量，则 x 的

变化范围为 $[0,R]$. 图中垂直于 x 轴的这部分立体的截面为正方形, 由圆的方程知该正方形的边长为 $\sqrt{R^2-x^2}$, 则截面面积为

$$A(x)=R^2-x^2,$$

第一卦限部分的体积为

$$V_1=\int_0^R A(x)\mathrm{d}x=\int_0^R (R^2-x^2)\mathrm{d}x=\left(R^2 x-\frac{x^3}{3}\right)\Big|_0^R=\frac{2R^3}{3},$$

由于两个圆柱面所围的立体上下、左右、前后均对称, 所以总体积为 $V=8V_1=\dfrac{16R^3}{3}$.

例 8 计算底面是半径为 R 的圆, 而垂直于底面上一条固定直径的所有截面都是等边三角形的立体(见图 5-23)的体积.

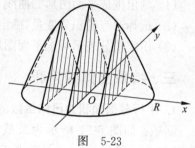

图 5-23

解 如图 5-23 建立坐标系, 选 x 为积分变量, 则 x 的变化范围为 $[-R,R]$. 垂直于 x 轴的该立体的截面为等边三角形, 其边长为 $2y=2\sqrt{R^2-x^2}$, 等边三角形的面积为

$$A(x)=\frac{\sqrt{3}}{4}(2\sqrt{R^2-x^2})^2=\sqrt{3}(R^2-x^2),$$

所求的立体体积为

$$V=\int_{-R}^R A(x)\mathrm{d}x=\sqrt{3}\int_{-R}^R (R^2-x^2)\mathrm{d}x$$

$$=\sqrt{3}\left(R^2 x-\frac{x^3}{3}\right)\Big|_{-R}^R=\frac{4\sqrt{3}R^3}{3}.$$

2. 旋转体的体积

平面上的曲边梯形该平面内一条直线旋转一周所成的立体称为**旋转体**, 这条直线称为**旋转轴**.

常见的例子: 矩形绕它的一条边旋转形成圆柱体, 直角三角形绕它的直角边旋转形成圆锥体, 直角梯形绕它的直角腰旋转形成圆台体, 半圆绕它的直径旋转形成球体.

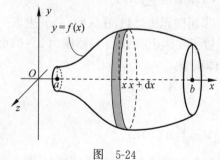

图 5-24

如图 5-24 所示, 假设旋转体由连续曲线 $y=f(x)$ 与直线 $x=a$, $x=b$ 以及 x 轴所围成的曲边梯形绕 x 轴旋转一周而成. 它可以看作平行截面面积为已知的立体. 选 x 为积分变量, 则 x 的变化范围为区间 $[a,b]$. 垂直于 x 轴的每个平行截面均为圆, 截面面积为

$$A(x)=\pi[f(x)]^2,$$

所以, 该旋转体的体积为

$$V_x=\pi\int_a^b [f(x)]^2\mathrm{d}x.$$

类似地, 如图 5-25 所示, 假设旋转体由连续曲线 $x=\varphi(y)$ 与直线 $y=c$, $y=d$ 以及 y 轴所围成的曲边梯形绕 y 轴旋转一周而成. 选 y 为积分变量, 则 y 的变化范围为区间 $[c,d]$.

垂直于 y 轴的每个平行截面均为圆,截面面积为

$$A(y) = \pi[\varphi(y)]^2,$$

所以,该旋转体的体积为

$$V_y = \pi \int_c^d [\varphi(y)]^2 \mathrm{d}y.$$

计算旋转体体积时,除了使用上述"切片法"外,还有一种常用的方法称为"柱壳法".如图 5-26 所示,设旋转体是由连续曲线 $y=f(x)(f(x)\geqslant 0)$ 与直线 $x=a$,$x=b$ 和 x 轴所围成的曲边梯形绕 y 轴旋转一周所成的.仍然选 x 为积分变量,它的变化范围为区间 $[a,b]$.在区间 $[a,b]$ 上任取一个小区间 $[x,x+\mathrm{d}x]$,该小区间所对应的小曲边梯形绕 y 轴旋转将形成一个高近似为 $f(x)$、中空半径为 x、厚度为 $\mathrm{d}x$ 的薄圆筒.如果沿圆筒的一个高将圆筒切开并平摊在平面上,则它近似于一个厚度为 $\mathrm{d}x$,长、宽分别为 $2\pi x$ 和 $f(x)$ 的长方体,圆筒的体积可用这个长方体的体积来近似,由此得到体积微元

$$\mathrm{d}V_y = 2\pi x f(x)\mathrm{d}x,$$

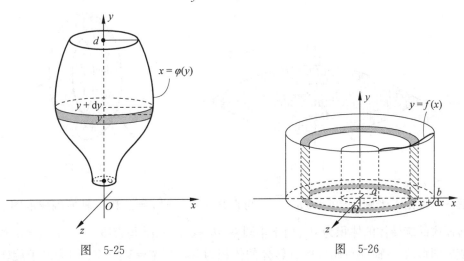

图 5-25   图 5-26

所以上述曲边梯形绕 y 轴旋转一周所成旋转体的体积为

$$V_y = 2\pi \int_a^b x f(x)\mathrm{d}x.$$

类似地,若旋转体是由连续曲线 $x=\varphi(y)(\varphi(y)\geqslant 0)$ 与直线 $y=c$,$y=d$ 和 y 轴所围成的曲边梯形绕 x 轴旋转一周所成,用柱壳法求解,旋转体体积为

$$V_x = 2\pi \int_c^d y f(y)\mathrm{d}y.$$

例 9[①] 某种型号直升机的辅助油箱的形状为曲线 $y = 1 - \dfrac{x^2}{16}(-4 \leqslant x \leqslant 4)$ 绕 x 轴旋转一周(长度单位为 ft)(见图 5-27).(1)这个油箱能装多少燃料(精确到 $0.001\mathrm{ft}^3$)?(2)已知每立方英尺装燃油 $7.841\mathrm{gal}$,若这个型号的直升机每加仑可以飞行 $2\mathrm{mile}$,装上一个辅助油箱后航程可以增加多少 mile?

---

① $1\mathrm{ft}=0.3048\mathrm{m}$;$1\mathrm{gal}$(美制加仑)$\approx 3.785\mathrm{L}$,$1\mathrm{gal}$(英制加仑)$\approx 4.546\mathrm{L}$;$1\mathrm{mile}=1.609\,344\mathrm{km}$.

解 (1) 曲线 $y=1-\dfrac{x^2}{16}(-4\leqslant x\leqslant 4)$绕 x 轴旋转一周所成的旋转体的体积为

$$V=\pi\int_{-4}^4\left(1-\frac{x^2}{16}\right)^2\mathrm{d}x=2\pi\int_0^4\left(1-\frac{x^2}{8}+\frac{x^4}{256}\right)\mathrm{d}x$$

$$=2\pi\left(x-\frac{x^3}{24}+\frac{x^5}{1280}\right)\Big|_0^4\approx 13.397\mathrm{ft}^3,$$

所以这个辅助油箱能装燃料 $13.397\mathrm{ft}^3$.

(2) $\dfrac{13.397\times7.841}{2}\mathrm{mile}\approx52.523\mathrm{mile}$,即装上一个辅助油箱后直升机的航程可以增加 $52.523\mathrm{mile}$.

例 10 求圆 $x^2+(y-b)^2=a^2(b>a>0)$围成的图形绕 x 轴旋转一周所成的如图 5-28 所示的旋转体的体积.

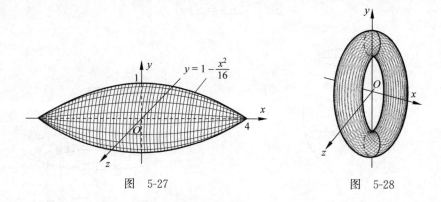

图 5-27   图 5-28

解一 设由上半圆 $y=b+\sqrt{a^2-x^2}$ 与直线 $x=-a,x=a$ 和 x 轴所围成的图形绕 x 轴旋转而成的旋转体的体积为 V_1,由下半圆 $y=b-\sqrt{a^2-x^2}$ 与直线 $x=-a,x=a$ 和 x 轴所围成的图形绕 x 轴旋转而成的旋转体的体积为 V_2,则 $V=V_1-V_2$ 即为所求旋转体的体积.

选 x 为积分变量,其变化区间为$[-a,a]$,则所求旋转体的体积为

$$V=\int_{-a}^a\left[\pi(b+\sqrt{a^2-x^2})^2-\pi(b-\sqrt{a^2-x^2})^2\right]\mathrm{d}x$$

$$=4\pi b\int_{-a}^a\sqrt{a^2-x^2}\,\mathrm{d}x=4\pi b\cdot\frac{\pi a^2}{2}=2\pi^2 a^2 b.$$

解二 下面采用柱壳法求解该旋转体的体积,设右半圆 $x=\sqrt{a^2-(y-b)^2}$ 与 y 轴所围部分绕 x 轴旋转所得旋转体体积为 V_1,则由对称性,$V=2V_1$ 即为所求体积. 利用柱壳法得

$$V_1=2\pi\int_{b-a}^{b+a}y\sqrt{a^2-(y-b)^2}\,\mathrm{d}x\xrightarrow{\ \text{令}\ u=y-b\ }2\pi\int_{-a}^a(u+b)\sqrt{a^2-u^2}\,\mathrm{d}(u+b)$$

$$=2\pi\int_{-a}^a(u+b)\sqrt{a^2-u^2}\,\mathrm{d}u=2\pi b\int_{-a}^a\sqrt{a^2-u^2}\,\mathrm{d}u=2\pi b\cdot\frac{\pi a^2}{2}=\pi^2 a^2 b,$$

所以

$$V=2\pi^2 a^2 b.$$

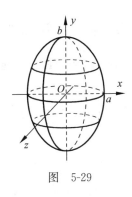

图 5-29

例 11 求椭圆 $\dfrac{x^2}{a^2}+\dfrac{y^2}{b^2}=1$ 所围成的图形绕 y 轴旋转而成的旋转椭球体的体积.

解 该旋转椭球体可以看成由右半椭圆 $x=\dfrac{a}{b}\sqrt{b^2-y^2}$ 与 y 轴所围成的图形绕 y 轴旋转而成的旋转体(见图 5-29),选 y 为积分变量,其变化区间为 $[-b,b]$. 由旋转体体积公式知,所求体积为

$$V_y=\int_{-b}^{b}\frac{\pi a^2}{b^2}(b^2-y^2)\mathrm{d}y=\frac{\pi a^2}{b^2}\left(b^2 y-\frac{1}{3}y^3\right)\bigg|_{-b}^{b}=\frac{4\pi a^2 b}{3}.$$

类似地,可求解由椭圆 $\dfrac{x^2}{a^2}+\dfrac{y^2}{b^2}=1$ 所围成的图形绕 x 轴旋转而成的旋转椭球体的体积为

$$V_x=\frac{4\pi a b^2}{3}.$$

四、平面曲线的弧长

如图 5-30 所示,曲线的弧长微元,即弧微分为
$$\mathrm{d}s=\sqrt{(\mathrm{d}x)^2+(\mathrm{d}y)^2}.$$

情形一 曲线方程为 $y=f(x),a\leqslant x\leqslant b$,且 $f(x)$ 在区间 $[a,b]$ 上有连续的导数,则

$$\mathrm{d}y=f'(x)\mathrm{d}x,\quad \mathrm{d}s=\sqrt{1+[f'(x)]^2}\mathrm{d}x,$$

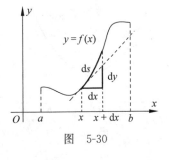

图 5-30

利用微元法,得曲线的弧长为
$$s=\int_{a}^{b}\sqrt{1+[f'(x)]^2}\mathrm{d}x.$$

类似地,若曲线方程为 $x=\varphi(y),c\leqslant y\leqslant d$,且 $\varphi(y)$ 在区间 $[c,d]$ 上有连续的导数,则

$$\mathrm{d}x=\varphi'(y)\mathrm{d}y,\quad \mathrm{d}s=\sqrt{1+[\varphi'(y)]^2}\mathrm{d}y,$$

曲线的弧长为

$$s=\int_{c}^{d}\sqrt{1+[\varphi'(y)]^2}\mathrm{d}y.$$

情形二 曲线由参数方程 $\begin{cases}x=x(t),\\ y=y(t),\end{cases}\alpha\leqslant t\leqslant\beta$ 给出,式中的函数 $x(t)$ 和 $y(t)$ 在区间 $[\alpha,\beta]$ 上有连续的导数,则

$$\mathrm{d}x=x'(t)\mathrm{d}t,\quad \mathrm{d}y=y'(t)\mathrm{d}t,\quad \mathrm{d}s=\sqrt{x'^2(t)+y'^2(t)}\mathrm{d}t,$$

曲线的弧长为

$$s=\int_{\alpha}^{\beta}\sqrt{x'^2(t)+y'^2(t)}\mathrm{d}t.$$

这里需要注意的是,因为弧微分 $\mathrm{d}s=\sqrt{(\mathrm{d}x)^2+(\mathrm{d}y)^2}$ 是非负的,所以利用公式

$s=\int_{\alpha}^{\beta}\sqrt{x'^{2}(t)+y'^{2}(t)}\,dt$ 求曲线弧长时,应确保积分下限 α 小于积分上限 β,而不是直接

对公式 $s=\int_{a}^{b}\sqrt{1+[f'(x)]^{2}}\,dx$ 利用曲线的参数方程换元进行计算,不然求解的弧长可能

会出现负值,这显然是不对的.

情形三 曲线由极坐标方程 $r=r(\theta)(\alpha\leqslant\theta\leqslant\beta)$ 给出,函数 $r(\theta)$ 在区间 $[\alpha,\beta]$ 上有连续的导数.由直角坐标与极坐标的转换关系

$$\begin{cases} x=r(\theta)\cos\theta, \\ y=r(\theta)\sin\theta \end{cases}$$

求得

$$x'(\theta)=r'(\theta)\cos\theta-r(\theta)\sin\theta, \quad y'(\theta)=r'(\theta)\sin\theta+r(\theta)\cos\theta,$$

因此,弧微分

$$ds=\sqrt{r^{2}(\theta)+r'^{2}(\theta)}\,d\theta,$$

曲线的弧长为

$$s=\int_{\alpha}^{\beta}\sqrt{r^{2}(\theta)+r'^{2}(\theta)}\,d\theta.$$

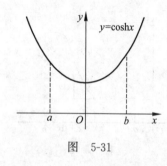

图 5-31

例 12 函数 $y=\cosh x$ 的图形被称为悬链线(见图 5-31),其实际背景是一根悬挂在空中的链条.试求悬链线在 $x=a$ 和 $x=b(a\leqslant b)$ 之间的一段曲线的弧长.

解 $y=\cosh x, y'=\sinh x$,弧微分为

$$ds=\sqrt{1+\sinh^{2}x}\,dx=\cosh x\,dx,$$

这段悬链线的弧长为

$$s=\int_{a}^{b}\cosh x\,dx=\sinh x\,\Big|_{a}^{b}=\sinh b-\sinh a.$$

例 13 求曲线 $y=\left(\dfrac{x}{2}\right)^{\frac{2}{3}}$ 对应于 $x=0$ 和 $x=2$ 之间的一段弧的长度.

解 $y'=\dfrac{2}{3}\left(\dfrac{x}{2}\right)^{-\frac{1}{3}}\cdot\dfrac{1}{2}=\dfrac{1}{3}\left(\dfrac{x}{2}\right)^{-\frac{1}{3}}$ 在 $x=0$ 处无定义,因而选 y 为积分变量.在曲线

方程中代入 $x=0$ 和 $x=2$ 得 y 的变化范围为 $[0,1]$.曲线方程化为 $x=2y^{\frac{3}{2}}$,则 $x'=3y^{\frac{1}{2}}$,弧长微元为

$$ds=\sqrt{1+x'^{2}(y)}\,dy=\sqrt{1+9y}\,dy,$$

所求曲线的弧长为

$$s=\int_{0}^{1}\sqrt{1+9y}\,dy=\frac{2}{27}(1+9y)^{\frac{3}{2}}\,\Big|_{0}^{1}=\frac{2}{27}(10\sqrt{10}-1).$$

例 14 求星形线 $\begin{cases} x=a\cos^{3}t \\ y=a\sin^{3}t \end{cases}$ 的全长,$0\leqslant t\leqslant 2\pi, a>0$.

解 星形线的图形关于 x 轴和 y 轴对称(见图 5-32),设 s_{1} 为星形线在第一象限部分的弧长,则曲线的全长 $s=4s_{1}$.

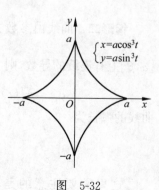

图 5-32

$$x'(t) = -3a\cos^2 t \sin t, \quad y'(t) = 3a\sin^2 t \cos t.$$

因此得

$$s = 4s_1 = 4\int_0^{\frac{\pi}{2}} \sqrt{x'^2(t) + y'^2(t)}\, dt$$

$$= 12a\int_0^{\frac{\pi}{2}} \sin t \cos t\, dt = 6a\sin^2 t \Big|_0^{\frac{\pi}{2}} = 6a.$$

在本题中,第一象限的星形线的范围为 $x:0 \to a$,相应的 t:
$\dfrac{\pi}{2} \to 0$,在求解弧长时如果写成 $s = 4s_1 = 4\int_{\frac{\pi}{2}}^0 \sqrt{x'^2(t) + y'^2(t)}\, dt$,
则会出现计算错误.

例 15 求心形线 $r(\theta) = a(1 - \cos\theta)$ 的周长,$a > 0$.

解 如图 5-33 所示,心形线的图形关于极轴对称,设 s_1 为
心形线上半部分的弧长,则心形线的周长为 $s = 2s_1$. 由 $r(\theta) = a(1 - \cos\theta)$ 可得

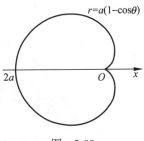

图 5-33

$$r'(\theta) = a\sin\theta,$$

$$s = 2s_1 = 2\int_0^\pi \sqrt{r^2(\theta) + r'^2(\theta)}\, d\theta = 2\int_0^\pi \sqrt{a^2(1-\cos\theta)^2 + a^2\sin^2\theta}\, d\theta$$

$$= 2a\int_0^\pi \sqrt{2(1-\cos\theta)}\, d\theta = 4a\int_0^\pi \sin\frac{\theta}{2}\, d\theta = -8a\cos\frac{\theta}{2} \Big|_0^\pi = 8a.$$

习题 5-5

1. 求曲线 $y = x^2$ 与 $y = \sqrt{x}$ 所围成的图形的面积.

2. 求曲线 $y = x^2 - 1$ 与直线 $y = x + 1$ 所围成的图形的面积.

3. 求曲线 $y = e^{-x}$,$y = e^x$ 与直线 $x = 1$ 所围成的图形的面积.

4. 求抛物线 $y^2 = 2x$ 与直线 $y = x - 4$ 所围成的图形的面积.

5. 求曲线 $y^2 = x$ 与 $y^2 = x - 4$ 所围成的图形的面积.

6. 求曲线 $y = \dfrac{1}{x}$ 与直线 $y = x$,$x = 2$ 所围成的图形的面积.

7. 求曲线 $y = \dfrac{1}{x}$ 与直线 $y = x$,$y = 2$ 所围成的图形的面积.

8. 求曲线 $y = \ln x$ 与直线 $y = \ln a$,$y = \ln b$ 以及 y 轴所围成的图形的面积,$b > a > 0$.

9. 求曲线 $y = e^{-x}$,$y = e^x$ 与直线 $y = 2$ 所围成的图形的面积.

10. 求曲线 $y = -x^2 + 4x - 3$ 及其在点 $(0, -3)$ 和 $(3, 0)$ 处的切线所围成的图形的面积.

11. 求位于曲线 $y = e^x$ 下方,该曲线过原点的切线的左方以及 x 轴上方之间的图形的面积.

12. 求星形线 $x = a\cos^3 t$,$y = a\sin^3 t (0 \leqslant t \leqslant 2\pi)$ 所围成的图形的面积.

13. 求曲线 $r = 2a(2 + \cos\theta)$ 所围成的图形的面积.

14. 求对数螺线 $r = e^{a\theta}(-\pi \leqslant \theta \leqslant \pi)$ 与射线 $\theta = \pi$ 所围成的图形的面积.

15. 求曲线 $r = 3\cos\theta$ 与 $r = 1 + \cos\theta$ 所围成图形的公共部分的面积.

16. 求曲线 $r=\sqrt{2}\sin\theta$ 与 $r^2=\cos2\theta$ 所围成图形的公共部分的面积.

17. 一平面经过半径为 R 的圆柱体的底圆中心,并与底面交成角 α,计算该平面截圆柱体所得的立体的体积(见图 5-34).

18. 求以半径为 R 的圆为底、平行且在底圆上投影为底圆直径的线段为顶、高为 h 的正劈锥体的体积(见图 5-35).

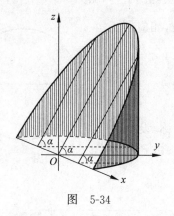

图 5-34

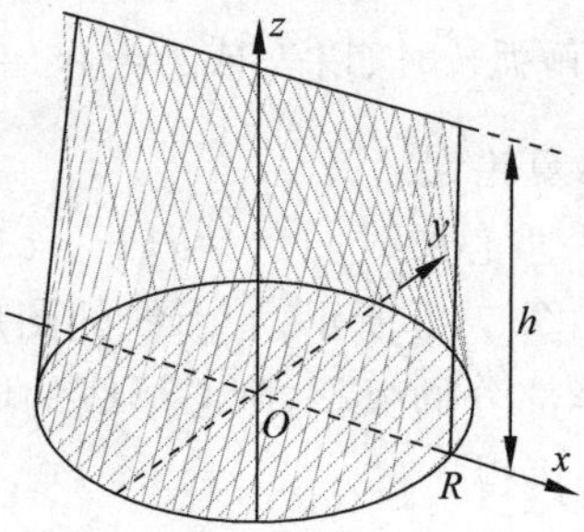

图 5-35

19. 求将抛物线 $y^2=4ax(a>0)$ 及直线 $x=x_0(x_0>0)$ 所围成的图形绕 x 轴旋转一周所成的旋转体的体积.

20. 求曲线 $y=x^3$ 与直线 $x=1$ 以及 x 轴所围成的图形分别绕 x 轴、y 轴旋转一周所成的旋转体的体积.

21. 求曲线 $xy=4$ 及直线 $y=1,y=4$ 和 y 轴所围成的图形分别绕 x 轴、y 轴旋转一周所成的旋转体的体积.

22. 求曲线 $y=x^2$ 与 $y=\sqrt{x}$ 所围成的图形绕 x 轴旋转一周所成的旋转体的体积.

23. 求星形线 $x=a\cos^3t,y=a\sin^3t(0\leqslant t\leqslant2\pi)$ 所围成的图形绕 x 轴旋转一周所成的旋转体的体积.

24. 求摆线 $x=a(t-\sin t),y=a(1-\cos t)$ 的一拱($0\leqslant t\leqslant2\pi$)与 x 轴所围成的图形绕直线 $y=2a$ 旋转一周所成的旋转体的体积.

25. 求曲线 $y=\ln x$ 上相应于 $\sqrt{3}\leqslant x\leqslant2\sqrt{2}$ 的一段弧的弧长.

26. 计算曲线 $y=\dfrac{\sqrt{x}}{3}(3-x)$ 上相应于 $1\leqslant x\leqslant3$ 的一段弧的长度.

27. 求圆的渐伸线 $x=a(\cos t+t\sin t),y=a(\sin t-t\cos t)$ 相应于 $0\leqslant t\leqslant\pi$ 的一段弧的长度.

28. 求对数螺线 $r=e^{a\theta}$ 相应于 $0\leqslant\theta\leqslant\alpha$ 的一段弧的长度.

第六节 定积分在物理学中的应用举例

定积分在物理学中的应用相当广泛,在经典力学、热学、电磁学及量子力学等各领域都有许多重要应用.例如物理学家勒维耶和亚当斯曾用微积分预测出了海王星的位置.本节将介绍如何利用定积分的微元法计算功、水压力和引力等,从另一个领域来进一步展示定积分应用的思路、方法和手段.

一、变力沿直线做功

从物理学中可以知道,若力的大小为 F,力的方向与物体位移方向一致,在此恒力的作用下物体位移的大小为 s,则力对物体所做的功 $W=Fs$.

如果物体在移动过程中所受到的力的大小是变化的,则归结为变力做功问题. 须利用微元法来分析和解决这样的问题. 下面通过几个例题说明如何将微元法用于解决这类变力沿直线做功的问题.

例1 把一个带 $+q$ 电量的点电荷放在 r 轴的坐标原点处,该电荷将产生一个电场. 由物理学知识可知,在距原点 r 处(图 5-36)的一个单位正电荷将受到电场力的作用,力的

图 5-36

大小随着距离的变化而变化,为 $F(r)=k\dfrac{q}{r^2}$,k 为常数,试求这个单位正电荷在力场中从 $r=a$ 处沿 r 轴移动到 $r=b(a<b)$ 处时,电场力所做的功.

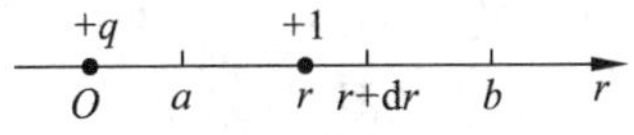

解 由于单位正电荷沿 r 轴移动的过程中所受到的力是变化的,因此不能直接用公式 $W=Fs$ 来计算功,以下借助定积分的微元法来处理这个问题.

如图 5-36 所示,先考虑单位正电荷从点 r 沿 r 轴移动到 $r+dr$ 处时电场力对其所做的功. 在小区间 $[r,r+dr]$ 上单位正电荷所受的电场力近似为在 r 处的电场力 $F(r)=k\dfrac{q}{r^2}$,因此在小区间 $[r,r+dr]$ 上电场力所做的功近似为 $dW=F(r)dr=k\dfrac{q}{r^2}dr$,所以,单位正电荷从 $r=a$ 移动到 $r=b$ 时电场力所做的功为

$$W=\int_a^b dW=\int_a^b k\frac{q}{r^2}dr=-k\frac{q}{r}\bigg|_a^b=kq\left(\frac{1}{a}-\frac{1}{b}\right).$$

例2 一个弹簧的自然长度为 $0.5m$,如果 $15N$ 的力能将弹簧拉长到 $1m$,问:把弹簧从自然长度拉长 $1m$,需做多少功?

解 根据胡克定律,弹簧形变所需的力与形变长度成正比. 因此,弹簧伸长或压缩 x 个单位所受到的力 $F(x)=kx$,其中 k 为弹簧的弹性系数.

由于 $15N$ 的力能将弹簧拉长到 $1m$,故

$$15=k(1-0.5),$$

解得 $k=30N/m$,所以

$$F(x)=30x.$$

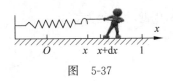

图 5-37

根据微元法,在弹簧拉伸长度从 x 变化到 $x+dx$ 的过程中,将弹簧所受到的力近似为 $F(x)$(图 5-37),力在该过程中所做的功近似为

$$F(x)dx=30xdx,$$

即功微元

$$dW=30xdx,$$

所以,把弹簧从自然长度拉长 $1m$ 所做的功为

$$W = \int_0^1 \mathrm{d}W = \int_0^1 30x\,\mathrm{d}x = 15x^2 \Big|_0^1 = 15\mathrm{J}.$$

例 3 圆柱形气缸中盛有一定量的气体. 在等温条件下，由于气体的膨胀，把气缸中的一个面积为 S 的活塞从点 a 处推到点 $b(a<b)$ 处，计算气体压力所做的功.

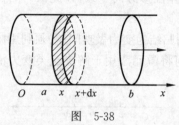

图 5-38

解 如图 5-38 所示建立坐标系. 由物理学知，在等温条件下，气体的压强 p 与体积 V 的乘积为常数，即 $pV = k$. 当活塞位于 x 处时，$V = xS$，所以 $p = \dfrac{k}{xS}$.

因此，作用在活塞上的气体压力为

$$F(x) = pS = \frac{k}{xS} \cdot S = \frac{k}{x}.$$

可见，活塞移动时所受到的力随着它的位置而变化. 由微元法，在活塞从点 x 移动到点 $x + \mathrm{d}x$ 的过程中，气体压力所做的功为

$$\mathrm{d}W = F(x)\mathrm{d}x = \frac{k}{x}\mathrm{d}x,$$

于是活塞从点 a 处被推到点 b 气体所做的功为

$$W = \int_a^b \frac{k}{x}\mathrm{d}x = \Big[k\ln x\Big]_a^b = k\ln\frac{b}{a}.$$

例 4 有一个圆台形蓄水池，池口直径为 20m，池底直径为 10m，池深 5m，池中盛满了水，欲将池内的水从池口全部抽出池外，问需做多少功？

解 图 5-39 所示为水池沿中轴线的截面图，如图建立直角坐标系. 因为抽水所做的功关于水的深度具有可加性，所以取竖直向下方向为 x 轴正向，这样积分变量为 x，比较符合书写习惯. 根据微元法，先计算抽出从深度 x 到 $x + \mathrm{d}x$ 的一层水所做的功.

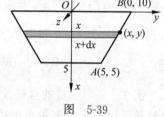

图 5-39

将这层水的形状近似为一个标准圆柱体，底面半径近似为 y，由直线 AB 的方程知

$$y - 5 = \frac{10 - 5}{0 - 5} \cdot (x - 5), \quad 即 \quad y = 10 - x,$$

所以这层水的体积近似为

$$V = \pi y^2 \mathrm{d}x = \pi(10 - x)^2 \mathrm{d}x.$$

所受的重力为

$$\rho g V = \rho g \pi (10 - x)^2 \mathrm{d}x,$$

式中 ρ 为水的密度. 这层水被抽到池口所提升的高度近似为 x，因此功微元为

$$\mathrm{d}W = x \cdot \rho g \pi (10 - x)^2 \mathrm{d}x = \rho g \pi (x^3 - 20x^2 + 100x)\mathrm{d}x,$$

将池水抽干所做的功为

$$W = \int_0^5 \rho g \pi (x^3 - 20x^2 + 100x)\mathrm{d}x = \rho g \pi \left(\frac{x^4}{4} - \frac{20}{3}x^3 + 50x^2\right)\Big|_0^5 = \frac{6875}{12}\rho g \pi.$$

水的密度为 $1000\mathrm{kg/m^3}$，取重力加速度 $g = 9.8\mathrm{m/s^2}$，$\pi = 3.14$，则 $W = 1.763 \times 10^7 \mathrm{J}$.

二、水压力

由物理学知,在水深为 h 处,水的压强为 $p=\rho gh$,其中 ρ 为水的密度,g 为重力加速度. 如果面积为 A 的薄板水平放置在水深为 h 的地方,则平板一侧所受的水压力为

$$F=pA=\rho ghA.$$

然而现实生活中,多数情况下薄板不是水平放置在水中,比如直立的闸门或垂直放置的水箱的侧面等,这种平板的各个部分处在水下的深度不同,因此在求解水压力问题时需要利用定积分的微元法.

例 5 机场加油车的油箱是一个横放的椭圆柱体(图 5-40),油箱的长、宽、高分别为 $6m,2m,1.5m$. 当油箱装满油时,求油箱的一个端面所受的压力.(设航空煤油的密度为 $0.78\times10^3\,kg/m^3$)

解 由于油罐端面所受的压力关于航空煤油的深度具有可加性,因此在油箱的一个端面上建立直角坐标系如图 5-41 所示,积分变量 x 的变化范围为 $\left[-\dfrac{3}{4},\dfrac{3}{4}\right]$. 先计算对应于 x 到 $x+dx$ 的小窄条所受的压力. 小窄条上航空煤油深度可近似为 $x+\dfrac{3}{4}$,小窄条的形状近似于底为 $2y$、高为 dx 的矩形. 由图 5-41 中椭圆的方程为

$$\frac{x^2}{\left(\dfrac{3}{4}\right)^2}+y^2=1,$$

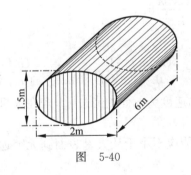

图 5-40

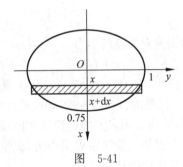

图 5-41

所以矩形的面积为

$$2y\,dx=2\sqrt{1-\frac{16}{9}x^2}\,dx=\frac{8}{3}\sqrt{\frac{9}{16}-x^2}\,dx,$$

故小窄条上受到的近似压力,也即压力微元为

$$dF=\rho g\left(x+\frac{3}{4}\right)\cdot\frac{8}{3}\sqrt{\frac{9}{16}-x^2}\,dx=\frac{8}{3}\rho g\left(x+\frac{3}{4}\right)\sqrt{\frac{9}{16}-x^2}\,dx,$$

由此可得油箱的一个端面所受的压力为

$$F=\int_{-\frac{3}{4}}^{\frac{3}{4}}dF=\int_{-\frac{3}{4}}^{\frac{3}{4}}\frac{8}{3}\rho g\left(x+\frac{3}{4}\right)\sqrt{\frac{9}{16}-x^2}\,dx,$$

由定积分的对称性及几何意义,

上式 $=4\rho g\int_0^{\frac{3}{4}}\sqrt{\frac{9}{16}-x^2}\,\mathrm{d}x=\frac{9}{16}\rho g\pi.$

将 $\rho=0.78\times10^3\,\mathrm{kg/m}^3$，$g=9.8\,\mathrm{m/s}^2$，$\pi=3.14$ 代入上式得

$$F=\frac{9}{16}\times0.78\times10^3\times9.8\times3.14\,\mathrm{N}=1.35\times10^4\,\mathrm{N}.$$

三、引力

由万有引力定律，质量分别为 m_1 和 m_2，相距 r 的两个质点之间的引力大小为

$$F=G\frac{m_1 m_2}{r^2},$$

式中 G 为引力常数，引力的方向沿着两质点的连线方向.

对于两个质量分别为 m_1 和 m_2 的物体，可以采用微元法来求它们之间的引力.

例 6 一均匀细棒长为 L、质量为 M，另有一个质量为 m 的质点，与细棒位于同一条直线上，且与细棒的最近距离为 a，求细棒对质点的引力.

解 取质点所在位置为原点，建立坐标系如图 5-42 所示. 先计算对应于 x 到 $x+\mathrm{d}x$ 的小段细棒对质点的引力.

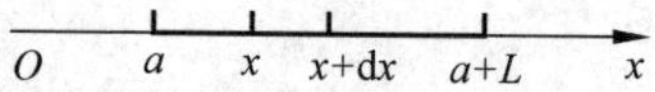

图 5-42

该部分细棒的质量为 $\dfrac{M}{L}\mathrm{d}x$. 将该小段到质点的距离近似为 x，则该小段对质点的引力，也即引力微元为

$$\mathrm{d}F=G\frac{m\cdot\dfrac{M}{L}\mathrm{d}x}{x^2}=\frac{GMm}{Lx^2}\mathrm{d}x,$$

由此得到细棒对质点的引力

$$F=\int_a^{a+L}\mathrm{d}F=\int_a^{a+L}\frac{GMm}{Lx^2}\mathrm{d}x=-\frac{GMm}{Lx}\Big|_a^{a+L}=-\frac{GMm}{L}\left(\frac{1}{a+L}-\frac{1}{a}\right)=\frac{GMm}{a(a+L)}.$$

例 7 火星的直径为 $6860\,\mathrm{km}$，其表面的重力加速度为 $g\approx3.92\,\mathrm{m/s}^2$，若在火星上发射一枚火箭，试问要用多大的初速度才能摆脱火星的引力？

解 要想使火箭摆脱火星引力，火星的初始动能应不小于从火星表面到无穷远处火星引力对火箭所做的功.

记火星的半径为 R，质量为 M. 设火箭的质量为 m，根据万有引力定律，当火箭离火星表面的距离为 x 时，受到火星的引力为

$$F(x)=G\frac{Mm}{(R+x)^2},$$

当 $x=0$ 时，$F(0)=mg=G\dfrac{Mm}{R^2}$，因而

$$F(x)=\frac{mgR^2}{(R+x)^2}.$$

当火箭从高度 x 上升到 $x+\mathrm{d}x$ 时，所做的功，即功微元近似为

$$\mathrm{d}W=F(x)\mathrm{d}x=\frac{mgR^2}{(R+x)^2}\mathrm{d}x,$$

所以火箭自火星表面达到高度无穷大时,需做的功为

$$W = \int_0^{+\infty} \frac{mgR^2}{(R+x)^2} \mathrm{d}x = -\frac{mgR^2}{R+x}\Big|_0^{+\infty} = -\lim_{x\to+\infty}\frac{mgR^2}{R+x} + mgR = mgR;$$

要想摆脱火星引力,火箭的初速度 v_0 必须使动能 $\frac{1}{2}mv_0^2 \geqslant mgR$. 从而有

$$v_0 \geqslant \sqrt{2gR} = \sqrt{2 \times 3430 \times 3.92 \times 10^{-3}}\,\mathrm{km/s} \approx 5.186\mathrm{km/s}.$$

脱离地球引力所需的初速度为 $11.2\mathrm{km/s}$,由此看来,如果人类有一天能够在火星上居住,那么从火星上乘宇宙飞船去太空遨游要比从地球上飞出去容易得多.

小结 运用定积分的微元法解决物理学中的问题,可以按照以下步骤进行:首先根据问题的特征,选择一个适当的坐标系;然后确定一个积分变量 x 及其变化范围;取一个小区间 $[x, x+\mathrm{d}x]$,分析相应的部分物理量并给出一个合理的近似,从而得到物理量的微元;最后将所求的物理量用定积分表示,并计算定积分的值.

学习定积分的应用,不能仅仅满足于记住几个公式,会套用就可以了,而应该深刻领会公式推导过程中所蕴含的微元法的基本思想,只有这样才能真正理解每个公式的含义,能够掌握并灵活运用定积分微元法分析和解决具体的实际问题.

习题 5-6

1. 已知弹簧伸长 $1\mathrm{cm}$ 所需拉力为 $1\mathrm{N}$,求把弹簧拉长 $10\mathrm{cm}$,拉力所做的功.

2. 直径为 $20\mathrm{cm}$、高为 $80\mathrm{cm}$ 的圆柱形气缸内充满压强为 $10\mathrm{N/cm}^2$ 的蒸汽,设温度保持不变,要使蒸汽体积缩小一半,问需要做多少功?

3. 一圆柱形储水罐高为 $5\mathrm{m}$,底圆半径为 $3\mathrm{m}$,罐内盛满了水. 试问从罐顶把罐内的水全部抽出需做多少功?

4. 设有一直径为 $20\mathrm{m}$ 的半球形水池,池内储满了水,若要把水抽尽,问需做多少功?

5. 一矩形闸门垂直放置在水中,闸门的宽为 $2\mathrm{m}$,高为 $3\mathrm{m}$,闸门的顶端在水下 $2\mathrm{m}$,求闸门所受的水压力.

6. 一个横放的圆柱形水桶装有半桶水,桶的底半径为 $R\mathrm{m}$,求桶的一个端面所受到的水压力.

7. 一均匀细棒长为 L,质量为 M,在其中垂线上距离细棒 a 处有一个质量为 m 的质点,求细棒对质点的引力.

附录 基于 Python 的定积分计算

利用 Python 求函数的定积分的运算也是用命令 integrate() 来实现的,其调用格式和功能见表 5-1.

表 5-1 求函数的定积分命令的调用格式和功能说明

调用格式	功能说明
integrate(f,(var,a,b))	求函数 f 关于符号变量 var 从 a 到 b 的定积分. f 为一个 SymPy 表达式,var 为 SymPy 的符号变量,a 和 b 分别为积分的下限和上限
integrate(f,(x,a,b))	同上,但明确指出变量为 x,从 a 到 b 的定积分

例1　求 $\int_0^1 x \arctan x \, \mathrm{d}x$.

```python
import sympy as sp
# 定义符号变量
x = sp.symbols('x')
# 定义被积函数
f = x * sp.atan(x)
# 计算定积分
definite_integral = sp.integrate(f, (x, 0, 1))
# 打印结果
print("定积分结果:")
print(definite_integral)
```

结果为：

```
- 1/2 + pi/4
```

例2　求 $\int_0^1 \mathrm{e}^{-x^2} \, \mathrm{d}x$.

```python
import scipy.integrate as spi
import numpy as np
# 定义被积函数
def f(x):
    return np.exp(-x**2)
# 计算定积分
result, _ = spi.quad(f, 0, 1)
# 打印结果
print("定积分结果:")
print(result)
```

结果为：

```
0.7468241328124271
```

例3　求由抛物线 $y = x^2$ 和 $x = y^2$ 所围平面图形的面积.

```python
import sympy as sp
import numpy as np
import matplotlib.pyplot as plt
# 定义符号变量
x, y = sp.symbols('x y')
# 定义两个方程
E1 = y - x**2
E2 = x - y**2
# 解方程组以找到交点
solution = sp.solve((E1, E2), (x, y))
p0 = [float(solution[0][0]), float(solution[0][1])]
# 定义绘制积分区域的范围
x_range = np.linspace(0, 1, 100)
```

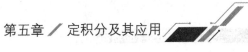

```
y_range = np.linspace(0, 1, 100)
# 生成 x 和 y 的网格
X, Y = np.meshgrid(x_range, y_range)
# 计算 E1 和 E2 的值
Z1 = X - Y**2
Z2 = Y - X**2
# 绘制积分区域的图形
plt.contour(X, Y, Z1, levels = [0], colors = 'b', label = 'y = x^2')
plt.contour(X, Y, Z2, levels = [0], colors = 'g', label = 'x = y^2')
plt.scatter( * p0, color = 'red', label = 'Intersection')
plt.text(0, 0, '(0,0)', fontsize = 12, ha = 'right')
plt.text(1, 1, '(1,1)', fontsize = 12, ha = 'left')
plt.xlabel('x')
plt.ylabel('y')
plt.title('积分区域')
plt.legend()
plt.grid(True)
plt.show()
# 计算积分区域的面积
area = sp.integrate(sp.integrate(1, (y, x**2, sp.sqrt(x))), (x, 0, 1))
print("积分区域的面积:", area)
```

结果为:

积分区域的面积: 1/3

所绘图形如图 5-43 所示.

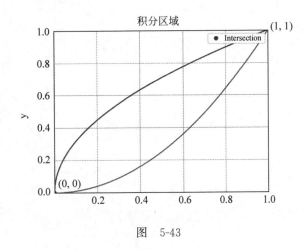

图 5-43

利用 Python 求函数的广义积分的运算也是用命令 integrate() 来实现的,其调用格式和功能见表 5-2.

表 5-2 求函数的广义积分命令的调用格式和功能说明

调 用 格 式	功 能 说 明
integrate(f,(var,a,oo))	求函数 f 关于符号变量 var 从 a 到正无穷大的广义积分
integrate(f,(x,a,oo))	求函数 f 关于变量 x 从 a 到正无穷大的广义积分
integrate(f,(var,−oo,b))	求函数 f 关于符号变量 var 从负无穷大到 b 的广义积分
integrate(f,(x,−oo,b))	求函数 f 关于变量 x 从负无穷大到 b 的广义积分
integrate(f,(var,−oo,oo))	求函数 f 关于符号变量 var 从负无穷大到正无穷大的广义积分
integrate(f,(x,−oo,oo))	求函数 f 关于变量 x 从负无穷大到正无穷大的广义积分

例 4 求 $\int_{0}^{+\infty} \dfrac{1}{1+x^2}\,\mathrm{d}x$.

```python
import sympy as sp
# 定义符号变量
x = sp.symbols('x')
# 定义被积函数
f = 1 / (1 + x ** 2)
# 计算无穷积分
infinite_integral = sp.integrate(f, (x, 0, sp.oo))
# 打印结果
print("无穷积分结果:")
print(infinite_integral)
```

结果为：

无穷积分结果:
pi/2

第三篇综合练习

一、填空题

1. 若 $\int f(x)\mathrm{d}x = \mathrm{e}^{\sin x} + C$，则 $f(x) =$ _____.

2. 设 $f'(\ln x) = 1 + x$，则 $f(x) =$ _____.

3. 若 $F(x)$ 是 $f(x)$ 的一个原函数，则 $\int f(2x+3)\mathrm{d}x =$ _____.

4. 若 $\dfrac{\cos x}{x}$ 是 $f(x)$ 的一个原函数，则 $\int x f'(x)\mathrm{d}x =$ _____.

5. 设 $f(x)$ 连续，且满足 $f(x) = x + 2\int_0^1 f(x)\mathrm{d}x$，则 $f(x) =$ _____.

6. $\int_0^2 x\sqrt{2x - x^2}\,\mathrm{d}x =$ _____.

二、计算下列不定积分

1. $\int x(x-1)^5\,\mathrm{d}x$；

2. $\int \dfrac{x}{(x+1)^3}\,\mathrm{d}x$；

3. $\int \dfrac{\mathrm{d}x}{x(x^7+1)}$；

4. $\int \dfrac{x^{11}}{x^8 + 3x^4 + 2}\,\mathrm{d}x$；

5. $\int \dfrac{\mathrm{d}x}{\mathrm{e}^x + \mathrm{e}^{-x}}$；

6. $\int \dfrac{\mathrm{d}x}{\sqrt{1 + \mathrm{e}^x}}$；

7. $\int x\sqrt{1 - 2x}\,\mathrm{d}x$；

8. $\int \dfrac{\mathrm{d}x}{x^4\sqrt{1 + x^2}}$；

9. $\int \arctan\sqrt{x}\,\mathrm{d}x$；

10. $\int \sqrt{x}\sin\sqrt{x}\,\mathrm{d}x$；

11. $\int \ln^2(x + \sqrt{1 + x^2})\,\mathrm{d}x$；

12. $\int \sqrt{1 - x^2}\arcsin x\,\mathrm{d}x$.

三、求下列定积分

1. $\displaystyle\int_{-3}^3 f(x)f(1-x)\mathrm{d}x$，其中 $f(x) = \begin{cases} x, & 0 \leqslant x \leqslant 2, \\ 0, & \text{其他}; \end{cases}$

2. $\displaystyle\int_0^a \dfrac{\mathrm{d}x}{x + \sqrt{a^2 - x^2}}$；

3. $\displaystyle\int_0^{\frac{\pi}{4}} \ln(1 + \tan x)\mathrm{d}x$.

四、判断下列广义积分的敛散性，若收敛，计算其值

1. $\displaystyle\int_{-\infty}^{+\infty} (|x| + x)\mathrm{e}^{-|x|}\,\mathrm{d}x$；

2. $\displaystyle\int_1^{\mathrm{e}} \dfrac{\mathrm{d}x}{x\sqrt{1 - \ln(x)^2}}$.

五、证明题

1. 设 $f(x)$ 为连续函数，证明：$\int_0^x f(t)(x-t)\mathrm{d}t = \int_0^x \left(\int_0^t f(u)\mathrm{d}u \right)\mathrm{d}t$.

2. 设 $f(x)$ 在区间 $[a,b]$ 上连续，且 $f(x)>0$，

$$F(x) = \int_a^x f(t)\mathrm{d}t + \int_b^x \frac{1}{f(t)}\mathrm{d}t, \quad a \leqslant x \leqslant b.$$

证明：(1) $F'(x)\geqslant 2$；(2) 方程 $F(x)=0$ 在区间 (a,b) 内有且仅有一个根.

3. 设 $f(x)$ 在区间 $[a,b]$ 上连续，$g(x)$ 在区间 $[a,b]$ 上连续且不变号，证明在 $[a,b]$ 上至少存在一个 ξ，使得

$$\int_a^b f(x)g(x)\mathrm{d}x = f(\xi)\int_a^b g(x)\mathrm{d}x.$$

4. 设 $f'(x)$ 在区间 $[a,b]$ 上连续，且 $f(a)=0$，证明：

$$\left| \int_a^b f(x)\mathrm{d}x \right| \leqslant \frac{(b-a)^2}{2} \max_{a\leqslant x\leqslant b} |f'(x)|.$$

六、应用题

1. 设抛物线 $y=ax^2+bx+c$ 通过点 $(0,0)$，且当 $x\in[0,1]$ 时，$y\geqslant 0$. 试确定 a,b,c 的值，使得抛物线 $y=ax^2+b+c$ 与直线 $x=1,y=0$ 所围图形的面积为 $\frac{4}{9}$，且使该图形绕 x 轴旋转而成的旋转体的体积最小.

2. 求曲线 $y=\int_{-\frac{\pi}{2}}^x \sqrt{\cos t}\,\mathrm{d}t$ 的全长.

3. 一物体按规律 $x=ct^3$ 作直线运动，其中 x 为时刻 t 行进的路程，媒质的阻力与速度平方成正比. 计算物体由 $x=0$ 移至 $x=a$ 处时，克服媒质阻力所做的功.

4. 用铁锤把钉子钉入木板，设木板对钉子的阻力与钉子进入木板的深度的平方成正比，铁锤在第一次锤击时将钉子钉入 1cm. 若每次锤击所做的功相等，问第二次捶击时，钉子又钉入多深？

5. 半径为 R 的球沉入水中，球的顶部与水面相切，球的密度与水相同，若将球从水中取出，需做多少功？

6. 边长为 a 和 $b(a<b)$ 的矩形薄板，与液面成 α 角斜没入液体中，薄板的长边平行于液面且上沿位于深 h 处. 设液体的密度为 ρ，求薄板的一面所受的压力.

7. 设有一半径为 R、中心角为 φ 的圆弧形细棒，其线密度为常数 ρ. 在圆心处有一质量为 m 的质点，求圆弧形细棒对质点的引力.

第四篇

常微分方程

微积分的出现，为人们研究运动现象及其变化规律提供了强有力的数学工具.由于运动变化规律在数学上通常是用函数关系来描述的，因此，如何寻求变量之间的依赖关系，即函数的表示式，在实践中有着重要的意义.人们发现，在许多问题中，往往不能直接找到所需要的函数表达式，但是根据问题的背景，可以找到一个含有未知函数及其导数的某种关系式.因此，研究如何建立这种关系式，并从中求出未知函数，导致微分方程的概念和理论的产生.未知函数为一元函数的微分方程就是常微分方程.作为数学的一个分支，常微分方程在研究解决运动、变化的问题中扮演了十分重要的角色，是解决实际问题的一个得力工具.应用微分方程解决实际问题包括两个方面，一是列方程，二是解方程.列方程通常需要结合相关的专业背景知识.

本篇只有一章，即第六章"常微分方程的基本概念和几类方程的求法".重点研究一阶和二阶常微分方程的求解，并通过一些具有实际背景的问题来实践如何利用微分方程建立数学模型并给出问题的解答.

第六章 常微分方程的基本概念和几类方程的求法

为了量化地表示自然规律,常常需要寻求与问题有关的变量之间的依赖关系.实践中,有时根据实际问题的条件并结合导数(微分)的意义,可以建立起未知函数及其导数或微分之间的关系式,再设法解出未知函数,这样的关系式就是我们要学习的微分方程.

本章的主要内容包含微分方程的基本概念、几类一阶微分方程的解法和应用、可降阶的高阶微分方程的求解、二阶线性微分方程的解的结构、二阶常系数线性微分方程的求解等.同时,给出一些有实际应用背景、难度不大的利用微分方程方法建立数学模型的例题.

第一节 微分方程的基本概念

微分方程与初等数学中学习过的代数方程、超越方程有本质的不同,微分方程是含有未知函数及其导数或者微分的方程,方程的解是函数,往往要通过积分的方法来求得.

一、问题的提出

"微分方程"一词于 1676 年首次提出,直到 18 世纪中期,微分方程才成为一门独立的学科.微分方程建立后,在物理学、力学、几何学、管理科学等众多领域有了非常广泛的应用.下面通过两个例子引出微分方程及其解的概念.

例 1(求曲线方程) 设一平面曲线通过点 $(0,1)$,且该曲线上任一点 $M(x,y)$ 处的切线斜率为 x^2,求该曲线方程.

解 设所求曲线方程为 $y=y(x)$,由导数的几何意义得

$$\frac{\mathrm{d}y}{\mathrm{d}x}=x^2, \quad \text{或 } \mathrm{d}y=x^2\mathrm{d}x, \tag{6.1}$$

这是一个含有未知函数 $y(x)$ 的导数或微分的方程.为求 $y(x)$,式(6.1)两边积分可得

$$y=\int x^2\mathrm{d}x=\frac{1}{3}x^3+C, \tag{6.2}$$

其中 C 为任意常数.

又根据题意,曲线过点 $(0,1)$,因此所求函数还满足

$$y(0)=1, \tag{6.3}$$

将条件(6.3)代入式(6.2),解得 $C=1$,故所求曲线方程为

$$y = \frac{1}{3}x^3 + 1. \tag{6.4}$$

例 2(跑道要多长） 飞机迫降时的速度为 50m/s,落地即采取制动措施使其做匀减速运动,加速度大小为 -5m/s^2.问跑道至少需要多长,飞机才不至于跑出跑道?

解 设飞机在开始制动后 t s 跑了 s m.由题意,制动阶段飞机运动规律的函数 $s=s(t)$ 应满足关系式

$$\frac{\mathrm{d}^2 s}{\mathrm{d}t^2} = -5, \tag{6.5}$$

此外,未知函数 $s=s(t)$ 还满足：$t=0$ 时,$s=0$,$v=\frac{\mathrm{d}s}{\mathrm{d}t}=50$.简记为

$$s\mid_{t=0} = 0, \quad s'\mid_{t=0} = 50. \tag{6.6}$$

对式(6.5)的两端积分一次,得

$$v = \frac{\mathrm{d}s}{\mathrm{d}t} = -5t + C_1, \tag{6.7}$$

再积分一次,得

$$s = -\frac{5}{2}t^2 + C_1 t + C_2, \tag{6.8}$$

式中 C_1,C_2 为任意常数.将条件 $v\mid_{t=0}=50$ 代入式(6.7),得 $C_1=50$;将条件 $s\mid_{t=0}=0$ 代入式(6.8),得 $C_2=0$;将 C_1 的值代入式(6.7),得

$$v = -5t + 50, \tag{6.9}$$

将 C_1,C_2 的值代入式(6.8),得

$$s = -\frac{5}{2}t^2 + 50t. \tag{6.10}$$

令 $v=0$,由式(6.9)得飞机从开始制动到完全停住所需的时间 $t=\frac{50}{5}\text{s}=10\text{s}$.再将 $t=10$ 代入式(6.10),求得飞机的跑道长度至少为

$$s = (-2.5 \times 10^2 + 10 \times 50)\text{m} = 250\text{m}.$$

二、基本概念

前述例题中所建立的方程(6.1)和(6.5)都含有未知函数的导数,这样的方程就是微分方程.下面给出有关的基本概念.

1. 微分方程及其阶的概念

定义 6.1 含有未知函数的导数(或微分)的方程称为**微分方程**.如果微分方程中的未知函数只有一个自变量,即未知函数是一元函数,则称为**常微分方程**;如果未知函数的自变量多于一个,即未知函数是多元函数,则称为**偏微分方程**.

上述例 1 和例 2 中的方程都是常微分方程.本章只讨论常微分方程,后面我们直接称其为微分方程.

定义 6.2 微分方程中所出现的未知函数的导数的最高阶数称为**微分方程的阶**.

例如,例 1 中的方程(6.1)是一阶常微分方程;例 2 中的方程(6.5)是二阶常微分方程.二阶和二阶以上的微分方程统称为**高阶微分方程**.

n 阶微分方程的一般形式为

$$F(x,y,y',\cdots,y^{(n)})=0, \qquad (6.11)$$

式中 F 是关于 $n+2$ 个变量 $x,y,y',\cdots,y^{(n)}$ 的函数.

需要注意的是,作为 n 阶微分方程,式(6.11)中未知函数的 n 阶导数 $y^{(n)}$ 必须出现,而其他的变量 $x,y,y',\cdots,y^{(n-1)}$ 则可以不出现. 例如,n 阶微分方程 $y^{(n)}+1=0$ 中,除 $y^{(n)}$ 外,其他变量都没有出现.

如果方程(6.11)的左端关于未知函数 y 以及它的各阶导数 $y',y'',\cdots,y^{(n)}$ 分别都是一次的,则称这样的微分方程为**线性微分方程**,否则称为**非线性微分方程**. 例如,$y'=xy$ 是一阶线性微分方程,$(x^2+y)\mathrm{d}x+y\mathrm{d}y=0$ 是一阶非线性微分方程.

以 y 为未知函数、x 为自变量的 n 阶线性微分方程的一般形式为

$$y^{(n)}+p_1(x)y^{(n-1)}+\cdots+p_{n-1}(x)y'+p_n(x)y=f(x). \qquad (6.12)$$

如果在方程(6.11)中能解出 $y^{(n)}$,则可得到如下的显式形式:

$$y^{(n)}=f(x,y,y',\cdots,y^{(n-1)}).$$

例 3 判断下列方程是不是微分方程,如果是,指出微分方程的阶,并判断是否线性微分方程.

(1) $x\mathrm{d}x+y^2\mathrm{d}y=0$;   (2) $x\cdot y'''^2+y'^2=0$;

(3) $xy''-5y'+3xy=\mathrm{e}^x$;   (4) $\dfrac{\partial^2 u}{\partial x^2}+\dfrac{\partial^2 u}{\partial y^2}+\dfrac{\partial^2 u}{\partial z^2}=0$.

解 (1)为一阶非线性常微分方程,方程中含有未知函数 y^2;

(2)为三阶非线性常微分方程,方程中含有未知函数的三阶导数 y''' 平方;

(3)为二阶线性常微分方程,方程关于未知函数 y 以及 y',y'' 都是线性的;

(4)为二阶偏微分方程,方程中出现了未知函数 u 的二阶偏导数.

2. 微分方程的解与通解

定义 6.3 设 $y=\varphi(x)$ 在区间 I 上有 n 阶连续导数,如果在区间 I 上,$\varphi(x)$ 满足微分方程(6.11),即

$$F(x,\varphi(x),\varphi'(x),\cdots,\varphi^{(n)}(x))\equiv 0,$$

则称函数 $y=\varphi(x)$ 为微分方程 $F(x,y,y',\cdots,y^{(n)})=0$ 在区间 I 上的一个**解**.

例如,式(6.2)和式(6.4)都是微分方程(6.1)的解,式(6.8)和式(6.10)都是微分方程(6.5)的解.

如果微分方程的解中含有任意常数,且互相独立的任意常数的个数等于该微分方程的阶,则称此解为该微分方程的**通解**. 例如,式(6.2)是微分方程(6.1)的通解,式(6.8)是微分方程(6.5)的通解.

这里所说相互独立的任意常数,是指当通解中所含任意常数不止一个时,不能通过运算而合并的任意常数. 例如,$y=C_1x+C_2x$ 的任意常数 C_1 和 C_2 不是独立的,因为它们可以合并为一个任意常数 $C=C_1+C_2$,使得 $y=Cx$. 而 $y=C_1x+C_2x^3$ 中的 C_1 和 C_2 是独立的.

3. 微分方程的特解与初始条件

定义 6.4 不含任意常数的解称为微分方程的**特解**.

例 1 中的式(6.4)是微分方程(6.1)的特解,例 2 中的式(6.10)是微分方程(6.5)的特解.

微分方程的通解反映的是微分方程所描述的某一运动过程的一般规律,特解反映的则是在指定条件下的特定规律.一般来讲,求解微分方程总是从求通解开始,如果要求的是特解,则要将通解中的任意常数确定下来,这时,需要给出一定的附加条件.

定义 6.5 未知函数在初始状态下所满足的条件称为微分方程的**初始条件**.

初始条件用来确定通解中的任意常数.例如,例 1 中的初始条件是式(6.3),用它来确定出通解(6.2)中的任意常数,得到的特解是式(6.4).而例 2 中的式(6.10)则是微分方程(6.5)满足初始条件(6.6)的特解.

一阶微分方程的通解中含有一个任意常数,它的初始条件的提法是:已知自变量取定某个特定值时所给出的未知函数的函数值,记作

$$y(x_0) = y_0, \quad 或 \ y \mid_{x=x_0} = y_0,$$

其中 x_0, y_0 都是已知数值.

同理,二阶微分方程的初始条件有两个:

$$y(x_0) = y_0, \quad y'(x_0) = y_0', \quad 或 \ y \mid_{x=x_0} = y_0 \ 与 \ y' \mid_{x=x_0} = y_0';$$

n 阶微分方程的初始条件有 n 个:

$$y(x_0) = y_0, \quad y'(x_0) = y_0', \quad y''(x_0) = y_0'', \quad \cdots, \quad y^{(n-1)}(x_0) = y_0^{(n-1)},$$

其中 $x_0, y_0, y_0', \cdots, y_0^{(n-1)}$ 都是已知常数.

求微分方程满足初始条件的特解的问题称为微分方程的**初值问题**.

一阶微分方程的初值问题可记为

$$\begin{cases} y' = f(x, y), \\ y \mid_{x=x_0} = y_0. \end{cases} \tag{6.13}$$

二阶微分方程的初值问题可记为

$$\begin{cases} y'' = f(x, y, y'), \\ y \mid_{x=x_0} = y_0, y' \mid_{x=x_0} = y_0'. \end{cases} \tag{6.14}$$

这里需要注意的是,在初值问题中,初始条件的个数和微分方程的阶相同.

4. 微分方程解的几何意义

常微分方程的解的图像是一条平面曲线,称为微分方程的**积分曲线**.由于微分方程的通解中含有任意常数,所以,微分方程的通解在几何上表示一族曲线,称为微分方程的**积分曲线族**.

初始问题(6.13)的几何意义是,求微分方程 $y' = f(x, y)$ 通过定点 (x_0, y_0) 的积分曲线.

初始问题(6.14)的几何意义是,求微分方程 $y'' = f(x, y, y')$ 通过定点 (x_0, y_0) 且在该点处的切线斜率为 y_0' 的积分曲线.

例 4 验证函数 $y = C_1 e^{-2x} + C_2 e^{2x}$ 是微分方程 $y'' - 4y = 0$ 的通解,并求满足初始条件 $y \mid_{x=0} = 0, y' \mid_{x=0} = 1$ 的特解.

解 求出所给函数的一阶以及二阶导数:

$$y' = -2C_1 e^{-2x} + 2C_2 e^{2x}, \quad y'' = 4C_1 e^{-2x} + 4C_2 e^{2x}.$$

将 y'' 和 y 的表达式代入微分方程,得

$$y'' - 4y = 4C_1 e^{-2x} + 4C_2 e^{2x} - 4(C_1 e^{-2x} + C_2 e^{2x}) \equiv 0,$$

因此函数 $y = C_1 e^{-2x} + C_2 e^{2x}$ 是微分方程的解.

又因为此解中含有两个独立的任意常数,且方程是二阶微分方程,故是微分方程的通解.

把初始条件中的 $y|_{x=0} = 0$ 代入式 $y = C_1 e^{-2x} + C_2 e^{2x}$,得

$$C_1 + C_2 = 0, \tag{6.15}$$

再将条件 $y'|_{x=0} = 1$ 代入式 $y' = -2C_1 e^{-2x} + 2C_2 e^{2x}$,得

$$-2C_1 + 2C_2 = 1, \tag{6.16}$$

由式(6.15)和式(6.16)解得 $C_1 = -\dfrac{1}{4}$, $C_2 = \dfrac{1}{4}$. 则所求微分方程的特解为

$$y = -\frac{1}{4} e^{-2x} + \frac{1}{4} e^{-x}.$$

例 5 求出曲线族 $x^2 + Cy^2 = 1$ 所满足的微分方程.

解 曲线族对应的是微分方程的通解,因为含有一个任意常数,因此所求方程是一阶微分方程. 可以通过消去任意常数的方法求出微分方程. 在等式 $x^2 + Cy^2 = 1$ 两边对 x 求导,得

$$2x + 2Cyy' = 0,$$

再由 $x^2 + Cy^2 = 1$ 解得 $C = \dfrac{1-x^2}{y^2}$,代入上式得

$$2x + 2 \times \frac{1-x^2}{y^2} y \cdot y' = 0,$$

化简即得所求的微分方程 $xy + (1-x^2)y' = 0$.

例 6（物体下落的运动方程） 一质量为 m 的物体在 $t=0$ 时刻于距地面高度为 H 的地方以初速度 $v(0) = v_0$ 垂直下落,试利用牛顿第二定律建立起反映该物体下落过程中高度 x 随时间 t 变化的运动方程.

解 建立坐标系如图 6-1 所示,设 $x = x(t)$ 为 t 时刻物体到地面的高度,则物体的下落速度为 $v = \dfrac{dx}{dt}$,加速度为 $a = \dfrac{d^2 x}{dt^2}$.

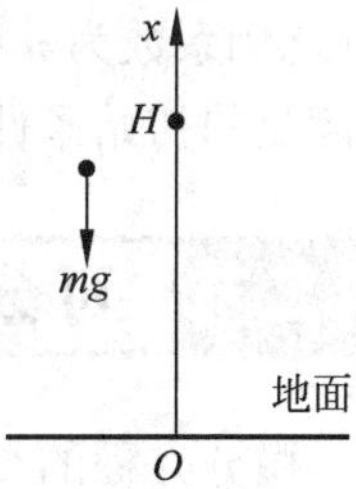

在下落中的 t 时刻,物体受到的力有重力 mg 和空气阻力 f,一般地,阻力 f 与运动速度成正比. 于是由牛顿第二定律得

$$m \frac{d^2 x}{dt^2} = mg - k \frac{dx}{dt},$$

图 6-1

其中, $k > 0$ 为阻力系数, g 为重力加速度. 可见,所求运动方程是如下二阶微分方程的初值问题:

$$\frac{d^2 x}{dt^2} + \frac{k}{m} \cdot \frac{dx}{dt} - g = 0,$$

$$x|_{t=0} = H,$$

$$\frac{dx}{dt}\bigg|_{t=0} = v_0.$$

利用本章第八节介绍的方法可求出本初值问题的解.

习题 6-1

1. 写出下列各微分方程的阶：

(1) $(7x-6y)\mathrm{d}x+(x+y)\mathrm{d}y=0$；　　(2) $x(y'')^3-3xy'+xy=0$；

(3) $\dfrac{\mathrm{d}^2Q}{\mathrm{d}t^2}-k\dfrac{\mathrm{d}Q}{\mathrm{d}t}+Q=0$；　　(4) $(y''')^2-y^4=\mathrm{e}^x$.

2. 确定下列各题中的函数(显函数或隐函数)是否为所给微分方程的解：

(1) $y=5x^2,xy'=2y$；　　(2) $y=x^2+C,y''=1+(y')^2$；

(3) $y=t\mathrm{e}^{-2t},\dfrac{\mathrm{d}^2x}{\mathrm{d}t^2}+4\dfrac{\mathrm{d}x}{\mathrm{d}t}+4x=0$；　　(4) $y=(C_1+C_2x)\mathrm{e}^x+\dfrac{x^2}{2}\mathrm{e}^x,y''-2y'+y=\mathrm{e}^x$.

3. 已知某三阶微分方程的积分曲线在点$(1,1)$与直线 $y=-x+2$ 相切，且该点为曲线的拐点，写出该微分方程的初始条件.

4. 验证函数 $y=C_1\cos x+C_2\sin x+\dfrac{1}{2}\mathrm{e}^x$ 是微分方程$\dfrac{\mathrm{d}^2y}{\mathrm{d}x^2}+y=\mathrm{e}^x$ 的解，并求满足初始条件 $y|_{x=0}=\dfrac{3}{2},y'|_{x=0}=-\dfrac{1}{2}$的特解.

5. 确定下列函数中的任意常数 C_1,C_2 的值，使得函数满足所给定的初始条件：

(1) $y-x^3=C,y(0)=1$；　　(2) $y=(C_1+C_2x)\mathrm{e}^{2x},y|_{x=0}=y'|_{x=0}=1$.

6. 建立由下列条件确定的曲线所满足的微分方程，并写出初始条件：

(1) 曲线在点(x,y)处的切线斜率等于 1 和该点横坐标的平方之差的倒数，且过点$(0,1)$；

(2) 曲线上点 $M(x,y)$处的切线与 x 轴、y 轴的交点分别为 P,Q，线段 PM 被点 Q 平分，且曲线通过点$(3,1)$.

7. 当轮船的前进速度为 v_0 时，推进器停止工作，已知船受水的阻力与船速的平方成正比(比例系数为 mk，其中 $k>0$ 为常数，m 为船的质量). 试建立船的速度和时间的微分方程及满足的初始条件.

第二节　可分离变量的微分方程

微分方程的类型多种多样，解法也各不相同. 从本节开始，将分别介绍不同类型的微分方程，并给出相应的解法. 初学者应当记住，微分方程的求解要领是：根据类型，确定解法. 本节介绍可分离变量的微分方程的解法.

一、可分离变量的微分方程的概念和解法

定义 6.6 如果一阶微分方程$\dfrac{\mathrm{d}y}{\mathrm{d}x}=f(x,y)$中的函数 $f(x,y)$能分解成 $f(x,y)=u(x)v(y)$的形式，即

$$\frac{\mathrm{d}y}{\mathrm{d}x}=u(x)v(y),\tag{6.17}$$

则称方程(6.17)为**可分离变量的微分方程**.

设函数 $u(x)$ 和 $v(y)$ 是连续的,且 $v(y)\neq 0$,则方程(6.17)可化为

$$\frac{\mathrm{d}y}{v(y)}=u(x)\mathrm{d}x,$$

它的特点是：方程的一端仅与变量 y 有关,另一端仅与 x 有关. 等式两端同时积分,得

$$\int \frac{1}{v(y)}\mathrm{d}y=\int u(x)\mathrm{d}x.$$

设 $V(y),U(x)$ 分别为 $\dfrac{1}{v(y)}$, $u(x)$ 的原函数,则积分的结果可表示为

$$V(y)=U(x)+C, \tag{6.18}$$

式(6.18)就是微分方程(6.17)的通解.

通解(6.18)确定的是隐函数,所以,又称为方程(6.17)的**隐式通解**. 上述求解方程(6.17)的方法称为**分离变量法**.

需要强调的是,可分离变量的微分方程是一阶微分方程中最基本的,很多微分方程的求解最终都归结为可分离变量的微分方程.

例 1 求微分方程 $\dfrac{\mathrm{d}y}{\mathrm{d}x}=\dfrac{y}{x}$ 的通解.

解 这是可分离变量方程,分离变量后得

$$\frac{\mathrm{d}y}{y}=\frac{\mathrm{d}x}{x},$$

两端积分,得

$$\ln|y|=\ln|x|+C_1,$$

解得方程的通解为 $|y|=\mathrm{e}^{\ln|x|+C_1}$,或 $y=Cx$,其中 $C=\pm\mathrm{e}^{C_1}$；容易验证 $y=0$ 也是方程的解,它已包含在通解 $y=Cx$ 中,对应的是 $C=0$. 所以,原方程的通解是 $y=Cx$,其中 C 为任意常数.

例 2 求微分方程 $2x\sin y\mathrm{d}x+(x^2+3)\cos y\mathrm{d}y=0$ 满足初始条件 $y|_{x=1}=\dfrac{\pi}{6}$ 的特解.

解 先求通解. 分离变量,得

$$\frac{\cos y}{\sin y}\mathrm{d}y=\frac{-2x}{x^2+3}\mathrm{d}x, \quad \sin y\neq 0,$$

两边积分,

$$\int \frac{\cos y}{\sin y}\mathrm{d}y=-\int \frac{2x}{x^2+3}\mathrm{d}x,$$

求得

$$\ln|\sin y|=-\ln(x^2+3)+C_1,$$

即 $(x^2+3)|\sin y|=\mathrm{e}^{C_1}$,记 $\pm\mathrm{e}^{C_1}=C\neq 0$,得方程的通解为 $(x^2+3)\sin y=C$.

以下求特解. 将初始条件 $y|_{x=1}=\dfrac{\pi}{6}$ 代入通解,求得 $C=4\sin\dfrac{\pi}{6}=2$,所以原方程满足初始条件的特解为 $(x^2+3)\sin y=2$,即 $y=\arcsin\dfrac{2}{x^2+3}$.

二、应用举例

例 3（电机降温问题） 一电动机启动后,其机身温度会不断升高,升高速度为每小时 20℃. 为防止温度无限升高而烧坏机器或发生其他事故,在电动机启动后就要立即对它采取降温措施,最简单的降温措施就是用强力电扇将恒温空气对它猛吹. 根据牛顿冷却定律,冷却速度和机身与空气的温差成正比. 设空气的温度保持 15℃不变. 试求电动机温度的变化规律,并分析这种方法的可行性.

解 利用微分元素法来解决本问题. 设在启动后 t 小时电动机的温度为 $T(t)$,根据牛顿冷却定律,在时间区间 $[t, t+dt]$ 内,

$$\text{电动机温度的改变量 } dT = \text{自身的升温 } 20dt - \text{降温效果 } k(T-15)dt,$$

由此得

$$\frac{dT}{dt} = 20 - k(T-15),$$

其中 $k > 0$. 这是一个可分离变量的微分方程,变量分离得

$$\frac{dT}{20 - k(T-15)} = dt,$$

两边积分可求得通解

$$T = 15 + \frac{20}{k} + Ce^{-kt},$$

由初始条件 $T(0) = 15$,得 $C = -\dfrac{20}{k}$,从而得到特解 $T = 15 + \dfrac{20}{k}(1 - e^{-kt})$.

由电动机温度的变化规律 $T = 15 + \dfrac{20}{k}(1 - e^{-kt})$ 可见,随着时间的推移,电机温度从最初的 15℃迅速上升,但由于电风扇的作用,温度升高的速率受到限制,其最大值为

$$T_{\max} = \lim_{t \to +\infty} T = 15 + \frac{20}{k},$$

即随着时间的推移,电机的温度趋于恒定.

例 4（镭的衰变问题） 某种放射性元素的半衰期是指样本中现有放射性原子衰减一半所需要的时间. 镭的半衰期是 1600 年,衰变规律是:衰变速度与它的现存量 R 成正比. 已知镭的原始量为 R_0,试求镭的含量 R 与时间 t 的函数关系.

解 镭的衰变速度就是 $R(t)$ 对时间 t 的导数 $\dfrac{dR}{dt}$,由于镭的衰变速度与它的现存量 R 成正比,故

$$\frac{dR}{dt} = -\lambda R, \tag{6.19}$$

其中 $\lambda(>0)$ 是衰变系数. λ 前面有一负号是由于当 t 增加时,R 单调减少,即 $\dfrac{dR}{dt} < 0$ 的原因.

由题意,初始条件为 $R(1600) = \dfrac{1}{2}R_0$.

方程(6.19)是可分离变量的,分离变量得

$$\frac{dR}{R} = -\lambda dt,$$

两端积分，$\int \dfrac{\mathrm{d}R}{R} = -\int \lambda \,\mathrm{d}t$，得 $\ln R = -\lambda t + C_1$，求得通解 $R = C\mathrm{e}^{-\lambda t}$，其中 $C = \mathrm{e}^{C_1}$．将初始条件 $R(1600) = \dfrac{1}{2}R_0$ 代入通解，得 $C = \dfrac{1}{2}R_0\mathrm{e}^{1600\lambda}$，所以镭的量 R 与时间 t 的函数关系为

$$R = \frac{1}{2}R_0\mathrm{e}^{(1600-t)\lambda}.$$

习题 6-2

1. 求下列微分方程的通解：

(1) $xy' = y\ln y$；

(2) $\dfrac{\mathrm{d}y}{\mathrm{d}x} = -3x^2 y$；

(3) $\sec^2 x \tan y \,\mathrm{d}x + \sec^2 y \tan x \,\mathrm{d}y = 0$；

(4) $xy' + 2y = 2xyy'$；

(5) $\dfrac{\mathrm{d}y}{\mathrm{d}x} = \dfrac{\sqrt{1+y^2}}{x^2 - 1}$；

(6) $2xy(1+x)\dfrac{\mathrm{d}y}{\mathrm{d}x} = 1 + y^2$．

2. 求下列微分方程满足所给初始条件的特解：

(1) $(1+x^2)y' = \arctan x$，$y|_{x=0} = 1$；

(2) $\cos y \,\mathrm{d}x + (1 + \mathrm{e}^{-x})\sin y \,\mathrm{d}y = 0$，$y(0) = \dfrac{\pi}{4}$；

(3) $x^2 y' + xy = y$，$y|_{x=\frac{1}{2}} = 4$.

3. 一条曲线过点 $(2,3)$，它在两坐标轴间的任一切线线段被切点平分，求此曲线方程.

4. 设在海面上轮船发动机停止工作后沿直线滑行，船体质量为 m，发动机停止工作时的速度为 $v|_{t=0} = v_0$，求轮船的速度随时间的变化规律. 假设轮船滑行时间 T 后，速度减少了一半，问轮船能滑行多远？

5. 某地铁运营公司 t 年的净资产为 $W(t)$ 百万元，并且资产本身以每年 5% 的速度连续增长，同时该公司每年要以 300 百万元的数额连续支付职工工资.

(1) 给出描述净资产 $W(t)$ 的微分方程；

(2) 求解方程，假设初始净资产为 W_0；

(3) 讨论在 $W_0 = 500, 600, 700$ 三种情况下，净资产 $W(t)$ 的变化特点.

第三节 一阶线性微分方程

在微分方程中，一阶线性微分方程是最基本、最简单的一类方程. 它有广泛的实际应用背景，一些高阶微分方程可以转化为一阶线性微分方程来处理. 本节介绍一阶线性微分方程的概念、解法及其应用.

一、一阶线性微分方程的概念和解法

定义 6.7 形如

$$\frac{\mathrm{d}y}{\mathrm{d}x} + P(x)y = Q(x) \tag{6.20}$$

的方程称为**一阶线性微分方程**,其中 $P(x),Q(x)$ 都是已知函数.

式(6.20)是一阶线性微分方程的**标准形式**.其特点是:方程中关于未知函数 y 和 y' 都是一次的;方程中 $\dfrac{\mathrm{d}y}{\mathrm{d}x}$ 的系数是1,仅与 x 有关的项在方程的另一侧.

如果 $Q(x)\neq 0$,又称方程(6.20)为**一阶非齐次线性微分方程**.

如果 $Q(x)\equiv 0$,则方程(6.20)成为

$$\frac{\mathrm{d}y}{\mathrm{d}x}+P(x)y=0, \tag{6.21}$$

称方程(6.21)为**一阶齐次线性微分方程**.

例如,$y'+\dfrac{x}{1+x^2}y=0$ 是一阶齐次线性方程,而 $y'+2y^3=x$ 和 $yy'+5y=-\ln x$ 虽然都是一阶方程,但都不是一阶齐次线性方程.

下面求一阶非齐次线性方程(6.20)的通解,步骤如下:

第一步:求一阶齐次线性微分方程(6.21)的通解.

方程(6.21)是可分离变量型,分离变量,得

$$\frac{\mathrm{d}y}{y}=-P(x)\mathrm{d}x,$$

两端积分,得 $\ln|y|=-\displaystyle\int P(x)\mathrm{d}x+C_1$,由此得到通解

$$y=C\mathrm{e}^{-\int P(x)\mathrm{d}x}, \tag{6.22}$$

其中 $C=\pm\mathrm{e}^{C_1}$ 为任意常数.

第二步:用**常数变易法**求方程(6.20)的通解.

注意到方程(6.21)是方程(6.20)的特殊形式,两者之间既有区别又有联系,因此可以设想方程(6.20)的通解应该是式(6.22)的某种推广,怎样推广?一种经验的且有效的方法就是,把式(6.22)中的常数 C 变易为 x 的函数 $u(x)$,且该函数满足方程(6.20),从而求出 $u(x)$.为此,设方程(6.20)有如下形式的解:

$$y=u(x)\mathrm{e}^{-\int P(x)\mathrm{d}x}, \tag{6.23}$$

其中 $u(x)$ 为待定函数.下面求 $u(x)$.式(6.23)对 x 求导得

$$\frac{\mathrm{d}y}{\mathrm{d}x}=u'(x)\mathrm{e}^{-\int P(x)\mathrm{d}x}+u(x)[-P(x)]\mathrm{e}^{-\int P(x)\mathrm{d}x}, \tag{6.24}$$

将式(6.23)、式(6.24)代入非齐次方程(6.20),得

$$u'(x)\mathrm{e}^{-\int P(x)\mathrm{d}x}+u(x)[-P(x)]\mathrm{e}^{-\int P(x)\mathrm{d}x}+P(x)u(x)\mathrm{e}^{-\int P(x)\mathrm{d}x}=Q(x),$$

化简并求得 $u'(x)=Q(x)\mathrm{e}^{\int P(x)\mathrm{d}x}$,两边积分得

$$u(x)=\int Q(x)\mathrm{e}^{\int P(x)\mathrm{d}x}\mathrm{d}x+C,$$

将上式代入式(6.23),即得一阶非齐次线性方程(6.20)的通解

$$y=\mathrm{e}^{-\int P(x)\mathrm{d}x}\left(\int Q(x)\mathrm{e}^{\int P(x)\mathrm{d}x}\mathrm{d}x+C\right), \tag{6.25}$$

其中 C 为任意常数.

上述方法称为**常数变易法**. 式(6.25)称为一阶非齐次线性微分方程(6.20)的**通解公式**.

在求解一阶非齐次线性微分方程时, 只要给定的方程能写成式(6.20)所示的标准形式, 就可直接套用通解公式(6.25).

通解(6.25)可改写成如下形式:

$$y = Ce^{-\int P(x)dx} + e^{-\int P(x)dx}\int Q(x)e^{\int P(x)dx}dx.$$

将式中的第一部分记为 Y, 即

$$Y = Ce^{-\int P(x)dx},$$

显然 Y 是对应的齐次线性方程(6.21)的通解; 第二部分记为 y^*, 即

$$y^* = e^{-\int P(x)dx}\int Q(x)e^{\int P(x)dx}dx,$$

因为 y^* 恰好是通解(6.25)中 $C=0$ 时的结果, 即 y^* 是非齐次线性微分方程(6.20)自身的一个特解, 所以有如下结论:

一阶非齐次线性微分方程的通解是对应的齐次方程的通解与其自身的一个特解之和:

$$y = Y + y^* = Ce^{-\int P(x)dx} + e^{-\int P(x)dx}\int Q(x)e^{\int P(x)dx}dx.$$

本章第六节将给出更为一般的结论, 即上述结论对高阶非齐次线性微分方程也成立.

例 1 求方程 $\dfrac{dy}{dx} - \dfrac{2}{x}y = e^x x^2$ 的通解.

解 这是一个一阶非齐次线性方程, 是标准形式, 对照式(6.20), 有

$$P(x) = -\frac{2}{x}, \quad Q(x) = e^x x^2.$$

套用通解公式(6.25)得

$$
\begin{aligned}
y &= e^{-\int P(x)dx}\left(\int Q(x)e^{\int P(x)dx}dx + C\right) \\
&= e^{-\int\left(-\frac{2}{x}\right)dx}\left(\int e^x x^2 e^{\int -\frac{2}{x}dx}dx + C\right) \\
&= x^2\left(\int e^x dx + C\right) = x^2(e^x + C),
\end{aligned}
$$

其中 C 为任意常数.

例 2 求微分方程 $\dfrac{dy}{dx} = \dfrac{y}{2x + 3y^2}$ 满足初始条件 $y|_{x=1} = 1$ 的特解.

解 该方程的未知函数如果仍视为 $y(x)$, 那么该方程不是线性微分方程, 也不能进行变量分离; 但是如果将该方程看作以 $x(y)$ 为未知函数的微分方程, 则其为一阶线性微分方程. 因此, 将方程改写成

$$\frac{dx}{dy} = \frac{2x + 3y^2}{y},$$

或

$$\frac{\mathrm{d}x}{\mathrm{d}y} - \frac{2}{y}x = 3y.$$

对照标准形式,有

$$P(y) = -\frac{2}{y}, \quad Q(y) = 3y,$$

套用通解公式(6.25),得

$$x = \mathrm{e}^{-\int P(y)\mathrm{d}y}\left(\int Q(y)\mathrm{e}^{\int P(y)\mathrm{d}y}\mathrm{d}y + C\right)$$

$$= \mathrm{e}^{\int \frac{2}{y}\mathrm{d}y}\left(\int 3y\mathrm{e}^{\int -\frac{2}{y}\mathrm{d}y}\mathrm{d}y + C\right)$$

$$= y^2\left(\int \frac{3}{y}\mathrm{d}y + C\right) = y^2(3\ln|y| + C).$$

该方程的通解为 $x = y^2(3\ln|y| + C)$. 将初始条件 $y|_{x=1} = 1$ 代入通解,求得 $C = 1$,所以满足初始条件的特解为 $x = y^2(3\ln|y| + 1)$.

例 3 设 $y = y(x)$ 是一个连续函数,且满足 $y(x) = \cos 2x + \int_0^x y(t)\sin t\,\mathrm{d}t$,求 $y(x)$.

解 这是积分方程,方程两端求导数,得

$$y'(x) = -2\sin 2x + y(x)\sin x,$$

变形得一阶线性微分方程

$$y'(x) - \sin x \cdot y(x) = -2\sin 2x.$$

一般地,积分方程中隐含初始条件,如果积分下限是某个常数,只要令上限的变量等于下限即可得到初始条件. 为此,在积分方程中令 $x = 0$,得 $y(0) = 1$;因此,求函数 $y(x)$ 的问题转化为初值问题

$$y'(x) - \sin x \cdot y(x) = -2\sin 2x, \quad y(0) = 1.$$

由通解公式(6.25),得

$$y = \mathrm{e}^{\int \sin x\,\mathrm{d}x}\left(\int \left(-2\sin 2x\,\mathrm{e}^{\int(-\sin x)\mathrm{d}x}\right)\mathrm{d}x + C\right)$$

$$= \mathrm{e}^{-\cos x}\left(\int(-4\sin x\cos x\,\mathrm{e}^{\cos x})\mathrm{d}x + C\right)$$

$$= \mathrm{e}^{-\cos x}\left[\int 4\cos x\,\mathrm{e}^{\cos x}\mathrm{d}(\cos x) + C\right]$$

$$= \mathrm{e}^{-\cos x}[4(\cos x - 1)\mathrm{e}^{\cos x} + C]$$

$$= 4(\cos x - 1) + C\mathrm{e}^{-\cos x}.$$

该微分方程的通解为

$$y = 4(\cos x - 1) + C\mathrm{e}^{-\cos x}.$$

由 $y(0) = 1$,求得 $C = \mathrm{e}$,因此,$y = 4(\cos x - 1) + \mathrm{e}^{1-\cos x}$.

例 4 求微分方程 $y'\cos x - y\sin x = \tan x$ 满足初始条件 $y\big|_{x=0} = 2$ 的特解.

解 该方程不是一阶线性微分方程的标准形式,需要变形后再套用公式(6.25).将方程化为标准形式:

$$y' - y\frac{\sin x}{\cos x} = \frac{\tan x}{\cos x},$$

或

$$y' - y\tan x = \frac{\sin x}{\cos^2 x},$$

由通解公式(6.25),得

$$
\begin{aligned}
y &= e^{\int \tan x \, dx}\left(\int\left(\frac{\sin x}{\cos^2 x}e^{\int(-\tan x)\,dx}\right)dx + C\right) \\
&= e^{-\ln\cos x}\left(\int \frac{\sin x}{\cos^2 x}e^{\ln\cos x}\,dx + C\right) \\
&= \frac{1}{\cos x}\left(\int\left(\frac{\sin x}{\cos^2 x}\cos x\right)dx + C\right) \\
&= \frac{1}{\cos x}\left(\int \tan x \, dx + C\right) \\
&= \frac{1}{\cos x}(-\ln\cos x + C).
\end{aligned}
$$

所以,所求方程的通解为 $y = \dfrac{1}{\cos x}(-\ln\cos x + C)$. 由 $y(0)=2$,求得 $C=2$,因此所求特解为

$$y = \frac{1}{\cos x}(-\ln\cos x + 2) = (2 - \ln\cos x)\sec x.$$

二、应用举例

例 5(跳伞问题) 设飞机上的跳伞员开始跳伞后所受到的空气阻力与其下落的速度成正比(比例系数为 $k > 0$),初始速度为 0,求下落的速度与时间 t 的函数关系.

解 设速度与时间 t 的函数关系为 $v = v(t)$,依题意 $v(0) = 0$,由牛顿第二定律得

$$m\frac{dv}{dt} = mg - kv,$$

即

$$v' + \frac{k}{m}v = g,$$

这是一个一阶非齐次线性微分方程,其中 $P(t) = \dfrac{k}{m}$,$Q(t) = g$. 由通解公式(6.25)得

$$v(t) = e^{\int \frac{-k}{m}dt}\left(\int g\,e^{\int \frac{k}{m}dt}\,dt + C\right) = e^{\frac{-k}{m}t}\left(\frac{mg}{k}e^{\frac{k}{m}t} + C\right) = Ce^{\frac{-k}{m}t} + \frac{mg}{k},$$

由 $v(0) = 0$,解得 $C = -\dfrac{mg}{k}$. 因此,所求的下落速度与时间 t 的函数关系为

$$v(t) = \frac{mg}{k}\left(1 - e^{-\frac{k}{m}t}\right).$$

可见,速度随时间的延续而增大,速度 $v(t)$ 逐渐接近常数 $\dfrac{mg}{k}$ 且不会超过 $\dfrac{mg}{k}$,即跳伞后开始阶段加速运动,后面逐渐接近于匀速.

例 6(混合问题) 一个储油罐装有 1×10^4 L 汽油,其中每升汽油含有 0.005kg 的某种添加剂. 由于过冬的需要,准备增加油罐中该种添加剂的比例,将每升含 0.1kg 添加剂的汽油以每分钟 100L 的速率注入储存罐,充分混合后以每分钟 200L 的速率泵出. 求在混合过程开始后罐中的添加剂随时间的变化规律.

分析 该问题属于化学品的混合问题,可利用微元法建立数学模型,然后求解. 显然,在时间段 $[t, t+\Delta t]$ 内,

添加剂的改变量 = 该时段内添加剂注入的量 − 该时段内添加剂泵出的量,

两边除以 Δt 并令 $\Delta t \to 0$ 取极限,结合导数的物理意义,得 t 时刻

$$添加剂的变化率 = 添加剂注入的速率 − 添加剂泵出的速率. \tag{6.26}$$

解 设 t 时刻储油罐中的添加剂的含量为 $y = y(t)$,则

$$y(0) = 10\,000 \times 0.005 = 50,$$

t 时刻容器内液体的体积

$$V(t) = 10\,000 + (100 - 200)t,$$

在时间区间 $[t, t+\Delta t]$ 上,罐中添加剂的改变量为

$$\Delta y = 0.1 \times 100 \Delta t - \frac{y}{10\,000 + (100 - 200)t} \times 200 \Delta t,$$

上式两端同除以 Δt,并令 $\Delta t \to 0$ 取极限,得 $\dfrac{\mathrm{d}y}{\mathrm{d}t} = 10 - \dfrac{2y}{100 - t}$.

问题归结为初值问题

$$\begin{cases} \dfrac{\mathrm{d}y}{\mathrm{d}t} + \dfrac{2}{100-t} y = 10, \\ y(0) = 50. \end{cases}$$

这是一个一阶线性非齐次方程,其中 $P(t) = \dfrac{2}{100-t}$,$Q(t) = 10$,由通解公式,得

$$y = \mathrm{e}^{-\int P(t)\mathrm{d}t} \left(\int Q(t) \mathrm{e}^{\int P(t)\mathrm{d}t} \mathrm{d}t + C \right) = \mathrm{e}^{-\int \frac{2}{100-t}\mathrm{d}t} \left(\int 10 \times \mathrm{e}^{\int \frac{2}{100-t}\mathrm{d}t} \mathrm{d}t + C \right)$$

$$= 1000 - 10t + C(100 - t)^2,$$

代入初始条件 $y(0) = 50$,解得 $C = -0.095$. 所以,罐中添加剂随时间的变化规律为

$$y = 1000 - 10t - 0.095(100 - t)^2, \quad 0 \leqslant t \leqslant 100.$$

习题 6-3

1. 求下列微分方程的通解:

(1) $y' + 3y = \mathrm{e}^{2x}$;

(2) $x(y' - y) = \mathrm{e}^x$;

(3) $y' - y = \sin x$;

(4) $y \ln y \mathrm{d}x + (x - \ln y)\mathrm{d}y = 0$;

(5) $(x+1)\dfrac{\mathrm{d}y}{\mathrm{d}x} - 2y = (x+1)^{\frac{5}{2}}$;

(6) $\dfrac{\mathrm{d}y}{\mathrm{d}x} = \dfrac{y}{x + y^3}$.

2. 求下列微分方程满足所给初始条件的特解：

(1) $y'-y=2x\mathrm{e}^{2x}, y|_{x=0}=1$；

(2) $y'+y\cot x=5\mathrm{e}^{\cos x}, y|_{x=0}=2$；

(3) $y'+\dfrac{y}{x}-\dfrac{x+1}{x}=0, y|_{x=2}=3$；

(4) $x^2y'+xy+1=0, y|_{x=2}=1$.

3. 求连续函数 $f(x)$，使它满足 $\displaystyle\int_0^1 f(xt)\mathrm{d}t=\dfrac{1}{2}f(x)-x^2$.

4. 一容器内盛有盐水 100L，含盐 50g. 现将浓度 $\rho_1=2\mathrm{g/L}$ 的盐水注入容器内，其流量为 $\varphi_1=3\mathrm{L/min}$. 假设注入容器内的盐水与原来的盐水经搅拌而迅速成为均匀的混合液，同时，此溶液又以流量 $\varphi_2=2\mathrm{L/min}$ 流出，求 30min 后容器内所存的盐量.

第四节　其他几种一阶微分方程

变量代换是处理数学问题的一种基本方法，有些微分方程经过适当的变量代换，可以转化成可分离变量微分方程或一阶线性微分方程来求解. 本节介绍齐次方程、伯努利方程以及其他可利用变量代换求解的一阶微分方程.

一、齐次方程

定义 6.8　如果一阶微分方程 $y'=f(x,y)$ 中的函数 $f(x,y)$ 可写成 $\dfrac{y}{x}$ 的函数 $\varphi\left(\dfrac{y}{x}\right)$，即

$$\frac{\mathrm{d}y}{\mathrm{d}x}=\varphi\left(\frac{y}{x}\right), \tag{6.27}$$

则称方程(6.27)为**齐次方程**.

例如，方程

$$\frac{\mathrm{d}y}{\mathrm{d}x}=\frac{x+y}{x-y}, \quad \frac{\mathrm{d}y}{\mathrm{d}x}=\frac{x^2+y^2}{x^2-y^2}, \quad (x^2+y^2)\mathrm{d}x+xy\mathrm{d}y=0$$

都是齐次方程，因为它们分别可以化为

$$\frac{\mathrm{d}y}{\mathrm{d}x}=\frac{x+y}{x-y}=\frac{1+\dfrac{y}{x}}{1-\dfrac{y}{x}}, \quad \frac{\mathrm{d}y}{\mathrm{d}x}=\frac{1+\left(\dfrac{y}{x}\right)^2}{1-\left(\dfrac{y}{x}\right)^2}, \quad \frac{\mathrm{d}y}{\mathrm{d}x}=-\frac{y}{x}-\left(\frac{y}{x}\right)^{-1}.$$

判断一个一阶微分方程是不是齐次方程主要考虑什么样的二元函数 $f(x,y)$ 能化成形式为 $\varphi\left(\dfrac{y}{x}\right)$ 的函数. 事实上只要 $f(x,y)$ 满足：对于任意的常数 $\tau\neq 0$，有

$$f(\tau x,\tau y)=\tau^0 f(x,y)=f(x,y),$$

这样，令 $\tau=\dfrac{1}{x}$，就有 $f(x,y)\equiv f\left(1,\dfrac{y}{x}\right)=\varphi\left(\dfrac{y}{x}\right)$.

下面讨论齐次方程 $\dfrac{\mathrm{d}y}{\mathrm{d}x}=\varphi\left(\dfrac{y}{x}\right)$ 的解法.

第一步：变量代换.

令 $u=\dfrac{y}{x}$，则 $y=ux$，于是有

$$\frac{dy}{dx} = x\frac{du}{dx} + u,$$

将 $\frac{dy}{dx}$ 代入原方程,得

$$x\frac{du}{dx} + u = \varphi(u),$$

改写成

$$\frac{du}{dx} = \frac{\varphi(u) - u}{x},$$

这是一个以 $u(x)$ 为未知函数的可分离变量型的微分方程.

第二步:分离变量并积分,

$$\int \frac{du}{\varphi(u) - u} = \int \frac{dx}{x}. \tag{6.28}$$

对于给定的 $\varphi(u)$,求出积分.

第三步:变量代回. 用 $\frac{y}{x}$ 代替 u,便得齐次方程(6.27)的通解.

可见,齐次方程是通过变量代换 $\frac{y}{x}$ 后,转化成的可分离变量型的一阶微分方程.

例 1 求微分方程 $xy' = y + \frac{x^2}{y}$ 满足 $y(1) = 2$ 的特解.

解 该方程可化为 $\frac{dy}{dx} = \frac{y}{x} + \frac{x}{y}$,这是一个齐次微分方程,作代换 $u = \frac{y}{x}$,则 $y = ux$,

$$\frac{dy}{dx} = u + x\frac{du}{dx},$$

代入原方程得

$$u + x\frac{du}{dx} = u + \frac{1}{u},$$

化简得

$$x\frac{du}{dx} = \frac{1}{u},$$

分离变量得

$$\int u\,du = \int \frac{1}{x}dx,$$

积分得

$$\frac{1}{2}u^2 = \ln|x| + C,$$

将 $u = \frac{y}{x}$ 代入,解得原方程的通解为

$$\frac{1}{2}\left(\frac{y}{x}\right)^2 = \ln|x| + C.$$

将初始条件 $y(1) = 2$ 代入,求得 $C = 2$,因此所求特解为 $\frac{1}{2}\left(\frac{y}{x}\right)^2 = \ln x + 2$,即

$$y^2 = 2x^2\ln x + 4x^2.$$

例 2 求微分方程 $y^2\mathrm{d}x+(x^2-xy)\mathrm{d}y=0$ 的通解.

解 该方程可变形为

$$\frac{\mathrm{d}y}{\mathrm{d}x}=\frac{y^2}{xy-x^2}=\frac{\left(\dfrac{y}{x}\right)^2}{\dfrac{y}{x}-1},$$

这是一个齐次方程. 令 $u=\dfrac{y}{x}$, 将

$$y=ux, \qquad \frac{\mathrm{d}y}{\mathrm{d}x}=u+x\frac{\mathrm{d}u}{\mathrm{d}x},$$

代入, 得

$$u+x\frac{\mathrm{d}u}{\mathrm{d}x}=\frac{u^2}{u-1}.$$

化简得

$$x\frac{\mathrm{d}u}{\mathrm{d}x}=\frac{u}{u-1},$$

分离变量得

$$\left(1-\frac{1}{u}\right)\mathrm{d}u=\frac{\mathrm{d}x}{x},$$

两端积分, 得

$$u-\ln|u|+C=\ln|x|,$$

即

$$\ln|xu|=u+C,$$

最后, 将 $u=\dfrac{y}{x}$ 代入, 得原方程的通解 $\ln|y|=\dfrac{y}{x}+C$, C 为任意常数.

二、伯努利方程

定义 6.9 形如

$$\frac{\mathrm{d}y}{\mathrm{d}x}+P(x)y=Q(x)y^n, \quad n\neq 0,1 \tag{6.29}$$

的一阶微分方程称为**伯努利(Bernoulli)方程**, 其中 $P(x)$ 和 $Q(x)$ 是已知的连续函数.

当 $n=0,1$ 时, 方程(6.29)为一阶线性微分方程.

当 $n\neq 0,1$ 时, 方程(6.29)两边同除以 y^n, 得

$$y^{-n}\frac{\mathrm{d}y}{\mathrm{d}x}+P(x)y^{1-n}=Q(x), \tag{6.30}$$

令 $z=y^{1-n}$, 则得 $\dfrac{\mathrm{d}z}{\mathrm{d}x}=(1-n)y^{-n}\dfrac{\mathrm{d}y}{\mathrm{d}x}$, 然后将式(6.30)两端同乘以 $1-n$, 得

$$(1-n)y^{-n}\frac{\mathrm{d}y}{\mathrm{d}x}+(1-n)P(x)y^{1-n}=(1-n)Q(x), \tag{6.31}$$

将 $z,\dfrac{\mathrm{d}z}{\mathrm{d}x}$ 代入式(6.31), 得

$$\frac{\mathrm{d}z}{\mathrm{d}x} + (1-n)P(x)z = (1-n)Q(x),$$

这是一个关于未知函数 $z = y^{1-n}$ 的一阶非齐次线性微分方程，由通解公式得

$$y^{1-n} = z = \mathrm{e}^{-\int(1-n)P(x)\mathrm{d}x}\left[\int(1-n)Q(x)\mathrm{e}^{\int(1-n)P(x)\mathrm{d}x}\mathrm{d}x + C\right].$$

综上所述，当 $n \neq 0, 1$ 时，伯努利方程(6.29)的解题步骤如下：

第一步：在原方程两端同时乘以 $(1-n)y^{-n}$.

第二步：作变量代换 $z = y^{1-n}$，将原方程化为一阶非齐次线性微分方程.

第三步：解关于 z 的线性微分方程，得通解.

例3 求微分方程 $\dfrac{\mathrm{d}y}{\mathrm{d}x} + \dfrac{y}{x} = \ln x \cdot y^2$ 的通解.

解 这是一个伯努利方程($n=2$)，方程两端同时乘以 $(1-2)y^{-2} = -y^{-2}$，得

$$-y^{-2}\frac{\mathrm{d}y}{\mathrm{d}x} - \frac{1}{x}y^{-1} = -\ln x,$$

令 $z = y^{-1}$，则有 $\dfrac{\mathrm{d}z}{\mathrm{d}x} = -y^{-2}\dfrac{\mathrm{d}y}{\mathrm{d}x}$，代入上式得

$$\frac{\mathrm{d}z}{\mathrm{d}x} - \frac{1}{x}z = -\ln x,$$

由一阶线性非齐次微分方程的通解公式，得

$$z = \mathrm{e}^{-\int\frac{-1}{x}\mathrm{d}x}\left[\int(-\ln x)\mathrm{e}^{\int\frac{-1}{x}\mathrm{d}x}\mathrm{d}x + C\right] = \mathrm{e}^{\ln x}\left[\int\left(-\frac{\ln x}{x}\right)\mathrm{d}x + C\right]$$

$$= x\left[-\frac{1}{2}(\ln x)^2 + C\right].$$

将 $z = y^{-1}$ 代入上式，得原方程的通解为

$$xy\left[C - \frac{1}{2}(\ln x)^2\right] = 1,$$

此外，可验证原方程还有一个常数解 $y = 0$.

三、其他利用变量代换求解的一阶微分方程例题

例4 利用变量代换求解微分方程 $\dfrac{\mathrm{d}y}{\mathrm{d}x} = (x+y)^2$.

解 可设 $x + y = u$，则有 $1 + \dfrac{\mathrm{d}y}{\mathrm{d}x} = \dfrac{\mathrm{d}u}{\mathrm{d}x}$，或 $\dfrac{\mathrm{d}y}{\mathrm{d}x} = \dfrac{\mathrm{d}u}{\mathrm{d}x} - 1$，代入原方程，得

$$\frac{\mathrm{d}u}{\mathrm{d}x} = u^2 + 1,$$

分离变量得

$$\frac{\mathrm{d}u}{u^2 + 1} = \mathrm{d}x,$$

两边积分，得 $\arctan u = x + C$. 将 $x + y = u$ 代回，得原方程的通解

$$\arctan(x + y) = x + C.$$

类似的例子如下：

（1）方程 $\dfrac{\mathrm{d}y}{\mathrm{d}x}=f(ax+by+c)$，令 $u=ax+by+c$，则 $\dfrac{\mathrm{d}u}{\mathrm{d}x}=a+b\dfrac{\mathrm{d}y}{\mathrm{d}x}$，化为可分离变量的微分方程

$$\frac{\mathrm{d}u}{\mathrm{d}x}-a=bf(u).$$

（2）方程 $yf(xy)\mathrm{d}x+xg(xy)\mathrm{d}y=0$，令 $u=xy$，则 $\mathrm{d}u=y\mathrm{d}x+x\mathrm{d}y$，化为

$$yf(u)\mathrm{d}x+g(u)(\mathrm{d}u-y\mathrm{d}x)=0,$$

再将 $y=\dfrac{u}{x}$ 代入，转化为可分离变量的微分方程

$$\frac{u[f(u)-g(u)]}{x}\mathrm{d}x+g(u)\mathrm{d}u=0.$$

例 5 求微分方程 $\dfrac{\mathrm{d}y}{\mathrm{d}x}=\dfrac{y^2+\cos x}{2y}$ 的通解.

解 将原方程变形为 $2y\dfrac{\mathrm{d}y}{\mathrm{d}x}=y^2+\cos x$，因为

$$\frac{\mathrm{d}(y^2)}{\mathrm{d}x}=2y\frac{\mathrm{d}y}{\mathrm{d}x},$$

令 $u=y^2$，代入原方程得

$$\frac{\mathrm{d}u}{\mathrm{d}x}=u+\cos x, \quad \text{或} \frac{\mathrm{d}u}{\mathrm{d}x}-u=\cos x,$$

这是一阶非齐次线性微分方程，由通解公式得

$$u=\mathrm{e}^{-\int(-1)\mathrm{d}x}\left(\int\cos x\cdot\mathrm{e}^{\int(-1)\mathrm{d}x}\mathrm{d}x+C\right)=\mathrm{e}^{x}\left(\int\cos x\cdot\mathrm{e}^{-x}\mathrm{d}x+C\right)$$

$$=\mathrm{e}^{x}\left[\frac{1}{2}\mathrm{e}^{-x}(\sin x-\cos x)+C\right]=\frac{1}{2}(\sin x-\cos x)+C\mathrm{e}^{x},$$

将变量 $u=y^2$ 代回，得原方程的通解为

$$y^2=\frac{1}{2}(\sin x-\cos x)+C\mathrm{e}^{x}.$$

补充说明：一阶微分方程还有一类形如 $P(x,y)\mathrm{d}x+Q(x,y)\mathrm{d}y=0$ 的方程，如果它的左端正好是某一函数 $u(x,y)$ 的全微分：$\mathrm{d}u(x,y)=P(x,y)\mathrm{d}x+Q(x,y)\mathrm{d}y$，那么就称该方程为**全微分方程**. 全微分方程的求解方法将在下册曲线积分部分进行讲解.

习题 6-4

1. 求下列微分方程的通解：

（1）$\dfrac{\mathrm{d}y}{\mathrm{d}x}=\dfrac{x+y}{x-y}$；

（2）$xy'-y=x\mathrm{e}^{\frac{y}{x}}$；

（3）$x\mathrm{d}y=\left(2x\tan\dfrac{y}{x}+y\right)\mathrm{d}x$；

（4）$\dfrac{\mathrm{d}y}{\mathrm{d}x}-3xy-xy^2=0$；

（5）$(y-x^2)\mathrm{d}y+2xy\mathrm{d}x=0$；

（6）$\dfrac{\mathrm{d}y}{\mathrm{d}x}-xy=-\mathrm{e}^{-x^2}y^3$.

2. 求下列微分方程满足初始条件的特解:

(1) $(x^2+y^2)\mathrm{d}x-xy\mathrm{d}y=0$, $y(1)=2$;

(2) $x\dfrac{\mathrm{d}y}{\mathrm{d}x}-y=2\sqrt{xy}$, $y(1)=0$;

(3) $(y+\sqrt{x^2+y^2})\mathrm{d}x-x\mathrm{d}y=0$, $x>0$, $y(1)=0$;

(4) $(2xy^2-y)\mathrm{d}x+x\mathrm{d}y=0$, $y(1)=2$.

3. 通过适当的变换求下列方程的通解:

(1) $(x+y)^2\dfrac{\mathrm{d}y}{\mathrm{d}x}=1$;　　　　　　　(2) $xy'+y=y(\ln x+\ln y)$.

4. 已知曲线上任一点 $M(x,y)$ 处的切线 MT 从切点 M 到与 x 轴的交点 T 的长度等于该切线在 x 轴上截距的绝对值,且曲线过点 $(1,1)$,试求此曲线的方程.

第五节　可降阶的高阶微分方程

二阶和二阶以上的微分方程称为高阶微分方程. 高阶微分方程没有通用的求解方法,但对于一些特殊的高阶微分方程,可以通过积分或变量代换的方法将其化为较为低阶的微分方程,因此这类方程称为可降阶的高阶微分方程,相应的解法称为降阶法. 本节介绍以下三种特殊类型的可降阶的高阶微分方程的解法及应用: $y^{(n)}=f(x)$,$y''=f(x,y')$,$y''=f(y,y')$.

一、$y^{(n)}=f(x)$ 型的微分方程

微分方程
$$y^{(n)}=f(x)$$
的特点是左端为 $y^{(n)}$、右端为 x 的已知函数 $f(x)$,方程中缺少 $y,y',y'',\cdots,y^{(n-1)}$ 项,可以通过连续积分 n 次求得通解.

积分一次得
$$y^{(n-1)}=\int f(x)\mathrm{d}x+C_1;$$

再积分一次得
$$y^{(n-2)}=\int y^{(n-1)}\mathrm{d}x=\int\left[\int f(x)\mathrm{d}x\right]\mathrm{d}x+C_1x+C_2;$$
$$\cdots$$

经过 n 次积分后,可得微分方程 $y^{(n)}=f(x)$ 的通解.

例 1　求三阶微分方程 $y'''=-x+\cos 2x$ 满足初始条件 $y(0)=1,y'(0)=0,y''(0)=1$ 的特解.

解　方程两端积分一次: $\int y'''\mathrm{d}x=\int(-x+\cos 2x)\mathrm{d}x$, 得
$$y''=-\frac{1}{2}x^2+\frac{1}{2}\sin 2x+C_1,$$
由初始条件 $y''(0)=1$,求得 $C_1=1$,于是有
$$y''=-\frac{1}{2}x^2+\frac{1}{2}\sin 2x+1,$$

再积分一次得

$$y' = -\frac{1}{6}x^3 - \frac{1}{4}\cos2x + x + C_2.$$

由初始条件 $y'(0)=0$，求得 $C_2=\frac{1}{4}$，因此

$$y' = -\frac{1}{6}x^3 - \frac{1}{4}\cos2x + x + \frac{1}{4},$$

再次积分得

$$y = -\frac{1}{24}x^4 - \frac{1}{8}\sin2x + \frac{1}{2}x^2 + \frac{1}{4}x + C_3.$$

由初始条件 $y(0)=1$，可得 $C_3=1$，因此原微分方程的特解为

$$y = -\frac{1}{24}x^4 - \frac{1}{8}\sin2x + \frac{1}{2}x^2 + \frac{1}{4}x + 1.$$

二、$y''=f(x,y')$ 型的微分方程

微分方程

$$y''=f(x,y')$$

的特点是方程右端不显含 y. 对这类方程是通过变量代换的方法降为一阶微分方程再求解.

具体地，令 $y'=p$，则 $y''=p'=\dfrac{\mathrm{d}p}{\mathrm{d}x}$，代入原方程得

$$p'=f(x,p),$$

这是一个以 $p=p(x)$ 为未知函数的一阶微分方程. 如果它的通解可以求出，假设为 $p=\varphi(x,C_1)$，那么由 $y'=p$，即 $y'=\varphi(x,C_1)$，积分求得原方程的通解

$$y=\int \varphi(x,C_1)\mathrm{d}x + C_2.$$

例2 求微分方程 $(1+x^2)y''-2xy'=0$ 的通解.

解 方程中不显含未知函数 y，令 $y'=p$，$y''=\dfrac{\mathrm{d}p}{\mathrm{d}x}$，代入原方程，得

$$(1+x^2)p'-2xp=0,$$

化简，得

$$\frac{\mathrm{d}p}{\mathrm{d}x} - \frac{2x}{1+x^2}p = 0,$$

这是一个关于未知函数 $p(x)$ 的一阶线性齐次微分方程，由通解公式得

$$p(x) = C_1 \mathrm{e}^{-\int \frac{-2x}{1+x^2}\mathrm{d}x} = C_1(1+x^2),$$

由此得

$$y' = C_1(1+x^2),$$

积分得

$$y = C_1\int(1+x^2)\mathrm{d}x = C_1\left(x+\frac{1}{3}x^3+C_2\right),$$

因此，原方程的通解为 $y=C_1\left(x+\dfrac{1}{3}x^3+C_2\right)$.

三、$y'' = f(y, y')$ 型的微分方程

微分方程

$$y'' = f(y, y')$$

的特点是方程右端不显含自变量 x. 若令 $y' = p$,则由链式法则,得

$$y'' = p' = \frac{\mathrm{d}p}{\mathrm{d}x} = \frac{\mathrm{d}p}{\mathrm{d}y} \cdot \frac{\mathrm{d}y}{\mathrm{d}x} = p\frac{\mathrm{d}p}{\mathrm{d}y},$$

代入原方程得

$$p\frac{\mathrm{d}p}{\mathrm{d}y} = f(y, p).$$

这是一个关于未知函数 $p = p(y)$ 的一阶微分方程. 设它的通解为 $p = \varphi(y, C_1)$,则由 $y' = p$,得

$$y' = \varphi(y, C_1)$$

它是可分离变量的微分方程,原方程的通解为

$$\int \frac{\mathrm{d}y}{\varphi(y, C_1)} = x + C_2.$$

例 3 求微分方程 $2yy'' = 1 + (y')^2$ 满足初始条件 $y|_{x=0} = 2, y'|_{x=0} = -1$ 的特解.

解 方程中不显含自变量 x,令 $y' = p, y'' = p\frac{\mathrm{d}p}{\mathrm{d}y}$,代入原方程,得

$$2yp\frac{\mathrm{d}p}{\mathrm{d}y} = 1 + p^2.$$

分离变量得

$$\frac{2p}{1 + p^2}\mathrm{d}p = \frac{1}{y}\mathrm{d}y,$$

两边积分得

$$\ln(1 + p^2) = \ln y + \ln C_1, \quad 即 \ 1 + p^2 = C_1 y.$$

代入初始条件 $y|_{x=0} = 2, y'|_{x=0} = -1$(即 $p|_{x=0} = -1$),解得 $C_1 = 1$. 于是,有

$$p^2 = y - 1, \quad 或 \ p = \pm\sqrt{y - 1},$$

由初始条件 $y'|_{x=0} = -1$,可知应该取负号,即

$$p = \frac{\mathrm{d}y}{\mathrm{d}x} = -\sqrt{y - 1}.$$

分离变量得

$$\frac{\mathrm{d}y}{\sqrt{y - 1}} = -\mathrm{d}x,$$

两边积分得

$$2\sqrt{y - 1} = -x + C_2.$$

代入初始条件 $y|_{x=0} = 2$,得 $C_2 = 2$. 所以,所求的特解为

$$2\sqrt{y - 1} + x = 2.$$

四、应用举例

例 4（悬链线问题） 设有一质量均匀的柔软绳索,两端固定,仅受重力的作用而下垂.试求绳索在平衡状态下所呈曲线的方程.

解 建立坐标系如图 6-2 所示,使绳索的最低点 A 在 y 轴上.

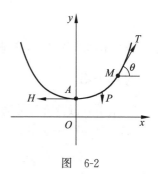

图 6-2

设所求曲线的方程为 $y=f(x)$,单位长度绳索的质量为 ρ,对绳索上弧段 AM 进行受力分析. 在该弧段上作用有三个力:最低点处的沿水平切线方向的张力,它是一个常量,大小为 H;点 M 处的沿切线方向的张力,大小为 T,与水平线成 θ 角;第三个力是重力,铅直向下,大小为 $G=\rho s$,其中 s 为弧段的长.

因为绳索处于平衡状态,故有

$$T\cos\theta=H, \quad T\sin\theta=\rho s,$$

两式相除,得

$$\tan\theta=\frac{1}{a}s, \quad \text{其中 } a=\frac{H}{\rho},$$

由于 $\tan\theta=y'$,上式即

$$\frac{\mathrm{d}y}{\mathrm{d}x}=\frac{1}{a}s,$$

为消去 s,上式两端对 x 求导,得

$$\frac{\mathrm{d}^2 y}{\mathrm{d}x^2}=\frac{1}{a}\cdot\frac{\mathrm{d}s}{\mathrm{d}x}.$$

再由弧微分公式,得 $\dfrac{\mathrm{d}s}{\mathrm{d}x}=\sqrt{1+\left(\dfrac{\mathrm{d}y}{\mathrm{d}x}\right)^2}$,代入上式,得

$$\frac{\mathrm{d}^2 y}{\mathrm{d}x^2}=\frac{1}{a}\sqrt{1+\left(\frac{\mathrm{d}y}{\mathrm{d}x}\right)^2}.$$

如果取原点 O 到点 A 的距离为定值 a,则初始条件为 $y|_{x=0}=a$,$y'|_{x=0}=0$,原问题化为以下的初值问题:

$$\begin{cases} \dfrac{\mathrm{d}^2 y}{\mathrm{d}x^2}=\dfrac{1}{a}\sqrt{1+\left(\dfrac{\mathrm{d}y}{\mathrm{d}x}\right)^2}, \\ y|_{x=0}=a, y'|_{x=0}=0. \end{cases}$$

其中的微分方程属于不显含 y 的可降阶的二阶微分方程. 令 $y'=p$,则 $p(0)=0$,而微分方程被转化为 $p'=\dfrac{1}{a}\sqrt{1+p^2}$,积分得

$$\ln(p+\sqrt{1+p^2})=\frac{x}{a}+C_1,$$

由 $p(0)=0$ 求得 $C_1=0$,再代入上式得 $p+\sqrt{1+p^2}=\mathrm{e}^{\frac{x}{a}}$,取倒数得

$$\sqrt{1+p^2}-p=\mathrm{e}^{-\frac{x}{a}},$$

二式相减,解得

$$p = \frac{1}{2}(e^{\frac{x}{a}} - e^{-\frac{x}{a}}), \quad 或 \, y' = \frac{1}{2}(e^{\frac{x}{a}} - e^{-\frac{x}{a}})$$

积分并由 $y|_{x=0} = a$,得

$$y = \frac{a}{2}(e^{\frac{x}{a}} + e^{-\frac{x}{a}}).$$

这就是所求曲线的方程,它是双曲余弦函数.莱布尼茨称此曲线为**悬链线**.

习题 6-5

1. 求下列微分方程的通解:

(1) $y'' = e^{-x} - \cos x$;

(2) $xy'' - y' = x^2$;

(3) $y'' = \frac{y'}{x} + xe^x$;

(4) $y'' + \frac{y'^2}{1-y} = 0$;

(5) $y'' + y'^2 = 2yy''$.

2. 求下列微分方程满足初始条件的特解:

(1) $y'' = x, y|_{x=0} = 1, y'|_{x=0} = \frac{1}{2}$;

(2) $(1+x^2)y'' = 2xy', y|_{x=0} = 1, y'|_{x=0} = 3$;

(3) $y^3 y'' + 1 = 0, y|_{x=1} = 1, y'|_{x=1} = 0$;

(4) $2(y')^2 = y''(y-1), y|_{x=1} = 2, y'|_{x=1} = -1$.

3. 一曲线经过点 $(0,1)$,且在此点处与曲线 $y = x^3 + 2x$ 相切并且两曲线具有相同的曲率,该曲线方程满足 $y''' = x^2$,求此曲线方程.

4. 一辆汽车沿高速公路以 108km/h(30m/s)的速度行驶,当看见前方 200m 处发现事故立即刹车,问汽车需要多大加速度才能保证安全?

第六节 二阶线性微分方程

在自然科学和工程技术中,线性微分方程有着广泛的应用.第三节介绍了一阶线性微分方程的解法和解的结构,本节将介绍二阶线性微分方程的解的结构和性质,这将为后面几节研究二阶常系数线性微分方程的解法提供理论基础.

一、二阶线性微分方程的概念

定义 6.10 形如

$$y'' + p(x)y' + q(x)y = f(x) \tag{6.32}$$

的方程称为**二阶线性微分方程**,其中右端的函数 $f(x)$ 称为该方程的**非齐次项**或**自由项**.

若自由项 $f(x) = 0$,则方程(6.32)变成

$$y'' + p(x)y' + q(x)y = 0, \tag{6.33}$$

称为二阶齐次线性微分方程.

若自由项 $f(x) \neq 0$，方程(6.32)称为**二阶非齐次线性微分方程**．

下面分别讨论二阶齐次线性微分方程和二阶非齐次线性微分方程解的一些性质．

二、二阶齐次线性微分方程解的结构

定理 6.1（解的叠加原理） 设 $y_1(x)$，$y_2(x)$ 是二阶齐次线性微分方程(6.33)的两个解，则对任意常数 C_1，C_2，函数
$$y = C_1 y_1(x) + C_2 y_2(x) \tag{6.34}$$
也是该方程的解．

证 由已知条件知，$y_1(x)$，$y_2(x)$ 是二阶齐次线性微分方程(6.33)的两个解，因此
$$y''_1 + p(x)y'_1 + q(x)y_1 \equiv 0, \quad y''_2 + p(x)y'_2 + q(x)y_2 \equiv 0,$$
两式的两端分别乘以 C_1，C_2，再相加，得
$$(C_1 y_1 + C_2 y_2)'' + p(x)(C_1 y_1 + C_2 y_2)' + q(x)(C_1 y_1 + C_2 y_2) \equiv 0,$$
表明 $y = C_1 y_1(x) + C_2 y_2(x)$ 是方程(6.33)的解．

定理 6.1 表明，如果已知二阶齐次线性微分方程(6.33)的任意两个解 $y_1(x)$，$y_2(x)$，那么可以构造出形如式(6.34)的无穷多个解．因为式(6.34)中含有两个任意常数 C_1，C_2，我们自然会想到，式(6.34)是二阶齐次线性微分方程(6.33)的通解吗？答案是否定的！请看下面的例子．

容易验证 $y_1 = e^x$，$y_2 = 2e^x$ 均为方程 $y'' - y = 0$ 的解，由定理 6.1 知
$$y = C_1 y_1 + C_2 y_2 = (C_1 + 2C_2)e^x \tag{6.35}$$
也是该方程的解，那么它是该方程的通解吗？表面上看，式(6.35)含有两个任意常数，但是化简后，$y = (C_1 + 2C_2)e^x$ 中的 $C_1 + 2C_2$ 只能算一个任意常数，因此式(6.35)不是方程 $y'' - y = 0$ 的通解．

那要满足什么条件，式(6.34)才是微分方程(6.33)的通解呢？根据通解的定义，方程(6.33)的通解中应该含有两个**独立**的任意常数才行！

何谓"独立的任意常数"？为回答这个问题，需要引入函数组线性相关和线性无关的概念．

定义 6.11 设 $y_1(x)$，$y_2(x)$，$\cdots$，$y_n(x)$ 是定义在区间 I 上的 n 个函数，如果存在 n 个不全为零的常数 k_1，k_2，$\cdots$，k_n，使得在区间 I 上，
$$k_1 y_1(x) + k_2 y_2(x) + \cdots + k_n y_n(x) \equiv 0, \tag{6.36}$$
则称这 n 个函数 $y_1(x)$，$y_2(x)$，$\cdots$，$y_n(x)$**在区间 I 上线性相关**，否则称它们**线性无关**．

函数的线性无关从另一个角度来理解，就是找不到 n 个不全为 0 的常数 k_1，k_2，$\cdots$，k_n，使得式(6.36)在区间 I 上成立，或者说式(6.36)成立当且仅当 $k_1 = k_2 = \cdots = k_n = 0$．

例如，对于 $\sin^2 x$，$\cos^2 x$，1，若取 $k_1 = 1$，$k_2 = 1$，$k_3 = -1$，可得
$$1 \cdot \sin^2 x + 1 \cdot \cos^2 x + (-1) \cdot 1 \equiv 0,$$
所以 $\sin^2 x$，$\cos^2 x$，1 在任何实数区间上线性相关．

又例如，对于 1，x，x^2，x^3，因为恒等式
$$k_1 \cdot 1 + k_2 x + k_3 x^2 + k_4 x^3 \equiv 0$$
仅当 $k_1 = k_2 = k_3 = k_4 = 0$ 时才成立，所以 1，x，x^2，x^3 在任何实数区间上线性无关．

对于两个函数 $y_1(x),y_2(x)$，其线性相关指的是，存在不全为零的常数 k_1,k_2，使得 $k_1y_1(x)+k_2y_2(x)=0$，不妨假设 $k_1\neq0$，得

$$\frac{y_1(x)}{y_2(x)}=-\frac{k_2}{k_1}=常数.$$

由此易得如下结论：

两个函数线性相关的充要条件是它们成比例. 两个函数线性无关的充要条件是它们不成比例.

例如，对于 $y_1=\mathrm{e}^{2x}$，$y_2=\mathrm{e}^x$，因为 $\frac{y_1}{y_2}=\mathrm{e}^x\neq常数$，所以 y_1,y_2 线性无关.

利用函数线性相关和线性无关的理论易知，如果定理 6.1 中的 $y_1(x),y_2(x)$ 是线性无关的，那么式(6.34)中的任意常数 C_1,C_2 就是两个独立的任意常数，从而式(6.34)就是方程(6.33)的通解，于是有：

定理 6.2（二阶齐次线性微分方程通解的结构） 设 $y_1(x),y_2(x)$ 是二阶齐次线性微分方程(6.33)的两个**线性无关**的解，则

$$y(x)=C_1y_1(x)+C_2y_2(x)$$

是该方程的通解，其中 C_1,C_2 为两个独立的任意常数.

例 1 验证 $y_1=\mathrm{e}^{2x}$ 与 $y_2=\mathrm{e}^x$ 是方程 $y''-3y'+2y=0$ 的解，并写出该微分方程的通解.

解 因为 $y_1'=2\mathrm{e}^{2x}$，$y_1''=4\mathrm{e}^{2x}$，代入方程中，得 $y_1''-3y_1'+2y_1=0$，即 $y_1=\mathrm{e}^{2x}$ 是微分方程的解，同理，$y_2=\mathrm{e}^x$ 也是该方程的解；又因为比值 $\frac{y_1}{y_2}=\frac{\mathrm{e}^{2x}}{\mathrm{e}^x}=\mathrm{e}^x\neq常数$，所以 y_1,y_2 在 $(-\infty,+\infty)$ 上线性无关. 从而微分方程的通解为

$$y=C_1\mathrm{e}^{2x}+C_2\mathrm{e}^x.$$

定理 6.2 可以推广到 n 阶齐次线性微分方程的情形：

推论 1 设 $y_1,y_2,\cdots,y_n$ 是 n 阶齐次线性微分方程

$$y^{(n)}+p_1(x)y^{(n-1)}+p_2(x)y^{(n-2)}+\cdots+p_{n-1}(x)y'+p_n(x)y=0$$

的 n 个线性无关的解，则 $y=C_1y_1+C_2y_2+\cdots+C_ny_n$ 是该方程的通解，其中 $C_1,C_2,\cdots,C_n$ 为 n 个独立的任意常数.

三、二阶非齐次线性微分方程解的结构

第三节指出，一阶非齐次线性微分方程 $y'+P(x)y=Q(x)$ 的通解可分解为两部分：$y=Y+y^*$. 其中 Y 是对应齐次线性微分方程 $y'+P(x)y=0$ 的通解，而 y^* 为 $y'+P(x)y=Q(x)$ 的一个特解. 对于二阶非齐次线性微分方程，也有类似的结论.

定理 6.3（二阶非齐次线性微分方程通解的结构） 设 $y^*(x)$ 是二阶非齐次线性微分方程

$$y''+p(x)y'+q(x)y=f(x) \tag{6.37}$$

的一个解，$Y(x)$ 是与式(6.37)对应的二阶齐次线性微分方程

$$y''+p(x)y'+q(x)y=0 \tag{6.38}$$

的通解，则函数 $y=Y+y^*$ 是二阶非齐次线性微分方程(6.37)的通解.

证

$$(Y+y^*)''+p(x)(Y+y^*)'+q(x)(Y+y^*)$$
$$=(Y''+y^{*''})+p(x)(Y'+y^{*'})+q(x)(Y+y^*)$$
$$=(Y''+p(x)Y'+q(x)Y)+(y^{*''}+p(x)y^{*'}+q(x)y^*)$$
$$=0+f(x)=f(x),$$

表明函数 $y=Y+y^*$ 是方程(6.37)的解. 又因为这个解中含有两个独立的任意常数,所以,$y=Y+y^*$ 是二阶非齐次线性微分方程(6.37)的通解.

例 2 验证 $y^*=\dfrac{1}{2}x+\dfrac{3}{4}$ 是方程 $y''-3y'+2y=x$ 的一个特解,并写出该微分方程的通解.

解 由已知条件得 $y^{*'}=\dfrac{1}{2}$,$y^{*''}=0$,代入方程,得 $0-\dfrac{3}{2}+2\left(\dfrac{1}{2}x+\dfrac{3}{4}\right)=x$,即 $y^*=\dfrac{1}{2}x+\dfrac{3}{4}$ 是方程的一个特解. 由例 1 知,对应齐次方程的通解为 $Y=C_1\mathrm{e}^{2x}+C_2\mathrm{e}^x$,由定理 6.3 可得该方程的通解为

$$y=Y+y^*=C_1\mathrm{e}^{2x}+C_2\mathrm{e}^x+\frac{1}{2}x+\frac{3}{4}.$$

推论 2 如果 $y_1(x)$,$y_2(x)$ 是二阶非齐次线性微分方程(6.37)的两个解,则 $y=y_1(x)-y_2(x)$ 是与方程(6.37)对应的二阶齐次线性微分方程(6.33)的一个解.

本推论和以下定理 6.4 的证明留给读者完成.

定理 6.4(二阶非齐次线性微分方程的解的叠加原理) 如果 y_1^*,y_2^* 分别是二阶非齐次线性微分方程

$$y''+p(x)y'+q(x)y=f_1(x) \tag{6.39}$$

与

$$y''+p(x)y'+q(x)y=f_2(x) \tag{6.40}$$

的特解,则 $y=y_1^*+y_2^*$ 是方程

$$y''+p(x)y'+q(x)y=f_1(x)+f_2(x)$$

的一个特解.

推论 3 设函数 y_1^*,y_2^* 分别是方程(6.39)与方程(6.40)的解,则 $y=y_1^*+\mathrm{i}y_2^*$ 是方程

$$y''+p(x)y'+q(x)y=f_1(x)+\mathrm{i}f_2(x)$$

的解.

二阶非齐次线性微分方程解的叠加原理可以推广到 n 阶非齐次线性微分方程.

对于 $n(n\geqslant1)$ 阶线性微分方程的解的结构,由本节推论 1 知

n **阶齐次线性微分方程的通解是 n 个线性无关特解的带有 n 个独立任意常数的叠加.**

类似于本节定理 6.3,可得

n **阶非齐次线性微分方程的通解=对应齐次方程的通解+非齐次方程自身的一个特解.**

即

$$y=Y+y^*.$$

例 3 已知二阶非齐次线性微分方程 $y''+p(x)y'+q(x)y=f(x)$ 有三个特解

$$y_1^*=\frac{1}{2}(x+1)\cos x,\quad y_2^*=\frac{1}{2}x\cos x-\sin x,\quad y_3^*=\frac{1}{2}x\cos x,$$

求该微分方程的通解及满足初始条件 $y(0)=1,y'(0)=1$ 的特解.

解 由推论 2 可知,$y_1^* - y_3^* = \dfrac{1}{2}\cos x$ 与 $y_2^* - y_3^* = -\sin x$ 都是该非齐次方程所对应的齐次方程的解;又 $\dfrac{1}{2}\cos x$ 与 $-\sin x$ 线性无关,故对应的齐次方程的通解为

$$Y = C_1\cos x + C_2\sin x.$$

思考:为什么这里没写成 $Y = \dfrac{C_1}{2}\cos x - C_2\sin x$?

又因为 $y_3^* = \dfrac{1}{2}x\cos x$ 是原非齐次方程的一个特解,所以已知方程的通解为

$$y = Y + y_3^* = C_1\cos x + C_2\sin x + \dfrac{1}{2}x\cos x.$$

求导得

$$y' = -C_1\sin x + C_2\cos x + \dfrac{1}{2}\cos x - \dfrac{x}{2}\sin x.$$

将初始条件 $y(0)=1,y'(0)=1$ 代入这两个式子,解得

$$C_1 = 1, \quad C_2 = \dfrac{1}{2},$$

因此所求的特解为

$$y = \cos x + \dfrac{1}{2}\sin x + \dfrac{1}{2}x\cos x.$$

习题 6-6

1. 判断下列函数组在其定义区间内的线性相关和线性无关:

(1) e^x, e^{x+1};　　　　　(2) $x^2, 2x^3$;　　　　　(3) $\sin^2 x, \dfrac{1}{2}(1-\cos 2x)$;

(4) $\ln x, \ln x^2$;　　　　　(5) $1, \sin^2 x, \cos^2 x$;　　　　　(6) $4x\tan^2 x, 1-\sec^2 x$.

2. 验证 $y = C_1 x^2 + C_2 x^2\ln x\,(C_1,C_2$ 为任意常数$)$ 是方程 $x^2 y'' - 3xy' + 4y = 0$ 的通解.

3. 设 $y_1 = e^x + 3, y_2 = x^2 + 3, y_3 = 3$ 是某二阶非齐次线性微分方程的三个特解,求该微分方程的通解.

4. 已知二阶非齐次线性微分方程 $y'' + p(x)y' + q(x)y = f(x)$ 的三个解为 y_1, y_2, y_3,且 $y_2 - y_1$ 与 $y_3 - y_1$ 线性无关,证明:$y = (1 - C_1 - C_2)y_1 + C_1 y_2 + C_2 y_3\,(C_1,C_2$ 为任意常数$)$ 是该微分方程的通解.

第七节　二阶常系数齐次线性微分方程

对于二阶线性微分方程 $y'' + p(x)y' + q(x)y = f(x)$,如果 $p(x),q(x)$ 为常数,方程的求解立即变得简单且容易.本节介绍系数是常数的二阶线性微分方程的求解过程.

一、二阶常系数齐次线性微分方程的通解

定义 6.12 形如

$$y'' + py' + qy = 0, \quad p,q \text{ 为常数} \tag{6.41}$$

的微分方程称为**二阶常系数齐次线性微分方程**.

由定理 6.2,只要求出所给微分方程的两个线性无关的特解 $y_1(x)$ 和 $y_2(x)$,则方程(6.41)的通解就是

$$y = C_1 y_1(x) + C_2 y_2(x).$$

观察方程(6.41),其特点是各项系数均为常数且 y'',y' 与 y 之间相差一个常数因子.由于指数函数 e^{rx} 与它的各阶导数之间相差一个常数因子,因此可以推测方程(6.41)具有形式为 $y = e^{rx}$ 的解,其中 r 为待定系数.

假设 $y = e^{rx}$ 是方程(6.41)的解,则将 $y = e^{rx}$,$y' = re^{rx}$,$y'' = r^2 e^{rx}$ 代入方程,得

$$y'' + py' + qy = e^{rx}(r^2 + pr + q) \equiv 0,$$

因为 $e^{rx} \neq 0$,所以

$$r^2 + pr + q = 0. \tag{6.42}$$

可见,$y = e^{rx}$ 是微分方程(6.41)的解 $\Leftrightarrow r$ 是代数方程(6.42)的根.

将代数方程(6.42)称为微分方程(6.41)的**特征方程**.特征方程(6.42)的根称为微分方程(6.41)的**特征根**.

因此,$y = e^{rx}$ 是微分方程(6.41)的解 $\Leftrightarrow r$ 是特征根.

由于特征方程(6.42)是一元二次方程,所以特征根

$$r_{1,2} = \frac{-p \pm \sqrt{\Delta}}{2}, \quad 其中 \Delta = p^2 - 4q.$$

可见,微分方程(6.41)的解应该有三种情形,下面分别讨论.

(1) 当 $\Delta = p^2 - 4q > 0$ 时,特征方程(6.42)有两个不相等的实根:$r_1 \neq r_2$.

此时 $y_1 = e^{r_1 x}$,$y_2 = e^{r_2 x}$ 为方程(6.41)的两个特解,且 $\dfrac{y_1}{y_2} = \dfrac{e^{r_1 x}}{e^{r_2 x}} = e^{(r_1 - r_2)x} \neq$ 常数,即 $y_1 = e^{r_1 x}$,$y_2 = e^{r_2 x}$ 线性无关,所以方程(6.41)的通解为

$$y = C_1 e^{r_1 x} + C_2 e^{r_2 x}.$$

(2) 当 $\Delta = p^2 - 4q = 0$ 时,特征方程(6.42)有两个相等的实根:$r = r_1 = r_2 = -\dfrac{p}{2}$.

此时只能得到方程(6.41)的一个特解:$y_1 = e^{rx} = e^{-\frac{p}{2}x}$.为了得到微分方程的通解,还需要再求出一个与 y_1 线性无关的特解 y_2.由于 y_2 应当满足 $\dfrac{y_2}{y_1} = u(x) \neq$ 常数,不妨设 $y_2 = u(x)y_1$ 是方程的另一个解,其中 $u(x)$ 是一个待定函数.为此,将

$$y_2 = u(x)e^{rx}, \quad y_2' = [u'(x) + ru(x)]e^{rx}, \quad y_2'' = [u''(x) + 2ru'(x) + r^2 u(x)]e^{rx}$$

代入方程(6.41),整理得

$$e^{rx}[u''(x) + (2r + p)u'(x) + (r^2 + pr + q)u(x)] = 0,$$

因为 $e^{rx} \neq 0$,故

$$u''(x) + (2r + p)u'(x) + (r^2 + pr + q)u(x) = 0.$$

由于 r 是特征方程的二重根,所以 $r^2 + pr + q = 0$ 且 $2r + p = 0$,于是 $u''(x) = 0$.

在满足 $u''(x) = 0$ 的函数中取一个简单的 $u(x) = x$,由此得到微分方程(6.41)的另一个特解 $y_2 = u(x)y_1 = xe^{rx}$.因此方程(6.41)的通解为

$$y = (C_1 + C_2 x)e^{rx} = (C_1 + C_2 x)e^{-\frac{p}{2}x}.$$

(3) 当 $\Delta = p^2 - 4q < 0$ 时,特征方程(6.42)有一对共轭复根:$r_{1,2} = \alpha \pm i\beta, r_1 \neq r_2$.

此时方程有两个线性无关的解 $y_1 = e^{(\alpha+i\beta)x}$, $y_2 = e^{(\alpha-i\beta)x}$,方程的通解为

$$y = C_1 e^{(\alpha+i\beta)x} + C_2 e^{(\alpha-i\beta)x}.$$

由于这个复数形式的解应用很不方便,且在实际问题中,常常需要实数形式的解,因此希望将它转化为实数形式的解,方法是利用著名的欧拉公式

$$e^{ix} = \cos x + i\sin x, \quad i^2 = -1.$$

由 $e^{ix} = \cos x + i\sin x$,推导得

$$y_1 = e^{(\alpha+i\beta)x} = e^{\alpha x} e^{i\beta x} = e^{\alpha x}(\cos\beta x + i\sin\beta x),$$

$$y_2 = e^{(\alpha-i\beta)x} = e^{\alpha x} e^{i(-\beta x)} = e^{\alpha x}(\cos\beta x - i\sin\beta x).$$

根据二阶齐次线性微分方程解的叠加性质,函数

$$\frac{y_1 + y_2}{2} = e^{\alpha x}\cos\beta x, \quad \frac{y_1 - y_2}{2i} = e^{\alpha x}\sin\beta x$$

仍然是方程(6.41)的解,它们是两个实数解并且线性无关,将这两个解分别记作 $\bar{y}_1, \bar{y}_2$,则方程(6.41)的通解为

$$y = C_1 \bar{y}_1 + C_2 \bar{y}_2 = C_1 e^{\alpha x}\cos\beta x + C_2 e^{\alpha x}\sin\beta x$$

$$= e^{\alpha x}(C_1 \cos\beta x + C_2 \sin\beta x).$$

综上所述,求二阶常系数齐次线性微分方程 $y'' + py' + qy = 0$ 的通解的步骤如下:

第一步:写出特征方程,$r^2 + pr + q = 0$.

第二步:求出特征根 r_1, r_2.

第三步:根据两个特征根的不同情形,按照下表写出通解.

特征方程 $r^2 + pr + q = 0$ 的根	微分方程 $y'' + py' + qy = 0$ 的通解
两个不相等的实根 $r_1 \neq r_2$	$y = C_1 e^{r_1 x} + C_2 e^{r_2 x}$
两个相等的实根 $r = r_1 = r_2$	$y = (C_1 + C_2 x)e^{rx}$
一对共轭复根 $r_{1,2} = \alpha \pm i\beta$	$y = e^{\alpha x}(C_1 \cos\beta x + C_2 \sin\beta x)$

这种根据特征方程的根求通解的方法称为**特征根法**.

例1 求微分方程 $y'' - 5y' + 4y = 0$ 的通解.

解 特征方程为

$$r^2 - 5r + 4 = 0,$$

特征根为 $r_1 = 1, r_2 = 4$.

所以微分方程的通解为 $y = C_1 e^x + C_2 e^{4x}$.

例2 求微分方程 $y'' + 4y' + 4y = 0$ 满足初始条件 $y|_{x=0} = 2, y'|_{x=0} = 1$ 的特解.

解 特征方程为

$$r^2 + 4r + 4 = (r+2)^2 = 0,$$

解得两个相等的特征根 $r_1 = r_2 = -2$. 所以微分方程的通解为

$$y = (C_1 + C_2 x)e^{-2x}.$$

将初始条件 $y|_{x=0}=2$ 代入通解,得 $C_1=2$,从而 $y=(2+C_2x)\mathrm{e}^{-2x}$,两端对 x 求导,得

$$y'=(C_2-2C_2x-4)\mathrm{e}^{-2x},$$

再将条件 $y'|_{x=0}=1$ 代入上式,求得 $C_2=5$. 于是所求特解为 $y=(2+5x)\mathrm{e}^{-2x}$.

例3 求微分方程 $y''+3y=0$ 的通解.

解 特征方程为

$$r^2+3=0,$$

特征根为 $r_{1,2}=\pm\sqrt{3}\,\mathrm{i}$,是一对共轭复数根,$\alpha=0,\beta=\sqrt{3}$.

因此微分方程的通解为 $y=C_1\cos\sqrt{3}\,x+C_2\sin\sqrt{3}\,x$.

二、n 阶常系数齐次线性微分方程的通解

定义 6.13 形如

$$y^{(n)}+p_1y^{(n-1)}+p_2y^{(n-2)}+\cdots+p_{n-1}y'+p_ny=0,\quad p_i\text{ 为常数},i=1,2,\cdots,n$$

的微分方程称为 **n 阶常系数线性齐次微分方程.**

对 n 阶常系数线性齐次微分方程,也可用特征根法求其通解.

第一步:写出特征方程,$r^n+p_1r^{n-1}+p_2r^{n-2}+\cdots+p_{n-1}r+p_n=0$.

第二步:求出特征根 $r_1,r_2,\cdots,r_n$.

第三步:根据特征根的不同情形,按照下面的表写出通解.

特征方程的根	微分方程通解中的对应项
单实根 r	对应一项:$C\mathrm{e}^{rx}$
k 重实根	对应 k 项:$\mathrm{e}^{rx}(C_1+C_2x+\cdots+C_kx^{k-1})$
一对单复根 $r_{1,2}=\alpha\pm\mathrm{i}\beta$	对应两项:$\mathrm{e}^{\alpha x}(C_1\cos\beta x+C_2\sin\beta x)$
一对 k 重复根 $r_{1,2}=\alpha\pm\mathrm{i}\beta$	对应 $2k$ 项: $\mathrm{e}^{\alpha x}[(C_1+C_2x+\cdots+C_kx^{k-1})\cos\beta x+$ $(D_1+D_2x+\cdots+D_kx^{k-1})\sin\beta x]$

例4 求微分方程 $y^{(5)}+y^{(4)}+2y'''+2y''+y'+y=0$ 的通解.

解 特征方程为

$$r^5+r^4+2r^3+2r^2+r+1=0,$$

化简,得 $(r+1)(r^2+1)^2=0$,特征根为 $r_1=-1,r_{2,3,4,5}=\pm\mathrm{i}$,这是二重共轭复根. 方程的通解为

$$y=C_1\mathrm{e}^{-x}+(C_2+C_3x)\cos x+(C_4+C_5x)\sin x.$$

例5 求微分方程 $y^{(4)}-2y'''+5y''=0$ 的通解.

解 特征方程为

$$r^4-2r^3+5r^2=0,$$

化简,得 $r^2(r^2-2r+5)=0$,特征根为 $r_1=r_2=0,r_{3,4}=1\pm2\mathrm{i}$,方程的通解为

$$y=C_1+C_2x+\mathrm{e}^x(C_3\cos2x+C_4\sin2x).$$

习题 6- 7

1. 求下列微分方程的通解：

(1) $y''+5y'+6y=0$；

(2) $y''-y'=0$；

(3) $4y''+4y'+y=0$；

(4) $y''+6y'+13y=0$；

(5) $y^{(4)}+2y''+y=0$；

(6) $y^{(5)}+y^{(4)}+2y'''+2y''+y'+y=0$.

2. 求下列二阶常系数齐次线性微分方程满足初始条件的特解：

(1) $y''-3y'-4y=0, y|_{x=0}=0, y'|_{x=0}=-5$；

(2) $y''+2y'+y=0, y|_{x=0}=1, y'|_{x=0}=1$.

3. 试求以 $y=e^x(C_1\cos2x+C_2\sin2x)$ 为通解的二阶常系数齐次线性微分方程.

4. 已知某二阶常系数齐次线性微分方程的一个特解为 $y=e^{mx}$，对应的特征方程的判别式等于零. 求此微分方程满足初始条件 $y|_{x=0}=y'|_{x=0}=1$ 的特解.

5. 某介质中一单位质点 M 受一力作用沿直线运动，该力与 M 点到原点 O 的距离成正比，比例常数为 4，方向与 OM 相同；介质的阻力与运动的速度成正比，比例常数为 3，方向与速度方向相反. 求该质点的运动规律（运动开始时质点 M 静止，距中心 1cm）.

第八节　二阶常系数非齐次线性微分方程

对于二阶线性微分方程 $y''+p(x)y'+q(x)y=f(x)$，上节介绍了 $p(x),q(x)$ 为常数，$f(x)=0$ 时的二阶常系数齐次线性微分方程的求解. 本节主要介绍系数 $p(x),q(x)$ 为常数，自由项为 $f(x)=e^{\lambda x}P_m(x)$，或 $f(x)=e^{\lambda x}[P_l(x)\cos\omega x+P_n(x)\sin\omega x]$ 两种情形下二阶常系数非齐次线性微分方程特解 y^* 的求解方法及其应用举例.

一、二阶常系数非齐次线性微分方程的定义

定义 6.14　形如

$$y''+py'+qy=f(x) \tag{6.43}$$

的方程称为**二阶常系数非齐次线性微分方程**，其中 p,q 为给定的常数，$f(x)$ 为已知函数.

方程(6.43)对应的齐次线性微分方程为

$$y''+py'+qy=0. \tag{6.44}$$

由第六节所述，方程(6.43)的通解是它所对应的齐次线性微分方程(6.44)的通解 Y 与它自身的一个特解 y^* 之和. 方程(6.44)的通解问题在第七节已经解决，如果再求出非齐次方程(6.43)自身的一个特解 y^*，就可以写出方程(6.43)的通解 $y=Y+y^*$，而 y^* 与方程(6.43)右端的自由项 $f(x)$ 有关. 本节只讨论 $f(x)$ 取两种特殊形式时，方程(6.43)的特解 y^* 的求法.

二、二阶常系数非齐次线性微分方程的特解

类型 1：$f(x)=e^{\lambda x}P_m(x)$ 型

已知方程为

$$y'' + py' + qy = \mathrm{e}^{\lambda x} P_m(x),\qquad (6.45)$$

其中 λ 为已知常数，$P_m(x)$ 为已知 m 次多项式，

$$P_m(x) = a_0 x^m + a_1 x^{m-1} + \cdots + a_{m-1}x + a_m, \quad a_0 \neq 0.$$

方程(6.45)的特解 y^* 具有什么样的形式？注意到方程右端的非自由项 $\mathrm{e}^{\lambda x} P_m(x)$ 是指数函数与多项式的乘积，而指数函数与多项式的乘积的导数仍然是指数函数与多项式的乘积，因此推测方程(6.45)应该有形如 $y^* = Q(x)\mathrm{e}^{\lambda x}$ 的特解，其中 $Q(x)$ 是一待定多项式。下面用待定系数法求 $Q(x)$。

因为

$$y^* = Q(x)\mathrm{e}^{\lambda x},$$
$$y^{*\prime} = [Q'(x) + \lambda Q(x)]\mathrm{e}^{\lambda x},$$
$$y^{*\prime\prime} = [\lambda^2 Q(x) + 2\lambda Q'(x) + Q''(x)]\mathrm{e}^{\lambda x},$$

将 y^*，$y^{*\prime}$，$y^{*\prime\prime}$ 代入方程(6.45)，并消去等式两端的公因子 $\mathrm{e}^{\lambda x}$，整理得

$$Q''(x) + (2\lambda + p)Q'(x) + (\lambda^2 + p\lambda + q)Q(x) \equiv P_m(x).\qquad (6.46)$$

因为 $P_m(x)$ 是已知的 m 次多项式，所以式(6.46)的左端也应当是 m 次多项式。注意到每求一次导数多项式 $Q(x)$ 的次数就降低一次，式(6.46)左端 $\lambda^2 + p\lambda + q$ 与 $2\lambda + p$ 是否为零影响到 $Q(x)$ 的次数。

下面分三种情形讨论：

(1) λ 不是特征根，即 $\lambda^2 + p\lambda + q \neq 0$。

由式(6.46)知，$Q(x)$ 是一个 m 次多项式，记 $Q(x) = Q_m(x)$。因此，方程(6.45)的特解可设为 $y^* = Q_m(x)\mathrm{e}^{\lambda x}$，其中

$$Q_m(x) = b_0 x^m + b_1 x^{m-1} + \cdots + b_{m-1}x + b_m, \quad b_0 \neq 0; \ b_0, b_1, \cdots, b_m \text{ 待定.}$$
$$(6.47)$$

将 $Q(x) = Q_m(x)$ 代入恒等式

$$Q''(x) + (2\lambda + p)Q'(x) + (\lambda^2 + p\lambda + q)Q(x) \equiv P_m(x),$$

比较等式两边 x 的同次幂的系数，求得 $Q_m(x)$ 的 $m+1$ 个系数，可得特解 y^*。

(2) λ 是单特征根。即 $\lambda^2 + p\lambda + q = 0$，但 $2\lambda + p \neq 0$。

由式(6.46)知，$Q'(x)$ 是一个 m 次多项式，$Q(x)$ 应该是 $m+1$ 次多项式，可设 $Q(x) = xQ_m(x)$，从而方程(6.45)的特解可设为

$$y^* = xQ_m(x)\mathrm{e}^{\lambda x},$$

其中 $Q_m(x)$ 形如式(6.47)。将 $Q(x) = xQ_m(x)$ 代入恒等式

$$Q''(x) + (2\lambda + p)Q'(x) \equiv P_m(x),$$

比较等式两边 x 的同次幂的系数，求得 $Q_m(x)$ 的 $m+1$ 个系数，可求得特解 y^*。

(3) λ 是二重特征根。即 $\lambda^2 + p\lambda + q = 0$，且 $2\lambda + p = 0$。

由式(6.46)知，$Q''(x)$ 必须是一个 m 次的多项式，$Q(x)$ 应该是一个 $m+2$ 次的多项式，可设 $Q(x) = x^2 Q_m(x)$；方程(6.45)的特解可设为 $y^* = x^2 Q_m(x)\mathrm{e}^{\lambda x}$。将 $Q(x) = x^2 Q_m(x)$ 代入恒等式

$$Q''(x) \equiv P_m(x),$$

比较等式两边 x 的同次幂的系数,求得 $Q_m(x)$ 的 $m+1$ 个系数,可得特解 y^*.

综上所述,方程 $y''+py'+qy=p_m(x)e^{\lambda x}$ 的一个特解 y^* 的形式可设为

$$y^* = x^k Q_m(x)e^{\lambda x}, \quad 其中 k = \begin{cases} 0, & \lambda \text{ 不是特征根}, \\ 1, & \lambda \text{ 为单特征根}, \\ 2, & \lambda \text{ 为二重特征根}. \end{cases} \tag{6.48}$$

小结:求方程(6.45)的特解 y^* 的方法如下.

(1) 写出特征方程 $r^2+pr+q=0$,求出特征根 r_1,r_2;

(2) 根据式(6.48),由 λ 是不是特征根、是单根还是重根确定 k 的值,写出方程的一个如下形式的特解:

$$y^* = x^k Q_m(x)e^{\lambda x};$$

(3) 将 $y^* = x^k Q_m(x)e^{\lambda x}$ 代入方程 $y''+py'+qy=P_m(x)e^{\lambda x}$,或将 $Q(x)=x^k Q_m(x)$ 代入

$$Q''(x) + (2\lambda + p)Q'(x) + (\lambda^2 + p\lambda + q)Q(x) \equiv P_m(x),$$

确定 $Q_m(x)$ 的系数,求得方程的一个特解 y^*.

例 1 求微分方程 $y''-5y'+6y=6x^2-10x+2$ 的一个特解.

解 该微分方程的自由项 $f(x)=6x^2-10x+2$,其中 $P_m(x)=6x^2-10x+2,\lambda=0$.

该方程所对应的齐次方程为 $y''-5y'+6y=0$,特征方程为 $r^2-5r+6=0$,求得特征根 $r_1=2,r_2=3$.

由于 $\lambda=0$ 不是特征方程的根,$P_m(x)$ 是二次多项式,所以设特解为

$$y^* = Ax^2 + Bx + C, \quad A,B,C \text{ 为待定系数},$$

则 $y^{*'}=2Ax+B,y^{*''}=2A$,将 $y^*,y^{*'},y^{*''}$ 的表达式代入原方程,得

$$2A - 5(2Ax + B) + 6(Ax^2 + Bx + C) = 6x^2 - 10x + 2,$$

或

$$6Ax^2 + (6B - 10A)x + 2A - 5B + 6C = 6x^2 - 10x + 2,$$

比较等式两端 x 同次幂的系数,得

$$\begin{cases} 6A = 6, \\ 6B - 10A = -10, \\ 2A - 5B + 6C = 2. \end{cases}$$

解上述方程组,得 $A=1,B=0,C=0$. 所以,所求特解为 $y^*=x^2$.

例 2 求微分方程 $y''-3y'+2y=xe^{2x}$ 的通解.

解 该微分方程的自由项 $f(x)=xe^{2x}$,其中 $P_m(x)=x,\lambda=2$.

先求该方程所对应的齐次方程的通解.

因为方程所对应的齐次方程的特征方程为 $r^2-3r+2=0$,求得特征根 $r_1=1,r_2=2$,故对应的齐次微分方程的通解为

$$Y = C_1 e^x + C_2 e^{2x}.$$

接下来求非齐次方程的特解 y^*.

因为 $\lambda=2$ 是特征方程的单根,$P_m(x)$ 是一次多项式,所以设特解为

$$y^* = x(Ax + B)e^{2x},$$

此时 $Q(x)=x(Ax+B)=Ax^2+Bx$. 又因为 $\lambda=2,p=-3,q=2$, 且 $\lambda^2+p\lambda+q=0$, 所以相应的式(6.46)变成

$$Q''(x)+(2\lambda+p)Q'(x)=P_m(x),$$

即

$$Q''(x)+Q'(x)=x.$$

将 $Q(x)=Ax^2+Bx$ 代入上式,整理得

$$2A+2Ax+B=x,$$

比较等式两端 x 同次幂的系数得 $A=\dfrac{1}{2},B=-1$,从而原方程的特解为

$$y^*=x\left(\frac{1}{2}x-1\right)e^{2x},$$

故原方程的通解为

$$y=C_1e^x+C_2e^{2x}+x\left(\frac{1}{2}x-1\right)e^{2x}.$$

本题在求 $Q(x)$ 时,也可直接将 $y^*=x(Ax+B)e^{2x}$ 代入原方程中,但求导会比较复杂,因为有乘积项. 一般情况下,如果自由项 $f(x)=e^{\lambda x}P_m(x)$ 中的 $\lambda\neq0$,求特解 y^* 时,可将所设 $Q(x)$ 代入式(6.46). 这样计算相对简单得多,但是首先需要正确地写出式(6.46)中的 λ,p,q.

类型 2: $f(x)=e^{\lambda x}[P_l(x)\cos\omega x+P_n(x)\sin\omega x]$型

先考虑特殊情形. 当 $f(x)=P_m(x)e^{\lambda x}\cos\omega x$ 或 $f(x)=P_m(x)e^{\lambda x}\sin\omega x$ 时,方程化为

$$y''+py'+qy=P_m(x)e^{\lambda x}\cos\omega x \quad (或 P_m(x)e^{\lambda x}\sin\omega x), \tag{6.49}$$

其中 λ,ω 为已知常数,$P_m(x)$ 为已知 m 次多项式.

由欧拉公式

$$e^{i\theta}=\cos\theta+i\sin\theta,$$

$P_m(x)e^{\lambda x}\cos\omega x$,$P_m(x)e^{\lambda x}\sin\omega x$ 分别为 $P_m(x)e^{(\alpha+i\beta)x}=P_m(x)e^{\alpha x}(\cos\beta x+i\sin\beta x)$ 的实部和虚部,因此,先求出辅助方程

$$y''+py'+qy=P_m(x)e^{\lambda x}\cos\omega x+iP_m(x)e^{\lambda x}\sin\omega x=P_m(x)e^{(\lambda+i\omega)x} \tag{6.50}$$

的特解 $y^*=y_1^*+iy_2^*$,再根据第六节的推论 3 可知,y_1^* 是方程

$$y''+py'+qy=P_m(x)e^{\lambda x}\cos\omega x$$

的一个特解,而 y_2^* 是方程

$$y''+py'+qy=P_m(x)e^{\lambda x}\sin\omega x$$

的一个特解.

根据类型 1 的讨论,方程(6.50)中的 $\lambda+i\omega$ 相当于类型 1 中的 λ,所以有如下两种情况:

(1) 如果 $\lambda+i\omega$ 不是特征根,方程(6.50)的特解可设为 $y^*=Q_m(x)e^{(\lambda+i\omega)x}$;

(2) 如果 $\lambda+i\omega$ 是特征根,方程(6.50)的特解可设为 $y^*=xQ_m(x)e^{(\lambda+i\omega)x}$.

在求出 y^* 以后,原方程(6.49)的特解就取特解 y^* 的实部(或虚部).

更一般地,如果 $f(x)=e^{\lambda x}[P_l(x)\cos\omega x+P_n(x)\sin\omega x]$,则方程为

$$y''+py'+qy=e^{\lambda x}[P_l(x)\cos\omega x+P_n(x)\sin\omega x], \tag{6.51}$$

其中 λ,ω 为已知常数,$P_l(x),P_n(x)$ 分别为已知的 l 次和 n 次多项式.

此时方程的特解可设为

$$y^* = x^k e^{\lambda x}[R_m^{(1)}(x)\cos\omega x + R_m^{(2)}(x)\sin\omega x], \tag{6.52}$$

其中 $m=\max\{l,n\},R_m^{(1)}(x),R_m^{(2)}(x)$ 为待定的 m 次多项式.

小结:求方程(6.49)的特解 y^* 的方法如下.

(1) 写出特征方程 $r^2+pr+q=0$,求出特征根 r_1,r_2.

(2) 根据式(6.52),由 $\lambda+i\omega$ 是不是特征根确定 k 的值,写出方程的一个特解的形式:

$$y^* = x^k e^{\lambda x}[R_m^{(1)}(x)\cos\omega x + R_m^{(2)}(x)\sin\omega x].$$

如果 $\lambda+i\omega$ 不是特征根,则 $k=0$;如果 $\lambda+i\omega$ 是特征根,则 $k=1$.

(3) 将 $y^* = x^k e^{\lambda x}[R_m^{(1)}(x)\cos\omega x + R_m^{(2)}(x)\sin\omega x]$ 代入方程(6.49),确定出 $R_m^{(1)}(x)$,$R_m^{(2)}(x)$ 中的待定系数即可.

注意:对于特殊情形,当 $f(x)=P_m(x)e^{\lambda x}\cos\omega x f(x)=P_m(x)e^{\lambda x}\sin\omega x$ 时,可按照上面介绍的方法进行求解.

例 3 求微分方程 $y''+4y=4\sin2x$ 的特解.

解 该方程的自由项 $f(x)=4\sin2x$,其中 $P_m(x)=4,\lambda=0,\omega=2$.为了求该方程的特解,先求方程

$$y''+4y=4e^{2ix}$$

的一个特解.该方程所对应的齐次方程的特征方程为 $r^2+4=0$,求得特征根为 $r_{1,2}=\pm2i$,因为 $\lambda+i\omega=2i$ 是特征方程的根,所以可设其特解形式为

$$y_1^* = Axe^{2ix},$$

将 $y_1^*,y_1^{*}''=[A(1+2ix)e^{2ix}]'=4A(i-x)e^{2ix}$ 代入原方程,并消去因子 e^{2ix},得

$$4A(i-x)+4Ax=4,$$

解得 $A=-i$,从而方程 $y''+4y=4e^{2ix}$ 的一个特解为

$$y_1^* = -ixe^{2ix}=-ix(\cos2x+i\sin2x)=x\sin2x-ix\cos2x,$$

取虚部,即得原方程的一个特解为 $y^* = -x\cos2x$.

例 4 求 $y''+y'-2y=e^x(\cos x-7\sin x)$ 的通解.

解 方程的自由项 $f(x)=e^x(\cos x-7\sin x)$,其中 $\lambda=1,\omega=1,P_l(x)=1,P_n(x)=-7$.

先求该方程所对应的齐次方程的通解.特征方程为 $r^2+r-2=0$,求得特征根

$$r_1=1, \quad r_2=-2.$$

故对应齐次微分方程的通解为

$$Y=C_1e^x+C_2e^{-2x}.$$

再求非齐次方程的特解.因为 $\lambda\pm i\omega=1\pm i$ 不是特征根,$l=0,n=0,m=\max\{l,n\}=0$,所以设特解为

$$y^* = e^x(A\cos x+B\sin x),$$

可得

$$y^{*\prime}=e^x[(A+B)\cos x+(B-A)\sin x], \quad y^{*\prime\prime}=e^x(2B\cos x-2A\sin x),$$

将 $y^*,y^{*\prime},y^{*\prime\prime}$ 的表达式代入到原方程,整理化简得

$$(3B-A)\cos x-(B+3A)\sin x=\cos x-7\sin x,$$

比较上式两端 $\cos x$，$\sin x$ 的系数，求得 $A=2$，$B=1$. 故 $y^{*}=\mathrm{e}^{x}(2\cos x+\sin x)$.

所以原方程的通解为

$$y=C_{1}\mathrm{e}^{x}+C_{2}\mathrm{e}^{-2x}+\mathrm{e}^{x}(2\cos x+\sin x).$$

例 5 求微分方程 $y''+y=x\mathrm{e}^{2x}+\cos x$ 的通解.

解 先求对应齐次方程的通解. 特征方程为 $r^{2}+1=0$，解得特征根 $r_{1,2}=\pm\mathrm{i}$，所以对应齐次方程的通解为

$$Y=C_{1}\cos x+C_{2}\sin x.$$

下面求非齐次方程的特解. 由于原方程的右端由两项组成，根据解的叠加原理，可先分别求方程

$$y''+y=x\mathrm{e}^{2x},\quad y''+y=\cos x,$$

的特解，这两个特解之和就是原方程的一个特解.

对于方程 $y''+y=x\mathrm{e}^{2x}$，设 y_{1}^{*} 是其特解. 因为 $P_{m}(x)=x$ 是一次多项式，$\lambda=2$ 不是特征根，所以设 $y_{1}^{*}=(Ax+B)\mathrm{e}^{2x}$，将其代入方程 $y''+y=x\mathrm{e}^{2x}$，比较两端系数，求得 $A=\dfrac{1}{4}$，$B=-\dfrac{1}{4}$. 因此

$$y_{1}^{*}=\left(\frac{1}{4}x-\frac{1}{4}\right)\mathrm{e}^{2x}.$$

对于方程 $y''+y=\cos x$，设 y_{2}^{*} 是其特解. 因为 $P_{l}(x)=1$，$P_{n}(x)=0$，所以 $m=\max\{l,n\}=0$. 又 $\lambda\pm\mathrm{i}\omega=\pm\mathrm{i}$ 是特征根，故可设 $y_{2}^{*}=x(C\cos x+D\sin x)$，将其代入方程 $y''+y=\cos x$，比较两端系数，可得 $C=0$，$D=\dfrac{1}{2}$，因此 $y_{2}^{*}=\dfrac{1}{2}x\sin x$.

所以，原方程的一个特解为

$$y^{*}=y_{1}^{*}+y_{2}^{*}=\left(\frac{1}{4}x-\frac{1}{4}\right)\mathrm{e}^{2x}+\frac{1}{2}x\sin x,$$

从而原方程的通解为

$$y=C_{1}\cos x+C_{2}\sin x+\left(\frac{1}{4}x-\frac{1}{4}\right)\mathrm{e}^{2x}+\frac{1}{2}x\sin x.$$

三、应用举例

例 6 试求解第一节例 6 中得到的初始问题

$$\frac{\mathrm{d}^{2}x}{\mathrm{d}t^{2}}+\frac{k}{m}\cdot\frac{\mathrm{d}x}{\mathrm{d}t}-g=0,\quad x\mid_{t=0}=H,\quad \frac{\mathrm{d}x}{\mathrm{d}t}\Big|_{t=0}=v_{0}.$$

解 该方程是一个二阶常系数非齐次微分方程，其对应的齐次微分方程是

$$\frac{\mathrm{d}^{2}x}{\mathrm{d}t^{2}}+\frac{k}{m}\cdot\frac{\mathrm{d}x}{\mathrm{d}t}=0.$$

特征方程为 $r^{2}+\dfrac{k}{m}r=0$，特征根 $r_{1}=0$，$r_{2}=-\dfrac{k}{m}$，则该齐次微分方程的通解为

$$X=C_{1}+C_{2}\mathrm{e}^{-\frac{k}{m}t}.$$

又该方程的自由项为 $f(t)=g$，是 0 次多项式，$\lambda=0$ 是单重特征根，故设特解 $x^{*}=at$，

代入方程 $\dfrac{\mathrm{d}^2 x}{\mathrm{d}t^2} + \dfrac{k}{m} \cdot \dfrac{\mathrm{d}x}{\mathrm{d}t} - g = 0$，得 $a = \dfrac{mg}{k}$.

所以非齐次方程的通解为

$$x = X + x^* = C_1 + C_2 \mathrm{e}^{-\frac{k}{m}t} + \frac{mg}{k}t.$$

将初始条件 $x|_{t=0} = H, \dfrac{\mathrm{d}x}{\mathrm{d}t}\Big|_{t=0} = v_0$ 代入上式，得

$$\begin{cases} C_1 + C_2 = H, \\ -\dfrac{k}{m}C_2 + \dfrac{mg}{k} = v_0, \end{cases} \quad 解得 \begin{cases} C_1 = H - \dfrac{m^2 g}{k^2} + v_0 \cdot \dfrac{m}{k}, \\ C_2 = \dfrac{m^2 g}{k^2} - v_0 \cdot \dfrac{m}{k}. \end{cases}$$

将 C_1, C_2 代入原方程即得该初始问题的特解.

例 7（炮弹轨迹问题） 以仰角 α、初速 v_0 发射一枚炮弹，假设炮弹在空中运行所受阻力与速度成正比，求弹道曲线的方程.

解 设炮弹质量为 m，建立坐标系如图 6-3 所示，设弹道曲线方程为 $\begin{cases} x = x(t), \\ y = y(t), \end{cases}$ 由牛顿第二定律得

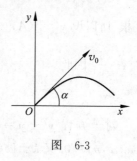

图 6-3

$$\begin{cases} mx'' = -kx', \quad (1) \\ my'' = -ky' - mg, \quad (2) \end{cases}$$

其中的两个方程所对应的齐次方程的特征方程均为 $r^2 + \dfrac{k}{m}r = 0$，它的特征根为 $r_1 = 0, r_2 = -\dfrac{k}{m}$.

于是得方程(1)的通解为

$$X = C_1 + C_2 \mathrm{e}^{-\frac{k}{m}t}.$$

方程(2)所对应的齐次方程的通解为

$$Y = C_3 + C_4 \mathrm{e}^{-\frac{k}{m}t},$$

通过观察，容易看出方程(2)的一个特解为 $y^* = -\dfrac{mg}{k}t$，则方程(2)的通解为

$$Y = C_3 + C_4 \mathrm{e}^{-\frac{k}{m}t} - \frac{mg}{k}t.$$

将初始条件 $x|_{t=0} = 0, x'|_{t=0} = v_0 \cos\alpha$ 代入

$$\begin{cases} x = C_1 + C_2 \mathrm{e}^{-\frac{k}{m}t}, \\ x' = -\dfrac{k}{m}C_2 \mathrm{e}^{-\frac{k}{m}t}, \end{cases} \quad 求得 \begin{cases} 0 = C_1 + C_2, \\ v_0 \cos\alpha = -\dfrac{k}{m}C_2. \end{cases}$$

解出

$$\begin{cases} C_1 = \dfrac{mv_0 \cos\alpha}{k}, \\ C_2 = -\dfrac{mv_0 \cos\alpha}{k}. \end{cases}$$

再将初始条件 $y|_{t=0}=0, y'|_{t=0}=v_0\sin\alpha$ 代入

$$\begin{cases} y=C_3+C_4\mathrm{e}^{-\frac{k}{m}t}-\dfrac{mg}{k}t, \\ y'=-\dfrac{k}{m}C_4\mathrm{e}^{-\frac{k}{m}t}-\dfrac{mg}{k}, \end{cases}$$

解得

$$\begin{cases} 0=C_3+C_4, \\ v_0\sin\alpha=-\dfrac{k}{m}C_4-\dfrac{mg}{k}, \end{cases}$$

解出

$$\begin{cases} C_3=\dfrac{m(kv_0\sin\alpha+mg)}{k^2}, \\ C_2=-\dfrac{m(kv_0\sin\alpha+mg)}{k^2}. \end{cases}$$

所求弹道曲线方程为

$$\begin{cases} x=\dfrac{mv_0}{k}(1-\mathrm{e}^{-\frac{k}{m}t})\cos\alpha, \\ y=\dfrac{m}{k}\left(v_0\sin\alpha+\dfrac{mg}{k}\right)(1-\mathrm{e}^{-\frac{k}{m}t})-\dfrac{mg}{k}t. \end{cases}$$

例 8（RLC 电路） 设有一个由电阻 $R(=1.5\Omega)$、电感 L $(=1\mathrm{H})$、电容 $C(=0.5\mathrm{F})$ 和电源 E 组成的串联电路(见图 6-4). 当 $t=0$ 时电路接通,电源电动势为 $E(t)=100\mathrm{e}^{-t}$,求电容器两端电压的变化情况.

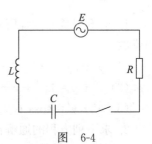

图 6-4

解 设电路中的电流为 $i(t)$,v_C,v_L,v_R 分别表示电容、电感和电阻两端的电压降. 根据回路电压定律,得

$$v_L(t)+v_R(t)+v_C(t)=E(t). \tag{6.53}$$

由电路原理知

$$v_L(t)=L\frac{\mathrm{d}i(t)}{\mathrm{d}t}, \quad i(t)=C\frac{\mathrm{d}v_C}{\mathrm{d}t},$$

式 $i(t)=C\dfrac{\mathrm{d}v_C}{\mathrm{d}t}$ 的两边对 t 求导,得

$$\frac{\mathrm{d}i(t)}{\mathrm{d}t}=C\frac{\mathrm{d}^2v_C}{\mathrm{d}t^2},$$

代入式(6.53)得

$$LC\frac{\mathrm{d}^2v_C}{\mathrm{d}t^2}+RC\frac{\mathrm{d}v_C}{\mathrm{d}t}+v_C=100\mathrm{e}^{-t},$$

整理得

$$\frac{\mathrm{d}^2v_C}{\mathrm{d}t^2}+\frac{R}{L}\cdot\frac{\mathrm{d}v_C}{\mathrm{d}t}+\frac{1}{LC}v_C=\frac{100\mathrm{e}^{-t}}{LC}. \tag{6.54}$$

这是一个二阶常系数非齐次线性微分方程. 当 $t=0$ 时, $v_C(0)=0$, $v_C'(0)=\dfrac{i(0)}{C}=0$.

将 $R=1.5\Omega$, $L=1\mathrm{H}$, $C=0.5\mathrm{F}$ 代入式(6.54), 得

$$\frac{\mathrm{d}^2 v_C}{\mathrm{d}t^2}+3\frac{\mathrm{d}v_C}{\mathrm{d}t}+2v_C=200\mathrm{e}^{-t}, \tag{6.55}$$

求得对应齐次方程 $\dfrac{\mathrm{d}^2 v_C}{\mathrm{d}t^2}+3\dfrac{\mathrm{d}v_C}{\mathrm{d}t}+2v_C=0$ 的通解为 $V=C_1\mathrm{e}^{-t}+C_2\mathrm{e}^{-2t}$.

因为 $r=-1$ 是单根, 所以设方程的一个特解为 $v^*=At\mathrm{e}^{-t}$, 求导得

$$v^{*\prime}=A\mathrm{e}^{-t}-At\mathrm{e}^{-t}, \quad v^{*\prime\prime}=At\mathrm{e}^{-t}-2A\mathrm{e}^{-t},$$

代入方程(6.55), 解得 $A=200$, 所以方程(6.55)的通解为

$$v_C(t)=C_1\mathrm{e}^{-t}+C_2\mathrm{e}^{-2t}+200t\mathrm{e}^{-t}.$$

将初始条件 $v_C(0)=0$, $v_C'(0)=0$ 代入, 解得 $C_1=0$, $C_2=200$. 所以电路接通后, 电容器两端的电压 $v_C(t)=200\mathrm{e}^{-2t}+200t\mathrm{e}^{-t}$.

如果电容器经充电后撤去外电源($E=0$), 则式(6.54)变为

$$\frac{\mathrm{d}^2 v_C}{\mathrm{d}t^2}+\frac{R}{L}\cdot\frac{\mathrm{d}v_C}{\mathrm{d}t}+\frac{1}{LC}v_C=0,$$

这是一个二阶常系数齐次线性微分方程.

习题 6-8

1. 求下列微分方程所对应的齐次方程的通解, 并写出非齐次方程的特解形式(不必定出常数):

(1) $y''-2y'-3y=(x+1)\mathrm{e}^{5x}$;

(2) $y''-2y'+y=2\mathrm{e}^x$;

(3) $y''+y=4x^2+x-1$;

(4) $y''-3y'=2\mathrm{e}^{2x}\sin x$;

(5) $y''+y'=\cos x$;

(6) $y''-2y'+2y=\mathrm{e}^x(\sin x+x\cos x)$.

2. 求下列方程的通解:

(1) $y''-2y'+y=3x+1$;

(2) $y''+4y=x\cos x$;

(3) $y''-2y'+y=x+2\mathrm{e}^x$;

(4) $y''-y=\sin^2 x$.

3. 求下列微分方程满足初始条件的特解:

(1) $y''-3y'+2y=3$, $y|_{x=0}=2$, $y'|_{x=0}=2$;

(2) $y''-y=4x\mathrm{e}^x$, $y|_{x=0}=0$, $y'|_{x=0}=1$;

(3) $y''+4y'=\sin 2x$, $y|_{x=0}=\dfrac{1}{4}$, $y'|_{x=0}=0$;

(4) $y''+y=\mathrm{e}^x+\cos x$, $y(0)=y'(0)=1$.

4. 已知 $y_1=x$, $y_2=x+\mathrm{e}^x$, $y_3=1+x+\mathrm{e}^x$ 是二阶常系数非齐次线性微分方程 $y''+a_1y'+a_2y=f(x)$ 的解, 试求该微分方程和方程的通解.

5. 一质量为 m 的质点由静止开始沉入某种液体中, 下沉时, 液体的反作用力与下沉速度成正比, 求此质点的运动规律.

6. 一长度为 9.8m 的均匀链条放置在一个水平无摩擦的桌面上. 滑动开始时, 链条在桌面一边悬挂下来的长度为 4.9m, 问链条全部滑离桌面需多长时间? (重力加速度为 $g=9.8\mathrm{m/s}^2$)

微分方程在车辆工程中的应用

工程中许多问题的变量间的关系都可以用一个微分方程来表达,通过求解微分方程可以得到这些变量间的关系表达式.本节通过两个具体的例子来说明微分方程在车辆工程中的具体应用.

一、列车运动方程式计算

列车运动方程式表示列车前进中的加速度、作用于列车上的各种力及其质量之间的关系.把整个列车看作一个刚性系统,即列车的质量可以集中于一点(列车重心).根据作用于列车上的力所做的功等于列车动能的增量的原理,可导出列车运行的微分方程.

作用于列车上的力有:机车牵引力 F,列车运行阻力 P,列车制动阻力 B.

假设在时间 Δt 内,列车沿直线运行的距离为 dS,则列车所做的功为

$$dW = (F - P - B) \cdot dS. \tag{6.56}$$

列车的运动可以看成由两部分组成:全部质量集中于其质心的平移运动和某些部分(如车轮等)的转动.所以列车的动能亦由两部分组成,即

$$E = \frac{MV^2}{2} + \sum \frac{I\omega^2}{2}, \tag{6.57}$$

式中,M 为列车质量,kg;V 为列车速度,m/s;I 为转动部分的转动惯量,kg·m²;ω 为车轮转动角速度,rad/s.

因为 $\omega = \dfrac{V}{R}$,其中 R 为车轮半径,所以动能可以表示为

$$E = \frac{MV^2}{2} + \sum \frac{I\omega^2}{2} = \frac{V^2 M}{2}(1 + \gamma), \tag{6.58}$$

式中,$\gamma = \dfrac{1}{M} \sum \dfrac{I}{R^2}$,称为列车的回转质量系数.其值可通过测试获取,一般取 $\gamma = 0.06$.

在时间 dt 内,列车的速度从 V 变化到 $V + dV$,列车动能的增量为

$$\Delta E = \frac{(V + dV)^2 M}{2}(1 + \gamma) - \frac{V^2 M}{2}(1 + \gamma)$$

$$= \frac{(2V \cdot dV + dV^2)M}{2}(1 + \gamma)$$

$$\approx V \cdot dV \cdot M(1 + \gamma).$$

由动能定理,作用于列车上的外力所做的功 dW 等于列车动能的增量 ΔE,即

$$V \cdot dV \cdot M(1 + \gamma) = (F - P - B) \cdot dS = (F - P - B) \cdot Vdt,$$

整理得

$$\frac{dV}{dt} = \frac{F - P - B}{M(1 + \gamma)}. \tag{6.59}$$

这是一个一阶微分方程.由于 $F - P - B$ 是和速度 V 相关的,即 $F - P - B = f(V)$,在一个较小的速度改变间隔(例如 $\Delta V = 10\text{km/h}$)内,$F - P - B$ 可取常数值(该数值可通过测量获得).实验表明,这种假定的精度在实际计算中是容许的.

将式(6.59)整理得

$$dt = \frac{M(1+\gamma)dV}{F-P-B},$$

在速度变化的小区间$[V_1, V_2]$上,两边积分得

$$t = \int_{V_1}^{V_2} \frac{M(1+\gamma)}{F-P-B}dV = \frac{M(1+\gamma)}{F-P-B}(V_2 - V_1), \tag{6.60}$$

又$V = \frac{dS}{dt}$,$dS = Vdt$,将dt代入,得

$$dS = \frac{M(1+\gamma)}{F-P-B}VdV.$$

两边积分,得到距离与速度的关系为

$$S = \int_{V_1}^{V_2} \frac{M(1+\gamma)}{F-P-B}VdV = \frac{M(1+\gamma)}{2(F-P-B)}(V_2^2 - V_1^2). \tag{6.61}$$

例1 已知一辆韶山1型电力列车的机车质量为138t,车列总质量为2500t.经测试,在速度$0\sim10km/h$范围内和平坦的直线轨道上运行时,牵引力为414 540N,阻力合力为29 400N,求列车从启动开始到速度达到10km/h时需要的时间和行驶的距离.

解 由题意知

$$M = (138 + 2500) \times 1000kg = 2\,638\,000kg$$

$$F - P - B = (414\,540 - 29\,400)N = 385\,140N$$

$$V_1 = 0, \quad V_2 = 10km/h = \frac{25}{9}m/s$$

代入式(6.60)和式(6.61),得列车从启动开始到速度达到10km/h时需要的时间和行驶的距离分别为

$$t = \int_{V_1}^{V_2} \frac{M(1+\gamma)}{F-P-B}dV = \frac{M(1+\gamma)}{F-P-B}(V_2 - V_1)$$

$$= \frac{2\,638\,000(1+0.06)}{385\,140}\left(\frac{25}{9} - 0\right)s \approx 20.1678s,$$

$$S = \int_{V_1}^{V_2} \frac{M(1+\gamma)}{F-P-B}VdV = \frac{M(1+\gamma)}{2(F-P-B)}(V_2^2 - V_1^2)$$

$$= \frac{2\,638\,000(1+0.06)}{2 \times 385\,140}\left(\frac{625}{81} - 0\right)m \approx 28.0109m.$$

二、汽车碰撞动力学方程

随着汽车数量的增加,交通事故的发生也日益频繁.涉及伤亡的交通事故几乎都与汽车碰撞有关.汽车碰撞问题的研究是解决汽车运输安全问题的重要课题.

在汽车的碰撞过程中,汽车架构及汽车零部件产生塌陷变形,称为塌陷变形.汽车的碰撞是瞬间的过程,由开始接触直到汽车结构塌陷变形过程终止,全部时间只有0.1s左右.在这个极短的时间内,汽车的速度急剧下降,汽车车体变形,负加速度的绝对值快速达到最大值.

假设汽车匀速行驶时垂直地撞在一个直立、平坦的刚性墙壁上,假设墙壁在碰撞的过程中不移动也不变形.在这种假设条件下,可认为汽车的动能仅仅消耗在汽车结构的塌陷变形上.汽车撞在墙壁的一刹那,速度为初始速度,塌陷变形和减速度均为零,称之为第一次碰撞(图6-5(a)).此时,汽车速度下降,但由于惯性,车内人员仍以原来的速度运动,车内人员与汽车固定物产生相对速度和位移(图6-5(b)).车内人员受到车体内固定物的撞击,称之为

第二次碰撞(如图 6-5(c)).

|(a)|(b)|(c)|

图 6-5

　　显然,第一次碰撞没有直接造成人员伤亡,第二次碰撞才是人员伤亡的原因.
　　汽车正面碰撞是汽车碰撞事故中经常发生的形式,也是后果最严重的一种情况.汽车碰撞方程式用来表示和求解碰撞过程中的受力、变形、位移、速度、加速度等物理量的数值以及它们之间的关系.汽车碰撞时,产生异常复杂的各种力变形等,异常复杂.由于碰撞时间极短,产生的减速度很大(通常是重力加速度的几十倍),因此,碰撞过程中的汽车滚动阻力、空气阻力、牵引力和制动力等均可以忽略不计,仅仅考虑汽车减速产生的强大的惯性阻力造成的力、动量、能量等转换关系.这时,汽车碰撞方程式可以表示为

　　　　　　汽车减速度惯性受力=使得汽车结构产生变形的力.

　　汽车及车内物体、人员看作一个封闭的系统.在这个系统中,动量和能量的转换遵循动量守恒定律.
　　汽车碰撞刚度系数是表示汽车塌陷变形的程度(用距离衡量)与所需的撞击力之间关系的参数.汽车碰撞刚度系数与汽车的车身结构、各零部件结构与布置有关.由于汽车结构与零部件布置的复杂性,汽车碰撞刚度系数不能通过计算得到,只能通过碰撞试验测量.
　　在汽车碰撞时,假设撞击力和塌陷变形在车身宽度上均匀分布.汽车碰撞试验显示,汽车的单位宽度受到的撞击力 f 与汽车塌陷变形 X 大致呈线性关系,可设

$$f=a+bX \tag{6.62}$$

式中,f 为汽车单位宽度受到的撞击力,N/cm;X 为塌陷变形的程度,cm;a,b 为碰撞刚度系数,N/cm,由碰撞试验给出,常见车型的碰撞刚度系数见表 6-1.

表 6-1　常见车型碰撞刚度系数表

汽车			碰撞刚度系数/(N/cm)						惯性半径的平方,r^2/cm²
类型	级别	轴距/cm	头部		尾部		侧部		
			a	b	a	b	a	b	
轿车	1	205.5～240.8	528.9	32.4	641	26.2	134.8	25.5	12 942
	2	240.8～258.1	453.6	29.6	684.7	28.3	245.2	46.2	19 039
	3	258.1～280.4	555.2	38.6	718	30.3	303	39.3	21 445
	4	280.4～298.5	623.5	23.4	625.2	38.96	250.4	34.5	24 135
	5	298.5～312.9	569.2	25.5	520.1	48.3	310	32.4	26 064
	6	312.9～381.0	569.2	25.5	520.1	48.3	310	32.4	27 284
厢式货车	7	276.9～330.2	670.7	86.9	525.4	37.9	—	—	
轻型货车	8	参照轿车1～6级	840.6	34.5	605.9	17.2	—	—	
轻型越野车	9	参照轿车1～6级	653.2	26.2	—	—	—	—	

汽车正面撞击力为

$$F = (a + bX)L, \tag{6.63}$$

式中,F 为汽车正面受到的撞击力,N;L 为汽车的碰撞宽度,cm.

假设汽车匀速行驶时垂直地撞在一个直立、平坦的刚性墙壁上,墙壁在碰撞的过程中不移动也不变形.这样,由牛顿第二定律,$F = ma$,可得正面碰撞方程为

$$-(a + bX)L = mX'',$$

即

$$X'' + \frac{bL}{m}X = -\frac{aL}{m}, \tag{6.64}$$

其中,m 为汽车质量,X 为汽车由于塌陷变形产生的位移.

当 $t = 0$ 时,塌陷变形 $X = 0$,速度为 V_0,所以方程(6.64)满足初始条件

$$X(0) = 0, \quad X'(0) = V_0, \tag{6.65}$$

方程(6.64)是一个二阶常系数非齐次线性方程,其对应的齐次方程的通解为

$$X = C_1 \cos\sqrt{\frac{bL}{m}}t + C_2 \sin\sqrt{\frac{bL}{m}}t.$$

方程(6.64)一个特解为 $-\dfrac{a}{b}$,所以其通解为

$$X = C_1 \cos\sqrt{\frac{bL}{m}}t + C_2 \sin\sqrt{\frac{bL}{m}}t - \frac{a}{b}.$$

两边求导,得

$$X' = -C_1\sqrt{\frac{bL}{m}}\sin\sqrt{\frac{bL}{m}}t + C_2\sqrt{\frac{bL}{m}}\cos\sqrt{\frac{bL}{m}}t.$$

把初始条件 $X(0) = 0, X'(0) = V_0$ 代入,解得 $C_1 = \dfrac{a}{b}, C_2 = \sqrt{\dfrac{m}{bL}}V_0$. 所以,

$$X = \frac{a}{b}\cos\sqrt{\frac{bL}{m}}t + \sqrt{\frac{m}{bL}}V_0\sin\sqrt{\frac{bL}{m}}t - \frac{a}{b}. \tag{6.66}$$

$$X' = -\frac{a}{b}\sqrt{\frac{bL}{m}}\sin\sqrt{\frac{bL}{m}}t + V_0\cos\sqrt{\frac{bL}{m}}t. \tag{6.67}$$

$$X'' = -\frac{aL}{m}\cos\sqrt{\frac{bL}{m}}t - V_0\sqrt{\frac{bL}{m}}\sin\sqrt{\frac{bL}{m}}t. \tag{6.68}$$

由 $X' = 0$,可解得 $t = \sqrt{\dfrac{m}{bL}}\arctan\left(\dfrac{V_0}{a}\sqrt{\dfrac{mb}{L}}\right)$,此时速度为零,碰撞结束.

例 2 已知某轿车的轴距为 2670mm,车宽 1800mm,车重 1680kg,以 30km/h 的初速度与刚性墙壁正面碰撞,求汽车碰撞所经历的时间、最终塌陷程度和最大加速度.

解 根据表 6-1,可查得该车的 $a = 555.2$N/cm,$b = 38.6$N/cm,则碰撞所经历的时间为

$$t = \sqrt{\frac{m}{bL}}\arctan\left(\frac{V_0}{a}\sqrt{\frac{mb}{L}}\right) = 0.1365\text{s};$$

最终塌陷变形程度 $X = 0.5723$m;最大加速度 $X'' = 61.8527$m/s^2,约为重力加速度的 6.31 倍.

附录 基于 Python 的微分方程计算

Python 中求解微分方程主要有两个途径：使用解析解工具（如 SymPy）和数值解方法（如 SciPy 中的 odeint 或 solve_ivp）. 其调用格式和功能见表 6-2.

表 6-2 求函数的微分方程命令的调用格式和功能说明

调用格式	功能说明
dsolve(eq, y)	求以 y 为未知函数的微分方程 eq 的通解
dsolve(eq, y. sub(x, x0)−y0)	求以 y 为未知函数的微分方程 eq 在初始条件 y(x0)＝y0 下的特解
odeint(eq, y0, t)	同上，其中 y0 是未知函数 y 的初始条件（可以是向量），t 为求解 y 的时间点序列
solve_ivp(eq, t_span, y0)	同上，其中 t_span 为时间区间，y0 是未知函数 y 的初值

例 1 求一阶微分方程 $\dfrac{\mathrm{d}y}{\mathrm{d}x}=\dfrac{3x^2}{y}$ 的通解.

```
import sympy as sp
# 定义符号
x = sp.symbols('x')
y = sp.Function('y')(x)
# 定义微分方程
eq = y.diff(x) - 3 * x ** 2/y
# 求解解析解——通解
general_solution = sp.dsolve(eq)
# 显示通解
general_solution
```

结果为：

```
[Eq(y(x), - sqrt(C1 + 2 * x ** 3)),Eq(y(x),sqrt(C1 + 2 * x ** 3))]
```

例 2 求微分方程 $y'+\dfrac{1}{x}y=\dfrac{\cos x}{x}$ 的通解.

```
import sympy as sp
# 定义符号
x = sp.symbols('x')
y = sp.Function('y')(x)
# 定义微分方程
eq = y.diff(x) + 1/x * y - sp.cos(x)/x
# 求解解析解——通解
general_solution = sp.dsolve(eq)
# 显示通解
general_solution
```

结果为：

$$y(x)=\frac{C_1+\sin(x)}{x}$$

例3 求非齐次线性微分方程 $y''-2y'-3y=3x^2$ 的通解.

```python
import sympy as sp
# 定义符号
x = sp.symbols('x')
y = sp.Function('y')(x)
# 定义微分方程
y_prime = y.diff(x)                    # y 的一阶导数
y_double_prime = y_prime.diff(x)       # y 的二阶导数
ode = y_double_prime - 2 * y_prime - 3 * y - 3 * x ** 2
# 求解微分方程的通解
general_solution = sp.dsolve(ode, y)
# 显示通解
general_solution
```

结果为：

$$y(x) = C_1 e^{-x} + C_2 e^{3x} - x^2 + \frac{4x}{3} - \frac{14}{9}$$

例4 设微分方程为 $y''=\cos x+x$，求其满足 $\begin{cases} y|_{x=0}=1, \\ y'|_{x=0}=0 \end{cases}$ 的特解.

```python
import sympy as sp
# 定义符号
x = sp.symbols('x')
y = sp.Function('y')(x)
# 定义微分方程
deqn = sp.Eq(y.diff(x, x), sp.cos(x) + x)
# 求解微分方程
solution = sp.dsolve(deqn, y)
# 显示特解的解析解
constants = sp.solve([solution.rhs.subs(x, 0) - 1, solution.rhs.diff(x).subs(x, 0)], dict =
True)[0]
particular_solution = solution.subs(constants)
print(particular_solution)
```

结果为：

```python
Eq(y(x), x ** 3/6 - cos(x) + 2)
```

例5 设微分方程为 $y''+4y=0$，求其满足 $\begin{cases} y|_{x=0}=1, \\ y'|_{x=0}=0 \end{cases}$ 的数值解.

```python
import numpy as np
from scipy.integrate import solve_ivp
# 定义微分方程系统(该微分方程是二阶方程,需转化为一阶方程)
def pendulum(t, state):
    y, v = state
    dydt = v
    dvdt = -4 * y
```

```
        return [dydt, dvdt]
# 初始条件
y0 = 1
v0 = 0
initial_state = [y0, v0]
# 定义时间区间
t_span = (0, 10)
# 求解数值解
sol = solve_ivp(pendulum, t_span, initial_state, method = 'RK45')
# 显示结果
sol
```

结果为：

```
   message: The solver successfully reached the end of the integration interval.
   success: True
    status: 0
         t: [ 0.000e + 00 2.498e − 04 ... 9.940e + 00 1.000e + 01]
         y: [[ 1.000e + 00 1.000e + 00 ... 5.094e − 01 4.026e − 01]
             [ 0.000e + 00 − 9.990e − 04 ... − 1.721e + 00 − 1.830e + 00]]
       sol: None
  t_events: None
  y_events: None
      nfev: 152
      njev: 0
       nlu: 0
```

注意：该微分方程是基于物理模型的"简谐摆"（pendulum）问题的简化微分方程. 代码中，pendulum 函数定义了微分方程系统的右端项，solve_ivp 函数以这个函数、时间范围以及初始状态作为输入，并返回一个包含解和相关信息的对象 sol. 另外，可以通过 sol. y 访问解的值，通过 sol. t 访问对应的离散时间点. sol. t 是一个从 0 到 10（包含端点）的时间数组，表示求解过程中采样的时间点. sol. y 是一个形状为 $(N, 2)$ 的二维数组，其中 N 是时间点的数量. 每一行对应一个时间点，第一列是对应时刻 y 的值，第二列是对应时刻 v 的值. RK45 表示五阶 Runge-Kutta 方法，适用于求解常微分方程（ODE）的初值问题.

第四篇 综合练习

一、填空题

1. $\dfrac{\mathrm{d}^2 y}{\mathrm{d}x^2} + y\dfrac{\mathrm{d}y}{\mathrm{d}x} + xy^2 = 0$ 是_____阶微分方程.

2. 微分方程通解中独立常数的个数与该微分方程的_____相等.

3. 微分方程 $y' + 2y = 0$ 的通解是_____.

4. 设二阶常系数齐次线性微分方程 $y'' + py' + qy = 0 (p, q$ 为常数)的一个特征根为 $1 - 2\mathrm{i}$,则该方程的通解 $y =$ _____.

5. 微分方程 $y'' + 9y = 2x + 1$ 的通解为_____.

二、单项选择题

1. $xy' = \sqrt{x^2 + y^2} + y$ 是 (   ).

   A. 齐次方程　　 B. 一阶线性方程　 C. 伯努利方程　 D. 可分离变量方程

2. 设 y_1, y_2 是二阶齐次线性微分方程 $y'' + P(x)y' + Q(x)y = 0$ 的两个特解,则 $y = C_1 y_1 + C_2 y_2$(其中 C_1, C_2 为任意常数)(   ).

   A. 是该方程的通解　　　　　　 B. 是该方程的解

   C. 是该方程的特解　　　　　　 D. 不一定是该方程的解

3. 微分方程 $y''' + y' = 0$ 的通解为(   ).

   A. $y = \sin x - \cos x + C_1$　　　　　 B. $y = C_1 \sin x - C_2 \cos x + C_3$

   C. $y = \sin x + \cos x + 2C_1 y_1 - y_2$　 D. $y = \sin x - C_1$

4. 设微分方程为 $y'' - 2y' + 5y = \mathrm{e}^x \sin 2x$,则该方程的一个特解 y^* 的形式应该设为(   ).

   A. $(a_0 x + a_1)\mathrm{e}^x \sin x$　　　　　 B. $ax\mathrm{e}^x \sin 2x$

   C. $bx\mathrm{e}^x \cos 2x$　　　　　　　　 D. $x\mathrm{e}^x (a\cos 2x + b\sin 2x)$

5. 已知方程 $x^2 y'' + xy' - y = 0$ 的一个特解为 $y = x$,该方程的通解为(   ).

   A. $y = C_1 x + C_2 x^2$　　　　　　　 B. $y = C_1 x + C_2 \dfrac{1}{x}$

   C. $y = C_1 x + C_2 \mathrm{e}^x$　　　　　　 D. $y = C_1 x + C_2 \mathrm{e}^{-x}$

三、解下列一阶微分方程

1. $x\mathrm{d}y + \mathrm{d}x = \mathrm{e}^y \mathrm{d}x$;　　　　　　 2. $\dfrac{\mathrm{d}y}{\mathrm{d}x} = \dfrac{y}{x} + \dfrac{x}{2y}$;

3. $(y^2 - 6x)y' + 2y = 0, y(0) = 1$;　　 4. $xy' + x + \sin(x + y) = 0, y\left(\dfrac{\pi}{2}\right) = 0$.

四、解下列微分方程

1. $xy'' + y' = 1, y|_{x=1} = 1, y'|_{x=1} = 0$;　 2. $yy'' = (2y^2 - 1)(y')^2$;

3. $y'' - 6y' + 9y = (x + 1)\mathrm{e}^{3x}$;　　　　 4. $y'' + 3y' + 2y = \mathrm{e}^{-x}\cos x$.

五、综合应用题

1. 已知某曲线经过点 $(1,1)$，它的切线在纵轴上的截距等于切点的横坐标，求它的方程.

2. 设可导函数 $\varphi(x)$ 满足方程 $\varphi(x)\cos x + 2\int_0^x \varphi(t)\sin t\,dt = x + 1$，求 $\varphi(x)$.

3. 已知 $y_1 = x$，$y_2 = x + e^x$，$y_3 = 1 + x + e^x$ 是常系数线性微分方程
$$y'' + a_1 y' + a_2 y = f(x)$$
的解，试求该微分方程满足 $y(0) = 1$，$y'(0) = 0$ 的特解.

4. 设函数 $f(x)$ 在 $[1, +\infty)$ 上连续，曲线 $y = f(x)$ 过点 $\left(2, \dfrac{2}{9}\right)$，且该曲线与直线 $x = 1$，$x = t(t > 1)$ 以及 x 轴所围平面图形绕 x 轴旋转所得旋转体的体积为
$$V_t = \frac{\pi}{3}\left[t^2 f(t) - f(1)\right],$$
求 $f(x)$ 的表达式.

5. 假设人们开始在一间空间大小为 $60\mathrm{m}^3$ 的房间中吸烟，从而向房间内输入含 5% 一氧化碳的空气，输入速率为 $0.002\mathrm{m}^3/\min$. 假设烟气与其他空气立即均匀混合起来，并且混合气体也以 $0.002\mathrm{m}^3/\min$ 的速率排出房间. 设最初房间内一氧化碳的浓度为零.

(1) 求经过 $t\min$ 房间内一氧化碳的浓度；

(2) 有研究表明，人在含有 0.1% 一氧化碳的空气中待上一会儿可导致昏迷，试问多长时间后房间内的一氧化碳达到这一浓度？

六、证明题

设函数 $\varphi(x)$ 是二阶齐次微分方程 $y'' + y = 0$ 满足初始条件 $y(0) = 0$，$y'(0) = 1$ 的特解，证明：函数 $g(x) = \int_0^x \varphi(t) f(x - t)\,dt$ 是二阶非齐次微分方程 $y'' + y = f(x)$ 满足 $y(0) = y'(0) = 0$ 的特解.

参 考 文 献

[1] 同济大学数学科学学院. 高等数学(上、下册)[M]. 8 版. 北京：高等教育出版社, 2023.

[2] 朱士信, 唐烁. 高等数学(上、下册)[M]. 2 版. 北京：高等教育出版社, 2020.

[3] 张学山, 李路. 高等数学(上册)[M]. 北京：清华大学出版社, 2013.

[4] 李路, 张学山. 高等数学(下册)[M]. 北京：清华大学出版社, 2013.

[5] 华东师范大学数学科学学院. 数学分析(上、下册)[M]. 5 版. 北京：高等教育出版社, 2019.

[6] 哈斯, 海尔, 韦尔. 托马斯微积分：上、下册(14 版)[M]. 影印版. 北京：高等教育出版社, 2023.